1+X职业技能等级证书（物联网工程实施与运维）配套教材

物联网工程实施与运维（中级）

组　编　北京新大陆时代教育科技有限公司

主　编　陈继欣　邓　立　林世舒

副主编　蔡建军　李维勇　张娅琳　赵秀芝
　　　　潘必超　严峥晖　王艳春

参　编　袁金堂　张志文　李树文　张志芳
　　　　郑胜峰　过琦芳　刘晓东　黄非娜　翁　平

机械工业出版社

本书是“1+X”职业技能等级证书——物联网工程实施与运维（中级）的配套教材。

本书采用项目式编写模式，结合物联网系统的项目特点和运作方式进行编写。通过项目-任务的方式，使学生在完成不同任务时将理论与实践相结合。

本书在讲述物联网设备安装与调试的同时兼顾了系统的设计和运维，以物联网工程项目的全生命周期为主线，引入实际项目中涉及的需求分析、方案设计的相关内容，以具体方案作为后续安装调试的知识铺垫，着重介绍在物联网工程上的实施流程细节、软硬件使用以及工程项目交付的运维事项，展示了脉络清晰的流程化工程样例。本书还针对物联网中不同的应用场景并结合学生在生活中较为常见的场景，合理编排了实训任务，激发学生的兴趣，达到寓教于乐的目的。本书共 4 个项目，包括智慧工业园方案设计、智慧工业园设备安装与调试、智慧农场应用系统部署及智慧农场系统管理与维护。

本书可作为职业院校物联网应用技术等相关专业的教材，也可作为物联网技术爱好者、信息系统工程人员的参考用书。

本书配有电子课件等教学资源，教师可登录机械工业出版社教育服务网（www.cmpedu.com）注册后免费下载或联系编辑（010−88379194）咨询。

图书在版编目（CIP）数据

物联网工程实施与运维：中级 / 陈继欣，邓立，林世舒主编．—北京：机械工业出版社，2021.2（2024.6重印）

1+X职业技能等级证书（物联网工程实施与运维）配套教材

ISBN 978-7-111-67515-0

Ⅰ．①物…　Ⅱ．①陈…　②邓…　③林…　Ⅲ．①物联网—职业技能—鉴定—教材　Ⅳ．①TP393.4　②TP18

中国版本图书馆CIP数据核字（2021）第027186号

机械工业出版社（北京市百万庄大街 22 号　邮政编码 100037）

策划编辑：梁　伟　　　　责任编辑：梁　伟　张星瑶　刘益汛

责任校对：张　薇　肖　琳　　封面设计：鞠　杨

责任印制：常天培

北京机工印刷厂有限公司印刷

2024 年 6 月第 1 版第 9 次印刷

184mm×260mm・19.75 印张・481 千字

标准书号：ISBN 978-7-111-67515-0

定价：59.00 元

电话服务	网络服务
客服电话：010-88361066	机　工　官　网：www.cmpbook.com
010-88379833	机　工　官　博：weibo.com/cmp1952
010-68326294	金　　书　　网：www.golden-book.com
封底无防伪标均为盗版	机工教育服务网：www.cmpedu.com

本书是“1+X”职业技能等级证书——物联网工程实施与运维（中级）的配套教材。

本书根据物联网工程实施与运维职业技能等级标准（中级）部分的内容的要求编写，设置了智慧工业园方案设计、智慧工业园设备安装与调试、智慧农场应用系统部署及智慧农场系统管理与维护4个项目。以项目化全生命周期来进行工程实施的编排，并以此为主线设计出不同的工作任务。贯穿式的任务编排模式使读者能更好地领会到一个完整的工程项目实施过程所需要经历的环节，以及需要注意的各方面的问题。通过对典型项目的系统工程集成任务的过程分解，读者可以掌握物联网工程实施与运维（中级）应具备的职业技能和职业素养，全面提升综合职业能力。

本书在依托现有典型信息系统工程实施的同时紧密结合物联网工程实施过程中的特点和差异，突出物联网工程的重难点，使读者能较为清晰地认识到物联网工程实施与信息系统实施存在的不同。本书深入浅出，以项目任务式为主要编写模式，读者在完成每个任务的同时也掌握了工程实施过程中所要掌握的内容，较好地诠释了“在学中做，在做中学”的新职业教育理念。

本书可作为职业院校物联网应用技术等相关专业的教材，也可作为物联网技术爱好者、信息系统工程人员的参考用书。

本书由北京新大陆时代教育科技有限公司组编，由陈继欣、邓立、林世舒任主编，蔡建军、李维勇、张娅琳、赵秀芝、潘必超、严峥晖、王艳春任副主编，参与编写的还有袁金堂、张志文、李树文、张志芳、郑胜峰、过琦芳、刘晓东、黄非娜和翁平。

由于编者水平有限，书中难免存在不足之处，恳请读者批评指正。

编　者

二维码索引

目录 CONTENTS

Project 1

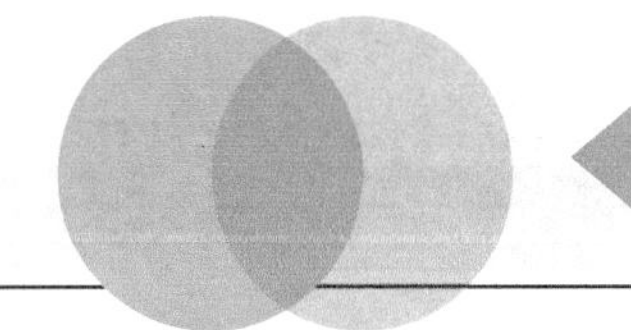

项目 1

智慧工业园方案设计

引导案例

随着社会经济的发展和科技的进步与提高，物联网、云计算等技术得到了很大的发展。由于工业园传统的运营、管理模式存在诸多的问题，如传统市场慢慢趋于饱和的状态，同时跨界的竞争力度不断地加剧等，因此，建设新型的结合高新科技的物联网智慧工业园成为一种必然。

智慧工业园不仅是科技产业化项目，还是一个集聚智慧信息产业的城市综合体，是智慧城市的产业基地和顶尖科技成果的产学研结合基地，也是向各地政府和大型企业展示和示范的基地。智慧工业园属于国家倡导建设的智慧城市范畴，运用信息和通信技术手段检测、分析、整合工业园运行核心系统的各项关键信息，从而对包括员工管理、住房管理、公共安全、园区服务、工商业活动在内的各种需求做出智能响应。智慧工业园的实质是利用先进的信息技术，实现工业园的智慧式管理和运行，进而为工业园的员工创造更美好的生活，促进工业园的和谐、可持续成长。

物联网智慧工业园系统示意图如图1-1所示。智慧工业园包括：智慧安防系统、智能交通系统、智能楼宇控制系统等。

图1-1　物联网智慧工业园系统示意图

任务1　认识物联网系统集成项目

职业能力目标

1）能根据物联网系统集成的定义与特点，阐述物联网集成的本质和特性。

2）能根据物联网系统集成项目全生命周期知识，划分物联网集成项目。

任务描述与要求

任务描述

小陆所在的A公司应标了××智慧工业园区物联网集成项目，现在需要进行××智慧工业园区物联网集成项目的方案设计，公司将这个任务交给了小陆。在此项目之前，小陆虽然参与过公司的一些小型系统集成项目的实施和维护工作，但是他对整个物联网集成项目的实施和维护过程不太了解，更不用说系统集成方案的设计，现在小陆需要规划整个智慧工业园区物联网集成项目的各个阶段。

任务要求

1）填写出智慧工业园区物联网集成项目的各个阶段对应的任务要求。

2）填写出智慧工业园区物联网集成项目的各个阶段对应的阶段任务。

3）填写出智慧工业园区物联网集成项目的生命周期各个阶段所要完成的任务。

4）归纳并设计出智慧工业园区物联网集成项目技术实施角度对应的任务要求。

任务分析与计划

1．任务分析

通过对物联网系统集成以及物联网系统集成项目全生命周期基础知识的学习，结合大型智慧工业园区物联网集成项目，通过表格的形式，呈现出项目的全生命周期，以及项目在生命周期的各个阶段所需要处理的事情。

在项目的售前阶段，小陆要通过立项、设计、招投标这几个细分阶段任务，整合完成售前阶段的全部任务，并将每个细分阶段的具体任务填写在任务栏中，使得项目经理以及整个项目团队对阶段性任务有清晰的了解。

小陆已经基本了解了物联网系统集成的任务要求，同时也掌握了物联网系统项目的划分方式。

结合物联网集成项目的知识，想一想自身的学习特点、兴趣爱好以及价值取向，说一说自己更适合更擅长去从事物联网集成项目哪个环节的任务，并分析其原因。

2．任务实施计划

根据物联网系统集成项目以及物联网系统集成项目的全生命周期的相关知识，制订本次任务的实施计划。计划的具体内容包括按照智慧工业园场景前期需求，从不同的角度来划分智慧工业园项目的生命周期。任务计划见表1-1。

表1-1　任务计划

项目名称	智慧工业园方案设计
任务名称	认识物联网系统集成项目
计划方式	个人设计
计划要求	请用若干个计划环节来完整描述出如何完成本次任务
序号	任务计划
1	智慧工业园场景前期需求准备
2	物联网系统集成项目全生命周期的划分规则准备
3	各个环节的任务体现（个人根据相关知识自行补充）

知识储备

1. 物联网系统集成的定义与特点

物联网系统集成是根据应用需要，将不同的系统有机地组合成一个一体化的、功能更加强大的新型系统的过程。物联网系统集成是在系统工程科学方法的指导下，根据用户需求，优选各种技术和产品，将各个分离的子系统连接成为一个完整、可靠、经济、有效的整体，并使之能彼此协调，发挥整体效益，达到性能最优。

物联网系统集成有以下几个显著特点：

1）物联网系统集成要以满足用户的需求作为主要的出发点。

2）物联网系统集成不是选择最好产品的简单行为，而是要选择适合用户需求和投资规模的产品和技术。

3）物联网系统集成不是简单的设备供货，更多体现的是设计、调试与开发的技术融合能力。

4）物联网系统集成包含技术、管理和商务等方面，是一项综合性的系统工程，技术是物联网系统集成工作的核心，管理和商务活动是物联网系统集成项目成功实施的可靠保障。

5）性能、性价比的高低是评价一个物联网系统集成项目设计是否合理、实施是否成功的重要参考因素。

物联网系统集成实现的关键在于解决系统之间的互联和互操作性问题，它是一个多厂商、多协议和面向各种应用的体系结构。这需要解决各类设备、子系统间的接口、协议、系统平台、应用软件等与子系统、建筑环境、施工配合、组织管理和人员配备相关的一切面向集成的问题。

总的来说，物联网系统集成既是一种商业行为，一种管理行为，也是一种技术行为。物联网系统集成的本质是优化的综合统筹设计，即所有部件和成分合在一起后不但能工作，而且全系统是低成本的、高效率的、性能均衡的、可扩充的和可维护的综合性系统。

面对物联网的复杂应用环境和众多不同领域的设备，物联网系统集成服务提供商可以帮助客户解决各类设备、子系统间的接口、协议、系统平台、应用软件等与子系统、建筑环境、施工配合、组织管理和人员配备相关的问题，确保客户得到最合适的解决方案。

物联网生态系统从物联网数据架构四要求（硬件、软件、通信、应用）扩展开来，涵盖了物联网生态系统从产生数据、传输数据、管理数据到数据转换为价值，整个流程所涉及的参与者类型有：处于上游的芯片厂商、通信模块厂商、终端设备厂商、通信运营商，连接中上游的软件技术供应商、整合上述三种能力的应用平台、产业服务机构、物联网系统集成商，下游的各个垂直行业用户，如图1-2所示。

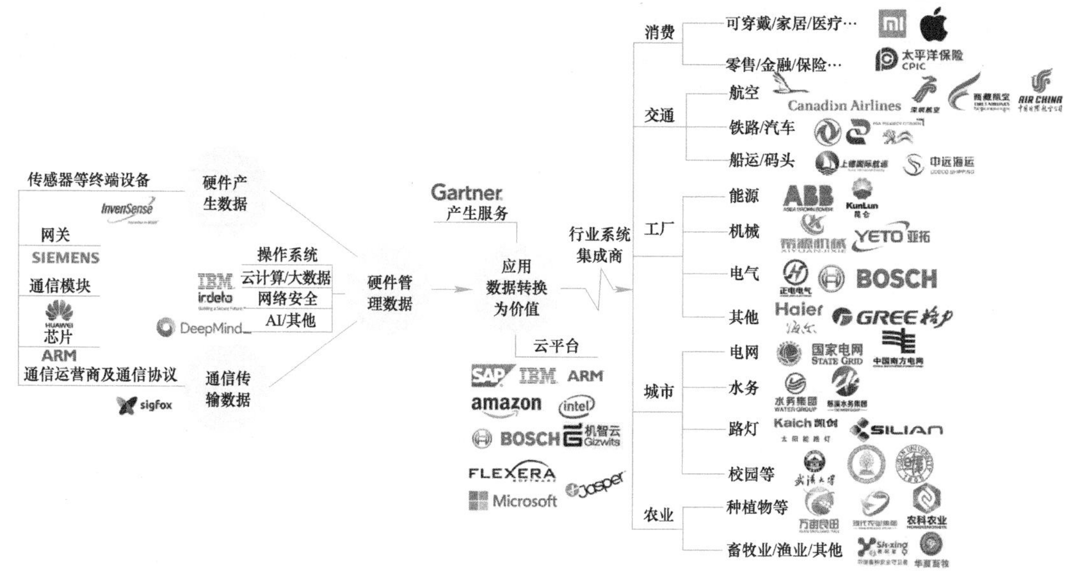

图1-2　物联网生态系统

2. 物联网系统集成的未来发展方向

随着物联网集成领域技术的不断延伸和发展，AIoT（智能物联网）将越来越成为物联网领域的核心和未来的发展方向。智能物联网是2018年兴起的概念，指系统通过各种信息传感器实时采集各类信息（一般是在监控、互动、连接情境下进行的），在终端设备、边缘域或云中心通过机器学习对数据进行智能化分析，包括定位、比对、预测、调度等。

预计2025年我国物联网连接数近200亿个，万物唤醒、海量连接将推动各行各业走上智能道路。2019年，受益于城市端AIoT业务的规模化落地及边缘计算的初步普及，我国AIoT市场规模突破3000亿大关直指4000亿量级，由于AIoT在落地过程中需要重构传统产业价值链，未来几年发展节奏较为稳定。

虽然AIoT技术和商业快速落地，但是认知智能层面的发展仍然较慢，行业标准与规范化不足，大规模物联网设备的安全问题仍有待重视。

在物联网和人工智能时代，消费领域和产业领域都面临新机遇。在这一机遇下，具备用户触达能力和内容服务生态聚合能力的企业更易突围，成长为AIoT时代的场景服务的核心者。

在技术层面，人工智能使物联网获取感知与识别能力，物联网为人工智能提供训练算法的数据；在商业层面，二者共同作用于实体经济，促使产业升级、用户体验优化。AIoT是具备感知/交互能力的智能联网设备，能够通过机器学习手段进行设备资产管理，拥有联网设备和AI能力。

AIoT的体系架构中主要包括智能设备及解决方案、操作系统OS层、基础设施三大层级，并最终通过集成服务进行交付，如图1-3所示。智能设备是AIoT的“五官” 与“手脚”，可以完成视频、图像、音频、压力、温度等数据收集，并执行抓取、分拣、搬运等行为，这一层涉及的设备形态多样化，用户众多。操作系统OS层是AIoT的“大脑”，主要能够对设备进行连接与控制，提供数据处理与智能分析服务，将针对场景的核心应用固化为功能模块等，这一层对业务逻辑、统一建模、全链路技术能力、高并发支撑能力等要求较高，通常以PaaS形态存在。基础设施是AIoT的“躯干”，提供服务器、存储、AI训练与部署平台等IT基础设施。

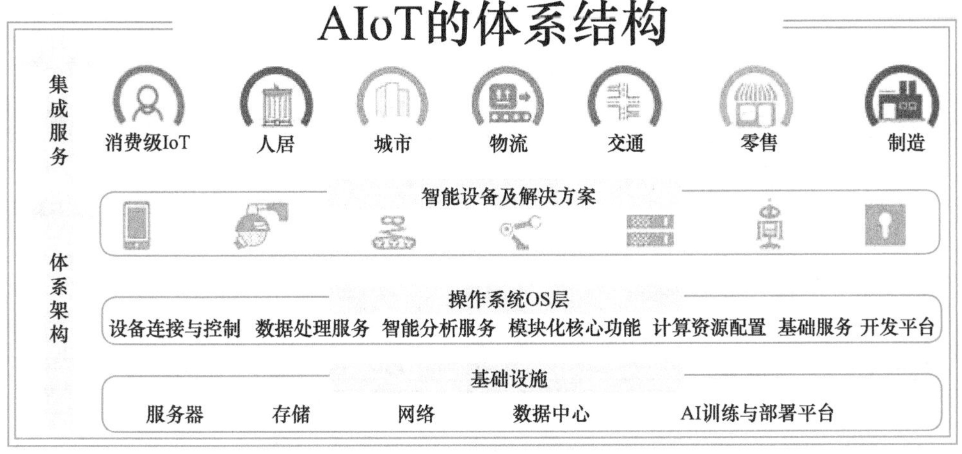

图1-3 AIoT的体系架构

未来物联网集成服务将成为物联网市场应用的主导方向。AIoT的产业链及产业链核心环节，如图1-4所示。

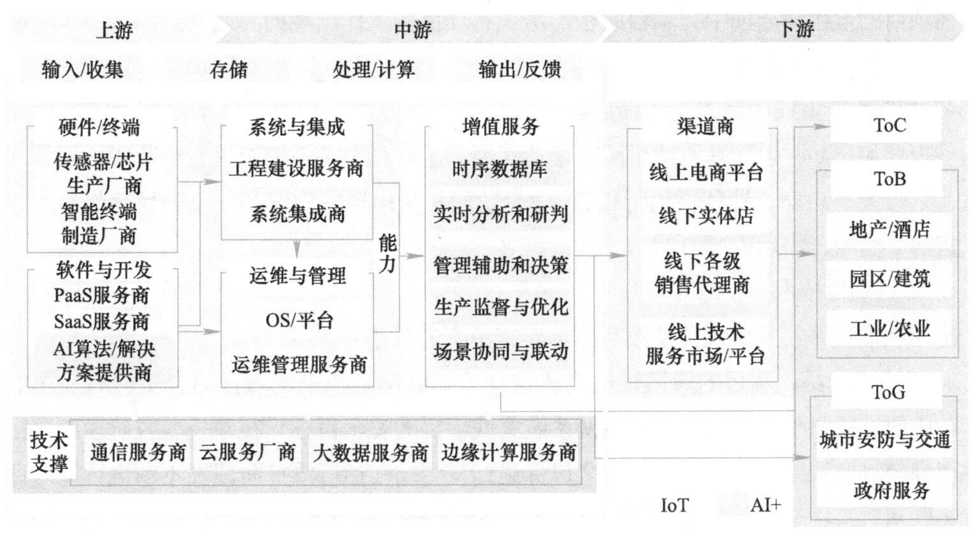

图1-4 AIoT全产业链

AIoT的全产业生态系统对了解物联网的发展趋势以及物联网系统集成领域产业分布情况有着很好的指导意义，如图1-5所示。

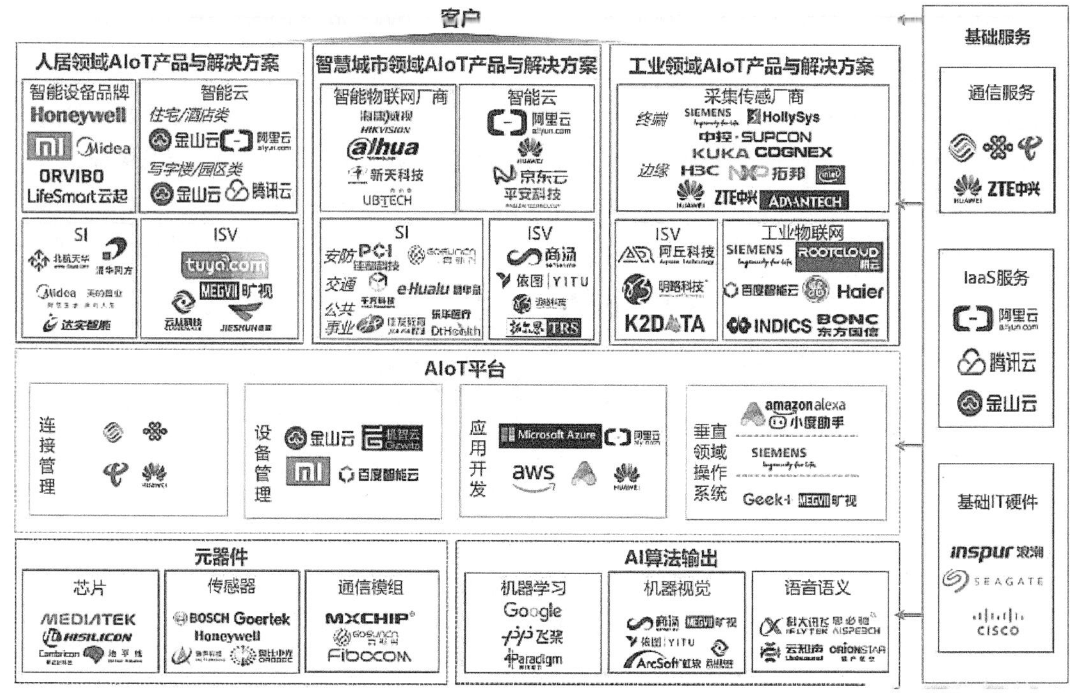

图1-5　AIoT的全产业生态系统

3. 物联网系统集成项目的全生命周期

（1）物联网系统集成项目的全生命周期划分

从物联网系统集成项目开始直至结束的时间段构成了物联网系统集成项目的全生命周期。在项目的全生命周期中，项目所在的组织将项目按工作出现的先后，组织成一个个前后连接且具有典型特征的阶段。

物联网系统集成项目的全生命周期可以从不同角度进行划分。从项目技术实施角度可划分为：规划和启动、设计开发或采购、集成实现、运行和维护、废弃这五个阶段。从管理活动角度可划分为：启动、计划、执行和收尾4个阶段；从市场销售服务以及项目运作角度可划分为：售前、售中、售后3个阶段。

（2）从项目技术实施角度划分

通常物联网系统集成项目从项目技术实施角度进行划分。

特别注意的是，项目的风险评估应该贯穿于物联网系统集成项目的全生命周期之中。在设计阶段要进行风险评估以确定物联网系统集成项目的安全目标；在建设验收阶段要进行风险评估以确定物联网系统集成项目的安全目标达到与否；在运行维护阶段要不断进行风险评估以确定物联网系统集成项目安全措施的有效性，确保安全目标始终如一得以坚持。每个物联网系统集成项目的生命周期阶段、阶段特征及风险评估的支持见表1-2。

表1-2 项目技术实施角度划分

生命周期阶段	阶段特征	风险评估的支持
阶段1——规划和启动	提出物联网系统集成项目的目的、需求、规模和安全要求	风险评估活动可用于确定信息系统的安全需求
阶段2——设计开发或采购	物联网系统集成项目的设计、购买、开发或建造	本阶段标识的风险可以用来为信息系统的安全分析提供支持，这可能会影响到系统开发过程中对体系结构和设计方案进行权衡
阶段3——集成实现	物联网系统集成项目的安全特性被配置、激活、测试并得到验证	风险评估可支持对系统实现效果的评价，考察其是否满足要求，并考察系统所运行的环境是否符合预期设计。有关风险的一系列决策必须在系统运行之前做出
阶段4——运行和维护	物联网系统集成项目开始执行其功能，一般情况下系统要不断修改，添加硬件和软件，或改变机构的运行规则、策略或流程等	定期对系统进行重新评估，或者信息系统在其运行性生产环境（如新的系统接口）中做出重大变更时，要对其进行风险评估活动
阶段5——废弃	本阶段涉及对信息、硬件和软件的废弃。这些活动可能包括信息的转移、备份、丢弃、销毁以及对软硬件进行的密级处理	当要废弃或替换系统组件时，要对其进行风险评估，以确保硬件和软件得到了适当的废弃处置，且残留信息也恰当地进行了处理。并且要确保系统的更新换代能以一个安全和系统化的方式完成

（3）从项目运作的角度划分

在针对一个具体的中大型物联网系统集成项目时，根据物联网系统集成项目过程管理的需要，从项目运作的角度来划分，物联网系统集成项目的生命周期可分为售前阶段、售中阶段和售后阶段，如图1-6所示。

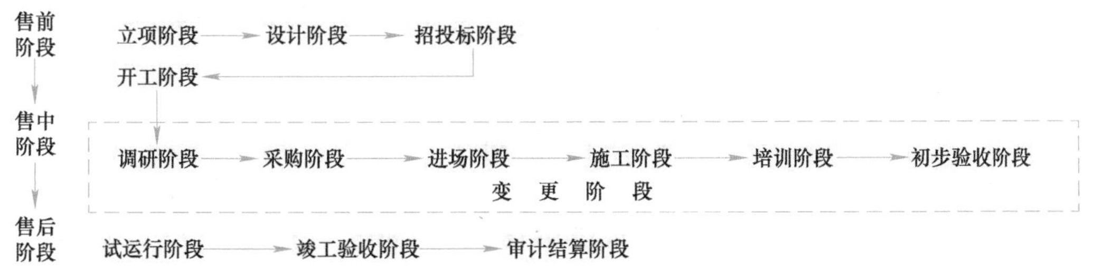

图1-6 物联网系统集成项目生命周期

1）售前阶段。售前阶段是系统集成服务供应商在客户未接触产品之前所开展的一系列刺激客户购买欲望的服务工作的阶段。售前阶段的主要目的是协助客户做好工程规划和系统需求分析，使得系统集成服务供应商的产品能够最大限度地满足客户需要，同时也使客户的投资发挥最大的综合经济效益。售前阶段可根据售前工作内容和项目进展情况划分为如下几个阶段。

① 立项阶段。立项阶段指系统集成服务供应商从获取客户要求到公司内部明确项目，并组建项目售前团队的阶段。

系统集成服务供应商在市场服务开展过程中获取客户要求，挖掘潜在商机，通过整合自身资源，进行客情分析、需求分析、业务场景分析等，并制定相应策略，形成解决方案。一般解决方案以PPT形式呈现，对客户进行宣讲，引导客户需求。确定项目潜在机会后，系统集成服务供应商任命售前项目经理，同时进行项目立项，并组建由公司销售、技术等人员组成售前项目小组，开展项目售前工作。

② 设计阶段。设计阶段主要是指系统集成服务供应商进行售前项目需求调研与分析、编制项目方案、进行方案交流论证的阶段。

从客户项目诉求产生到项目进入招标工作前，客户会多渠道接触系统集成服务供应商或设计单位，通过方案交流及论证，确立系统需求，明确方案期望与价值。系统集成服务供应商需要进行需求调研与分析、方案设计和策略定制，并进行售前宣讲呈现。

根据拟建项目设计的内容和深度，设计工作分阶段进行，主要包括初步设计方案的编制、实施方案的编制，对于大型项目还会进行详细设计方案的编制工作。因此系统集成服务供应商需要明确客户项目所在节点（项目规划阶段、申报立项阶段、可行性研究阶段、初步设计阶段），并根据客户项目所在节点要求的文档，编写与之对应颗粒度的项目方案。

初步设计文件应由有相应设计资质的单位提供，若为多家设计单位联合设计的，应由总包设计单位负责汇总设计资料。

③ 招投标阶段。招投标阶段是指从项目的招标和投标工作开展到结束的阶段。

完成设计后，项目进入招投标阶段，客户根据自身情况选择自行招标或委托招标，确定招标方式，一般采用公开招标、邀标（根据项目情况也会存在竞争性谈判、竞争性磋商、单一来源采购）。

在招标阶段，招标人（包括招标代理机构）需要编制、发布招标公告和投标邀请书，进行资格预审，编制和发售招标文件，组织现场勘察，召开投标预备会，组织现场开标。投标人（系统集成服务供应商）购买并解读招标文件，进行现场勘察，制定投标策略，编制投标文件，并进行应标呈现和标书答疑。

2）售中阶段。售中阶段是指系统集成服务供应商在系统集成项目中标，并与客户签订合同后，为客户提供的项目实施服务的工作阶段。在售中阶段，系统集成服务供应商主要工作内容为项目施工、项目管理和人员培训，最终按合同约定完成交付物验收。售中阶段可根据项目实施过程的重要节点和工作内容划分为如下几个阶段。

① 开工阶段。开工阶段是指从项目合同签订到项目启动会召开的工作阶段，是售前阶段与售中阶段的衔接部分。

在开工阶段，系统集成服务供应商成立项目实施管理机构，委任项目经理，明确项目组实施人员，进行开工申请，并配合监理完成项目启动会的召开。

项目启动会主要工作包括制定项目章程、识别项目干系人。项目章程是一份正式批准项目的文件，能记录和反映干系人需要和期望的初步要求的过程。识别项目干系人是识别所有受项目影响的人或组织，并记录其利益、参与情况和影响项目成功的过程。

② 调研阶段。调研阶段是指项目小组抵达项目现场，根据工作计划完成现场调研工作，明确项目现场实际情况的工作阶段。

由于物联网系统集成项目实际情况与项目初步设计通常会存在部分出入，若不经过现场调研，将会给后期的施工带来极大的困扰，如设备不符合要求导致退货、重新采购，设计不符合实际情况导致返工等。

③ 采购阶段。采购阶段是指从项目组提交采购申请到采购结束的工作阶段。

设备采购进度将直接影响项目工期，在资源有限的情况下，合理安排采购任务显得尤为重要。项目组可根据合同、变更单、项目进度计划及子项目划分情况，分批提交设备采购申请，也可在一份采购申请中以不同供货期要求提交所有设备的采购申请。

④ 进场阶段。进场阶段是指人员、设备（材料）进场，并进行设备（材料）开箱检测和报审的工作阶段。

设备（材料）开箱检测和报审是项目验收前保障设备质量的重要环节，若不注重设备（材料）开箱检测和报审，则可能导致后期设备质量纠纷。

⑤ 施工阶段。施工阶段是指设备（材料）进场后，项目组根据施工进度计划及施工规范完成施工的工作阶段。

施工人员进行施工前，技术负责人、安全员需要对施工人员进行安全和文明施工技术交底。施工过程中，项目组需要做好项目设备的安装、调试记录，特别是隐蔽工程的报验。

⑥ 培训阶段。培训阶段是指系统集成服务供应商对客户进行项目设备、系统的使用、管理和维护进行培训的工作阶段。

项目培训一般在施工阶段完成后集中进行，但部分项目也会在项目实施过程中根据实施情况边实施边培训。

良好的培训可以让客户对设备和系统给予极高的评价，满意度也会相应上升；此外，培训可以让客户协助系统集成服务供应商完成一些基本故障的处理，降低维护成本。

⑦ 初步验收阶段。初步验收阶段是指项目完成施工和培训后，达到初步验收条件，系统集成服务供应商提出初步验收申请到完成初步验收的工作阶段。

初步验收由监理公司组织，建设单位、承建单位参加。初步验收前，需要根据项目情况组建验收组织，并确定验收方式、验收内容、验收标准以及验收条件等。初步验收主要是通过会上听取承建单位建设成果汇报，并检查项目过程材料，同时结合现场检查软硬件系统的安装及初步运行情况的方式进行。

⑧ 变更阶段。变更阶段是指从发现变更需求到变更审批结束的工作阶段。

售中阶段的项目变更一般发生在项目调研到初步验收之间。变更内容包括合同工作内容的增减、合同工程量的变化、设计的更改、根据实际情况引起的结构物尺寸和标高的更改、合同外的工作等。

3）售后阶段。售后阶段就是在项目初步验收后，系统集成服务供应商对客户提供运维服务的工作阶段。项目进入售后阶段需要完成收尾工作。根据项目收尾工作的内容，可将售后阶段划分为如下几个阶段。

① 试运行阶段。试运行阶段是指项目通过初步验收后，按合同约定的时间和要求进行系统试运行的工作阶段。

在试运行阶段，系统集成服务供应商需要定期跟踪系统运行情况，做好系统试运行记录，包括《系统日常检查记录表》及《系统故障维护记录》。试运行结束后，依据试运行记录编写《系统试运行报告》，作为竣工验收工作报告的依据。如果在试运行阶段发现系统问题，系统集成服务供应商需要对系统进行改进和整改，使项目达到竣工验收标准。

② 竣工验收阶段。竣工验收阶段是指从项目试运行结束，达到验收标准后，系统集成服务供应商根据竣工验收规范，提交竣工验收申请到完成竣工验收和项目移交的工作阶段。

竣工验收由建设单位组织，设计单位、监理单位、承建单位参加。竣工验收前，需要根据项目情况组建竣工验收组织，并确定验收方式、验收内容、验收标准以及验收条件等。竣工验收主要是通过会上听取建设单位、设计单位、监理单位、承建单位项目管理和建设成果汇报，并检查项目过程材料，同时结合现场检查软硬件系统的安装及运行情况的方式进行。项目竣工验收通过后，承建单位正式移交项目给建设单位或运行管理单位。

③ 审计结算阶段。审计结算阶段主要是指项目达到结算条件时，建设单位和承建单位双方对项目发生的应付、应收款项做最后清理结算的工作阶段。

审计结算阶段一般在竣工验收通过后进行，但部分项目要求竣工验收前完成审计。审计结算过程中，承建单位需要按照项目地的审计流程，编制《项目结算书》，协同建设单位整编审计资料，提交审计单位审计，并配合完成审计工作，最终完成项目尾款办理。

任务实施

结合物联网系统集成以及物联网系统集成项目全生命周期的相关知识，通过了解智慧工业园项目的特点，合理正确地填写任务实施表（见表1-3）。

表1-3　任务实施表

项目名称	项目阶段	阶段任务	任务要求	任务规划	阶段任务占比
智慧工业园	售前阶段				
	售中阶段				
	售后阶段				

任务检查与评价

完成任务后进行任务检查，可采用小组互评等方式，任务检查评价单见表1-4。

表1-4　任务检查评价单

任务：认识物联网系统集成项目				
专业能力				
序号	任务要求	评分标准	分数	得分
1	分析不同角度划分项目全生命周期的意义	描述清晰，逻辑合理，能充分运用知识	30	
2	结合智慧工业园项目，依据项目全生命周期相关知识填写表格	阶段任务划分合理	5	
		任务要求明确、语言逻辑清晰	15	
		阶段任务占比合理，并能根据项目阐述阶段任务规划的理由	10	
		完成任务实施表的填写，逻辑合理充分，项目阶段任务意识强	30	
专业能力小计			90	
职业素养				
序号	任务要求	评分标准	分数	得分
1	资料准备齐全	物联网系统集成项目全生命周期、智慧工业园项目相关资料（包括网络获取的资料）	5	
2	遵守课堂纪律	遵守课堂纪律，保持工位区域内整洁	5	
职业素养小计			10	
实操题总计			100	

任务小结

通过认识物联网系统集成项目的任务，了解物联网系统集成是通过结构化的拓扑设计和各种网络技术，将各个分离的设备、功能和信息等集成到相互关联、统一协调的系统之中，使资源达到充分共享，实现集中、高效、便利的管理的。系统集成采用功能集成、网络集成、软件界面集成等多种集成技术。

物联网系统集成实现的关键在于解决系统之间的互连和互操作性问题，它是一个多厂商、多协议和面向各种应用的体系结构。物联网系统集成需要解决各类设备、子系统间的接口、协议、系统平台、应用软件等与子系统、建筑环境、施工配合、组织管理和人员配备相关的一切面向集成的问题；物联网系统集成的本质是最优化的综合统筹设计，即所有部件和成分合在一起后不但能工作，而且全系统是低成本的、高效率的、性能匀称的、可扩充的和可维护的系统。为了达到此目标，高素质的系统集成技术人员不仅要精通各个厂商的产品和技术，能够提出系统模式和解决方案，对用户的业务模式、组织结构等有较好的理解，同时能够用现代工程学和项目管理的方式，对信息系统各个流程进行统一的进程和质量控制，并提供完善的服务。

同时了解物联网系统集成项目是如何用不同维度划分项目全生命周期的，通过项目类型选择适合的角度划分项目全生命周期，如超大型的智慧城市、大型的智慧园区等项目，涉及的不同子系统、不同模块、不同流程、不同功能项等，复杂程度较高，投资金额也比较大，甚至要分几期来进行递进式实施，在这种情况下就采用市场销售叠加项目实施的方式来进行划分，更能贴近项目并较好地加以管控；而智能家居的项目，通常属于小型的物联网项目，元素简单，金额也不是很大，这样的情况就采用直接管理方式，对任务的实施和管控能达到较好的效果。因此不同的项目采用不同的划分方式是十分重要的，对项目有着实质的意义。

任务拓展

1）智慧校园该如何设计？设想一下哪些场景能让校园变得智能起来，分析用什么方式划分智慧校园的项目全生命周期更便于管理。

2）利用互联网搜集资料，分别阐述智慧农业、智慧交通、智慧物流等相关领域的不同场景。

任务2 需求调研与分析

职业能力目标

1）能根据与客户沟通的结果，使用办公软件，完成客户需求调查表（建设内容、业务范围、使用人员、功能描述、性能要求等）的制作。

2）能根据系统需求，完成现场勘查，并使用CAD软件或Visio软件，完成平面图的准确绘制。

3）能根据客户需求或项目方案，使用办公软件，完成项目方案演示稿（如PPT文档）的编制和演讲。

任务描述与要求

任务描述

小陆接受了公司的××智慧工业园物联网集成项目，现在需要进行××智慧工业园物联网集成项目的前期需求调研的工作。为了全面地掌握这个项目的需求情况，他必须要对需求方进行访谈、实际现场勘查等工作，并根据这些工作填写对应的记录。小陆需要填写项目的基础信息表、用户访谈记录表、现场勘查记录表，以及需求调研表。表格填写的内容要清晰明了，符合填写规范。

任务要求

1）从项目管理部门了解项目基础信息。

2）了解建设者的总体目标。

3）从业务部门了解具体业务需求。

4）从技术部门了解具体设备需求。

5）整理需求信息，形成需求分析报告。

任务分析与计划

1. 任务分析

通过对物联网系统集成项目需求调研与分析的基础知识学习，对一个物联网工程前期所做的工作，如调研、勘查、分析等有一个大致的了解。下面运用所学习的知识，试着对××工业园这个特定的对象，进行物联网智能改造，做出相应的需求调研以及分析，并输出分析结果。

案例：××工业园升级改造成为智慧工业园，依据案例要求填写××智慧工业园项目的基础信息表、用户访谈记录表、现场勘查记录表以及需求调研表，其中需求调研表要收集到详细的、全面的、准确的用户需求。在需求调研表的基础上，进行一些简单的可行性研究和系统性分析，访谈记录表与现场勘查记录表可以参考表1-7和表1-9进行有针对性的、创新性的添加或修改。

2. 任务实施计划

根据物联网系统集成项目需求调研与分析的相关知识，制订本次任务的实施计划。计划的具体内容可以包括物联网系统集成项目的需求调研、勘查、分析等，任务计划见表1-5。

表1-5　任务计划

项目名称	智慧工业园方案设计
任务名称	需求调研与分析
计划方式	参照任务实施中的表1-6、表1-7、表1-8和表1-9设计
计划要求	请用若干个计划环节来完整描述出如何完成本次任务
序号	任务计划
1	填写物联网系统集成项目基础信息表
2	填写物联网系统集成项目用户访谈记录表
3	填写物联网系统集成项目现场勘查记录表
4	填写物联网系统集成项目需求调研表
5	论述物联网系统集成项目是如何做好前期的调研和勘查工作，重要的环节要注意什么，提前做好哪方面的准备

知识储备

物联网系统集成项目的需求分析是获得和确定支持物联网工程和用户有效工作的系统需求的过程，需求描述了物联网系统的具体行为、特征、属性等，是物联网工程设计、实现的约束条件，物联网系统集成项目的可行性分析是在需求分析的基础上，对项目的设计、目标、功能、范围、需求以及实施方案要点等内容进行论证，得出可行的重要依据。

物联网系统集成项目的需求调研与分析是项目方案编制前的必经之路，由于物联网系统集成是综合性比较强的非标准化项目，需求调研与分析是否翔实将直接关系到项目设计及项目成果是否满足用户需求，以及项目实施期间变动的大小。需求调研与分析旨在解决项目“做什么”的问题，并把用户需求转变为功能需求和非功能需求，然后准确地表达出项目的目的、范围和功能等。

经过各种方式的调研、勘测等行为，获取到相关物联网系统集成项目的用户需求，并经过可行性的分析和论证后，完成《物联网系统集成项目用户需求说明书》，作为后期物联网系统集成项目设计的基础。

1．需求调研与分析概述

物联网系统集成项目的需求分析是获得和确定支持物联网工程和用户有效工作的重要过程。

物联网工程项目的需求分析是用来获取物联网系统需求并对其进行归纳整理的过程。

需求分析的过程是物联网实施的基础，是物联网工程项目实施过程中的关键阶段。

2．需求调研与分析的目标

需求调研与分析的基本目标：全面了解用户的需求，包括应用背景、业务需求、安全性要求、通信量及其分布情况、物联网环境、信息处理能力、管理需求、可扩展性需求等；编制可行性研究报告，为项目立项、审批及设计提供基础性素材；编制用户需求分析报告，为设计提供总体依据。

另外，需求调研与分析的目标还包括：

1）确定项目任务，包括项目建设内容、范围、工期、资金等。

2）掌握用户需求，包括业务需求、应用场景需求、安全需求、管理需求等内容。

3）编制需求分析说明文档。

4）提供方案编制基础性素材。

3. 需求调研与分析的内容

需求调研的主要内容有：

1）项目建设目标、总体业务需求、总体工期要求、投资预算等信息。

2）用户行业状况、行业业务模式、内部组织结构、外部交互方式等信息。

3）具体的用户需求、业务需求、应用需求、场景需求、使用方式等信息。

4）具体的环境状况、设备需求、网络需求、安全需求、管理需求、维护需求等信息。

需求分析的主要内容有：

1）物联网技术需求：项目可应用的物联网技术趋势和发展方向等。

2）系统业务需求：用户业务类型、信息获取方式、应用系统功能、信息服务方式等。

3）设备需求：设备的分布情况、通信方式、通信数据量、环境条件等。

4）系统性能需求：物联网系统信息处理能力的要求。

5）管理需求：物联网系统管理、维护的要求。

6）安全性需求：物联网系统的设备安全、网络安全等要求。

7）可靠性需求：物联网系统故障率的要求。

8）扩展性需求：未来物联网系统扩展的要求。

依据物联网系统的特性，物联网系统集成项目的需求分析必须考虑到的内容如图1-7所示。

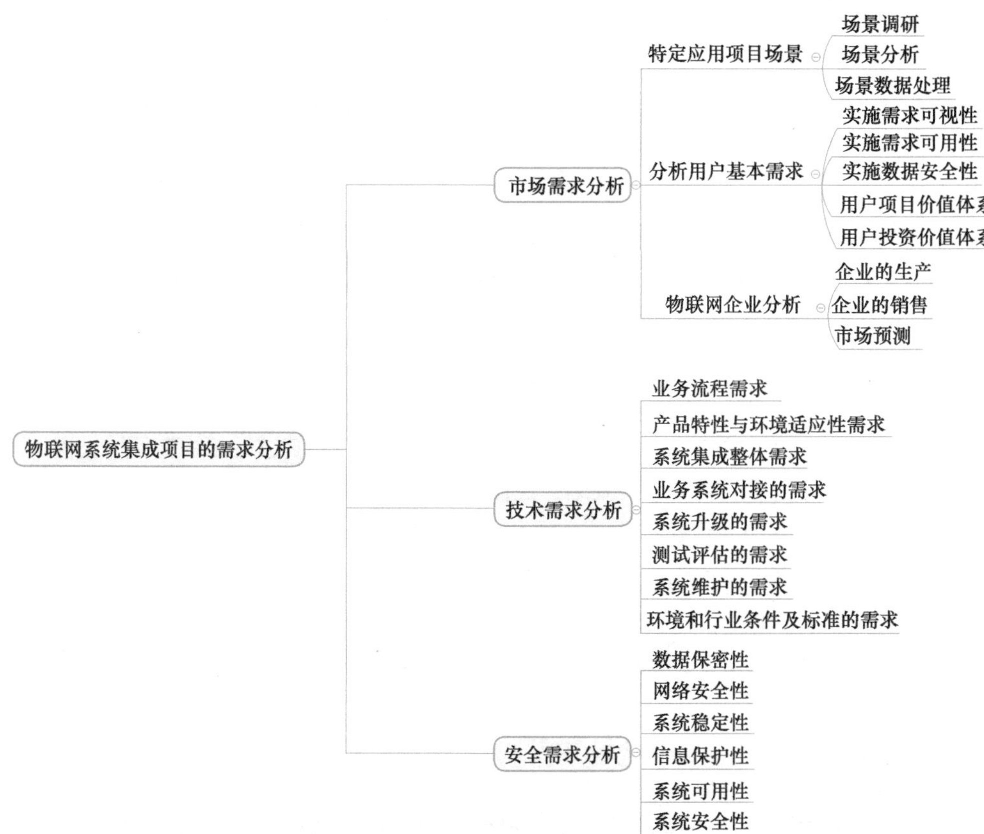

图1-7　物联网系统集成项目的需求分析

4．需求调研与分析的步骤

（1）调研准备

调研准备工作充分程度，将很大程度影响调研资料收集的完整性。调研准备工作主要包括如下几个内容：

1）前期项目信息、用户信息的收集分析。从销售人员、网络、用户历史项目获取项目及用户信息，并加以分析。

2）项目所属行业动态、物联网新技术应用资料的收集、学习。

3）根据已有信息，明确调研目标、调研内容、调研方式和步骤，并编制调研用表。

（2）调研实施

调研实施是需求信息收集的过程。需求信息收集主要方法有：

1）用户访谈。访谈前需要制订访谈计划、准备访谈内容。通过与用户的交谈，了解用户对本项目的理解及他们的想法或愿望，并详细记录交谈内容，同时收集项目相关的资料。

2）现场勘查。现场勘查能够直观、准确地掌握物联网系统搭建的物理环境，是物联网系统集成项目设计必要的步骤和手段。现场勘查需要明确勘查的内容、制订勘查计划、准备勘查工具等。

3）问卷调查。通过调研准备阶段编制的调查问卷，可以快速收集用户的业务需求、应用场景需求等信息。调查问卷应尽可能简洁，以选择题为主。

（3）需求分析

需求分析就是把用户需求转变为功能需求和非功能需求的过程。需求分析的一般流程如下：

1）岗位职责分析，即分析用户单位岗位、人数及相关职责信息。

2）系统用户分析，即通过岗位和职责的描述，分析物联网系统用户群体，整理出物联网系统用户的业务需求。

3）用户场景分析，即通过物联网系统用户的业务需求，分析物联网系统用户使用系统的场景，并详细描述。

4）用户用例分析，即进一步将每个用户场景细分成用户用例，描述用户前后置条件和用户流程。

5）功能需求分析，即根据分析得到的物联网系统用户群体，描述物联网系统用户的工作内容和对应的需要实现的系统功能点。

6）非功能需求分析，即描述物联网系统性能需求（如信息处理能力、通信能力等）、安全需求（如网络安全、设备安全等）、管理需求、架构需求、环境需求、可靠性需求、扩展性需求等。

7）编制需求说明书，即根据以上分析结果，结合现场勘查结果及其他收集的资料，梳理形成一份内容翔实的需求说明书。

5．现场勘查的注意事项

现场勘查是物联网系统集成项目能够获得需求方认可的重要前提条件。良好的勘察设计方案，其价值体现在：实现物联网最大化契合用户业务需求、提高设备配比效率，保障需求方的回报、以最优化的理念指导部署，降低物联网后期维护投入。

（1）现场勘查前用户的准备工作

1）确定覆盖区域，明确覆盖要求（可考虑采用座谈、电话以及问卷调查表等形式进行）。

2）提供覆盖区域的平面图，协助进行平面图的布局分析。

3）提供设备可安装的位置范围，以及环境、美观、灵敏度等需求。

4）提供现场环境结构和使用状况。

5）负责协调现场情况，需要物业、安防以及业务人员授权支持。

6）提供现场工程实施的具体要求，如供电方式、走线、接地线要求、防盗、防雷、温湿度等要求。

（2）现场勘查前勘查人员的准备工作

1）用户实际业务中确定会使用到的一些物联网终端设备。

2）数码照相机、测距仪、增益天线、后备电源、笔记本计算机、标签纸等。

3）超长测距仪对应的模拟软件系统、信号增益识别软件等。

（3）现场勘查的要素

1）覆盖区域平面格局情况，包括覆盖区域形状、距离和面积等。

2）覆盖区域空间格局情况，包括室内、室外、楼层间、空间大小等。

3）覆盖区域障碍物的分布情况、材质以及深浅厚度等情况。

4）区域内需要物联网终端接入的大致数量情况。

5）物联网网关设备可以安装的位置区域和采用的安装方式。

6）物联网AP、物联网网关及接入交换机等设备的接线、取电等方式。

7）客户特定的要求，如温湿度、节能情况、光照情况、环境适应情况、美观等。

8）覆盖区域内无线环境，有无其他物联网设备、同频段设备、大电流启动设备等干扰源。

9）客户现有的网络组网情况，如有线宽带、接入端口数量、带宽多少、出口资源等。

（4）现场勘查的决策事项

1）确定物联网应用，决定设备选型，确认准确且可安装的位置。

2）核准覆盖所需设备总数量，并附加10%左右的余量。

3）确认对应的天线类型，如内置、外置天线等。

4）确定采用的设备供电方式，如POE、POE+、本地供电等。

5）核算接入交换机端口数，根据数据情况和供电方式进行数量配比。

6）勘查现场存在的无线干扰源，选择合适的方式规避或整改。

7）测算接入端口带宽、出口宽带是否匹配，交换机所在的安装环境是否符合有线网络安装环境指标要求，是否需要做出必要的整改。

任务实施

1．收集××智慧工业园项目的基础信息，填写基础信息表（见表1-6）

表1-6　基础信息表

编号：FTJL-年-月-日-×××

<table>
<tr><td>项目名称</td><td colspan="4">××智慧工业园项目</td><td>备注</td></tr>
<tr><td>项目预算</td><td colspan="4">×××万</td><td></td></tr>
<tr><td>项目周期</td><td colspan="4">建设周期分为___个周期（预期）</td><td></td></tr>
<tr><td rowspan="4">项目决策链</td><td>姓名</td><td>职务</td><td>角色</td><td>联系方式</td><td rowspan="4"></td></tr>
<tr><td>王××</td><td>工业园集团总裁</td><td>项目批准人</td><td>×××××××××××</td></tr>
<tr><td>张××</td><td>工业园总经理</td><td>项目决策人</td><td>×××××××××××</td></tr>
<tr><td>刘××</td><td>工业园部门经理</td><td>项目负责人</td><td>×××××××××××</td></tr>
<tr><td>历史合作项目</td><td colspan="4">可追溯园区或需求方的一些项目案例，作为本次项目的参考依据、若有多个案例尽量多收集，采样多更有指导意义</td><td></td></tr>
<tr><td>项目阶段</td><td colspan="4">××智慧工业园-物联网项目规划设计阶段</td><td>初阶</td></tr>
</table>

2．访谈需求方，填写××智慧工业园项目用户访谈记录表（见表1-7）

表1-7　用户访谈记录表

编号：FTJL-×××-××.××.××

<table>
<tr><td>项目名称</td><td colspan="5">××智慧工业园项目</td></tr>
<tr><td>访谈日期</td><td></td><td>访谈方式</td><td></td><td>记录整理人</td><td></td></tr>
<tr><td rowspan="2">用户被
访谈人员</td><td>姓名</td><td>部门</td><td>职务</td><td colspan="2">联系方式
（邮箱/电话/QQ/微信）</td></tr>
<tr><td></td><td></td><td></td><td colspan="2"></td></tr>
<tr><td rowspan="2">我方访谈参与人员</td><td>姓名</td><td colspan="4">联系电话</td></tr>
<tr><td></td><td colspan="4"></td></tr>
<tr><td>智慧工业园构想</td><td colspan="5">工业园能实现人性化的人机互动，充分考虑智慧、人文、实用的理念，让园区处处洋溢着科技感，让人流连忘返</td></tr>
<tr><td>智慧工业园
细节呈现</td><td colspan="5">（具体实施技术细节）</td></tr>
<tr><td>智慧工业园
资料收集</td><td colspan="5">通过现场访谈，收集物联网系统工程的设计元素：实现方式、技术手段、环境需求、供电方式、资源配备……</td></tr>
<tr><td>智慧工业园物联网集成系统方案</td><td colspan="5">输出方案供论证</td></tr>
</table>

备注：访谈记录表是我方发起的非正式的文档，在核心技术或某些核心需求点确立后，需要以正式文本形式确定访谈内容并邀请需求方确认签字，并妥善保管好相关的记录以便工程实施后可查可追溯。

3．勘查智慧工业园的现场后，填写现场勘查记录表（见表1-8）

表1-8　现场勘查记录表

编号：FTJL-×××-××.××.××

项目名称					
勘查日期				记录整理人	
用户参与人员	序号	姓名	部门	职务	联系方式 （邮箱/电话/QQ/微信）
	1				
	……				
我方参与人员	序号	姓名	联系电话		
	1				
	……				
勘查内容 情况说明	设备供电条件： 通信信号情况： 综合布线条件： 防雷接地情况： 已有设备情况： ……				
平面草图					
现场照片					
项目收集资料					

4．根据智慧工业园项目的基础信息表、用户访谈表、现场勘查记录表，填写智慧工业园项目的需求调研表（见表1-9）

表1-9　需求调研表

编号：FTJL-×××-××.××.××

项目名称	××智慧工业园项目				
勘查日期				记录整理人	
用户参与人员	序号	姓名	部门	职务	联系方式 （邮箱/电话/QQ/微信）
	1				
	……				
我方参与人员	序号	姓名	联系电话		
	1				
	……				
智慧工业园 通信频段	低频（LF）：适用门禁控制、标签 高频（HF）：智能卡、图书馆读卡等 超高频（UHF）：室内定位、传感数据采集等 超高频（UHF）800MHz以上：物资识别、人流统计等				
智慧工业园设备、 系统集成框架	监控：前端摄像、热红外、成像、人体感知 门禁：电子巡更、门锁、读卡、考勤 停车：车牌识别、车辆管理、立体车库、出入管理 消防：灾情监控、报警系统、灭火联动 安防：防盗报警系统 身份识别：身份管控系统、出入管理联动、访客系统 园区广播：公共广播系统、区域广播系统 ……				
园区中心控制	智慧照明及中央控制系统、智慧办公系统、园林管理系统、防火系统……				
现场照片					
项目收集资料					

任务检查与评价

完成任务后进行任务检查，可采用小组互评等方式，任务检查评价单见表1-10。

表1-10　任务检查评价单

<table>
<tr><td colspan="5">任务：需求调研与分析</td></tr>
<tr><td colspan="5">专业能力</td></tr>
<tr><td>序号</td><td>任务要求</td><td>评分标准</td><td>分数</td><td>得分</td></tr>
<tr><td>1</td><td>项目基础信息表填写</td><td>正确填写表格，描述清晰，逻辑合理，能充分理解知识并正确运用，对表格的构思有自己的创新</td><td>20</td><td></td></tr>
<tr><td>2</td><td>项目用户访谈记录表填写</td><td>正确填写表格，描述清晰，逻辑合理，能充分理解知识并正确运用，对表格的构思有自己的创新</td><td>20</td><td></td></tr>
<tr><td>3</td><td>项目现场勘查记录表填写</td><td>正确填写表格，描述清晰，逻辑合理，能充分理解知识并正确运用，对表格的构思有自己的创新</td><td>20</td><td></td></tr>
<tr><td rowspan="2">4</td><td rowspan="2">项目需求调研表填写</td><td>根据基础信息表、用户访谈记录表、现场勘查记录表的相关内容，合理地构思需求调研表</td><td>10</td><td rowspan="2"></td></tr>
<tr><td>正确填写表格，描述清晰，逻辑合理，能充分理解知识并正确运用，对表格的构思有自己的创新</td><td>20</td></tr>
<tr><td colspan="3">专业能力小计</td><td>90</td><td></td></tr>
<tr><td colspan="5">职业素养</td></tr>
<tr><td>序号</td><td>任务要求</td><td>评分标准</td><td>分数</td><td>得分</td></tr>
<tr><td>1</td><td>编制物联网系统集成项目需求调研与分析的相关表格</td><td>能编制出物联网系统集成项目前期需求调研与分析的相关表格</td><td>5</td><td></td></tr>
<tr><td>2</td><td>遵守课堂纪律</td><td>遵守课堂纪律，保持工位区域内整洁</td><td>5</td><td></td></tr>
<tr><td colspan="3">职业素养小计</td><td>10</td><td></td></tr>
<tr><td colspan="3">实操题总计</td><td>100</td><td></td></tr>
</table>

任务小结

物联网系统集成项目的需求分析是获得和确定支持物联网工程和用户有效工作的重要过程。在这个过程中，通过项目的基础信息表、用户访谈表、现场勘查表以及需求调研表，充分地了解到需求方的具体需求并在这些资料的基础上有针对性地做出可行性研究，最终输出《物联网系统集成项目用户需求说明书》。《物联网系统集成项目用户需求说明书》可为项目立项、审批提供基础性的素材，为设计提供可靠依据。

任务拓展

物联网系统集成项目，在特殊的环境和行业条件下，对系统的选择、安装有着较高的要求，如温湿度、气候、环境等。思考在一个特殊的环境和行业条件下，如何通过前期的需求分析，为项目设计提供精确且可靠的依据。

任务3 项目总体方案设计

职业能力目标

1）能根据系统功能和项目特性，使用Visio绘制总体设计架构图。

2）能根据用户需求或项目方案，使用办公软件，完成项目方案演示稿（如PPT文档）的编制和演讲。

任务描述与要求

任务描述

小陆对××智慧工业园物联网系统集成项目进行细致的调研与分析后，形成了一套较为完善的项目需求说明书。在项目需求说明书的基础上，小陆需要对整个项目做一个总体的规划设计，根据项目需求说明书的内容进行总体项目架构层面的技术设计。

要求使用Visio进行总体设计的绘制，根据物联网层级划分的要求，进行感知层、网络层、应用层这三个层面的模块设计，输出总体项目模块结构图。

任务要求

1）运用物联网系统三层架构方式进行绘制。

2）设计各个模块之间的通信关联要清晰明确。

3）层级之间的关联关系、功能特性、逻辑关系要进行正确标识。

任务分析与计划

1．任务分析

通过对物联网系统集成项目总体设计的基础知识学习，对一个物联网系统工程的总体设计思路有大致的认识和了解，运用所学的知识，依托××智慧工业园的项目需求，进行总体方案的设计。

根据物联网层级划分的要求，进行感知层、网络层、应用层这三个层面的模块设计，明确模块与模块之间的关系，层级与层级之间的数据走向。

案例：××工业园升级改造成为智慧工业园，依据要求，分析智能安防系统、智能交通系统、智能楼宇控制系统子场景所需的模块，并进行总体方案设计。进行总体方案设计的时候，可以先忽略设备选型的部分，只需将模块规划出来，模块与模块之间的衔接和拓展体现出来，形成智慧工业园的整体设计方案即可。

2．任务实施计划

根据物联网系统集成项目总体方案设计的相关知识，制订本次任务的实施计划。计划的具体内容可以包括任务前的准备、分工等，任务中的具体实施步骤，任务计划见表1-11。

表1-11　任务计划

项目名称	智慧工业园方案设计
任务名称	项目总体方案设计
计划方式	选取智慧工业园的三个子场景中的任意一个场景进行总体架构设计
计划要求	设计合理，布局清晰准确
序号	任务计划
1	物联网感知层设计，罗列出场景所需的模块
2	物联网网络层设计，根据选取的场景的不同，设计适合该场景的网络结构分布模块，并绘制网络结构图
3	物联网应用层设计，根据智慧工业园三个场景的应用来进行总体模块设计，并绘制模块之间的联系
4	论述物联网系统集成项目的总体方案设计如何使数据能够进行上下行的贯通，如何实现相应功能

知识储备

1. 项目总体设计概述

《物联网系统集成项目用户需求说明书》以项目清单的形式列举用户的各种需求，确保项目总体方案设计符合用户需求，同时提供应用项目总体设计的思路，确保项目的顺利实施，作为用户、系统集成商以及产品供应商之间的项目验收和质量保证的依据。

（1）物联网系统集成项目的总体设计的三个要点

1）用户需求说明书和总体设计说明书的界限是比较模糊的，用户需求说明书的概念模糊，留给设计和开发更多的想象空间。

2）项目总体设计应该有实质性内容，以描述和量化用户需求说明书。

3）项目总体设计的基本目标是确定的、可供选择的，在满足用户需求的系统配置基础上，推荐适当的配置，并在系统说明书中加以描述。

（2）物联网系统集成项目总体方案设计的四个部分

1）系统集成部分。系统集成部分贯穿于设计的始终，是使各个子系统相互融合的重要手段。系统集成的理念和设计思路体现在项目的每一个环节，起到综合并优化系统性能的作用。

2）通信方式的选择。物联网系统集成项目的设备存在无线、有线两种通信方式。无线通信方式具有便捷性、移动性和扩展性好等特性，适合在不同项目复杂状态下的使用，能够灵活高效地组网。有线通信方式相对无线来说，具有稳定性高、抗干扰能力强等特点。

3）子系统的规划。根据用户需求来确定子系统，包括通信网络系统、安全防护系统、自动控制系统、功能展示系统等。

4）系统控制方式。系统的控制方式有按钮式控制、非接触式控制、场景控制、红外控制、影像识别控制、信号转换控制等。

2. 项目技术方案设计

物联网系统集成项目技术方案是指为解决各类技术问题，有针对性、系统性地提出方法、应对措施及相关对策，包括项目建议书、项目解决方案、项目可行性研究方案、项目初步设计方案、项目实施方案、施工组织设计方案、投标文件中的技术文件等。

（1）设计原则

物联网系统集成项目技术方案的设计应在项目政策、预算、时间、技术的约束条件下进行设计，遵循以下基本原则：

1）项目技术方案设计符合有关国家和行业的通用标准、协议和规范，保证系统运行稳定可靠、数据安全。

2）在采用的技术方面，项目技术方案设计应体现先进、实用的特点，优先采用先进技术产品和设备，确保本项目建设结束后相当一段时间内技术不落后。

3）项目技术方案设计应具有开放性、可扩展性和安全性，具备开放的结构（通信协议、数据结构开放）和标准的接口，便于与其他系统组网，实现系统的扩展、集成与资源共享。

4）能够实现最优的系统性能价格比，充分利用有限的资金实现完善的系统功能。

（2）项目技术方案设计的主要内容

1）需求分析。需求分析是项目决策者和技术负责人关注的内容，是方案符合用户需求的关键。

2）系统总体设计。系统总体设计主要阐述系统模式、系统架构、系统组成、系统功能、系统特点和重点问题的解决方式。

3）系统详细设计。系统详细设计描述每个组成部分的详细设计。系统详细设计要详细、明确、分层次、分子系统地进行阐述和介绍。系统详细设计要列出系统所需的设备清单，包括设备名称、数量、规格等内容。

项目技术方案若用于方案比选、洽谈技术协议和合同之前的技术交底，应列出典型的用户案例，进一步证明物联网系统集成商提供的技术方案是先进的、实用的、可操作的。

3．项目技术方案的总体设计

项目技术方案的总体设计主要任务是在可行性论证和用户需求分析的基础上，对整个物联网系统进行划分子系统、配备设备、存储数据和规划整个系统等，进而确定系统总体架构，规划网络拓扑结构。

（1）物联网系统集成项目子系统划分

1）子系统的划分原则。物联网系统一般按照功能或逻辑可以划分为若干子系统。划分子系统应遵循如下原则：

① 子系统内部数据和功能高凝聚，子系统与子系统之间数据和功能相对独立，信息依赖性弱。

② 充分考虑企业组织结构和管理工作的需要。

③ 有利于总系统的分阶段实现。

2）子系统的划分方法。子系统划分的方法多种多样，常用的方法有：

① 参照已实施的物联网系统，按照其子系统的划分或同类项目的划分，并结合拟建项目的建设内容来确定子系统。

② 参照建设单位现行组织机构和其业务活动来划分子系统。

③ 根据用户需求分析中得到的信息以及功能来划分子系统。

3）绘制系统功能结构图。系统功能结构图能对硬件、软件、解决方案等进行解剖，详细描述功能列表的结构和构成，如图1-8所示。从概念上讲，上层功能包括（或控制）下层功能，越上层功能越笼统，越下层功能越具体。

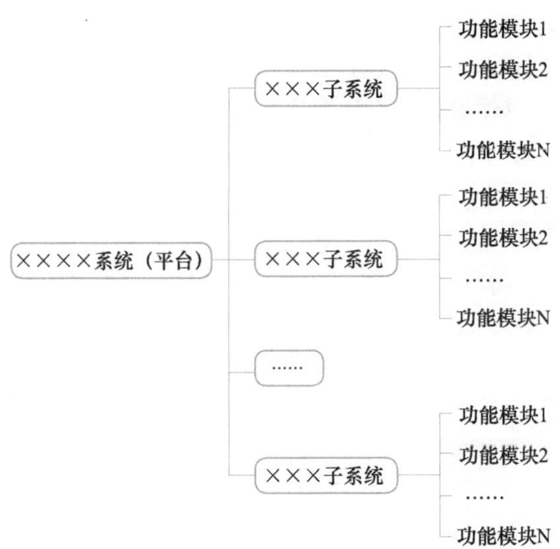

图1-8 系统功能结构图

（2）物联网系统集成项目系统总体架构设计

针对物联网体系架构，IEEE、ISO/IEC JTC1、ITU-T、ETSI等组织均有不同的研究成果输出。我国的全国信息技术标准化技术委员会（SAC/TC 28）也提出了GB/T 33745-2017 物联网系统参考体系结构。ISO/IEC 29182-3传感器网络参考体系架构如图1-9所示。

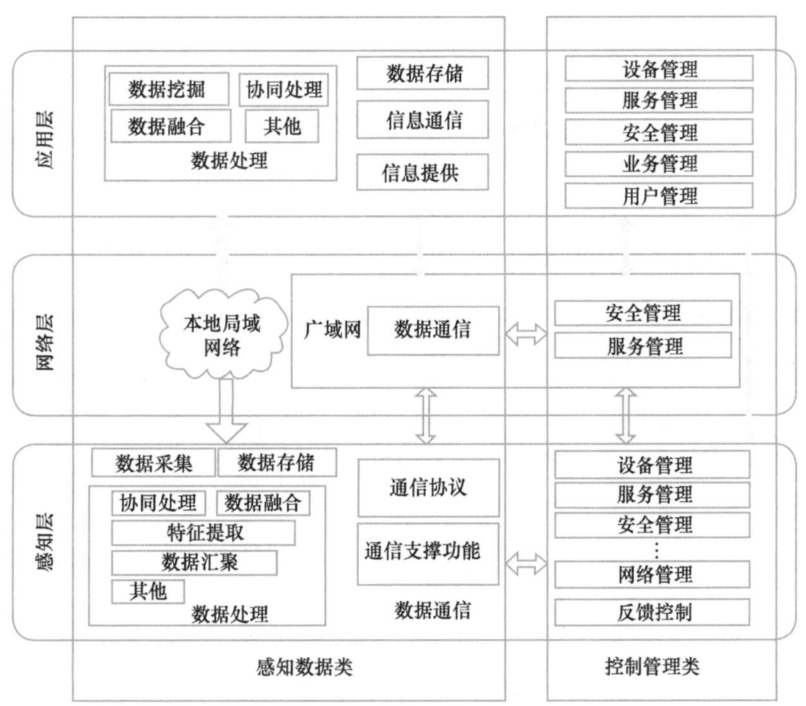

图1-9 ISO/IEC 29182-3传感器网络参考体系架构

该参考体系架构分为三层，即感知层、网络层、应用层。

感知层：完成数据采集、处理和存储等功能，同时完成传感节点、路由节点和传感器网络网关的通信和控制管理功能。

网络层：完成感知数据到应用服务系统的传输，不需对感知数据进行处理。

应用层：利用感知数据为用户提供服务。

物联网系统集成项目总体架构的设计要遵循物联网系统参考体系结构，并结合项目自身特点进行设计，系统总体架构示意图如图1-10所示。

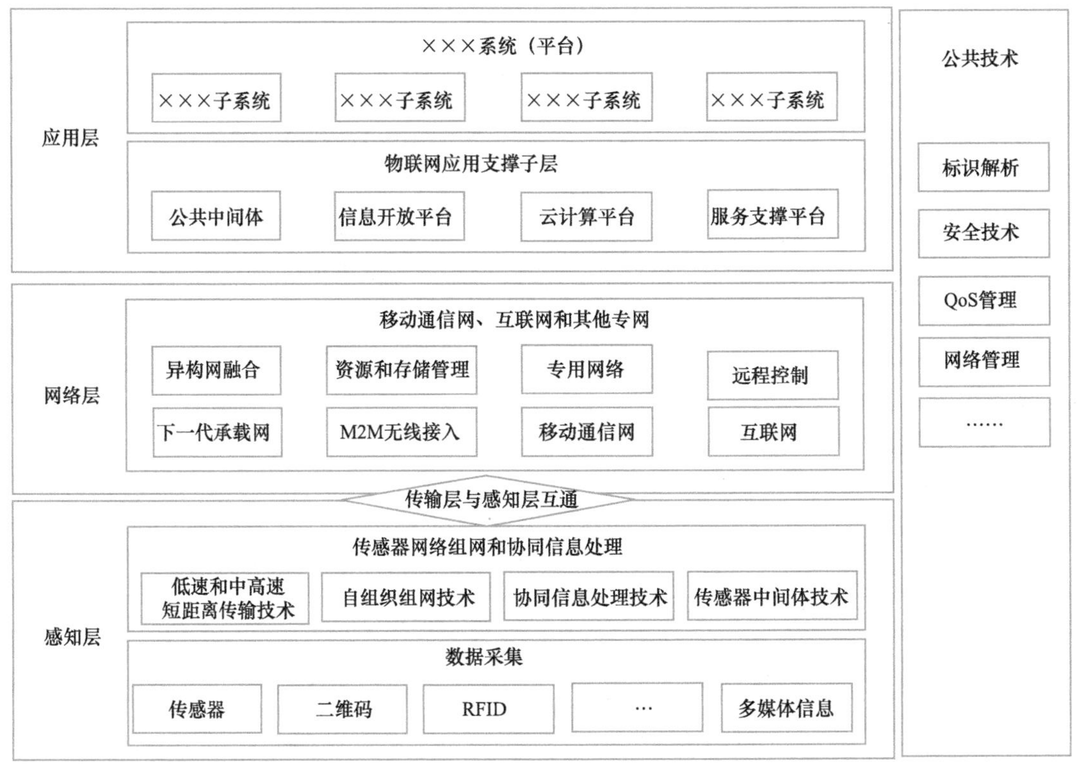

图1-10　系统总体架构示意图

物联网系统总体架构案例图如图1-11所示。

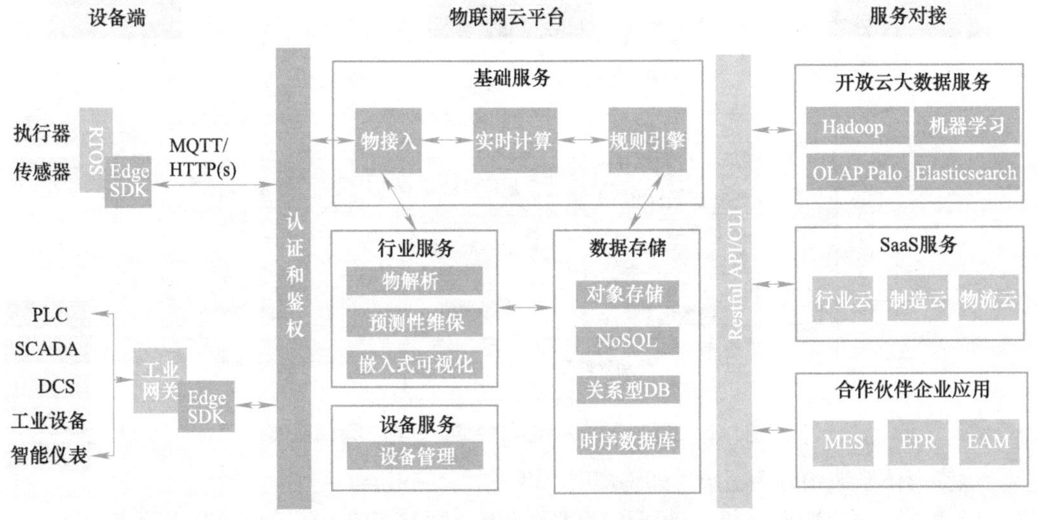

图1-11　物联网系统总体架构案例图

(3)物联网系统集成项目总体网络规划

1)总体网络规划原则。物联网系统集成项目总体网络规划应遵循如下原则:

① 规划的网络系统应采用开放的技术,遵循国家标准,部分系统还要遵循国际标准。

② 规划的网络系统应稳定可靠,保证网络系统具备高平均无故障时间和低平均故障率。

③ 规划的网络系统应考虑网络防病毒、防黑客破坏、数据可用性等安全问题。

④ 规划的网络系统应选用合适的产品和技术,保证系统良好的兼容性和可扩展性。

2)绘制网络拓扑图。网络拓扑结构是指用传输媒体互连各种设备的物理布局,即用某种方式把网络中的计算机等设备连接起来。网络拓扑图给出网络服务器、工作站的网络配置和相互间的连接,网络拓扑结构主要有星型结构、环形结构、总线结构、分布式结构、树型结构、网状结构、蜂窝状结构等。

物联网系统集成项目总体网络拓扑规划要在确立网络的物理拓扑结构基础上进行。物理拓扑结构的选择应考虑地理环境分布、传输介质与距离、网络传输可靠性等因素。地理环境不同需要设计不同的物理网络拓扑,最好选择易于网络通信设备管理和维护的星型结构。当传输距离小于90m时可采用超五类屏蔽双绞线,大于90m时采用单模或多模光缆,对于布线(包括供电线缆)困难的地方,可采用无线网络。对于大中型网络考虑链路传输的可靠性时采用冗余结构,特别是网络拓扑结构的核心层和汇聚层。

网络拓扑结构的规划设计与网络规模息息相关。网络规模较大的项目往往采用分层设计,通过分层设计将网络系统划分为几个较小的、独立的、互连的层,使整个网络复杂性降低,更容易排除故障,可以隔离风暴传播问题和广播路由环的可能性,有助于分配和规划带宽,有利于信息流量的局部化,同时网络更新级别不会影响其他级别,易于管理和扩展。

二层网络架构图如图1-12所示,三层网络架构图如图1-13所示,某园区网络拓扑图示例如图1-14所示。

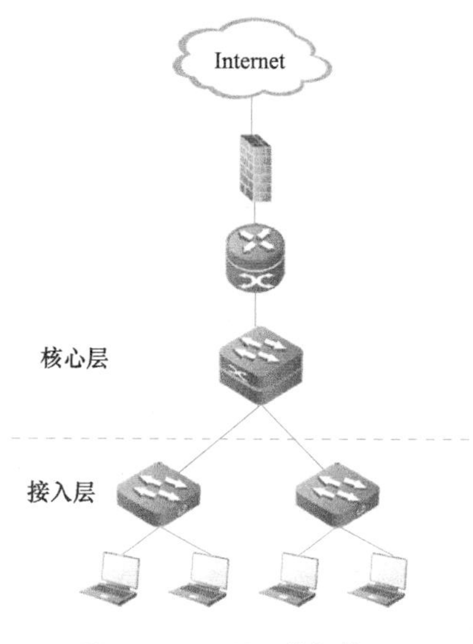

图1-12　二层网络架构图

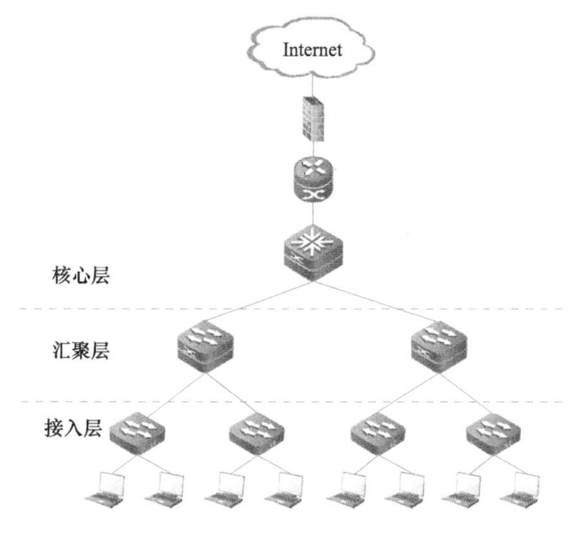

图1-13　三层网络架构图

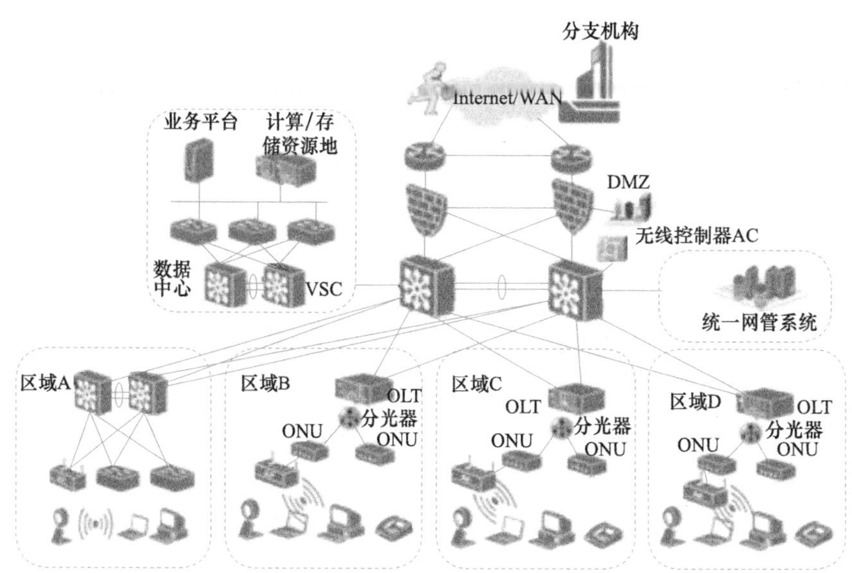

图1-14　某园区网络拓扑图示例

在绘制网络拓扑图时，若项目规模较大，网络结构复杂，可先设计各区域间的网络链接拓扑结构，再完善各区域的网络拓扑图。

3）IP地址规划

① 特殊IP地址：

a）受限广播（用于IP地址请求阶段）所有位全为1，即255.255.255.255。

b）直接广播（子网广播）的主机位全为1，如192.168.1.255/24。

c）本地环回测试地址127.0.0.1。

d）DHCP故障分配地址169.254.×.×。

e）所有组播主机224.0.0.1，所有组播路由器224.0.0.2。

f）私网地址10.0.0.0/8，172.16.0.0/12，192.168.0.0/16。

② IP地址规划原则：

a）基本原则。建议每个VLAN分配一个C类地址，每个VLAN不超过1000台主机，否则广播域大，后期安全问题突出。

b）可汇总原则。规划的各段IP地址能进行路由汇总，简化路由条目。

c）易管理原则。看到IP地址就知道这是终端还是交换机，处于哪个区域。

③ 物联网系统集成项目IPv4子网划分的步骤：

a）确定子网个数。根据项目网络拓扑图，结合项目实际情况，思考项目需要多少个子网（一般可按接入区域来确定子网数量），再根据子网数量确认子网掩码的位数。

若子网个数为4，则2^X=4，解得待定子网掩码位数X=2。

b）估算各子网主机数量。由于各子网中实际可用主机数量有限，需考虑各子网内主机数量扩展，估算各子网最终主机数量。

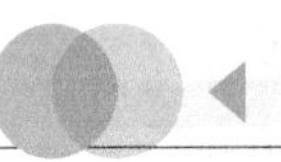

c）计算现有子网的合法主机IP数量。合法主机IP地址数量=2^{Y-2}。Y为非子网掩码数的位数，即子网掩码为0的位数，Y=子网掩码总位数-X，其中C类子网掩码总位数为8位，B类为16位，A类为24位。

若合法主机IP地址数量≥子网最终主机数量，则待定子网掩码位数X为最终子网掩码位数。计算时先按C类、B类、A类地址进行测试，当C类无法满足时再考虑B类、A类。

d）计算各子网的子网号。各子网之间增量值=256-子网掩码。各子网号分别为×××.×××.×××.0、×××.×××.×××.（0+增量值），……。

e）计算每个子网段的广播地址。每个子网段中的最后一个地址就是子网段的广播地址。

f）计算合法主机IP地址。把每个网段中的IP地址，除掉子网号与广播地址之外，都是可用的、合法的IP地址。

物联网系统集成项目子网划分需要根据项目实际情况进行，在分配主机IP地址时，应先从两端的子网分配起，充分利用IP地址；当某子网实际主机数小于子网实际可用IP地址数量时，也要把整个子网的IP地址分配给这个子网。网络设计层面，依照信息技术网络层级设计，在进行传输网设计时要注重的几个要素，如图1-15所示。

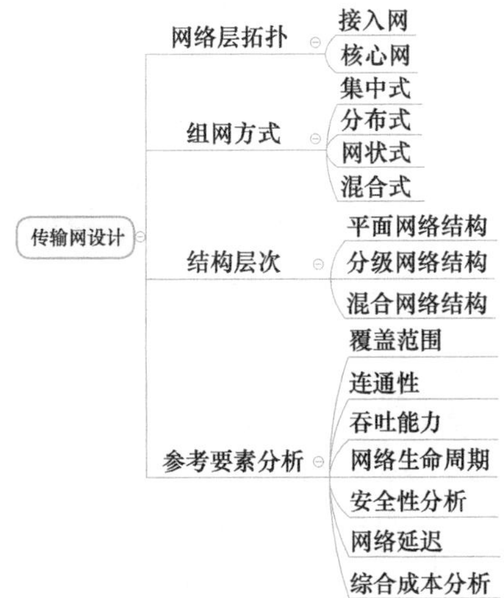

图1-15 传输网设计

任务实施

绘制××智慧工业园总体设计架构图，参照系统总体架构示意图（图1-10）和物联网系统总体架构案例图（图1-11），收集一些有关智慧工业园的需求元素和工业园特性，把总体的设计思路和需求模块融合，并输出园区的总体架构图。要求使用Visio进行总体设计模块制图，根据物联网层级划分的要求，进行感知层、网络层、应用层的模块设计，明确模块与模块之间的关系，层级与层级之间的数据走向。整体设计应完整，功能块齐全，层次与逻辑关系清晰明了，数据走向明晰，总体架构符合整体设计要求。

××智慧工业园的模块需求见表1-12。

表1-12 ××智慧工业园的模块需求

层级	子区域	内容	范围	设备
应用层	监控中心	负责园区的实时监控	自动比对、实时监控……	大屏幕、PC、手持终端、服务器……
	运营管理中心	负责园区的总体运营、管理各个区域	管理人员进出、车辆、物资、设施、环境、建筑、消防……	
	会展中心	负责展示、体验	进行视频展示、设备功能展示……	
网络层	监控中心、运营管理中心、会展中心、办公大楼、物资储备中心	负责数据接入、传输	接入internet、视频监控网络、基础网络、物联网网络……	交换机、路由器、集线器、串口服务器、物联网网关……
感知层	涉及园区的各个范围	负责对不同的范围感知以及相关执行	监控、巡更、探测、报警、摄像、网络监测……	摄像头、热成像仪、探测器、传感设备……

具体的系统总体架构设计图可以参照图1-10的内容。依据需求以及知识储备的相关内容，绘制出物联网智慧工业园方案总体设计图。

任务检查与评价

完成任务后进行任务检查，可采用小组互评等方式，任务检查评价单见表1-13。

表1-13 任务检查评价单

任务：项目总体方案设计				
专业能力				
序号	任务要求	评分标准	分数	得分
1	应用层模块层次清晰明了	层次设计合理，关系清晰，逻辑准确	20	
2	网络层模块层次清晰明了	层次设计合理，关系清晰，逻辑准确	20	
3	感知层模块层次清晰明了	层次设计合理，关系清晰，逻辑准确	20	
4	项目总体设计	各个模块之间的设计合理，层次关系明晰，模块之间衔接准确，整体架构符合要求	30	
专业能力小计			90	
职业素养				
序号	任务要求	评分标准	分数	得分
1	绘制物联网总体设计图	正确使用Visio，设计标注清楚、模块布局整齐、字体大小规范	5	
2	遵守课堂纪律	遵守课堂纪律，保持工位区域内整洁	5	
职业素养小计			10	
实操题总计			100	

任务小结

物联网系统集成项目总体方案设计，以层次化设计模型为依托，通过不同层次的模块化，使得每个设计元素简单化并易于理解，层次间交接点很容易识别，故障隔离程度得到提高，保证网络的稳定性和可靠性，并且使得项目中网络的改变变得更加容易。当网络中的一个网元需要改变时，升级的成本限制在整个网络中很小的一个子集中。

通过对物联网系统集成项目总体方案设计的学习，理解整个项目设计的思路和理念。在技术方案设计中，通过绘制项目总体方案设计图，体会模块化设计的优势，加深对物联网系统集成项目总体方案设计的把控。

任务拓展

结合物联网总体方案设计的相关知识，在××智慧工业园的设计的基础上，加上更多的特色，使得园区更加智能化、人性化。

任务4 项目方案详细设计

职业能力目标

1）能根据系统设计思路，绘制项目方案详细设计图。

2）能根据系统功能，运用CAD工具绘制强弱电点位图，设备安装位置图。

3）能根据项目实际情况，使用IP地址分配原则规划设备IP地址。

4）能根据用户需求或项目方案，使用办公软件，完成项目方案演示稿（如PPT文档）的编制和演讲。

任务描述与要求

任务描述

小陆经过对××智慧工业园物联网集成项目进行细致的调研与分析后，形成了一套较为完善的项目需求说明书，在这个需求说明书的基础上，小陆对整个项目做了总体的规划设计，根据需求的内容输出总体项目架构的设计方案。在这个总体方案的基础上，小陆要对感知层、网络层、应用层进行有针对性的详细方案设计。

要求使用Visio、Word等工具进行详细设计的绘制，依据感知层、网络层、应用层的模块设计，输出一个有侧重点的项目方案详细设计图并提供详细设计的相关说明性文档。

任务要求

1）运用物联网系统三层架构方式进行绘制。

2）详细设计中，各个模块之间的关联关系要清晰明确。

3）层级之间的关联关系、功能特性、逻辑关系要进行正确且详细标识。

任务分析与计划

1. 任务分析

通过对物联网系统集成项目详细方案设计的基础知识学习，对物联网系统工程的详细设计思路有大致的认识和了解，并运用所学的知识，依托××智慧工业园智能交通停车系统的需求，提供设计思路，完成详细设计。

根据智慧工业园智能交通停车系统的需求，以智能停车为主线设计。系统应具备的功能有，当车子进入停车场，道闸杆升起，进入后道闸杆落下。停车场有空闲车位的情况下，车位绿灯显示，车子进入停车车位时，车位显示灯变换为红色。

数据上下行的通道设计要清晰，每路执行控制需要继电器完成，电动推杆能实现继电器的互锁功能。

2. 任务实施计划

根据对物联网系统集成项目详细设计的相关知识的学习，制订本次任务的实施计划。计划的具体内容可以包括设备类型、设备位置部署、主要技术指标、安装要求等，任务计划见表1-14。

表1-14　任务计划

项目名称	智慧工业园方案设计
任务名称	项目方案详细设计
计划方式	依据感知层设计要素、网络层设计要素、应用层设计要素自行进行绘制
计划要求	选取三个子场景中的一个或者多个需求，按照相关原则进行详细设计
序号	任务计划
1	依据项目总体方案设计为底层设计原型
2	感知层设计，达到对应的功能需求
3	网络层设计，使网络的吞吐能力能够匹配上对应的功能需求
4	应用层设计，实现用户所要求的基本功能特性
5	根据选择场景中的一个或者多个需求，按照详细设计的相关原则进行设备以及组网的设计
6	对设计的思路加以说明
7	论述物联网系统集成项目详细设计过程存在的问题和如何优化设计，使其变得更合理，更符合应用场景的要求

知识储备

1. 感知层设备的基本分类

感知层的主要设备就是传感器。传感器是一种检测装置，能感受到被测量的信息，并能将感受到的信息，按一定规律变换成为电信号或其他形式的信息输出，以满足信息的传输、处理、存储、显示、记录和控制等要求。

传感器的特点包括：微型化、数字化、智能化、多功能化、系统化、网络化。

按照传感器设备的输出信号不同，传感器可分为模拟传感器、数字传感器和开关传感器。

模拟传感器：将被测量的非电学量转换成模拟电信号。

数字传感器：将被测量的非电学量转换成数字输出信号（包括直接转换和间接转换）。其中膺数字传感器，作为数字传感器一个特殊的族群，也归到数字传感器中，此类传感器的特点是将被测量的信号转换成频率信号或短周期信号，进行输出。

开关传感器：当一个被测量的信号达到某个特定的阈值时，传感器相应地输出一个设定的低电平或高电平信号。

（1）模拟传感器

1）温湿度传感器（电流型）。温湿度传感器采用传感、变送一体化设计，适用于暖通级室内环境温湿度测量，采用专用温度补偿电路和线性化处理电路。传感器性能可靠、使用寿命长、响应速度快。以温湿度一体式的探头作为元件，将温度和湿度信号采集出来，经过稳压滤波、运算放大、非线性校正、V/I转换、恒流及反向保护等电路处理后，转换成与温度和湿度成线性关系的电流信号或电压信号输出。

温湿度传感器采用DC 24V供电，提供4～20mA的输出信号，需要同直流信号隔离器配合使用，将电流信号转换成电压信号输出。

2）噪音传感器（电流型）。噪音传感器用来接收声波，显示声音的振动图像。噪音传感器能显示声音强度大小，也能研究声音的波形，对声波进行测量，采用DC 10～30V直流供电，输出信号范围为4～20mA，需要同直流信号隔离器配合使用，将电流信号转换成电压信号输出。

（2）数字传感器

1）光照度变送器。光照度变送器采用对弱光有较高灵敏度的硅兰光伏探测器作为传感设备，设备供电电压为DC 12～24V，485网络输出（需加信号转换器）。

2）二氧化碳变送器。二氧化碳变送器用于环境中二氧化碳浓度的测量，设备供电电压范围为DC 7～24V，采用Modbus通信协议，485网络输出（需加信号转换器）。

3）温湿度变送器。温湿度变送器以温湿度一体式的探头作为元件，将温度和湿度信号采集出来，经过稳压滤波、运算放大、非线性校正、V/I转换、恒流及反向保护等电路处理后，直接通过主控芯片进行485或232等接口输出。

4）CAN总线传感器。CAN（Controller Area Network，控制器局域网络），是ISO国际标准化的串行通信协议，能有效支持分布式控制或实时控制的串行通信网络。

CAN总线的通信介质可采用双绞线、同轴电缆和光导纤维。通信距离与波特率有关，最大通信距离可达10km，最大通信波特率可达1Mbit/s。CAN总线传感器多用于车载信号控制，其特点是传输速度快、相关控制单元可共用传感器。CAN总线传感器通过传感器信号的多方面使用可以减少传感器及信号线路的数量，通过体积小的控制单元及小的控制单元插头来节省空间。

CAN总线传感器的传感单元的接收采集模块E810-DTU（CAN-ETH）可建立两路Socket，分别为Socket A1和Socket B1。其中，Socket A1支持TCP Client、TCP Server、UDP Client、UDP Server类型。Socket B1仅支持TCP Client、UDP Client、UDP Server类型。两路Socket可同时运行，也可同时连接到不同的网络进行数据的传输。

5）UHF桌面读写器。UHF桌面读写器，融合了先进的低功耗技术、防碰撞算法、无线电技术，极具抗干扰性，可连续上电运行。它采用USB供电，支持EPC GEN2/ISO 18000-6C协议。

6）二维码扫描枪。二维码扫描枪必须与一台主机相连方能操作。主机可以是PC机，POS机，或者带有USB、RS-232接口中任意一种的智能终端。

（3）开关传感器

1）红外对射传感器。红外对射传感器基本的构造包括发射端、接收端、光束强度指示灯、光学透镜等。探测范围在15m以内，工作电压DC 12～24V。红外对射传感器设备接线示意图如图1-16所示。

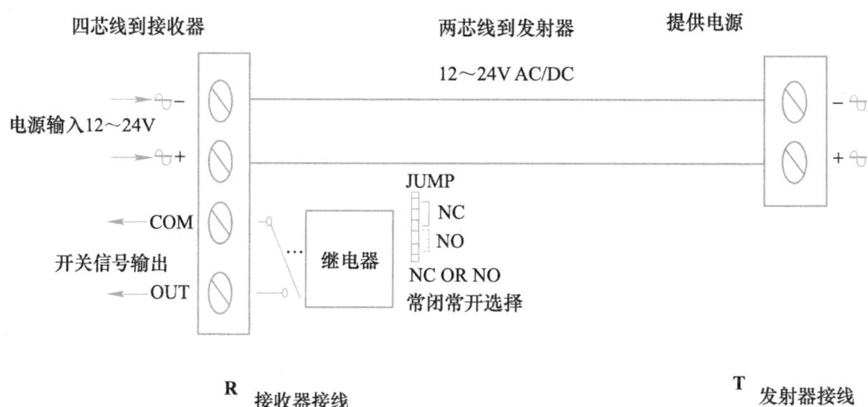

图1-16　红外对射传感器设备接线示意图

2）人体红外开关。人体红外开关是以红外感应技术为基础的一种自动控制开关，通过感应外界散发的红外热量实现其自动控制功能，工作电压为DC 24V。人体红外开关设备接线示意图如图1-17所示。

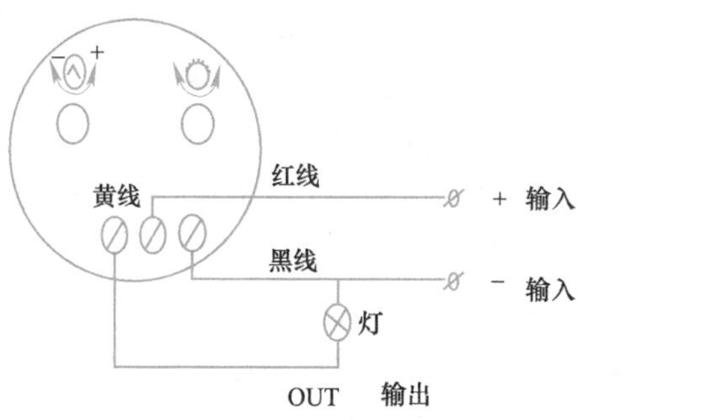

扫码看视频

图1-17　人体红外开关设备接线示意图

3）烟感探测器。烟感探测器是采用特殊结构设计的光电传感器，使用SMD贴片加工工艺生产，具有灵敏度高、稳定可靠、低功耗、美观耐用、使用方便等特点，供电电源为DC 9～28V，输出形式为继电器无源触点（NO/NC可设置）输出，触点容量DC 1A/24V，出厂默认输出为常闭方式。

（4）感知设备的选型

1）根据测量对象与测量环境确定类型。要进行具体的测量工作，首先要考虑采用何种原理的传感器，这需要分析多方面的因素之后才能确定。

2）依据灵敏度选择。传感器的灵敏度是有方向性的。当被测量是单向量，而且对其方向性要求较高，则应选择其他方向灵敏度小的传感器；如果被测量是多维向量，则要求传感器的交叉灵敏度越小越好。

3）根据频率响应特性。传感器的频率响应特性决定了被测量的频率范围，必须在允许频率范围内保持不失真。实际上传感器的响应总有一定延迟，在条件允许的情况下延迟时间越短越好。传感器的频率响应越高，可测的信号频率范围就越宽。

4）根据传感器的线性范围。传感器的线性范围是指输出与输入成正比的范围。理论上讲，在此范围内，灵敏度保持定值。传感器的线性范围越宽，则其量程越大，并且能保证一定的测量精度。在选择传感器时，当传感器的种类确定以后首先要看其量程是否满足要求。

5）根据传感器的稳定性。传感器使用一段时间后，其性能保持不变的能力称为稳定性。影响传感器稳定性的因素除传感器本身结构外，主要是传感器的使用环境。因此，要使传感器具有良好的稳定性，传感器必须要有较强的环境适应能力。

6）根据传感器的精度。精度是传感器的一个重要性能指标，关系到整个测量系统测量的精度。传感器的精度越高，其价格越昂贵，因此，传感器的精度只要满足整个测量系统的精度要求就可以，不必选得过高。这样就可以在满足同一测量目的的诸多传感器中选择比较便宜和简单的传感器。

（5）感知设备设计的内容

1）确定设备类型。通过需求调研与分析，梳理系统功能，明确感知对象。

2）确定部署位置。通过需求调研与分析阶段现场调研绘制的现场平面图，结合用户需求和总体设计绘制的网络拓扑图，在平面图上绘制感知设备部署图。

3）确定主要技术指标。根据绘制的设备部署图，综合考虑设备安装位置、现场环境、客户要求等因素确定设备主要技术指标。

4）设备选型确定。根据确定的感知设备主要技术指标向厂商发起设备咨询，咨询内容包括设备参数、价格、组网模式、安装环境要求、工作原理等。

5）确定清单及技术指标。根据最终选型结果，结合项目现场环境，梳理设备清单，包括配套设备、安装的配件和辅材等。

6）确定安装要求。根据设备清单及设备相关信息，按点位或子系统整合梳理设备安装要求，一般包括设备选点要求、通信方式、供电要求、安装要求（包括立杆/壁挂、布线、设备箱安装等）、防雷要求等。

感知层中，传感网设计要素如图1-18所示。

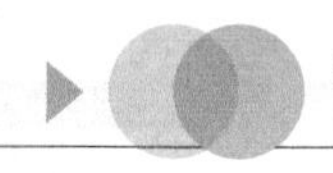

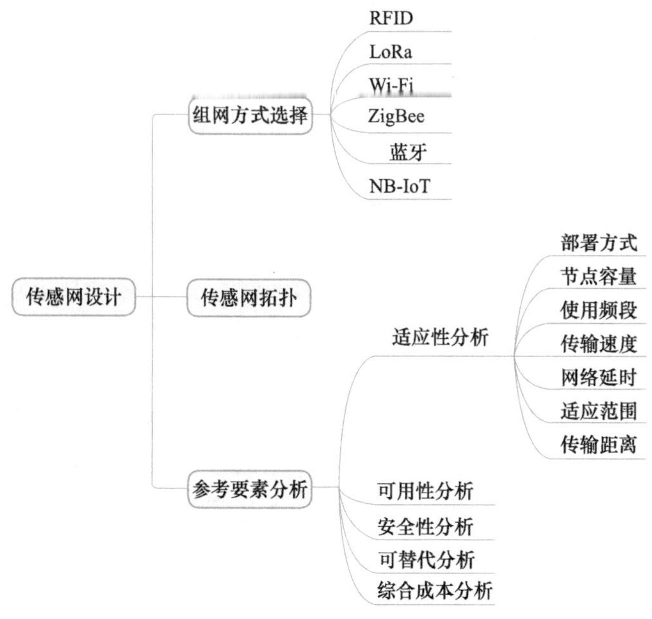

图1-18　传感网设计要素

2. 网络设备的组网方式

常见的无线通信技术有：NB-IoT、LoRa、Wi-Fi、蓝牙、ZigBee等。

无线通信技术从传输距离上划分，可以分为两类：一类是短距离无线通信技术，代表技术有ZigBee、Wi-Fi、蓝牙等；另一类是长距离无线通信技术，包括宽带广域网（如电信CDMA，移动、联通的3G/4G无线蜂窝通信）和低功耗广域网（LPWAN）。

LPWAN技术分为两类：一类是工作在非授权频段的技术，如LoRa、Sigfox等；一类是工作在授权频段的技术，如NB-IoT、eMTC等。无线通信技术的比较如图1-19所示。

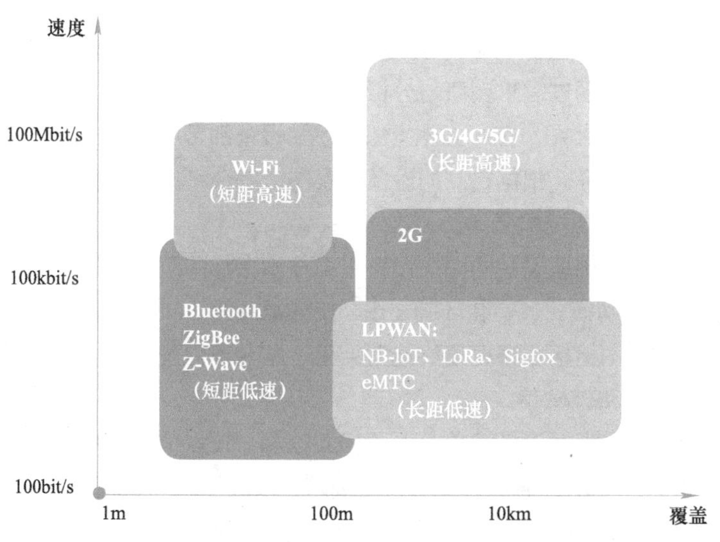

图1-19　无线通信技术的比较

1）NB-IoT。NB-IoT技术最早由华为和英国电信运营商沃达丰共同推出。华为和沃达丰在2014年5月向3GPP提出NB-M2M（Machine to Machine）的技术方案。NB-IoT标准的研究和标准化工作由标准化组织3GPP进行推进。NB-IoT标准发展历程演进如图1-20所示。

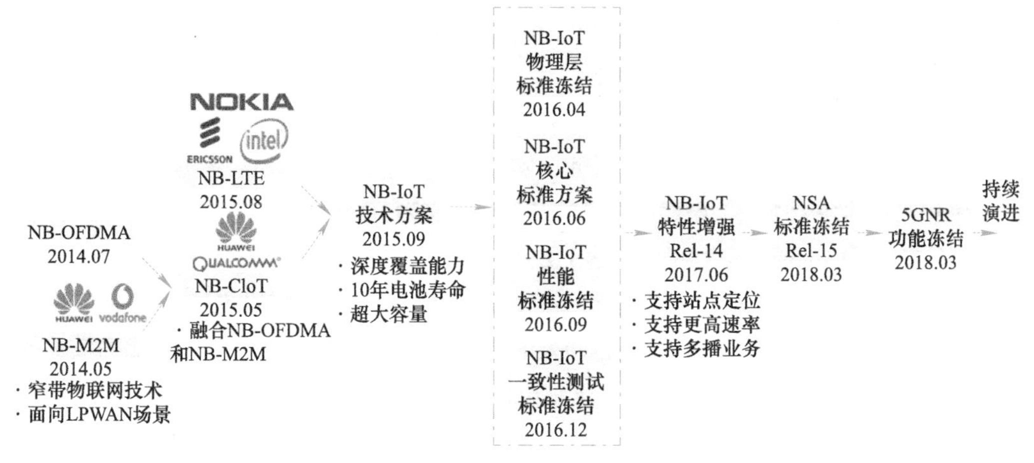

图1-20　NB-IoT标准发展历程演进

在低速物联网领域，NB-IoT作为一个新制式，在成本、覆盖、功耗、连接数等技术上做到极致。该技术广泛应用于公共事业、医疗健康、智慧城市、消费者、农业环境、物流仓储、智能楼宇、制造行业八大典型行业。智能NB-IoT独立烟感探测器解决了传统的火灾消防报警设备受限于有线网络铺设、消防主机的覆盖范围、信号的传送距离、分层管理、报警信息传输单一等问题。不需要传统的消防报警主机来接收报警信息，也不需要任何网关作为中介传输，可通过专门定制的PC端控制页面来实时了解各个点位的情况，大大解决了传统消防的地域局限性和时效性。

2）LoRa。LoRa（Long Range Radio，远距离无线电）是一种基于扩频技术的远距离无线传输技术，是LPWAN（Low-Power Wide-Area Network，低功率广域网络）通信技术中的一种，是Semtech公司创建的低功耗局域网无线标准。这一方案为用户提供了一种简单的能实现远距离、低功耗无线通信手段。它最大的特点就是在同样的功耗条件下比其他无线方式传播的距离更远，实现了低功耗和远距离的统一，它在同样的功耗下比传统的无线射频通信距离扩大3～5倍。LoRa主要在ISM频段运行，主要包括433、868、915MHz等。

3）Wi-Fi。Wi-Fi英文全称为Wireless Fidelity，在无线局域网范畴是指“无线兼容性认证”。它实质上是一种商业认证，同时也是一种无线联网技术，与蓝牙技术一样，同属于在办公室和家庭中使用的短距离无线技术。同蓝牙技术相比，它具备更高的传输速率，更远的传播距离，已经广泛应用于笔记本、手机、汽车等领域中。

主流的Wi-Fi标准是802.11b、802.11g、802.11n、802.11ac和802.11ax。他们之间是向下兼容的，旧协议的设备可以连接到新协议的AP，新协议的设备也可以连接到旧协议的AP，只是速率会降低。802.11b和802.11g都是较早的标准，802.11b最快只能到11Mbit/s，802.11g最快能达到54Mbit/s。802.11n的速率理论最快可以达到600Mbit/s，802.11ac理论最快可以达到6.9Gbit/s，802.11ax的理论最大速率为10Gbit/s，虽然单用户速率提高不多，但它的优势是在多用户，高并发场合提高传输效率。以上速率是理论的物理层传输速率，必须满足最大传输频道带宽下发射接收都达到最大空间流数（多天线输入输出），这个条件一般情况是达不到的。另外，Wi-Fi的速率是包含上下行的，就是上下行加起来的速率，这和有线全双工以太网还是有区别的。

4）蓝牙。蓝牙无线电技术是扬声器里流出的音乐，是开车过程中免提通话的助手，是智能手表用来传达心率和体育锻炼效率的技术。实际中蓝牙无线电技术已经渗透到工业监控、照明、健康和农业的各个领域。虽然蓝牙仍被多数人定义为10m传输距离的短距离无线通信技术，但SIG提出“蓝牙模块可以建立长达3.2公里的无线电链路”的概念。蓝牙标准版本4.0在2010年引入了低能耗概念。随着智能手机制造商的广泛采用，它为许多新产品打开了大门。蓝牙标准版本4.2修改了支持数据包的大小，因为市场上的许多产品都需要更高效地传输较大的数据块。利用蓝牙标准版本4.2，无线电核心的半导体发生变化，通过使用编码PHY来获取更快的速度、更大的范围。

蓝牙使用2.4GHz ISM频段（2400至2483.5MHz），可以在范围和吞吐量之间实现良好的平衡。此外，2.4GHz频段在全球范围内可用，使其成为低功耗无线连接的真正标准。影响蓝牙连接有效范围的因素有：无线电频谱、物理层、接收器灵敏度、发射功率、无线增益、路径损耗等。

5）ZigBee。ZigBee是一种基于标准的远程监控、控制和传感器网络应用技术，是与蓝牙类似的一种短距离无线通信技术，国内也有人翻译成“紫蜂”。为满足人们对支持低数据速率、低功耗、安全性和可靠性，而且经济高效的标准型无线网络解决方案的需求，常见的ZigBee模块遵循IEEE 802.15.4的国际标准，并且运行在2.4GHz的频段上。ZigBee联盟推出的ZigBee3.0可以让智能对象协同工作。

在IEEE 802.15.4中共规定了27个信道，见表1-15。

表1-15 ZigBee频率

频率	频带	覆盖范围	数据传输速度	信道数量
2.4GHz	ISM	全球	250kbit/s	16
915MHz	ISM	美洲	40kbit/s	10
868MHz	ISM	欧洲	20kbit/s	1

ZigBee网络拓扑结构主要有星型、簇装型和网型，如图1-21所示。不同的网络拓扑对应于不同的应用领域。在ZigBee无线网络中，不同的网络拓扑结构对网络节点的配置也不同。网络节点的类型有：网络协调器、路由器和终端节点。

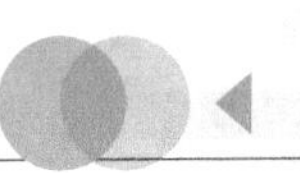

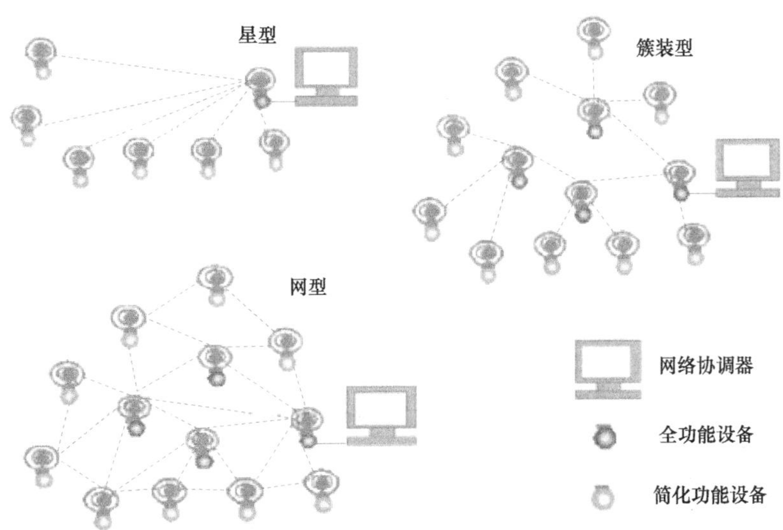

图1-21　ZigBee网络拓扑结构

长距离无线通信技术对比与短距离无线通信技术对比见表1-16和表1-17。

表1-16　长距离无线通信技术对比

应用	NB-IoT	LoRa
信道宽带	200kHz	7.8～500kHz
峰值速率	<200kbit/s	几百bit/s
覆盖MCL	164dB	157dB
网络部署	与现有蜂窝基站复用	独立建网
移动性	低速或静止	低速或静止
电池寿命	>10年	>10年
频谱安全性	授权频段GUL牌照波段，有基于成熟的核心网认证权机制，安全性高	无牌照波段，用户认证低
干扰可控性	有网络规划，干扰可控	无牌照波段，安全性低
适用业务类型	低速，低时延特征业务	低速，低时延，安全性要求不高特征业务

表1-17　短距离无线通信技术对比

	Wi-Fi	ZigBee	Bluetooth
通信模式		网站	单点对多点
通信距离	0～100m	10～75m	0～10m
传输速度	54Mbit/s	10K～250Kbit/s	1 Mbit/s
安全性	低	中	高
频段	2.4GHz	2.4GHz 868MHz 915 MHz	2.4GHz
国际标准	802.11b 802.11g	802.15.4	802.15.1x
成本	高	极低	低

3. 基础应用与综合布线

（1）自动识别技术

自动识别技术是应用一定的识别装置，通过被识别物品和识别装置之间的接近活动，自动地获取被识别物品的相关信息，并提供给后台的计算机处理系统来完成相关后续处理的一种技术。

按照应用领域和具体特征的分类标准，自动识别技术可以分为：条码识别技术、生物识别技术（如声音识别技术、人脸识别技术、指纹识别技术）、图像识别技术、磁卡识别技术、IC卡识别技术、光学字符识别技术、射频识别技术。

射频识别（Radio Frequency Identification，RFID）是在频谱的射频部分，利用电磁耦合或感应耦合，通过调制和编码方案，与射频标签交互通信，读取唯一射频标签身份的技术。射频标签是指用于物体或物品标识、具有信息存储功能、能接收读写器的电磁场调制信号，并返回响应信号的数据载体。

RFID由标签（Tag）和询问器（阅读器）、天线等设备组成。标签通常被附着在某些明确的实物物体上，放置在给定的物理环境中。标签可以被单独放置，报告实物的存在和位置，连同报告传感器在指定位置下的各种不同物理环境。

RFID标签按有无电池电源分为：有源RFID标签、无源RFID标签、半有源RFID标签；按标签工作频率分为：低频RFID标签、高频RFID标签、超高频RFID标签、微波RFID标签；按标签封装方式分为：贴纸式RFID标签、塑料封装RFID标签、玻璃RFID标签、陶瓷RFID标签；按影响介质分为：抗金属RFID标签、抗液体RFID标签。RFID读写器根据频率可以分为低频（LF）读写器、高频（HF）读写器、超高频（UHF）读写器、微波RFID读写器。RFID读写器对比见表1-18。

表1-18 RFID读写器对比

名称	低频RFID读写器	高频RFID读写器	超高频RFID读写器	微波RFID读写器	
频率	125/134.2KHz	13.56MHz	902～928MHz	2.4GHz	5.8GHz
特点	使用简单、价格低廉	保密性强	通信距离远、防冲突性能好	穿透性强	穿透性强
应用	动物身份识别溯源系统、牛养殖生长追溯系统	人员考勤管理、出入口管理、档案防盗管理、政府会议签到	停车场、物流	公交优先系统、远距离车辆识别系统	高速公路ETC电子收费系统

（2）各行业常用的传感器

传感器属于物联网的神经末梢，是人类全面感知自然的核心元件。传统的传感器主要是为了满足信息准确传输的需求，智能传感器带有微处理机，具有采集、处理、交换信息的能力，是传感器集成化与微处理机相结合的产物。

MEMS传感器不仅能够感知被测参数，将其转换成方便度量的信号，而且能对所得到的信号进行分析、处理、识别、判断，因此被形象地称为智能传感器。工信部发布的《工业物联网发展行动计划（2018-2020）》文件中提出：支持企业探索研发新型MEMS传感器设计技术、制造工艺技术、集成创新与智能化技术等，持续提升原创性研发能力，逐步构建高水准技术创新体系。MEMS传感器分类如图1-22所示。

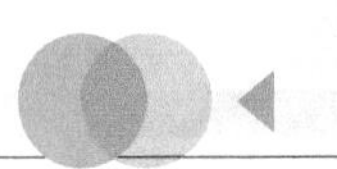

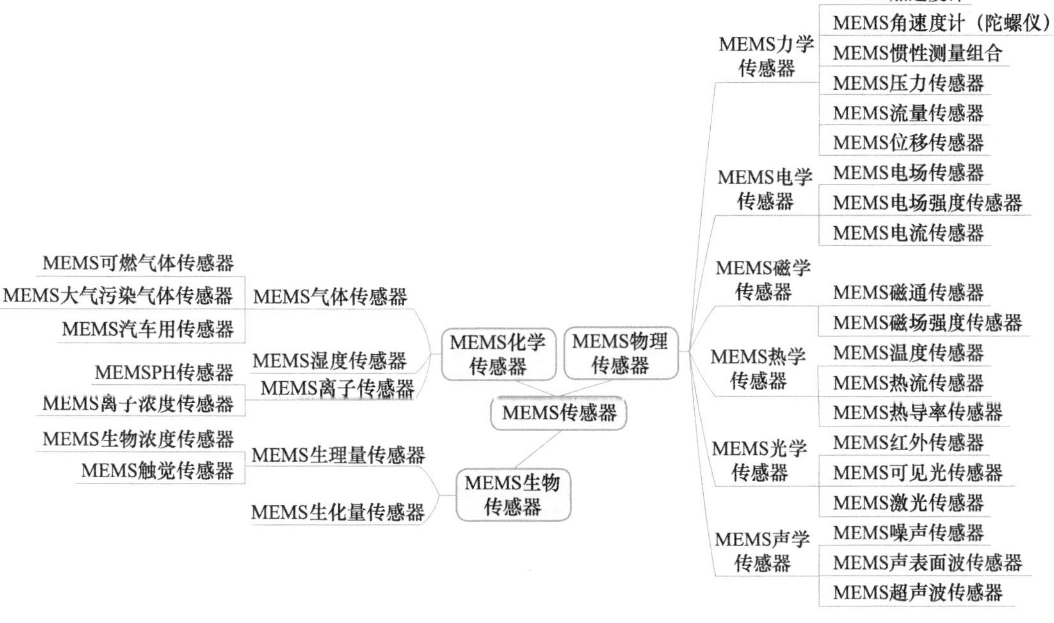

图1-22　MEMS传感器分类

传感器已广泛应用于工业、农业、医疗、交通、航海、航天等各个领域中。

农业常用传感器：土壤热通量传感器、土壤盐分传感器、叶面温度传感器、茎秆微变化传感器、叶面湿度传感器、土壤水分传感器、果实膨大传感器、土壤温度传感器、空气温湿度传感器、二氧化碳传感器、光照强度传感器等。

工业机器人常用传感器：位移传感器、距离传感器、三维视觉传感器、力矩传感器、碰撞检测传感器。

智能手机常用传感器：加速度传感器、磁力传感器、方向传感器、陀螺仪传感器、重力传感器、线性加速度传感器等。

智能家居常用传感器：压力传感器、化学传感器、电磁传感器、热电偶红外传感器、流量传感器等。

（3）综合布线系统

综合布线系统应为开放式网络拓扑结构，应能支持语音、数据、图像、多媒体等业务信息传递的应用。它包括建筑子系统、干线子系统和配线子系统。配线子系统中可以设置CP（Consolidation Point：集合点），也可不设置CP，如图1-23所示。

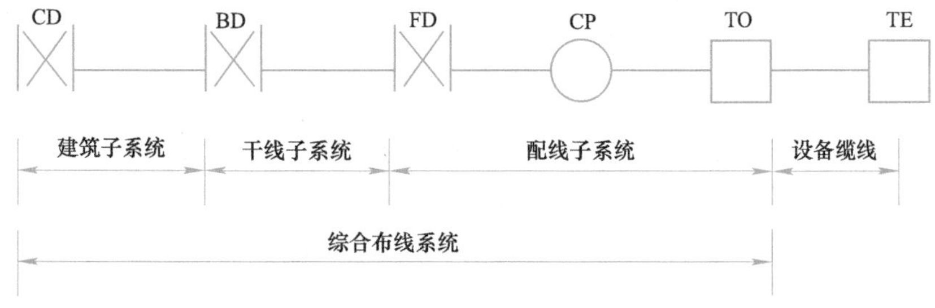

图1-23　综合布线系统基本构成

各子系统中，建筑物内FD（Floor Distributor：楼层配线设备）之间、不同建筑物的BD（Building Distributor：建筑物配线设备）之间可建立直达路由。工作区TO（Telecommunications Outlet：信息点）可不经过FD直接连接到BD，FD也可不经过BD直接与CD（Campus Distributor：建筑群配线设备）互连。

综合布线系统典型应用中，配线子系统信道应由4对对绞电缆和电缆连接器件构成，干线子系统信道和建筑群子系统信道应由光缆和光缆连接器件组成。其中FD和CD处的配线模块和网络设备之间可采用互连或交叉的连接方式，BD处的光纤配线模块可仅对光纤进行互连，如图1-24所示。

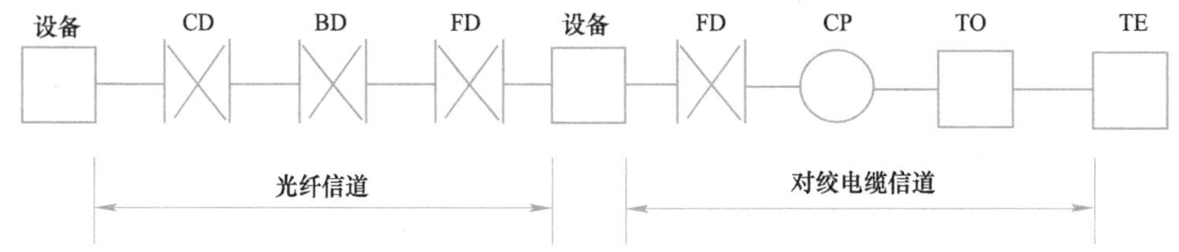

图1-24　综合布线系统应用典型连接与组成

综合布线系统工程的产品类型及链路、信道等级的确定应综合考虑建筑物的性质、功能、应用网络和业务对传输带宽及缆线长度的要求、业务终端的类型、业务的需求及发展、性能价格、现场安装条件等因素，并应符合表1-19的规定。

表1-19　布线系统等级与类型

业务种类		配线子系统		干线子系统		建筑群子系统	
		等级	类型	等级	类型	等级	类型
语音		D/E	5/6（4对）	C/D	3/5（大对数）	C	3（室外大对数）
数据	电缆	D、E、E_A、F、F_A	5、6、6_A、7、7_A（4对）	E、E_A、F、F_A	6、6_A、7、7_A（4对）	–	–
数据	光纤	OF-300 OF-500 OF-2000	OM1、OM2、OM3、OM4多模光缆；OS1、OS2单模光缆及相应等级连接器件	OF-300 OF-500 OF-2000	OM1、OM2、OM3、OM4多模光缆；OS1、OS2单模光缆及相应等级连接器件	OF-300 OF-500 OF-2000	OS1、OS2单模光缆及相应等级连接器件
其他应用		可采用5/6/6_A类4对对绞电缆和OM1/OM2/OM3/OM4多模光缆、OS1/OS2单模光缆及相应等级连接器件					

4．物联网云平台架构设计

（1）物联网云平台的功能

物联网云平台，作为无线传感网络与互联网之间重要的本地化中央信息处理中心，物联网云平台需具备以下功能。

1）信息采集、存储、计算、展示功能。物联网云平台需要通过无线或有线网络采集传感网络节点上的物品感知信息，并对信息进行格式转换、保存和分析计算。相比互联网相对静态的数据，在物联网环境下，将更多地涉及基于时间和空间特征、动态的超大规模数据计算，并且不同行业的计算模型不同。这些应用所产生的海量数据对物联网云平台的采集、存储、计算能力都提出了巨大的挑战。

2）灵活拓展应用模式。物联网云平台不可能是一个封闭自运行的应用系统，需要具备第三方行业应用的集成能力，即要能提供给第三方合作开发者灵活拓展的云端应用开发API接口，从而满足不同行业应用的差异化功能要求。

（2）物联网云平台的组成部分

针对物联网运营平台的云计算特征，考虑引入云计算技术构建物联网云平台。物联网云平台主要包括如下几个部分。

1）云基础设施。通过引入物理资源虚拟化技术，使得物联网运营平台上运行的不同行业应用以及同一行业应用的不同客户间的资源（存储、CPU等）实现共享。例如，不必为每个用户都分配一个固定的存储空间，而是所用用户共用一个跨物理存储设备的虚拟存储池。

提供资源需求的弹性伸缩，如在不同行业数据智能分析处理进程间共享计算资源，或在单个用户存储资源耗尽时动态从虚拟存储池中分配存储资源，以便用最少的资源来尽可能满足用户需求，减少运营成本的同时提升服务质量。

引入服务器集群技术，将一组服务器关联起来，使它们在外界从很多方面看起来如同一台服务器，从而改善物联网云平台的整体性能和可用性。

2）云平台。这是物联网云平台的核心，实现了网络节点的配置和控制、信息的采集和计算功能。在实现上可以采用分布式存储、分布式计算技术，实现对海量数据的分析处理，以满足大数据量且实时性要求非常高的数据处理要求。

根据不同行业应用的特点，计算功能从业务流程中剥离出来，设计出针对不同行业的计算模型，然后包装成服务提供给云应用调用，这样既实现了接入云平台的行业应用接口的标准化，又能为行业应用提供高性能计算能力。

3）云应用。云应用实现了行业应用的业务流程，可以作为物联网运营云平台的一部分，也可以集成第三方行业应用（包括但不限于智能家居、远程抄表、水质监控等）。在技术上应通过应用虚拟化技术，让一个物联网行业应用的多个不同用户共享存储、计算能力等资源，提高资源利用率，降低运营成本，而多个用户之间在共享资源的同时又相互隔离，保证了用户数据的安全性。

4）云管理。由于采用了弹性资源伸缩机制，用户占用的云平台资源是在随时间不断变化的，因此需要平台支持资源动态变化，灵活配置云平台的资源。

物联网云平台系统架构主要包含四大组件：设备接入、设备管理、规则引擎、安全认证及权限管理，如图1-25所示。

① 设备接入。设备接入包含多种设备接入协议，常用的是MQTT协议，支持并发连接管理，可维持数十亿设备的长连接管理。

② 设备管理。设备管理一般以树形结构的方式进行，包含设备创建管理以及设备状态管理等。根节点以产品开始，然后是设备组，再到具体设备。

③ 规则引擎。物联网云平台通常是基于现有云计算平台搭建的。一个物联网成熟业务除了用到物联网云平台提供功能外，一般还需要用到云计算平台提供功能，如云主机、云数据库等。用户可以在云主机上搭建Web行业应用服务。

④ 安全认证及权限管理。物联网云平台为每个设备颁发唯一的证书，需要证书通过后才能允许设备接入到云平台。

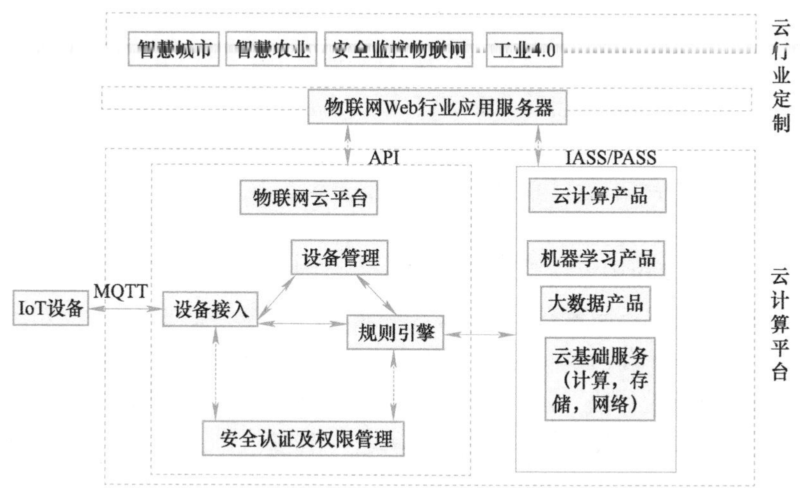

图1-25　物联网云平台系统架构

在设计物联网平台层时要注重的要素如图1-26所示。

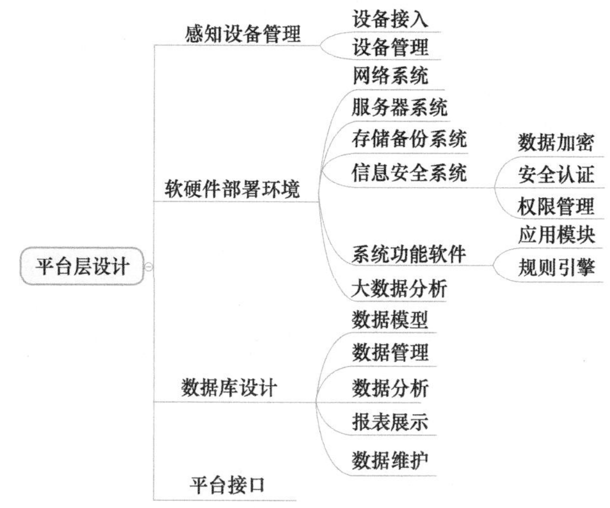

图1-26　平台层设计

（3）物联网系统体系结构的设计原则

设计物联网系统的体系结构时应该遵循以下几条原则：

1）多样性原则。物联网体系结构须根据物联网的服务类型，分别设计多种类型的体系结构，没有必要建立起统一的标准体系结构。

2）时空性原则。物联网尚在发展之中，其体系结构应能满足物联网在时间、空间和能源方面的需求。

3）互联性原则。物联网体系结构需要与互联网实现互联互通；如果试图另行设计一套互联通信协议及其描述语言将是不现实的。

4）扩展性原则。对于物联网体系结构的架构，应该具有一定的扩展性，以便最大限度地利用现有网络通信基础设施，保护已投资利益。

5）安全性原则。物物互联之后，物联网的安全性将比计算机互联网的安全性更为重要，因此物联网的体系结构应能够防御大范围内的网络攻击。

6）健壮性原则。物联网体系结构应具备相当好的健壮性和可靠性。

任务实施

××智慧工业园——智能停车系统设计思路

需求1：车辆进入停车场时，道闸杆抬起

利用车辆的特性，在切割线圈后，会产生磁通变化从而获取车辆信号，或者采用视频捕获车辆信号，如采用微动开关模拟车辆触发，触发信号进入I/O设备，触发执行继电器动作，电动推杆动作，模拟道闸杆抬起。

需求2：车辆进入后，道闸杆落下，恢复到初始状态

车辆进入后触发器动作，道闸杆落下，如用限位开关作为触发的器件，当电动推杆行进触动到限位开关的时候，限位开关被触发，产生信号进入I/O设备，触发执行互锁继电器反向动作，电动推杆开始复原，模拟道闸杆落下。

需求3：在停车场内，车位空闲显示为绿灯

利用继电器常闭触点接通三色灯的绿灯电源，使其保持常亮的状态，为了降低能耗在实际场景中可采用LED光源。

需求4：在停车场内，车位已经有车辆停放，显示红灯。

触发的器件可以用红外对射、轻触开关、行程开关等，当车辆进入停车区域内会触发，需要考虑到现场的实际停车环境以及工程成本造价等因素，综合考虑可靠性、可用性后选择适合安装的设备，如采用红外对射的方式，当车辆停入车位，遮挡并触发红外设备。信号进入I/O设备，触发继电器动作导致常闭断开，常开闭合，红灯被点亮。

请根据项目设计的遵循原则以及智能停车的需求，以图文方式展现设计内容。

地感线圈设计样例如图1-27所示。

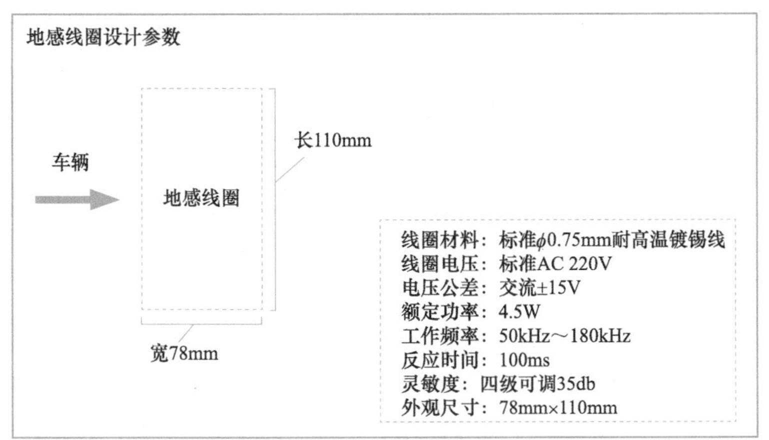

图1-27　地感线圈设计样例

详细需求描述：

1）地感线圈的规格指标。

2）线圈应与道闸或控制机处于同一平衡位置。

3）线圈的具体尺寸、深度。

4）触发信号失效后的应急措施。

5）信号触发异常情况处理（车辆跟车、没有及时通过、超长车辆等问题）。

6）描述信号流的触发机制以及设备选型的注意事项。

任务检查与评价

完成任务后进行任务检查，可采用小组互评等方式，任务检查评价单见表1-20。

表1-20　任务检查评价单

任务：项目方案详细设计				
专业能力				
序号	任务要求	评分标准	分数	得分
1	车辆进入停车场时，道闸杆抬起	详细设计合理，层次关系清晰，模块之间衔接逻辑准确	20	
2	车辆进入后，道闸杆落下，恢复到初始状态	详细设计合理，层次关系清晰，模块之间衔接逻辑准确	20	
3	在停车场内，车位空闲显示为绿灯	详细设计合理，层次关系清晰，模块之间衔接逻辑准确	20	
4	在停车场内，车位已经有车辆停放，显示红灯	详细设计合理，层次关系清晰，模块之间衔接逻辑准确	30	
专业能力小计			90	
职业素养				
序号	任务要求	评分标准	分数	得分
1	绘制项目方案详细设计图并输出设备间的接线图	正确使用Visio工具，设计标注清楚、模块布局整齐、字体大小规范	5	
2	遵守课堂纪律	遵守课堂纪律，保持工位区域内整洁	5	
职业素养小计			10	
实操题总计			100	

任务小结

通过智慧工业园的智能停车系统的详细设计，从实际需求出发，结合组网方式，对智能停车系统的适应性、可用性、安全性、综合成本、可替代性进行综合考虑并加以合理的设计。从信号触发到数据流上下行的走向，使智能停车系统在低成本、可靠性等方面都满足需求。可以通过分析案例设计模型来达到对需求方面的理解，以及对全方位需求要素的综合考虑。

任务拓展

智慧工业园共有3个子场景，除了智能停车系统详细设计外，还有包括智能安防、智能楼宇控制两个系统的详细设计，可以根据需求进行详细设计。

1）智能安防系统：要求能够进行人脸识别，识别未通过告警，在某个区域设置禁入告警。

2）智能楼宇控制系统：要求楼内进行噪声检测，当楼内噪声过大的时候触发红灯动作；温湿度检测，楼内如果温湿度达到一定的阈值触发换气设备动作；烟雾探测，当烟雾浓度过高的时候触发红灯报警；楼道需要进行行走检测，当检测到有人员走动时照明灯亮起。

任务5 方案编制及呈现

职业能力目标

1）能使用办公软件，完成方案的编制（建设内容、业务范围、使用人员、功能描述、性能要求等）。

2）能根据系统需求，完成实地现场勘查，并使用绘图工具，完成平面图的准确绘制。

3）能根据项目实际情况，使用IP地址分配原则规划设备IP地址。

4）能根据客户需求或项目方案，使用办公软件，完成项目方案演示稿（如PPT文档）的编制和演讲。

任务描述与要求

任务描述

小陆经过对智慧工业园物联网集成项目进行细致的调研与设计后，形成了一套较为完善的项目资料。在项目资料的基础上要呈现出一套完整的方案就要进行方案的编制。

任务要求

1）智能停车系统的项目背景。

2）智能停车系统的需求特性分析。

3）智能停车系统的功能与结构。

4）智能停车系统的详细设计。

任务分析与计划

1. 任务分析

通过对物联网系统集成项目需求分析、项目总体方案设计、项目详细方案设计的基础知识学习，并结合方案编制和呈现的内容，对整个智慧工业园的智能停车系统进行方案编制与呈现。

依据用户需求以及智能停车系统的要求，方案需要呈现出：

1）智能停车系统的项目背景。

2）智能停车系统的需求特性分析。

3）智能停车系统的功能与结构。

4）智能停车系统的详细设计。

2. 任务实施计划

根据物联网系统集成项目方案编制及呈现的相关知识，制订本次任务的实施计划。计划的具体内容可以包括：

（1）项目背景

（2）项目设计依据与总则

《物联网参考体系结构》GB/T 33474—2016

《信息安全技术物联网感知终端应用安全技术要求》 GB/T 36951—2018

（3）项目总体方案设计

（4）项目设计目标与原则

（5）项目系统功能与详细结构（系统拓扑、流程、接线等）

（6）项目系统设计（界面呈现）

任务计划见表1-21。

表1-21　任务计划

项目名称	智慧工业园方案设计
任务名称	方案编制及呈现
计划方式	参照样例设计
计划要求	请依照样例提供的素材完成本次任务
序号	任务计划
1	参照物联网系统集成项目编制项目背景
2	参照物联网系统集成项目编制项目设计的依据与总则
3	参照物联网系统集成项目编制项目总体方案设计
4	参照物联网系统集成项目编制项目设计目标与原则
5	参照物联网系统集成项目编制项目系统功能与详细结构
6	项目软件界面设计（附加）
7	论述物联网系统集成项目详细设计过程存在的问题和如何优化设计，使其变得更合理更符合应用场景的要求

知识储备

方案编制与呈现样例

1. 项目背景

随着汽车行业的迅猛发展，汽车方便人们出行的同时，也给交通行业带来了很大的挑

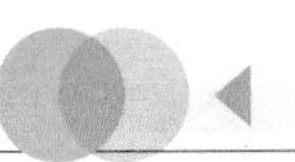

战，车辆增多使得人们停车越来越困难。物联网技术作为一种先进的技术，应用到停车系统的设计中，可以方便人们停车，也成为停车系统设计的重要发展方向。

传统的停车系统存在较多问题。首先，传统的停车场没有显示空余停车位的功能，即车主不能够看到停车场的实际停车情况，这大大浪费了车主的停车时间。其次，传统的停车系统仅仅是对停车场的停车数量和空余车位数量进行记录，而无法显示具体的停车信息，从而使车主在停车场内停车时，难以迅速地找到空余的车位。最后，各个停车场之间没有进行信息共享，即每一个停车场都不知道其他停车场的停车情况，从而不利于停车场资源的合理使用。

2．需求特性分析

车辆进入停车场道闸门时，车牌识别器识别车牌后，道闸门放行；进入停车场后有信息引导屏、车位指示灯提示车主哪里有空车位，或者使用APP地图直接将车主引导至停车位；车辆进入停车位后，无线地磁探测器开始检测车位状态并计时，将数据上传到云端分析，供其他入场的车辆使用；当车主办完事，再次进入停车场找不到自己的车时，APP将再次导航将车主引导至座驾所在位置。车辆离开停车场时，车牌识别器确认车牌信息，直接放行，而车主只需在APP后台缴费即可，全程无人值守。这就实现了无人值守停车场。模拟场景如图1-28所示。

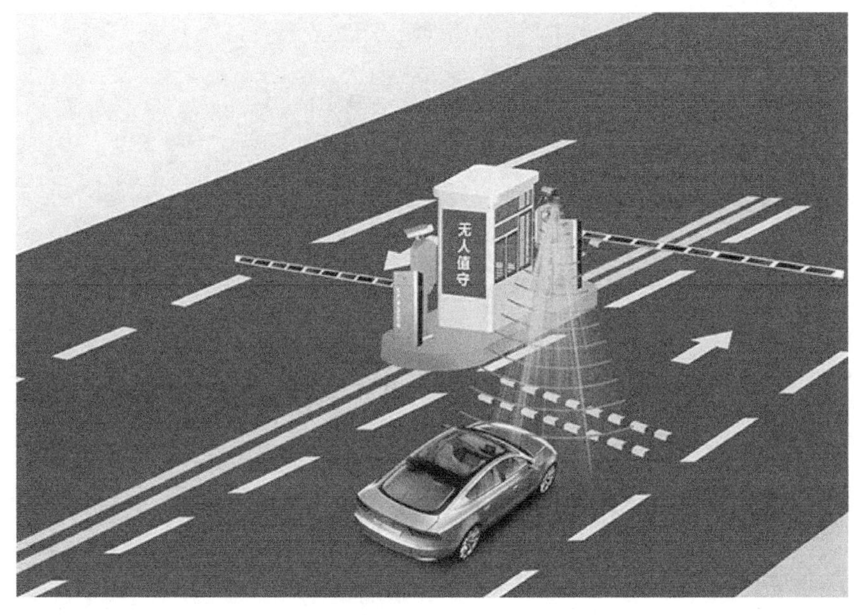

图1–28　模拟场景

3．系统功能与结构

基于传统停车系统的问题，结合新兴的物联网技术，智能停车系统首先要具备车位的查询功能，即能够通过手机等终端设备查询到停车场的空余车位，从而使车主对自己的停车行为提前做好规划。其次，智能停车系统要有提前预约的功能，即车主对自己要去的停车场可以提前预约空余车位，该车位能够在规定的时间内被保留，空闲的停车位有推荐功能，及时推荐给附件在运动的车辆，避免车主长时间的查看和选择，最后停车位有直观的显示功能，能够通过灯光识别到对应的车位。

模块拓扑结构如图1-29所示。

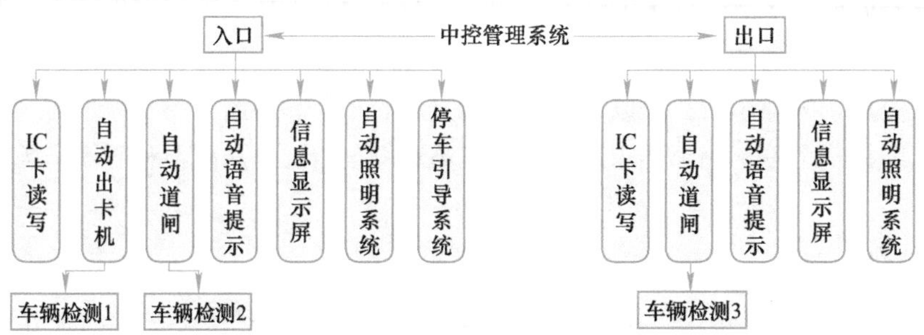

图1-29　模块拓扑结构

4．系统详细设计

（1）中控管理中心的配置要求

1）工作站建议配置：Intel酷睿I3，内存4G，硬盘500G。

2）服务器建议配置：Intel酷睿I5，内存8G，硬盘2T。

（2）工作逻辑流程（见图1-30）

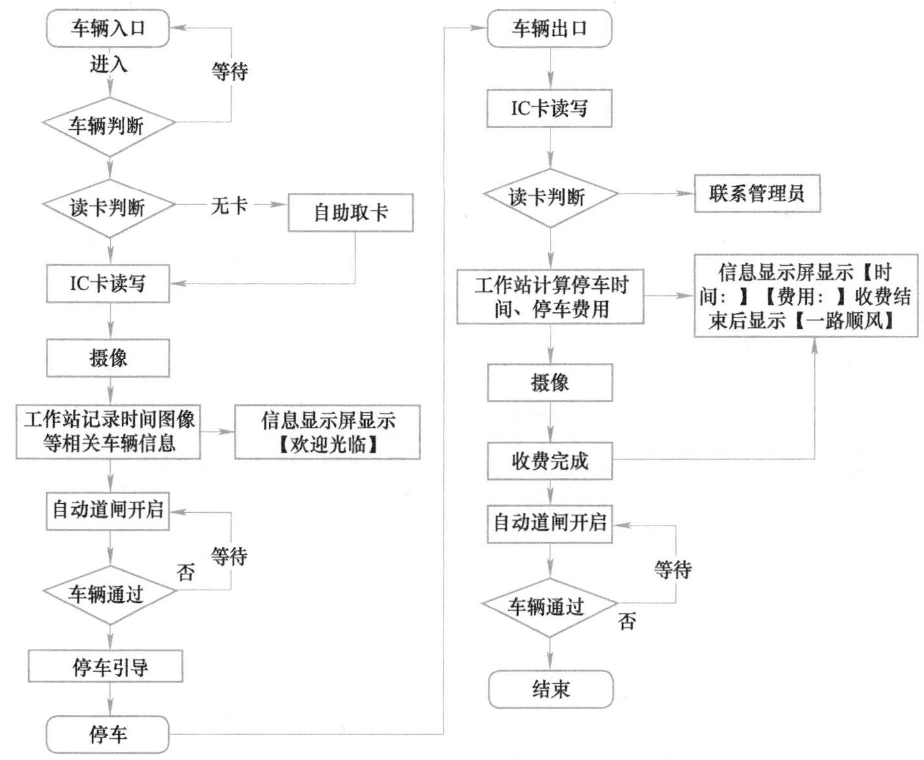

图1-30　工作逻辑流程

(3)设备分布示意(见图1-31)

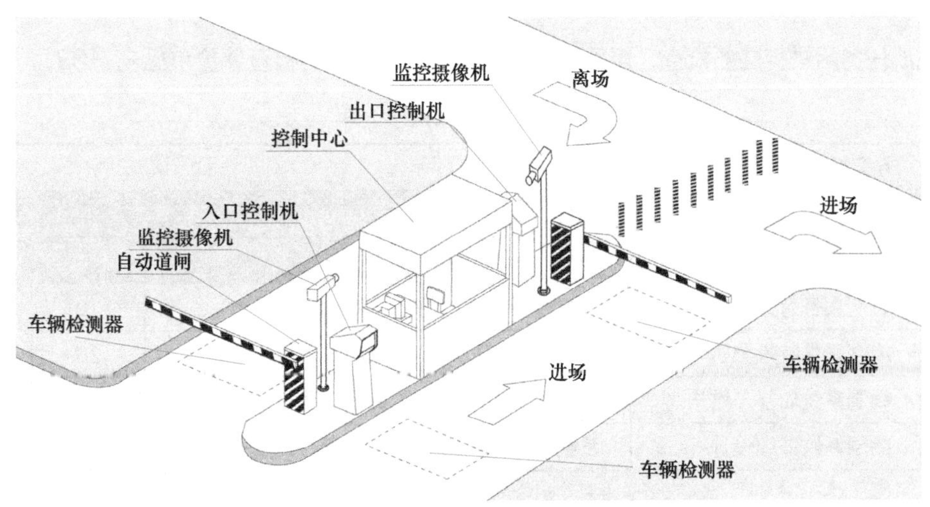

图1-31　设备分布示意

(4)设备选型

以自动道闸设备的选型为案例，加以说明。

1)自动道闸设备的基本功能:

① 能够手动输入信号。

② 能接收智能停车系统控制器输出的开关量信号。

③ 能够在5s内完成抬杆的动作，允许人工介入抬杆。

④ 具有安全防护功能，能防止砸车等。

⑤ 具备延时、欠压、过压、过流保护等功能。

⑥ 控制输入输出部分需采用光耦合继电器，阻断外部信号干扰。

⑦ 具备防水、防腐蚀、防雷等安全耐久能力。

2)自动道闸设备的基本指标。

① 外形尺寸: 210mm×300mm×1100mm。

② 升降时间: ≤3s。

③ 电源: 220V/50Hz

④ 功率: 300W。

⑤ 栏杆: 直杆6m。

⑥ 通信接口: 符合RS-232/485标准。

任务实施

根据所学的相关知识，以智慧工业园作为基本背景，对智能安防系统或者智能楼宇控制系统进行方案编制与呈现，内容包括: 项目背景、需求特性分析、项目系统功能与结构、项目系统详细设计等。

任务检查与评价

完成任务后进行任务检查，可采用小组互评等方式，任务检查评价单见表1-22。

表1-22　任务检查评价单

<table>
<tr><td colspan="5">任务：方案编制及呈现</td></tr>
<tr><td colspan="5">专业能力</td></tr>
<tr><td>序号</td><td>任务要求</td><td>评分标准</td><td>分数</td><td>得分</td></tr>
<tr><td>1</td><td>编制项目背景</td><td>项目背景合理，符合实际情况</td><td>20</td><td></td></tr>
<tr><td>2</td><td>编制需求特性分析</td><td>需求特性分析准确，符合用户需求</td><td>20</td><td></td></tr>
<tr><td>3</td><td>编制系统功能与结构</td><td>系统功能清晰，结构设计合理</td><td>20</td><td></td></tr>
<tr><td>4</td><td>编制系统详细设计</td><td>系统详细设计内容展示全面，逻辑关系准确</td><td>30</td><td></td></tr>
<tr><td colspan="3">专业能力小计</td><td>90</td><td></td></tr>
<tr><td colspan="5">职业素养</td></tr>
<tr><td>序号</td><td>任务要求</td><td>评分标准</td><td>分数</td><td>得分</td></tr>
<tr><td>1</td><td>完成方案的编制与呈现</td><td>能正确、全面、规范地编制与呈现方案</td><td>5</td><td></td></tr>
<tr><td>2</td><td>遵守课堂纪律</td><td>遵守课堂纪律，保持工位区域内整洁</td><td>5</td><td></td></tr>
<tr><td colspan="3">职业素养小计</td><td>10</td><td></td></tr>
<tr><td colspan="3">实操题总计</td><td>100</td><td></td></tr>
</table>

任务小结

样例描述了智慧停车系统的真实场景，学生可以在输出需求说明书的同时较好地编制及呈现方案，内容包括：

1）引言：编写目的、项目背景、参考资料。

2）项目概述：目标、需求特性分析、假定和约束。

3）项目功能与结构：功能要求、拓扑结构等。

4）项目详细设计。

任务拓展

对智慧工业园的智能停车系统的设备规格要求，做详细的说明，内容可包括：

1）功能的规定，如停车限制、数据监控、管理控制、关联处理等。

2）性能的规定，如设备精度、时间特性、设备灵活性。

Project 2

项目 2 智慧工业园设备安装与调试

引导案例

在探索新型工业化的发展过程中，信息化建设对于争夺高端产业发展要素、加快科技自主创新、促进产业转型升级、打造园区独特品牌具有关键的意义。

随着信息化的深入发展，信息化如何支撑工业园区的发展战略、信息化如何满足园区核心业务的需求成为关注重点。第一期智慧工业园将建设安防、停车、楼宇这3个场景，以确保工业园的基础设施能够充分满足园区的需要。

任务1 施工方案编制及呈现

职业能力目标

1）能根据签订的合同，使用项目管理软件，创建工作分解结构（WBS），制定项目进度计划表。

2）能根据项目工期，正确连接每个任务间的逻辑关系。

任务描述与要求

任务描述

小陆所在的A公司完成了××智慧工业园集成项目的设计任务，紧接着就要进行项目的施工。在项目施工之前，小陆要为整个项目定制一个详细的施工实施方案，其中包括施工组织设计、施工管理、施工实施过程、施工协调与控制、施工资源配置等方面的内容。

小陆要草拟的项目实施方案内容包括：实施方案概况和项目建设目标、施工组织部署、施工进度计划、工程进度协调管理、施工质量管理。注意，项目实施方案要提交项目组进行论证后才能确认实施。

任务要求

1）编写智能工业园施工实施方案概况和项目建设目标。

2）编写智能工业园施工组织部署。

3）编写智能工业园施工进度计划。

4）编写智能工业园工程进度协调管理。

5）编写智能工业园施工质量管理。

任务分析与计划

1．任务分析

通过对物联网系统集成项目施工方案编制及呈现的基础知识学习，对一个物联网系统集成项目的施工有了大致的认识和了解，运用所学的知识，依托智慧工业园的方案设计，完成智慧工业园的施工方案编制及呈现。

2．任务实施计划

根据物联网系统集成项目施工方案编制及呈现的相关知识，制订本次任务的实施计划。计划的具体内容可以包括编制项目背景、项目建设目标、工程施工组织部署、工程施工进度计划、工程施工质量管理、物联网工程项目联调测试等，任务计划见表2-1。

表2-1　任务计划

项目名称	智慧工业园设备安装与调试
任务名称	施工方案编制及呈现
计划方式	参照知识储备样例编制
计划要求	施工方案应包含必要的内容，选择部分内容进行补充完善
序号	任务计划
1	编写项目背景概述
2	编写项目建设目标
3	编写工程施工组织部署
4	编写施工进度计划（根据子项目，合理设计进度）
5	编写施工进度协调管理（可选）
6	编写施工质量管理（可选）
7	论述物联网系统集成项目施工方案编制的过程，如何使其变得更合理、更符合应用场景的施工要求

知识储备

1．施工组织设计概述

施工组织设计是用以指导施工组织与管理、施工准备与实施、施工控制与协调、资源的配置与使用等的技术、经济文件，是对施工活动的全过程进行科学管理的重要手段。针对工程的特点，根据施工环境的各种具体条件，应按照客观的施工规律编制施工组织设计。施工组织设计是物联网系统集成项目合同签订后物联网系统集成商申报项目开工的资料之一。

（1）施工组织设计的内容

施工组织设计的内容包括：施工组织部署、施工进度计划、劳动力组织计划、材料（设备）进场计划、主要施工方法、工程质量管理、项目验收、项目培训、项目售后等。

（2）施工组织设计的编制流程

施工组织设计编制的一般流程为：收集和熟悉编制施工组织设计所需的有关资料和图纸，进行项目施工条件的调查研究；计算主要工种的工程量；确定施工的总体部署；拟定施工方案；编制施工总进度计划；编制资源需求量计划；编制施工准备工作计划；设计施工总平面图；计算主要技术经济指标。

2．施工方案编制及呈现样例

（1）项目建设目标

工程实施是整个项目建设成败的关键。在工程实施前，应进行有计划、高标准、切实可行的施工组织设计；实现高质量、用户满意的项目建设目标，为用户提供符合目前需求，充分考虑未来扩展应用的系统；尽量节约项目资金，为用户的使用、维护和升级提供最大的便利。

（2）施工组织部署

1）施工组织管理机构如图2-1所示。

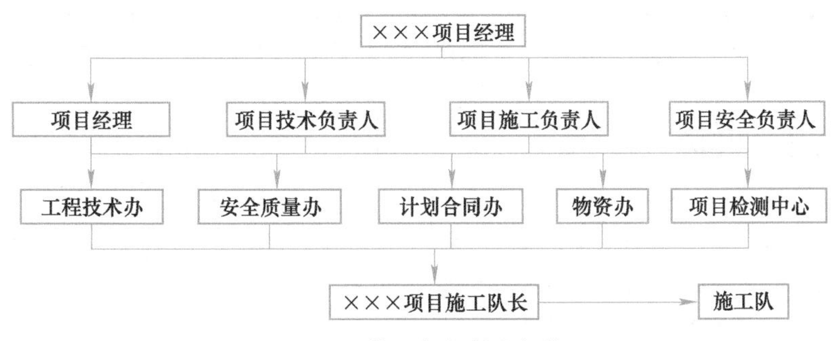

图2-1　施工组织管理机构

2）主要施工管理人员职责。

① 项目经理职责：项目工程质量的总负责人，贯彻项目质量方针和目标，全面履行工程承包合同；组织制定工程进度和劳动力、材料、施工设备的使用计划，并报公司有关职能部门审查；批准物资采购计划；重大问题的处理和协调，工程质量和服务质量投诉的处理。

② 项目技术负责人职责：主管项目范围内工程技术和质量工作，并对项目技术、质量工作和工程符合性负责；编制项目质量保证计划，编制施工组织设计、施工方案、作业指导书并上报技术部门审核批准，处理施工方案变更等问题；负责管理质量记录，组织有关人员收集整

理工程竣工资料，上交技术部门审核和存档；负责项目的检验和质量把关，确保完好的设备进入现场施工；负责处理对外委托检验和试验问题；参与单位工程检验评定。

③ 施工队长职责：组织完成所承担的施工工程任务，贯彻施工设计方案，负责施工质量、施工员管理、安全生产等；对施工队全体成员和相关设备情况熟练掌握，合理分配人员、科学调度设备和材料，确保施工质量的前提下提高施工效率；确保施工进度和质量，降低施工成本；负责施工现场的安全管理工作，发现安全问题及时提醒、解决，消除安全隐患，杜绝安全事故的发生；认真填写施工日志、施工材料平衡表，进行施工现场图样绘制和现场照片拍摄等。

④ 施工队职责：对项目施工标准负责，严格执行工艺规程和施工管理制度，确保施工任务按时按质完成，填写施工日志；认真填写施工过程的记录。

3）项目人员通信录见表2-2。

表2-2　项目人员通信录

序号	岗位	姓名	联系电话
1	项目经理		
2	项目技术负责人		
3	项目施工负责人		
4	项目安全负责人		
5	施工队队长		

（3）施工进度计划

物联网系统集成项目的管理集中反映在成本、质量和进度3个方面。进度是项目管理的三要素之一。施工进度计划说明了项目中各项工作的开展顺序、开始时间、完成时间及互相依赖衔接关系，是进度控制和管理的依据。在项目施工组织设计过程中，制订施工进度计划是一个重要的工作内容。

施工进度计划根据项目活动定义、项目活动顺序、项目活动历时估算、所需资源等进行编制。

1）定义项目活动。项目活动是完成项目可交付成果所进行的工作。定义项目活动就是识别和记录为完成项目可交付成果而需采取的所有活动。

定义项目活动通常采用工作结构分解（WBS），就是把一个项目按总体目标的要求分解成若干个活动。定义项目活动需要先输入项目范围说明、组织的过程资产（项目相关历史信息）、企业环境因素等条件，然后再通过工作分解结构，将项目分解为一系列更小、更易管理的活动，形成活动清单、活动属性、里程碑清单。分解过程可以利用历史项目的活动清单（或者其中一部分）作为新项目的活动清单模板来简化分解时间、程序。

2）排列活动顺序。在一个项目中，某个活动的执行可能需要依赖于特定活动的完成，它们存在先后的依赖关系。排列活动顺序就是根据项目活动本身的先后逻辑关系和轻重缓急进行排序，输出项目进度网络图。

活动排序通常使用前导图法（单代号网络图）、箭线图法（双代号网络图）进行排序。

① 前导图法（单代号网络图）。前导图法是使用长方形（也称节点）代表活动，按工作先后顺序用箭头连接，显示活动间的逻辑关系，如图2-2所示。

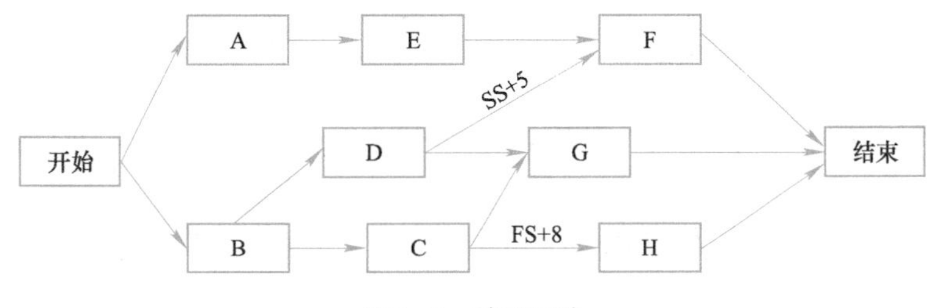

图2-2　前导图法

前导图法能够反映活动之间的四种依赖关系，如图2-3所示。

a）F-S型（结束—开始关系）：先行活动结束后，后续活动才能开始。

b）F-F型（结束—结束关系）：先行活动结束后，后续活动才能结束。

c）S-S型（开始—开始关系）：先行活动开始后，后续活动才能开始。

d）S-F型（开始—结束关系）：先行活动开始后，后续活动才能结束。

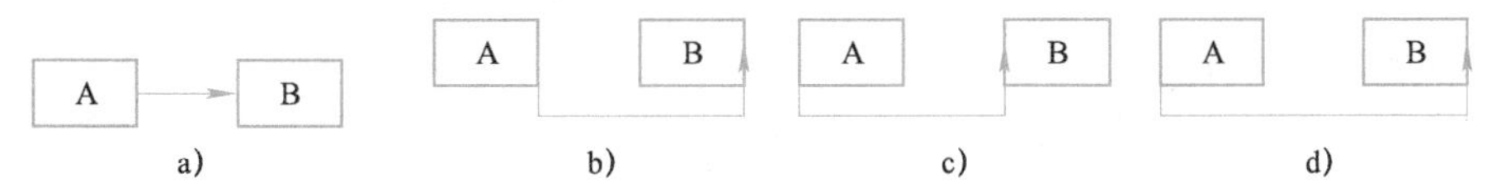

图2-3　依赖关系

a）F-S型关系　b）F-F型关系　c）S-S型关系　d）S-F型关系

前导图法排序时从开始到结束可以存在多条线路，不同线路由不同的时间、活动（工作）来构成，但不能出现回路。前导图是一个有向图，有一个开始点，并从开始点指向结束点。

② 箭线图法（双代号网络图）。箭线图法是用箭线表示活动、节点表示事件的一种绘制方法。

箭线图法中虚箭线表示虚活动，虚活动不消耗时间和资源，能弥补箭线图在表达活动依赖关系方面的不足。图2-4中E活动在没有引入虚箭线前，在D活动完成之后才能开始，与A活动、G活动没有关系，引入虚箭线后，表示E活动必须要在A活动、G活动完成后才能开始。

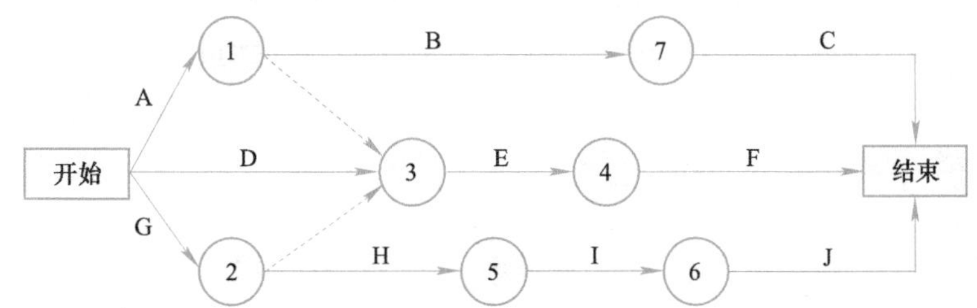

图2-4　箭线图法

箭线图法排序时不能出现回路，不能出现两个活动的并联，避免排序工作中出现逻辑错误。

3）活动历时估算。活动历时估算要在综合考虑人力、物力、财力的情况下，估算完成每个活动所需花费的时间量。

活动历时估算可采用专家判断、类比估算、参数估算、三点估算、群体决策技术、储备分析等工具和技术进行，也可采用多种方法相结合。

① 专家判断。专家判断依赖历史的经验和信息，是一种行之有效的方法，但有一定的不确定性和风险性。

② 类比估算。类比估算就是利用以前类似项目工作完成时间来估计当前工作的完成时间，是一种较常用的方法。类比估算需要以过去项目工作持续时间、预算、规模和复杂性等多种参数为基础。

③ 参数估算。参数估算是指利用历史数据之间的统计关系和其他变量来估算持续时间。最常用的是把需要实施的工作量乘以完成单位工作量所需的工时，来估算活动历时。

④ 三点估算。三点估算指的是利用PERT（计划评审技术）来界定活动历时，即估算活动最可能时间、最乐观时间、最悲观时间，通过设置权重，运用统计规律降低历时估算的不确定性。

$$期望持续时间t_E=（最乐观时间t_O+4\times最可能时间t_M+最悲观时间t_P）/6$$

$$标准差（即期望持续时间的离散度和不确定性）\sigma=（最悲观时间t_P-最乐观时间t_O）/6$$

⑤ 群体决策技术。群体决策技术通过团队成员进行头脑风暴、德尔菲技术或名义小组技术等方法进行历时估算。

⑥ 储备分析。将时间储备或缓冲时间纳入施工进度计划中，以应对进度方面的不确定性。

4）关键路径法与关键链法。整个项目工期是由最长的线路决定的，如果某一条线路消耗时间比较短，则这条线路就具有一定的时间裕量。因此关键路径法和关键链法是项目进度管理中的重要工作方法。

① 关键路径法。关键路径法是在不考虑任何资源限制的情况下，在给定活动持续时间、逻辑关系及其他制约因素下，分析项目关键路径的进度网络分析技术。该方法沿着项目进度网络路径进行顺推与逆推分析，计算出全部活动理论上的最早开始与完成日期、最晚开始与完成日期。

关键路径法是时间约束性进度网路分析工具。应用关键路径法可以使工作尽早安排。进度安排的弹性大小由活动的浮动时间决定，浮动时间小于等于零的路径被定义为关键路径，关键路径上的进度活动称为关键活动。关键路径法关注的重点是活动的浮动时间。

总浮动时间=最迟开始时间–最早开始时间=最迟完成时间–最早完成时间

关键路径法示例如图2-5所示。

② 关键链法。关键链法是一种根据有限的资源来调整项目进度计划的进度网络分析技术。首先，根据持续时间估算、给定的依赖关系和制约因素，绘制项目进度网络图。然后，计算关键路径。在确定关键路径之后，再考虑资源的可用性，制订出资源约束型进度计划。资源约束型关键路径就是关键链。关键链法在网络图中增加了“非工作进度活动”的持续时间缓冲，用来应对不确定性。关键链法不关注网络路径的总浮动时间，而是重点管理剩余的缓冲持续时间与剩余的任务链持续时间之间的匹配关系。

关键链法的理论依据是帕金森定律，关键链法是资源约束型的进度网络分析工具，应用关键链法可以有效解决帕金森定律描述的工作被拖延的情况。

关键链法示例如图2-6所示。

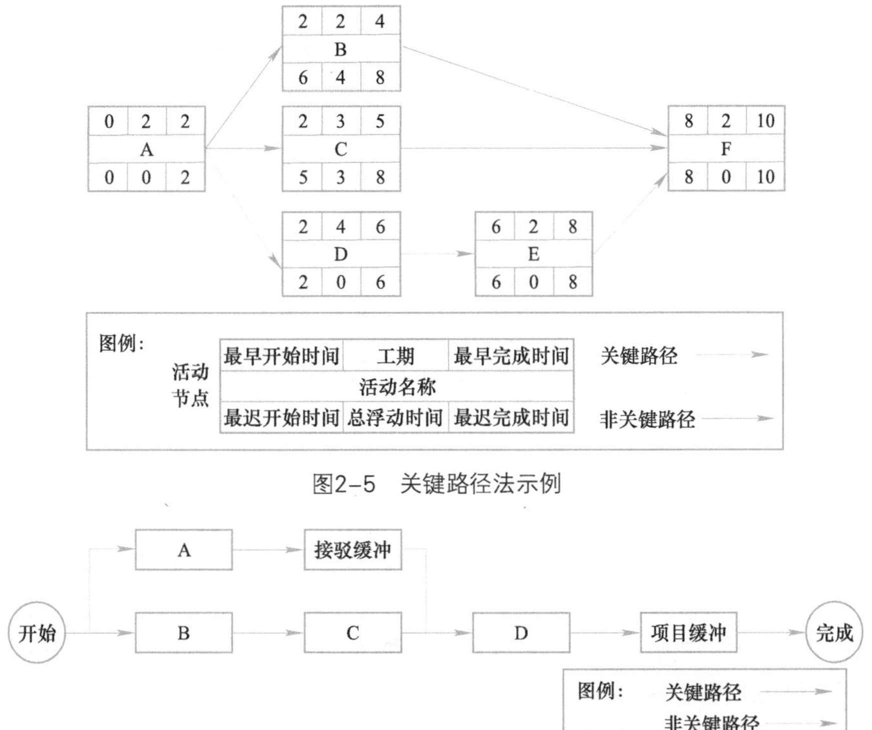

图2-5 关键路径法示例

图2-6 关键链法示例

5）施工进度计划输出。施工进度计划通常使用带信息的项目网络图、甘特图、里程碑图表示。最常用的是甘特图（横道图、条形图）。甘特图纵向列出项目活动，横向列出时间跨度。在实际应用中甘特图分为带有时差的甘特图和带有逻辑关系的甘特图。施工进度计划甘特图示例如图2-7所示。

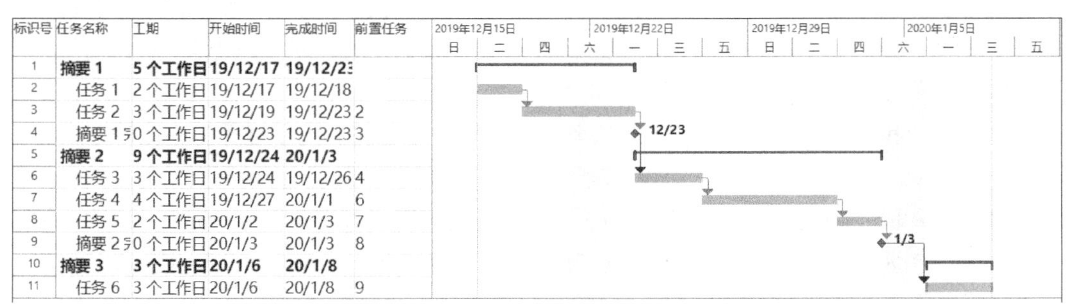

标识号	任务名称	工期	开始时间	完成时间	前置任务
1	**摘要 1**	**5 个工作日**	**19/12/17**	**19/12/23**	
2	任务 1	2 个工作日	19/12/17	19/12/18	
3	任务 2	3 个工作日	19/12/19	19/12/23	2
4	摘要 1 完	0 个工作日	19/12/23	19/12/23	3
5	**摘要 2**	**9 个工作日**	**19/12/24**	**20/1/3**	
6	任务 3	3 个工作日	19/12/24	19/12/26	4
7	任务 4	4 个工作日	19/12/27	20/1/1	6
8	任务 5	2 个工作日	20/1/2	20/1/3	7
9	摘要 2 完	0 个工作日	20/1/3	20/1/3	8
10	**摘要 3**	**3 个工作日**	**20/1/6**	**20/1/8**	
11	任务 6	3 个工作日	20/1/6	20/1/8	9

图2-7 施工进度计划甘特图示例

6）项目安装确认表。项目安装负责人和甲方用户提前确认项目安装工程量、安装地点、取电方式等事宜，增强事前规划，减少工程变更情况。

例如，根据列出的物联网基站分布、数量信息，进行实地确认，最终确认安装地点和安装数量，及时根据现场情况调整。根据最终现场实地确认情况，双方签字确认项目安装确认表。

7）技术准备。

① 各施工队长、施工员认真学习施工工艺、设备调试方法，熟悉设备安装调试流程，熟悉安装验收标准，熟知安装地点，提前做好行程安排，提高工作效率。

② 编制施工组织设计时要兼顾全面、突出重点，以施工图、施工规范、质量标准、操作规程作为组织施工的指导文件。

③ 计算分项工程的工程量和施工材料，分析劳动力和技术力量，建立施工技术管理机构，组织质量安全体系以及施工计划。

8）施工条件准备。

① 提前准备好工程施工所需材料、工具，对相关工程人员提前进行技能培训，使之熟悉设备安装规范、设备调试流程、仪器仪表使用方法、常见故障排除等。

② 提前确认安装地点，每天工程量，合理安排工程安装行程。这是十分重要的环节，可减少路上耽搁时间和路程。

（4）施工进度协调管理

物联网项目的进度管理是计划、实施、检查和总结4个过程的不断循环，通过对人力资源和物力投入的不断调整，以保证进度和计划不发生偏差，从而达到按计划实现进度目标的过程。施工进度协调管理的最重要环节如下：通过与业主、监理（如果项目有监理方）、取电方（物联网基站或监控取电方等）、项目安装点（如办公室、民爆企业监控点）工作人员之间的沟通和协调，确定安装地点和主要走线方法，制订工程的相应进度计划，并通过工作任务分解，根据工程各阶段相关时间的估计，最终制订出精确的进度计划，作为施工作业的进度管理目标（为了保证承诺施工周期内完成施工，需要预留1～3天时间，如报给用户是14天内完工，实际预估施工为12天内完工）。理清与协调施工管理的各个界面，并与其他工种施工以及各子系统内部（如内部程序审批，设备采购人员）进行统一的施工部署，保证系统的总体实施。施工进度计划不是不变的，当其他工程的里程碑计划发生改变时，工程的基准计划将做出相应的调整，也就是说施工过程中需要不断地沟通和协调；根据进度的需要，合理安排人力资源和物力投入，并在实施过程中不断地进行进度的动态管理，以防止进度发生偏差，而影响整个工程的工期，其中工程的协调与合作是施工协调的关键；当总工期要求缩短时，在关键路径的施工工期中加强人力和物力投入，重点保证关键路径段的任务计划，和其他工种协同作战，以确保工程赶工要求。

仔细检查和总结每天的施工计划和实际施工工程量的偏差。为了确保工程按期完成，每天计划需按时或提前完成，可适当加班或增加施工人员。遇到不可抗拒因素时，需提前告知用户，并积极采取相关措施补救（增派人员），在户外施工需要考虑天气因素带来的影响，关注天气预报，合理安排施工和预留意外天气带来的施工进度变慢的时间，并做好相关准备工作，如准备雨衣雨伞，防水设备箱等。

（5）施工质量管理

1）现场施工的安全管理。安全管理的中心是保护生产活动中人的健康和安全，保障生产顺利进行。施工现场的安全管理主要内容有：安全组织管理、场地和设施管理、行为控制和安全技术管理等。现场施工的安全管理应明确安全责任人，明确安全生产标准和安全生产原则；坚持安全管理的目的性，坚持预防为主的安全方针；定期组织安全教育活动，提高安全意识、安全操作流程的贯彻实施，最终使施工人员形成良好的安全生产习惯。

现场施工的主要注意事项：

① 新员工需进行安全生产教育，使之熟悉本工种的安全操作规范。

② 特殊工种人员需经过专业培训方可上岗操作（如强电操作）。进行强电搭电操作，先和用户协商断闸，再操作；强电相关操作工具应具有良好的绝缘性。

③ 爬高和登高（楼梯）操作。施工队长确保相关人员无恐高症，并确保施工时，楼梯稳固可靠，楼梯下面有人员扶稳；其他高空作业配系安全带。施工现场如遇装修或其他可能落物情况，需佩戴安全帽，确保安全。

④ 施工车辆的驾驶员必须具有熟练的驾驶技能，并且避免疲劳驾驶、超速驾驶、酒后驾驶等情况。

⑤ 220V或以上的强电电源线尽量避免跨路面，如果需要跨路面，可以采取降低电压（至48V或以下）后传输。

⑥ 电源线室外走线应尽量避免中间接头；特别是220V或以上强电电源线尽量杜绝中间接头。

2）系统平台的安全管理。

① 系统平台具有完善防范病毒和网络攻击的机制，特别是关键业务数据必须定期备份，具备完善的数据恢复功能。

② 网络管理员对安全状况和安全漏洞做周期性评估，并根据评估结果（服务器受非法访问和攻击情况）采取相应措施。

③ 加强内部人员操作的技术监控，采取有力的认证系统，避免弱口令，不同用户组具有不同权限。

④ 建立完善的入侵审计和监控措施，监视记录访问服务器的IP和MAC地址。

3）工程资料的文档管理。工程资料要及时进行整理和分类管理，对于需要提交用户的工程资料，及时提交用户存储管理。

① 施工记录需要明确记录施工耗材，安装设备型号和序列号，物联网基站、监控头等设备安装地点（GPS经纬度），并且从多角度进行拍照管理存档。工程安装表应找相关工作人员签字确认，避免引起不必要纠纷；同时，方便工程验收时有据可查，有资料照片提交用户。

② 施工的不确定事项应及时提出异议，并通过现场分析、事项判断等方式，将最后的事项处理意见或建议及时上报工程部及项目主管，将分析结果以及处理方法告知甲方，甲方认可后及时签字确认，并形成详细记录和事项技术处理文档以备后续查询调用。

4）施工质量的控制管理。施工质量的控制管理内容主要如下：

① 确定项目技术人员的岗位职责；将技术和质量管理工作落实到人。明确岗位责任制，谁施工谁负责，做好工程质量创优意识，做到精心施工。

② 施工前针对工程的特点，编制技术先进、工期合理、质量保优的施工组织设计，制定适合工程特点的质量目标计划及保障工程质量的项目管理制度。

③ 做好设计图纸的会审工作，认真参加设计交底，全面了解工程项目的特点和质量标准。明确采用的施工技术规范及标准，并严格按照规范及标准的要求进行工程实施。在施工过程中，做好质量监督、检验和评定工作，工程质量查验的记录工作。工程质量查验应采用专业检查与自检、互检结合的办法，把质量问题消灭在施工过程中。认真接受业主代表和工程质量监理的监督和领导，工程实施严格执行工程次序，特别是做好隐蔽工程部位和关键项的自检、

专验工作，通过监理的检查认定后，再进入下一道工序。

④ 抓好施工单位工程施工方案的编制工作，对关键施工部位要制定切实可行的质量保证技术措施。施工现场必须执行“五不准”制度，即无设计或无合格证的设计不准施工、原材料无合格证的不准施工、设备和半成品不合格的不准施工、降低规范要求或验收标准的不准施工、工程不合格的不准报竣工。

⑤ 及时做好技术资料的整理，做到与施工同步真实。做好施工技术资料填报工作，技术资料要及时、完整、准确、可靠，具有较好的可追溯性，并按质量控制点对重点部位和资料进行复查。

⑥ 工程交工时，及时向建设单位交付完整的工程技术资料，及时对单位工程做出质量评定并提交有关质量监督单位核定。

施工现场环境保护措施：

① 保持施工现场整洁、卫生，交通通畅。

② 各种施工材料安装指定位置或允许摆放位置，堆放整齐。

③ 施工现场尽量减少垃圾，施工产生的垃圾必须进行打扫和清除，对于大件的垃圾由施工车辆带走投放大型垃圾站。

④ 施工噪声控制。严格控制施工噪声，机械设备配置合理，减少施工噪声。对于施工设备，定期保养清洁，避免脏乱。

文明施工要求：

① 施工现场禁止吸烟。

② 施工现场禁止赤脚、穿拖鞋、高跟鞋等。

③ 佩戴相关工作证件进行施工，特别是重要场所，应给用户以专业高效的良好印象。

④ 进入重点施工场地禁止大声喧哗。

⑤ 避免施工过程中聊与工作无关事情。

⑥ 尽量减少施工对用户工作环境的影响。

5）物联网项目沟通协调事项。

① 物联网项目需要和用户、物联网基站安装取电点、监控设备安装单位（民爆企业等）等多方进行及时沟通协调。

② 与用户沟通时，保持礼貌专业形象，对用户提出的合理化建议、要求和批评要虚心接受，进行整改；对于用户提出的不合理要求，要委婉解释沟通，避免和用户顶撞、争吵。

③ 物联网基站和设备取电，尽量从已有监控设备箱取电；需要跨道路的电源线施工，尽量先把电压降到48V以下（一般为15V/12V，15V是距离较长时，避免到终端电压过低导致终端设备工作不正常，一般12V设备都可接15V电压，接受+20%偏离）；避免220V电源线意外中断，引发重大安全事故。220V电源连接，避免使用网线传输。

④ 监控点监控设备、物联网基站安装时，尽量保留安装点工作人员的办公电话和取电点的电话；在设备故障时，应判断是否停电引起，是否接入网络故障4G或有线网络；设备电源插板（插座）尽量用单独插板；在监控设备故障时，可以请监控点工作人员先重启电源；各类设备的安装，多打标签，特别是距离较长的网线、电源线等（通常和用户方设备线缆混杂在一起）必须标明起始位置，各类电源线网线必须打明显标签和用户方设备线缆区分，并完善工程

竣工资料（仔细标注填写），方便竣工后的技术维护。对于民爆企业等监控点设备安装完成后，需要对用户（最好2人或以上）进行培训和资料交底（包含设备安装位置、取电位置、网络连接点）。

⑤ 对于路途距离较远的地点（20km或30km以上），含物联网基站、监控设备，可以安装智能插座或定时重启插座，设置为1周重启1～2次。

⑥ 安装监控设备，在使用用户有线网络的情况下，如果用户方的路由器可以划分独享带宽，给监控设备设置独享2M带宽（1路视频）；如果用户方路由器不支持，可以根据用户预算，推荐更换相关路由器，保证监控视频传输质量。

⑦ 和各类用户保持良好沟通关系，可以给用户提供更多信息化增值服务（监控、单位车辆管理、网络改造组建、视频会议、大屏显示等）。

任务实施

承建单位按照招标书要求在签订合同90个工作日（不包含节假日）内完成某物联网系统集成项目所有设备和系统的安装与调试，为了保证工程顺利实施和交付业主单位使用，承建方将项目总周期分为8个阶段。

第一阶段：合同签订

第二阶段：设备订货、到货以及开箱验收

第三阶段：设备安装调试

第四阶段：系统封闭试运行阶段

第五阶段：初步验收阶段

第六阶段：系统上线试运行阶段

第七阶段：系统最终验收阶段

第八阶段：系统维保阶段（以合同要求的时间为准）

根据物联网系统集成项目的进度要求，编绘项目总进度工期以及进度网格图。（参考表2-3）

物联网系统工程的每一个阶段都要设立时间进度管理表。时间进度管理表范例见表2-3。

表2-3　时间进度管理表范例

工程实施内容	时间	1日	2-3日	4-28日	29-12日	13-22日	23-25日
施工人员进场以及施工前准备、培训等	1天						
设备进场，清点、测试、验收	2天						
设备安装、调试	25天						
系统调试	15天						
系统封闭试运行	10天						
初验收	3天						

任务检查与评价

完成任务后进行任务检查，可采用小组互评等方式，任务检查评价单见表2-4。

表2-4 任务检查评价单

任务：施工方案编制及呈现

专业能力				
序号	任务要求	评分标准	分数	得分
1	设计多阶段不同的施工进度表格	要求表格设计合理，层次关系清晰，逻辑准确	50	
2	填写施工进度过程	填写合理，层次关系清晰	10	
3	呈现整体施工进度图	要求设计合理，层次关系清晰，逻辑准确	30	
专业能力小计			90	
职业素养				
序号	任务要求	评分标准	分数	得分
1	前期施工内容准备	正确使用Word工具或Excel工具，设计表格，表格布局整齐，字体大小规范	5	
2	遵守课堂纪律	遵守课堂纪律，保持工位区域内整洁	5	
职业素养小计			10	
实操题总计			100	

任务小结

通过本章节的学习后，对施工方案设计有了一个大致的了解，在不同的项目实施过程中，根据施工组织设计方案的内容进行设计和编排是比较合适的，下面将主要内容做个汇总，施工方案主要内容包括：施工组织部署、施工进度计划、劳动力组织计划、材料（设备）进场计划、主要施工方法、工程质量管理、项目验收、项目培训、项目售后。

任务拓展

根据所学的知识，试着编制一个完整的施工方案，方案内容包括工程内容、施工技术描述、施工进度管理、工程验收与交付、项目售后支持。

任务2 设备开箱验收

职业能力目标

1）能根据设备清单准确核对进场设备与配件（辅料、辅材、工具）是否齐全，并通过产品外观判断产品的完好性。

2）能通过电工电子检测仪器测量设备的开路、短路和阻抗状态，并正确判断其好坏情况。

3）能用配套专用测试工具，完成网络通信设备的检测。

4）能根据设备供应商提供的固件优化升级包，完成设备固件版本检查和升级。

任务描述与要求

任务描述

小陆所在的A公司完成了××智慧工业园物联网系统集成项目的设计任务，紧接着就要进行项目的施工了，依据已经编制并审核通过的物联网系统集成项目施工方案，准备开始进场施工。

小陆根据工程施工要求，先进行设备进场的验收工作，对进场设备进行清点，确保数量和实际需求相符，抽样进行进场设备的检测，并对这些设备进行登记后妥善保管。

任务要求

1）编制物联网工程项目设备进场清单。

2）物联网工程项目设备进场开箱设备检测。

3）物联网工程项目设备进场登记。

4）物联网工程项目设备进场的问题设备反馈。

5）物联网工程项目设备进场后妥善存放安置，标明设备放置位置并编号。

任务分析与计划

1. 任务分析

物联网系统集成项目的施工方案通过联合审查获批后，项目进入实质性实施阶段，项目实施的首要任务就是对核准的采购设备进行进场开箱验收，清点数量查看设备的情况以及对进场设备进行必要的抽样检测。

依据需求说明书以及编制的施工方案，及时对进场的设备进行必要的设备开箱检测，检测的主要内容有如下几个要点：

1）检查设备包装质量是否完好。

2）清点设备及附件是否与装箱单相符合。

3）检查设备外形是否完好。

4）接口、工艺、电气性能、设计要求是否符合采购需求。

5）检查装箱资料是否齐全。

6）填写项目设备进场开箱验收单。

7）进场验收完毕后，未进行安装的设备应妥善存放、保管。

2. 任务实施计划

根据项目建设的合同要求，对采购的进场设备进行开箱验收。参照“××工程设备进场开箱验收单”的内容，根据工程项目的实际需要，设计并填写符合项目实际要求的开箱验收单。

项目部或者设备部负责新购设备到场的开箱验收工作，必要时负责联系采购单位派人一同完成此项工作，设备开箱验收的具体内容可以包括入库单的填写、入库单的会签、随箱资料收集清点与查收归档、设备电气性能的检测等，任务计划见表2-5。

表2-5　任务计划

项目名称	智慧工业园设备安装与调试
任务名称	设备开箱验收
计划方式	参照“××工程设备进场开箱验收单”设计
计划要求	请用若干个计划环节来完整描述出如何完成本次任务
序号	任务计划
1	设计并填写项目开箱验收申请单（可选）
2	设计并填写项目开箱验收通知单（可选）
3	设计并填写项目设备进场开箱验收单（必填）
4	设计并填写项目验收入库单（可选）
5	设计并填写项目缺货清单（可选）
6	入库清单各个部门的会签确认（必须环节）
7	论述物联网系统集成项目设备开箱验收的具体操作规程，如何编绘验收单、入库单更加合理，为项目后续的总验收做必要的文档准备

知识储备

1. 物联网项目设备开箱验收

在设备交付现场前，项目建设单位、监理单位和承建单位应共同按照设备装箱清单和项目相关文件对安装设备的外观质量、数量、文件资料及其与实物的对应情况进行检验、登记。

查验后，签字见证、移交保管单位保管（保管单位通常为承建单位）。若发现设备有缺陷、缺件、设备及附件与装箱单不符，装箱资料不齐全等情况，应在设备开箱检验记录单上如实做好记录，参加开箱验收人员均应签字。验收完成后，要求承建单位按时间要求提供所缺资料或设备，更换不符设备。

开箱验收除记录开箱检验相关数据外，还要拍照记录。货物开箱拍照记录文件，通常后期和实施过程拍照记录文件一同整理，形成照片档案进行存档，一般会形成电子档1份和按规定尺寸印刷的纸质版1份。对于部分工程，客户无要求，可不进行照片档案编制，但仍需拍照记录，作为工程实施汇报素材使用。

（1）进场设备质量要求

进场设备质量应符合下列要求：

1）设备型号、规格、数量、性能、安装要求与合同文件、设计图纸和技术协议要求相符。

2）设备安装环境及使用条件应与项目的具体要求相符。

3）设备技术性能和工作参数以及控制要求应满足设计要求。

（2）设备开箱验收程序

1）项目部或设备部向采购部、建设单位发起开箱验收申请，说明具体的时间、地点、相关参加会签单位等相关内容。

2）实施开箱，负责人在规定时间、地点即开箱现场清点设备（相关人员须到现场会签）。

3）实施清点，核对设备清单和开箱数量是否一致。

4）实施抽样检测，无误设备入库，存在问题的设备及时登记确认签字。

5）缺货、补货流程，罗列设备箱中缺少、不符的设备，签字确认后交付采购部跟踪。

6）项目设立专人跟踪后续代办事宜，须在设立时间周期内完成全部设备、辅料等到货确认。

2．设备开箱验收步骤

步骤1：检查设备包装质量是否完好。

步骤2：设备开箱，清点设备及附件是否与装箱单相符合，装箱单是否与合同相符合。

步骤3：检查设备外形是否完好，接口与工艺设计是否相符合。

步骤4：检查装箱资料是否齐全，一般包括设备清单和说明书、设备总图、基础外形图和荷载图、性能曲线、使用维护说明、出厂检验和性能试验记录等。

步骤5：填写项目设备进场开箱验收单。项目设备进场开箱验收单格式应根据各行业相关规范、监理单位要求编制。

步骤6：进场验收完毕后，未进行安装的设备应妥善存放、保管。

任务实施

请参照表2-6的内容，根据工程项目的实际需要，设计并填写符合项目实际要求的开箱验收单。

表2-6　××工程设备进场开箱验收单

合同名称：智慧M科技园一期项目　　　　编号：ZHMKJY-2020-KXYS-01

智慧M科技园一期项目 设备于 2020 年 4 月 20 日到达F市M科技园 施工现场，设备数量及开箱验收情况如下：

<table>
<tr><th rowspan="2">序号</th><th rowspan="2">名称</th><th rowspan="2">规格/型号</th><th rowspan="2">数量/单位</th><th colspan="7">检查</th><th rowspan="2">开箱日期</th></tr>
<tr><th>外包装情况(是否良好)</th><th>开箱后设备外观质量(有无磨损、撞击)</th><th>备品备件检查情况</th><th>设备合格证</th><th>产品检验证</th><th>产品说明书</th><th>备注</th></tr>
<tr><td>1</td><td>路由器</td><td>……</td><td>1台</td><td colspan="7">外包装良好，开箱后设备外观质量无磨损、撞击，合格证、检定证书、说明书等随箱附件齐全</td><td>2020.04.21</td></tr>
<tr><td>2</td><td>物联网网关</td><td>……</td><td>1台</td><td colspan="7">外包装良好，开箱后设备外观质量无磨损、撞击，合格证、说明书等随箱附件齐全</td><td>2020.04.21</td></tr>
<tr><td>3</td><td>LoRa网关</td><td>……</td><td>1个</td><td colspan="7">外包装良好，开箱后设备外观质量无磨损、撞击，合格证、说明书等随箱附件齐全</td><td>2020.04.21</td></tr>
<tr><td>4</td><td>LoRa模块</td><td>……</td><td>1个</td><td colspan="7">外包装良好，开箱后设备外观质量无磨损、撞击</td><td>2020.04.21</td></tr>
<tr><td>5</td><td>RS232转485模块</td><td>……</td><td>2个</td><td colspan="7">外包装良好，开箱后设备外观质量无磨损、撞击，合格证、说明书等随箱附件齐全</td><td>2020.04.21</td></tr>
<tr><td>6</td><td>USB转串口线</td><td>……</td><td>2条</td><td colspan="7">外包装良好，开箱后设备外观质量无磨损、撞击，合格证、说明书等随箱附件齐全</td><td>2020.04.21</td></tr>
<tr><td>7</td><td>环境云</td><td>……</td><td>1套</td><td colspan="7">外包装良好，开箱后设备外观质量无磨损、撞击，合格证、说明书等随箱附件齐全</td><td>2020.04.21</td></tr>
<tr><td>8</td><td>计算机</td><td>……</td><td>1台</td><td colspan="7">外包装良好，开箱后设备外观质量无磨损、撞击，合格证、说明书等随箱附件齐全</td><td>2020.04.21</td></tr>
<tr><td>9</td><td>开关量烟感</td><td>……</td><td>2个</td><td colspan="7">外包装良好，开箱后设备外观质量无磨损、撞击，合格证、说明书等随箱附件齐全</td><td>2020.04.21</td></tr>
<tr><td>10</td><td>三色灯</td><td>……</td><td>1个</td><td colspan="7">外包装良好，开箱后设备外观质量无磨损、撞击，合格证、说明书等随箱附件齐全</td><td>2020.04.21</td></tr>
<tr><td>11</td><td>WIFI无线I/O模块</td><td>WISE-4012E</td><td>1个</td><td colspan="7">外包装良好，开箱后设备外观质量无磨损、撞击，合格证、说明书等随箱附件齐全</td><td>2020.04.21</td></tr>
<tr><td>12</td><td>行程开关</td><td>……</td><td>1个</td><td colspan="7">外包装良好，开箱后设备外观质量无磨损、撞击，合格证、说明书等随箱附件齐全</td><td>2020.04.21</td></tr>
<tr><td>13</td><td>继电器</td><td>LY2N-J</td><td>1个</td><td colspan="7">外包装良好，开箱后设备外观质量无磨损、撞击，合格证、说明书等随箱附件齐全</td><td>2020.04.21</td></tr>
<tr><td>14</td><td>数字量I/O模块</td><td>ADM-4150</td><td></td><td colspan="7"></td><td></td></tr>
<tr><td colspan="12">备注：经发包人、监理机构、承包人、供货单位四方现场开箱，进行设备的数量及外观检查，符合设备移交条件，自开箱验收之日起移交承包人保管。</td></tr>
<tr><td colspan="3">承包人：S科技有限公司
代表：×××
日期：2020年04月21日</td><td colspan="3">供货单位：S科技有限公司
代表：×××
日期：2020年04月21日</td><td colspan="3">监理机构：×××工程监理咨询公司
代表：×××
日期：2020年04月21日</td><td colspan="3">发包人：N发展有限公司
代表：×××
日期：2020年04月21日</td></tr>
</table>

说明：本表一式4份，由监理机构填写。发包人、监理机构、承包人、供货单位各1份。

任务检查与评价

完成任务后进行任务检查，可采用小组互评等方式，任务检查单评价单见表2-7。

表2-7　任务检查评价单

任务：设备开箱验收

专业能力				
序号	任务要求	评分标准	分数	得分
1	编制一张符合项目要求的开箱验收单	详细设计合理，层次关系清晰，适合整个项目的设备进场使用	60	
2	按照设计要求正确填写验收单	验收流程规范，填写无误，时间、地点、相关部门人员应当齐全，人员工作之间衔接得当	30	
专业能力小计			90	
职业素养				
序号	任务要求	评分标准	分数	得分
1	绘制表格逻辑清晰	正确使用Visio、Word工具，表格设计合理、表格布局整齐、字体大小规范	5	
2	遵守课堂纪律	遵守课堂纪律，保持工位区域内整洁	5	
职业素养小计			10	
实操题总计			100	

任务小结

设计项目设备开箱验收单必须从项目的实际特点出发，在参照通用样式编绘的基础上，可以依据项目的具体设备特性以及项目的真实情况编制对应的栏目，编制完毕后填写相关项目的设备、数量、验收情况等内容，并保留存档以备后续工程项目使用。

任务拓展

对验收单（图2-8）的内容进行优化。

验收单

<table>
<tr><td colspan="2">工程名称</td><td colspan="2"></td><td>供货商</td><td></td></tr>
<tr><td colspan="2">设备名称</td><td colspan="4"></td></tr>
<tr><td colspan="2">合同编号</td><td></td><td colspan="2">施工图号</td><td></td></tr>
<tr><td colspan="2">设备型号</td><td></td><td colspan="2">设备数量</td><td></td></tr>
<tr><td colspan="2">出厂编号</td><td></td><td colspan="2">位　　号</td><td></td></tr>
<tr><td colspan="2">到货日期</td><td>年　月　日</td><td colspan="2">验收日期</td><td>年　月　日</td></tr>
<tr><td rowspan="5">外观</td><td rowspan="2">包装</td><td>木箱包装　　箱</td><td colspan="2">纸箱包装　　箱</td><td>裸装/袋装　　个</td></tr>
<tr><td>□包装完好</td><td colspan="2">□包装完好</td><td>□包装完好</td></tr>
<tr><td rowspan="3">设备</td><td>□外观完好</td><td colspan="2">□外观完好</td><td>□外观完好</td></tr>
<tr><td>□部件齐全</td><td colspan="2">□部件齐全</td><td>□部件齐全</td></tr>
<tr><td></td><td colspan="2"></td><td></td></tr>
<tr><td rowspan="3">验收结果</td><td colspan="3">□与装箱单相符</td><td colspan="2"></td></tr>
<tr><td colspan="3">□型号规格与设计要求相符</td><td colspan="2"></td></tr>
<tr><td colspan="3"></td><td colspan="2"></td></tr>
<tr><td rowspan="5">资料</td><td colspan="3">1. 装箱单　　份</td><td colspan="2">2. 合格证　　份</td></tr>
<tr><td colspan="3">3. 使用说明书　　份</td><td colspan="2">4. 性能检测表　　份</td></tr>
<tr><td colspan="3">5. 质量证明书　　份</td><td colspan="2"></td></tr>
<tr><td colspan="3"></td><td colspan="2"></td></tr>
<tr><td colspan="3"></td><td colspan="2"></td></tr>
<tr><td rowspan="4">存放位置</td><td colspan="2">设备</td><td>□安装现场</td><td>□业主仓库</td><td>□安装单位仓库</td></tr>
<tr><td colspan="2">零部件</td><td>□安装现场</td><td>□业主仓库</td><td>□安装单位仓库</td></tr>
<tr><td colspan="2">备品备件</td><td>□安装现场</td><td>□业主仓库</td><td>□安装单位仓库</td></tr>
<tr><td colspan="2"></td><td></td><td></td><td></td></tr>
<tr><td rowspan="2">备注</td><td colspan="5">1. 货物移交详细清单见附件：《交货清单》，共　　页。
2. 送货车号分别为：</td></tr>
<tr><td colspan="5">附：装箱单　页</td></tr>
<tr><td colspan="2">年　月　日</td><td>年　月　日</td><td colspan="2">年　月　日</td><td>年　月　日</td></tr>
</table>

图2-8　验收单

任务3 安装与调试智能安防设备

职业能力目标

1）能根据感知层设备安装图纸，完成传感器、摄像头和执行终端等设备的正确安装及位置调整。

2）能根据设备结构及规格，使用合适的附件正确完成设备组装。

任务描述与要求

任务描述

根据智能安防系统子场景的物联网系统总体设计方案，本任务将在实训工位上实现该场景设计的功能。实训工位上实施时要做到设备的合理布局以及走线槽位置的正确安装，使得安装实施的逻辑、层次、步骤清晰明了。

任务要求

1）实现设备的安装。

2）实现设备的配置。

3）实现设备的连接。

4）实现设备上电联调测试。

5）实现平台的数据读取以及上下行策略控制。

任务分析与计划

1. 任务分析

智能识别筒型网络摄像机，红外对射、人体红外、烟感等探测器，这些设备为安防系统提供异常事件的报警信息，本任务中采用智能视频和红外对射进行联动布防，模拟在一个设防的环境中，实现当红外对射被遮挡，或者现场监控发现有异常时，触发报警灯闪烁。

本任务在靠近执行端做策略。当红外对射被遮挡时，输出低电平到ADAM-4150 I/O模块，当I/O模块接收到信号后，触发对应的继电器动作，促使连接的报警灯闪烁。筒型网络摄像机录入底库资料图片信息，保存后即可对取景范围内的人脸进行识别，当匹配与底库一致后发出一串JSON格式的数据信息。

2. 任务实施计划

根据物联网设备安装与调试的知识，制订任务实施计划。计划的具体内容见表2-8。

表2-8　任务计划

项目名称	智慧工业园设备安装与调试
任务名称	安装与调试智能安防设备
计划方式	在实训工位上实现场景功能设计
计划要求	设备布局合理，安装正确，步骤规范
序号	任务计划
1	参照智能安防系统总体设计方案罗列的设备，先将需要安装的设备准备就位
2	参照智能安防系统接线图、布局图的相关内容进行设备合理布局，安装到工位上
3	进行设备电源接线、信号源接线
4	连接完毕后开始互检，查看是否存在连接错误的情况
5	设备布局、安装以及接线完成后，通过小组自查、互查等方式，确保接线无误后通电调试。调试后再进行上下行数据核实，确保任务正确完成

知识储备

1．物联网设备安装和调试常用工具

高效进行物联网系统集成项目实施，同时保障项目施工质量，除了规范的项目管理、合理的实施计划和完善的质量保障措施外，还必须让实施人员熟练掌握物联网设备安装和调试的软硬件工具。

（1）网线检测器

网线检测器可以对双绞线1～8，G线对逐根（对）测试，并可区分判定哪一根（对）错线、短路和开路。网线检测器如图2-9所示。

RJ-45头铜片没完全压下时不能测试。测试方法为:

步骤1：将网线检测器的电源打开，确定检测器通电。

步骤2：网线检测器在测量时，先将电源开关关闭，网线一端接入网线检测主机的网线接口上，另一端接入该检测副机的网线接口上。然后将主机上的电源打开，观看测试灯的显示状况。

细心观察主机和副机两排显示灯上的数字，是否同时对称显示，若对称显示，即代表该网线良好，若不对称显示或个别灯不亮，就是代表网线断开或制作网线头时线芯排列错误。

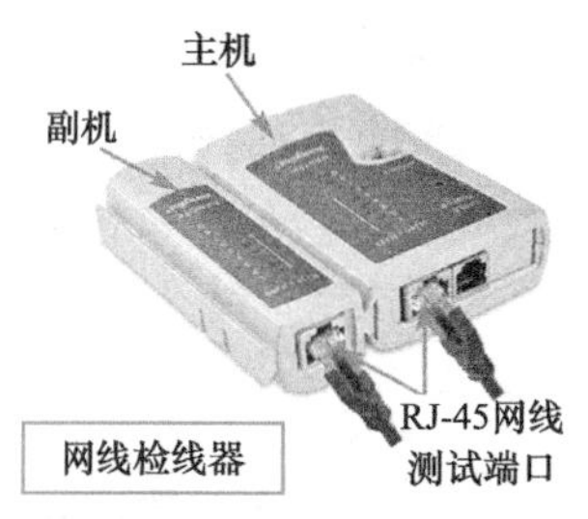

图2-9　网线检测器

（2）数字式万用表

数字式万用表就是在电气测量中要用到的电子仪器。它可以通过红黑表笔对电压、电阻和电流进行测量。数字式万用表作为现代化的多用途电子测量仪器，主要用于物理、电气、电子等测量领域。数字式万用表如图2-10所示。

图2-10　数字式万用表

1）通断测量。将旋钮旋到蜂鸣器的位置，正确插入表笔并使笔针交叉，如果听到蜂鸣声，即表示万用表可以正常使用了。通断测量如图2-11a所示。

2）电阻测量。将表笔插入“COM”和“VΩ”孔中，把旋钮旋到“Ω”中所需的量程，用表笔接在电阻两端金属部位，测量中可以用手接触电阻，但不要把手同时接触电阻两端，这样会影响测量精确度（人体是电阻很大但有限大的导体）。读数时，要保持表笔和电阻有良好的接触。在“200”档时单位是“Ω”，在“2K”到“200K”档时单位为“KΩ”，“2M”以上的单位是“MΩ”。

测量电阻时必须要关闭电路电源，否则会损坏表或电路板。在进行低电阻的精确测量时，必须从测量值中减去测量导线的电阻。电阻测量如图2-11b所示。

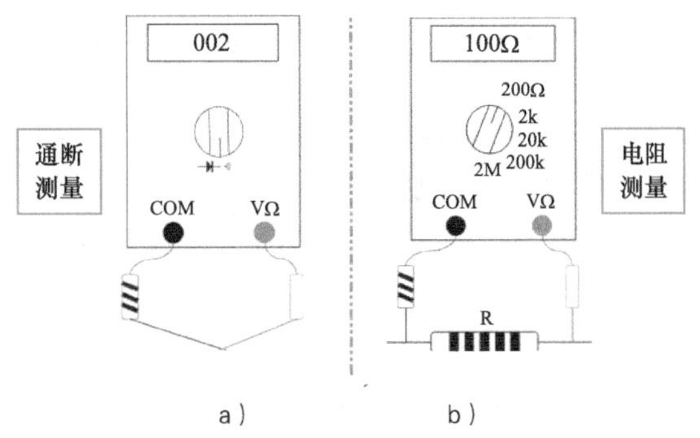

a）　　　　b）

图2-11　通断测量与电阻测量

a）通断测量　b）电阻测量

3）电压测量。测量电压时要把万用表表笔并接在被测电路上，根据被测电路的大约数值选择一个合适的量程位置。测量直流电压时应注意正、负极性，若表笔接反了，表针会反打。如果不知道电路正负极性，可以把万用表量程放在最大档，在被测电路上很快试一下，看笔针怎么偏转就可以判断出正、负极性。

如果在测量时遇到无法确定的电压时，可以先调至最大档位，再逐渐减小量程到合适的档位，量程太大也会影响准确性。

① 直流电压的测量。首先将黑表笔插进“COM”孔，红表笔插入“VΩ”。把旋钮旋到比估计值大的量程（注意：表盘上的数值均为最大量程，“V－”表示直流电压档，“V～”表示交流电压档，“A”是电流档），接着把表笔接电源或电池两端，保持接触稳定。数值可以直接从显示屏上读取，若显示为“1.”，则表明量程太小，那么就要加大量程后再测量。如果在数值左边出现“-”，则表明表笔极性与实际电源极性相反，此时红表笔接的是负极。直流电压测量如图2-12a所示。

② 交流电压的测量。表笔插孔与直流电压的测量一样，不过应该将旋钮旋到交流档“V～”处所需的量程。交流电压无正负之分，测量方法跟前面相同。无论测交流电压还是直流电压，都要注意人身安全，不要随便用手触摸表笔的金属部分。交流电压测量如图2-12b所示。

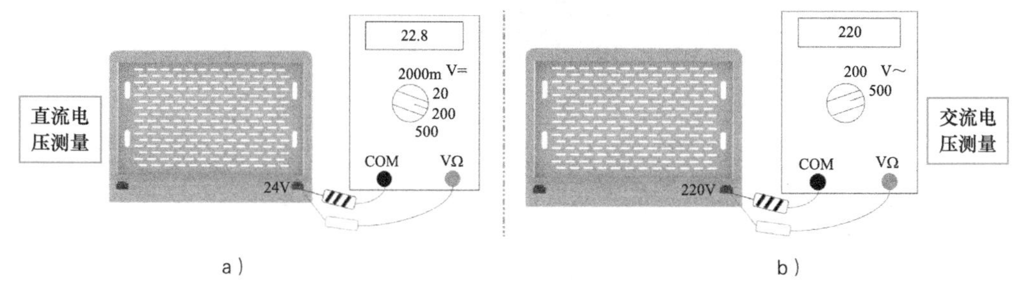

图2-12 直流电压测量与交流电压测量

a）直流电压测量 b）交流电压测量

4）电流测量。万用表有多个电流档位，对应多个取样电阻，测量时将万用表串联接在被测电路中，选择对应的档位，流过的电流在取样电阻上会产生电压，将此电压值送入A/D模数转换芯片，由模拟量转换成数字量，再通过电子计数器计数，最后将数值显示在屏幕上。万用表的内部有串联采样电阻。万用表串入待测电路，就会有电流流过采样电阻，电流流过会在电阻两端形成电压差，通过ADC检测到电压并转换成数值，再通过欧姆定律把电压值换算成电流值，通过液晶屏显示出来。

将黑表笔接入“COM”孔，笔针接的电流分为交流电流和直流电流。在测量设备时，需要选择合适的档位，档位的值需要大于被测电流。如温湿度传感器输出信号电流为4～20mA，应将档位调至20mA，通过串联测出温湿度传感器的输出电流，接线说明见表2-9，电流测量如图2-13所示。

表2-9 接线说明

温湿度传感器	实训工位
红色线	24V红色引脚
黑色线	24V黑色引脚
万用表	实训工位
COM（黑色笔针）	24V黑色引脚
温湿度传感器	万用表
绿色线	VΩ（红色笔针）

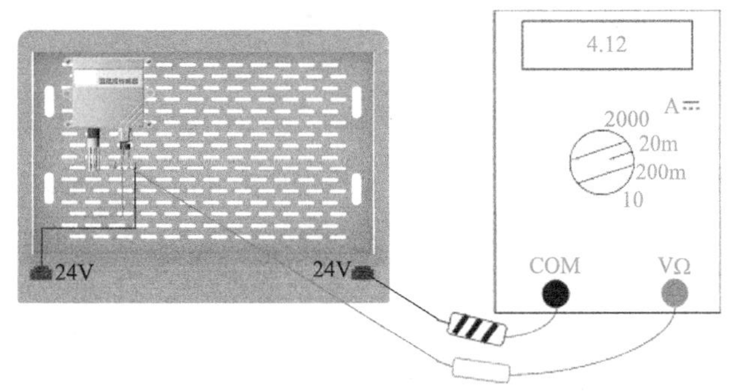

图2-13　电流测量

2. 感知设备的安装与调试

感知设备安装与调试通常指前端感知控制设备及其配套设备的安装与调试，包括感知设备（传感器、识别设备、摄像头等），及前端相关配套的供电系统、防雷系统的设备安装与调试。

（1）感知设备安装施工要领

在进行物联网系统集成项目施工之前，施工人员应仔细查看施工工程图纸并详细阅读设备出厂安装说明材料。针对不同的设备和不同的厂商，接线方式、接线柱位置、安装位置、安装角度等各有不同，应该根据现场情况参照厂家说明安装调试。

1）施工安装时应遵循以下要领：

① 仔细详尽地阅读设计、安装图纸以及说明，若发现现场与施工图纸位置存在较大差异的，应及时提出异议。

② 应掌握感知终端设备的规格参数，如测量范围、测量精度、响应时间、供电电压、工作湿度环境、通信端口、波特率等指标。

③ 严格对照施工接线图与实际安装设备接线管脚或接线柱，若发现存在不一致的情况，应及时查明设备型号并与工程项目管理人员汇报。

④ 设备安装前的检查，如检查配接电源电压数值，查看接线螺丝、膨胀螺丝、垫片、USB转换接口等是否完好无损。

⑤ 接线方式，严格区分电源线缆、信号线缆，杜绝混用和交叉使用等的情况发生。

⑥ 原厂提供的线材不足的情况下，延长线使用自备线缆接线，接头部分应留有维护口，接线应采用同类材质线缆，要确保接线紧固。

⑦ 核对安装的感知设备的通信协议基本参数，如核对编码、数据位、奇偶校验位、停止位、错误校准、波特率等参数是否符合组网设备要求。

2）工程设备施工安装前需要注意的几点：

① 在设备安装施工之前检测包装是否完好，并核对变送器、电源转换器、适配器等设备型号与规格是否和图纸选型的产品相符。

② 若存在问题要及时联系项目负责人处理。设备在通电前要检测电源电压输出是否正

确，电源的正负极与安装设备的正负极接线是否正确。

（2）感知设备安装与调试的一般流程

1）设备安装选点。安装位置通常在设计文档、施工图纸中有标注，但从项目设计阶段到施工阶段，现场环境可能存在变动，同时设计文档根据不同行业、不同项目的特性，标注的精确度也不同，所以通常还需要在资料标注设备安装位置基础上，结合项目施工时的实际情况进行选点安装。例如，某智慧水利项目中设计在某条河道建设1个自动流量监测站，虽然设计文档提供了自动流量监测站安装的经纬度，但由于坐标系转换和经纬度测量工具测量精度的不同，存在坐标偏移情况，项目实施过程中仍需要到现场按文档提供的经纬度，结合采购设备的特性和现场实际情况，明确设备安装的准确位置和安装方法，再进行安装。

设备安装选点通常需要考虑如下因素：

① 国家、行业标准与规范规定的设备布设距离、密度等要求。

② 设计文档中设备测量范围、测量精度对设备安装的要求。

③ 设备厂商提供的设备选点及安装的相关要求。

④ 现场环境（供电、通信、防雷、维护等）的要求。

2）设备配置。设备配置通常是为实现设备的组网和数据采集发送而对设备的参数进行配置。常见设备参数配置内容包括设备地址、工作模式、通信方式、通信地址及端口号、通信协议、数据采集或发送周期、设备现场工作环境参数等。在设备配置过程中，有时还要利用固件烧写工具对设备固件更新和维护。

设备的配置可以在设备安装前或安装后进行，但物联网系统集成项目通常在设备安装前进行设备已知参数的配置，避免安装后发现设备故障、高空配置设备等影响施工效率或安全的事项。设备配置尽量使用厂商提供的配置工具进行配置，配置参考资料可从厂商项目对接人、厂商官网等途径获取。

配置设备时，连接设备的方式很多，常见的设备连接配置方式如下：

① 直接根据设备上按钮进行配置。

② 通过计算机串口或USB转串口线连接设备进行配置。

③ 计算机或手机通过Wi-Fi、网线连接设备进行配置。

3）设备安装。设备的安装就是设备的各部分按图纸和工程质量规范标准进行安放和装配，使其能按预定的要求进行工作。

① 设备安装的方式。常见设备安装方式有立杆式安装、壁挂式安装、吊顶式安装、导轨式安装等，其中壁挂式安装、吊顶式安装、导轨式安装，通常选择厂家设备配备的结构件进行安装，立杆式安装通常根据现场情况以及设备安装规范的要求选择不同的立杆标准进行安装。

立杆式安装基本结构包括设备立杆、连接法兰、造型支臂、安装法兰及预埋钢结构。立杆及其主要构件应为耐用结构，由能承受一定的机械应力、电动应力及热应力的材料构成，此材料和电器元件应采用防潮、无自爆、耐火或阻燃产品。

常见设备立杆规格及立杆基础见表2-10。

表2-10 常见设备立杆规格及立杆基础

<table>
<tr><th>序号</th><th>立杆规格</th><th colspan="2">上下直径（mm）</th><th>立臂壁厚（mm）</th><th>预埋件尺寸（m）</th><th>灌浇水泥尺寸（m）</th></tr>
<tr><td>1</td><td rowspan="2">3m</td><td>114–76</td><td>114–90</td><td rowspan="8">4.0</td><td rowspan="2">≥0.3×0.3×0.6</td><td rowspan="2">≥0.4×0.4×0.6</td></tr>
<tr><td>2</td><td>140–76</td><td>140–90</td></tr>
<tr><td>3</td><td rowspan="2">4m</td><td>114–90</td><td>140–90</td><td rowspan="6">≥0.3×0.3×0.1</td><td rowspan="6">≥0.5×0.5×1.2</td></tr>
<tr><td>4</td><td>114直上</td><td>140直上</td></tr>
<tr><td>5</td><td rowspan="2">5m</td><td>165–114</td><td>140–90</td></tr>
<tr><td>6</td><td>140直上</td><td>165直上</td></tr>
<tr><td>7</td><td rowspan="2">6m</td><td>165–114</td><td>165–140</td></tr>
<tr><td>8</td><td>140直上</td><td>165直上</td></tr>
<tr><td>9</td><td rowspan="2">7m</td><td>180–140</td><td>165–114</td><td rowspan="2">5.5–4.0</td><td rowspan="8">≥0.4×0.4×1.2</td><td rowspan="8">≥0.6×0.6×1.5</td></tr>
<tr><td>10</td><td>165直上</td><td>180直上</td></tr>
<tr><td>11</td><td rowspan="2">8m</td><td>220–180</td><td>180–165</td><td rowspan="2">6.0–4.0</td></tr>
<tr><td>12</td><td>180直上</td><td>220直上</td></tr>
<tr><td>13</td><td rowspan="2">9m</td><td>260–180</td><td>180–140</td><td rowspan="2">6.0–5.0</td></tr>
<tr><td>14</td><td>180直上</td><td>220直上</td></tr>
<tr><td>15</td><td rowspan="2">10m</td><td>260–220</td><td>260–180</td><td rowspan="2">6.5–5.0</td></tr>
<tr><td>16</td><td>220直上</td><td>260直上</td></tr>
</table>

备注：预埋走线管道，走线管道管径不小于40mm，转弯半径不小于200mm，用于窨井与立杆间走线。

② 设备安装注意事项。

在安装前，需掌握设备的原理、构造、技术性能、装配关系以及安装质量标准，要详细检查各零部件的状况，不得有缺损，要制订好安装施工计划，做好充分准备，以便安装工作顺利进行。

安装前要认真阅读设备说明书，尤其是说明书中要求的安全注意事项一定要遵守，接线要按图纸要求使用合适截面积的线缆。

设备的安装要在断电的情况下进行，正确连接电源正负极和信号线，所有部件安装到位并确认连线正确后才允许上电，防止因为设备接线错误导致设备的损坏。

固定设备的螺丝、垫片应该按照规格要求进行选择，要将设备固定紧实，不得遗漏，防止因为设备固定不牢固，导致设备脱落，造成不必要的人员受伤或设备损坏。

4）综合布线。安装设备时，连接线应该横平竖直，变换布线走向时应垂直布放，线的连接布放应牢固可靠，整洁美观。连接设备的电源线和信号线之间需要间隔距离，避免互相干扰，导致信号传递错误。连接线路如果存在二次回路时，连接线中间不应该有接头，连接接头只能在设备的接线端子上，接线端子上的连接线应该紧压在端子里面，铜线芯不要暴露在外面，且接线端子不能压到绝缘层，否则会引起接触不良，导致设备无法供电或信号传递错误等情况出现。

5）设备上电。设备在正式集成调试前，需要先对其连接线路再次进行检测。一般需要进行以下几个方面的检测：短路检查、断路检查和对地绝缘检查。最好是使用万用表的通断挡位进行逐根线路的检查，虽然花费时间较长，但检查是最完整的。确认线路无短路、断路情况且接地良好时，最后需要对设备的供电电压进行检查，看电压是否符合设备的供电要求，是否将电源正负极反接，避免对人员造成不必要的伤害，对设备造成不可逆的损坏。

感知设备上电后，通常会有初始化和呈现各个模块自检的能力。通过自检或初始化成功后会有提示，如蜂鸣器鸣叫一声或指示灯就位亮起等，这个可以根据不同设备模块的说明来具体甄别。上电后，可以用万用表测量关键设备的电压值，查看是否供电正常。若上电后出现异常的情况，如蜂鸣器不停地鸣叫或指示灯不亮等情况，需要对照感知设备的相关文档进行逐个排查处理。固件烧写是否完好、初始电压是否正常、提供的供电电压电流是否符合模块要求、是否存在模块连接松动问题等，需要细致加以排查，或者采取模块化的逐一排除法加以排查处理，排除故障问题后再重新上电检测。

6）设备调试。上电后，补充配置安装前未配置的设备参数后，对设备进行单机调试。单机调试完成，运行正常后，进行子系统集成调试，再到整个项目系统的集成调试。不同的设备使用的调试工具均存在差异，可通过万用表、调试工具（原厂调试工具、第三方通用调试工具）等对设备进行调试。集成调试的目的是确保项目设备正确安装，设备工作正常、可靠，系统完全实现项目需求和设计的功能。

3．网络设备的安装与调试

物联网基础通信网络是建立在常规计算机网络架构的基础之上，最常用的是局域网组网方式（主要的标准是IEEE 802.3），通过通用物联网网关、网络集线器、网络交换机和路由器构成一个局域网络，利用双绞线（或者光纤）将这些网络设备与主机连接起来。

（1）网络设备安装安全注意事项

1）应将网络设备放置在远离潮湿的地方，并远离热源。

2）确认网络设备正确接地。

3）用户在安装过程中佩戴防静电手腕，并确保防静电手腕与皮肤良好接触。

4）不要带电拔（插）网络设备的接口模块及接口卡。

5）不要带电拔（插）网络连接电缆。

6）正确连接网络设备的接口电缆，尤其不要将电话线（包括ISDN线路）连接到串口。

7）注意激光使用安全，不要用眼睛直视激光器的光发射口或与其相连接的光纤连接器。

（2）网络设备安装

1）安装准备及环境确认。

① 根据到货清单，核对设备的型号、规格、质量、数量，设备应符合订货合同规定或设计要求。

② 根据设备出厂质量合格证和测试记录并对照实物检查设备功能和性能是否符合相关技术标准的规定。

③ 阅读设备手册和设备安装说明书。进口设备确认设备支持电源。

④ 检查安装场所是否符合设备安装环境要求。通常检查安装场所的温度、湿度、洁净度、防静电保护、防雷击保护、电磁环境等。

⑤ 根据施工图纸确定机架、支架设备安装位置，底座固定方式。确认网络设备的入风口及通风口处留有空间，以利于网络设备机箱的散热。确认安装台自身有良好的通风散热系统。确认安装台足够牢固，能够支撑网络设备及其安装附件的重量。确认安装台有良好接地。

⑥ 准备安装工具（十字螺丝刀、一字螺丝刀、防静电手腕等）、连接电缆（保护接地及电源线、配置口电缆、其他可选电缆等）、仪表和设备（Hub、PC、万用表、选配模块相关设备等）。

2）网络设备安装。

在准备工作及确认工作完成后，开始安装网络设备，常见安装步骤如下：

步骤1：设备主体安装。

根据安装位置的不同，网络设备安装通常直接安放在平台（包括机柜托板架）上、安装到机柜上。平台安装保证安装平台的平稳与良好接地，网络设备四周留出10cm的散热空间，不要在网络设备上放置重物；安装到机柜上方，操作过程中应注意检查机柜的接地与稳定性。

步骤2：安装通用模块（非模块化设备安装无该步骤）。

模块化网络设备的通用模块安装通常包括内存条、ESM卡及各种智能接口卡的安装，具体应根据设备手册和安装说明书进行安装。

步骤3：连接保护接地线。

网络设备工作时若无良好接地，则无法可靠防雷，可能造成网络设备本身及对端设备的损坏。保护接地线的正常连接是网络设备防雷、抗干扰的重要保障，所以用户在安装、使用网络设备时，必须首先正确接好保护接地线。

步骤4：连接电源线。

连接网络设备电源线一般按如下步骤进行：

① 确认保护接地线已经正确连接至大地。

② 网络设备电源开关置于OFF位置后，将网络设备随机所带的电源线一端插到网络设备的电源插座上，另一端插到交流电源插座上（若网络设备无电源开关，也应先将电源线一端连接网络设备，另一端再连接交流电源插座）。

③ 把网络设备电源开关拨到ON位置。

④ 检查网络设备面板电源灯是否变亮，灯亮则表示电源连接正确。

（3）网络设备调试

物联网系统集成项目中网络设备的调试通常是指对网络设备按项目设计内容进行相关参数配置，并使其功能满足项目设计。网络设备调试方式通常有多种，调试过程应根据产品、现场条件选择调试的方式。

1）交换机的调试。

① 常用交换机的配置方式有：Web方式、Console方式、SSH方式、Telnet方式。

② 交换机常规配置内容有：管理地址及访问方式（管理IP地址、访问方式等）、交换机的用户管理（用户名、密码、用户权限等）、交换机的端口管理（端口类型、端口IP地址、端口所属VLAN、端口策略等）、VLAN配置（VLAN划分、VLAN IP地址分配等）、路由配置（需三层及以上交换机支持）。

③ 常见交换机测试内容有端口连通性、端口传输延迟、端口策略的实现等。

④ 常用交换机基本配置命令。不同厂商交换机配置命令不同，可从厂商官网获取技术支持手册或设备随箱使用说明书查阅项目中使用的交换机的配置命令。

2）路由器的配置与调试。

路由器是连接多个网络的硬件设备，在网络间起网关的作用，是读取每一个数据包中的地址然后决定如何传送的专用智能性的网络设备，它是特殊的计算机，有自己的CPU、Memory、IOS等。无输入输出设备，用途是连接异构网络（广域网接入）、网络间路径选择（路由）、屏蔽广播、给网络分段（划分子网）等。

① 路由器检测内容：观察各指示灯情况，判断设备是否工作正常；检测各网络接口是否通信正常。

② 路由器配置内容：配置路由器管理用户及密码；配置无线SSID名称及密码；配置WAN口IP地址、子网掩码、网关、DNS；配置LAN口IP地址、子网掩码；配置DHCP服务器。

4．常用组网设备

（1）感知层组网

1）ZigBee网络。

ZigBee组网模块如图2-14所示。

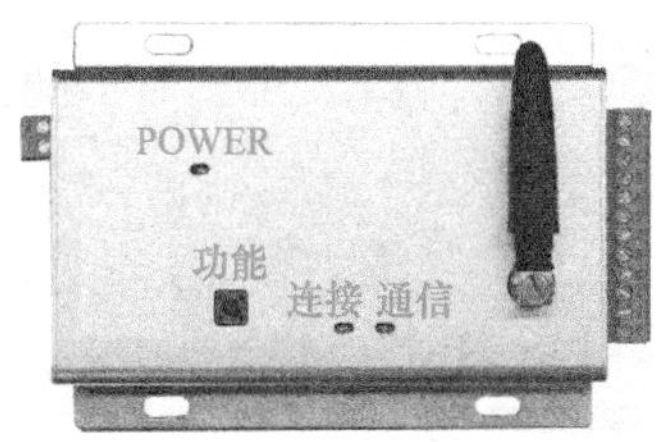

图2-14　ZigBee组网模块

ZigBee模块性能如下：

① ZigBee网络中最大ZigBee智能节点盒数量：128个。

② 协议透传最大数据长度：64字节。

③ 串行通信：波特率115200bit/s，8个数据位，无校验位，1个停止位。

目前配套资源提供的Zigbee模块参数如下。

① 主芯片：CC2531F256，256K Flash，有USB控制器。

② 串行通信：波特率115200bit/s，8个数据位，无校验位，1个停止位。

③ 无线频率：2.4GHz。

④ 无线协议：ZigBee2007/PRO。

⑤ 传输距离：可视距离10m。

⑥ 接收灵敏度：-96DBm。

2）LoRa网络。

NEWSensor（LoRa版）技术参数：

① 工作频段：401～510MHz（禁用频点416MHz、448MHz、450MHz、480MHz、485MHz）。

② 无线发射功率：Max. 19±1dBm，接收灵敏度：-136±1dBm（@250bit/s）。

③ 通信距离：可达5km@250bit/s（测试环境下）。

④ 采用LoRa调制方式，兼容并支持FSK、GFSK、OOK传统调制方式，支持硬件跳频（FHSS）。

⑤ 通信速率：OOK调制时1.2～32.738kbit/s，LoRa调制时0.2～37.5kbit/s。

设备接线示意图如图2-15所示。

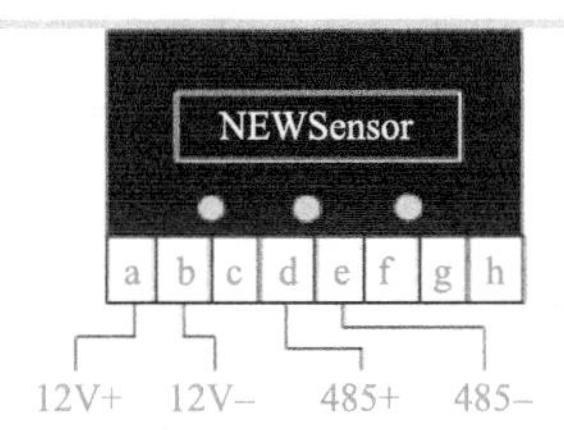

图2-15 设备接线示意图

（2）网络层组网

1）网管型交换机。

网管型交换机的任务就是使所有的网络资源处于良好的状态。网管型交换机提供了基于终端控制口（Console）、基于Web页面以及支持Telnet远程登录网络等多种网络管理方式。因此网络管理人员可以对该交换机的工作状态、网络运行状况进行本地或远程的实时监控，纵观全局地管理所有交换端口的工作状态和工作模式。

网管型交换机设备示意图如图2-16所示。

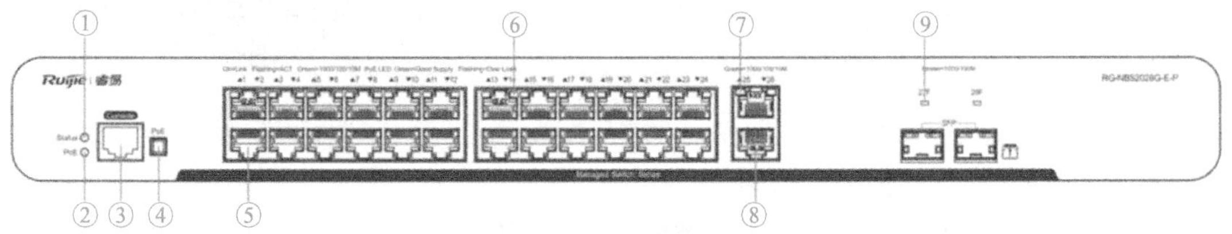

图2-16 网管型交换机设备示意图

注释：①交换机状态指示灯
②Console口
③10/100Base-T自适应以太网端口
④电口状态指示灯
⑤10/100/1000Base-T自适应以太网端口
⑥1000Base-X SFP端口
⑦电口状态指示灯
⑧光口状态指示灯
⑨DC电源插座

2）串口服务器（NEWPorter）。

串口服务器提供串口转网络功能，能够将RS-232/485/422串口转换成TCP/IP网络接口，实现RS-232/485/422串口与TCP/IP网络接口的数据双向透明传输，或者支持MOUBUS协议双向传输，使得串口设备能够立即具备TCP/IP网络接口功能，连接网络进行数据通信，扩展串口设备的通信距离。

有线连接串口服务器通过232、485接口，将传感设备接入，通过串口服务器的LAN口与物联网网关设备相连。NEWPorter示意图如图2-17所示。

注意：在物联网实施工程中，为了数据能稳定地上传，建议采用有线的链接组网来进行数据的传送。

3）物联网网关。

在物联网的体系架构中，在感知层和网络层两个不同的网络之间需要一个中间设备，那就是物联网网关，如图2-18所示。物联网网关既可以用于广域网互联，也可以用于局域网互联。此外物联网网关还需要具备设备管理功能，运营商通过物联网网关设备可以管理底层的各感知节点，了解各节点的相关信息，并实现远程控制。

作为网关设备，物联网网关可以实现感知网络与通信网络，以及不同类型感知网络之间的协议转换，既可以实现广域互联，也可以实现局域互联。

图2-17　NEWPorter示意图

图2-18　物联网网关

物联网网关有3个主要功能：

① 协议转换能力。从不同的感知网络到接入网络的协议转换、将下层的标准格式的数据统一封装、保证不同的感知网络的协议能够变成统一的数据和信令；将上层下发的数据包解析成感知层协议可以识别的信令和控制指令。

② 可管理能力。首先要对网关进行管理，如注册管理、权限管理、状态监管等。网关实现子网内的节点的管理，如获取节点的标识、状态、属性、能量等，以及远程实现唤醒、控制、诊断、升级和维护等。由于子网的技术标准不同，协议的复杂性不同，所以网关具有的管理能力不同。

③ 广泛的接入能力。目前用于近程通信的技术标准很多，现在国内外已经在展开针对物联网网关进行标准化工作，如3GPP、传感器工作组，实现各种通信技术标准的互联互通。

物联网网关示意图如图2-19所示。

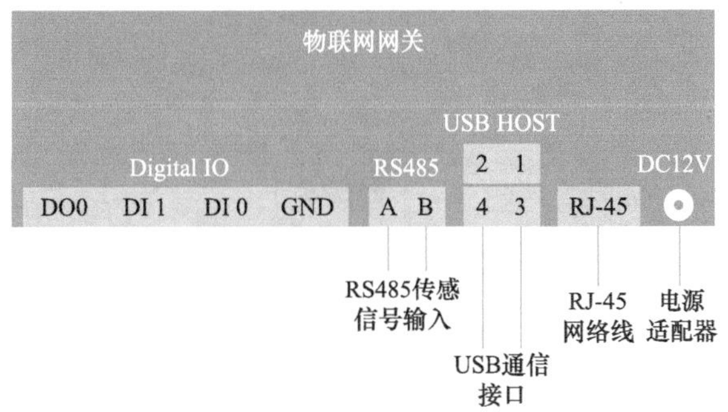

图2-19 物联网网关示意图

任务实施

1. 任务实施准备

完成与智能安防系统相关资料的收集任务，准备相应的安装工具、调试工具、主器材和辅材，具体资源见表2-11。

表2-11 任务实施准备

序号	类型	资源	是否到位（√）
1	图纸1	智能安防系统拓扑结构图	
2	图纸2	智能安防系统设备接线图	
3	安装工具	螺丝刀、剥线钳、斜口钳、尖嘴钳、网线钳等	
4	调试工具	万用表、网线测试仪等	
5	主器材	红外对射 1个	
		警示灯 1个	
		继电器 1个	
		ADAM-4150 1个	
		物联网网关 1个	
		网管型交换机 1个	
		智能识别筒型网络摄像头 1个	
6	辅材	电源线、信号线、接线卡、胶布、螺丝、网线、串口线等	

智能安防系统拓扑结构如图2-20所示。

智能安防系统设备接线如图2-21所示。

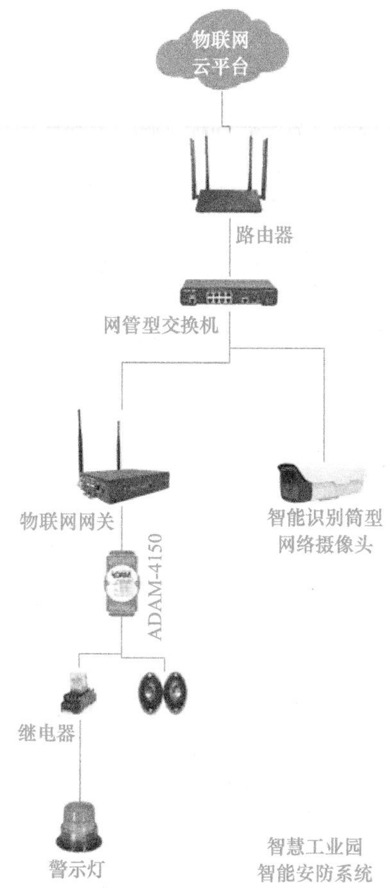

图2-20　智能安防系统拓扑结构

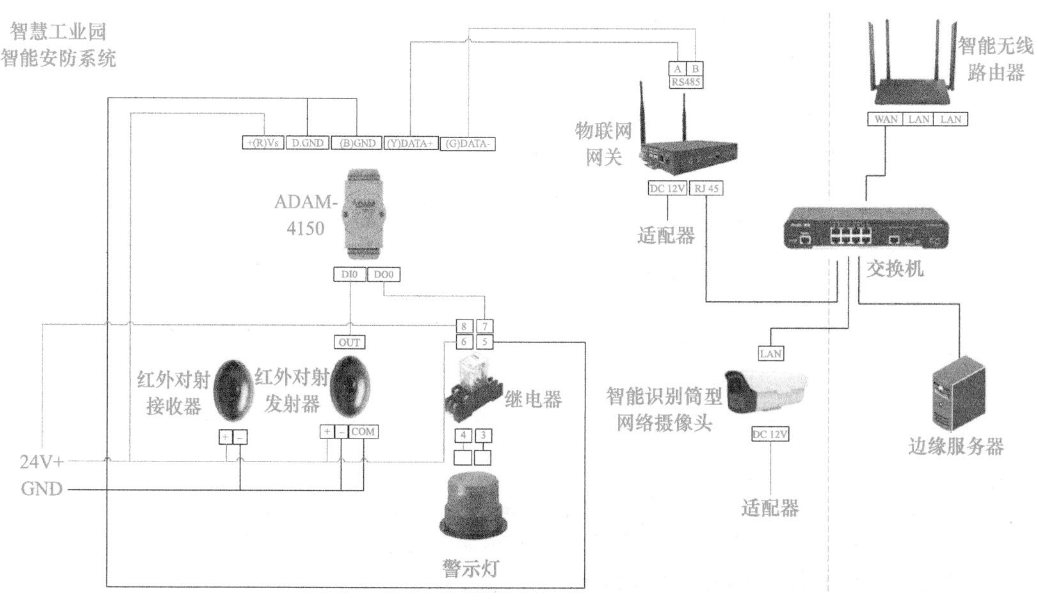

图2-21　智能安防系统设备接线

2. 设备的固定安装

（1）设备布局

设备布局的整体要求如下：

① 设备布局紧凑。

② 设备安装位置与信号走向基本保持一致。

③ 设备安装牢固。

④ 电源线、信号线应严格区分。

⑤ 线缆通过走线槽，避免缠绕。

设备布局图如图2-22所示。

（2）设备安装

将走线槽（图2-23所示）用螺丝固定在实训平台上，可以根据实际的布局需要区分电源和信号走线。注意，走线槽统一用螺丝螺帽固定在实训台的背面，连接线穿过实训台的空隙。

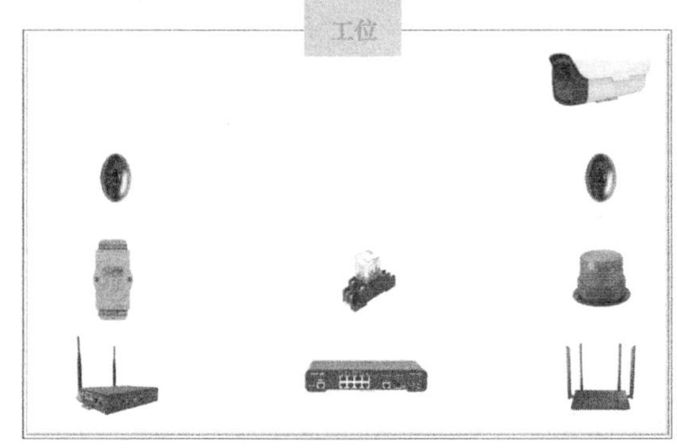

图2-22　设备布局图

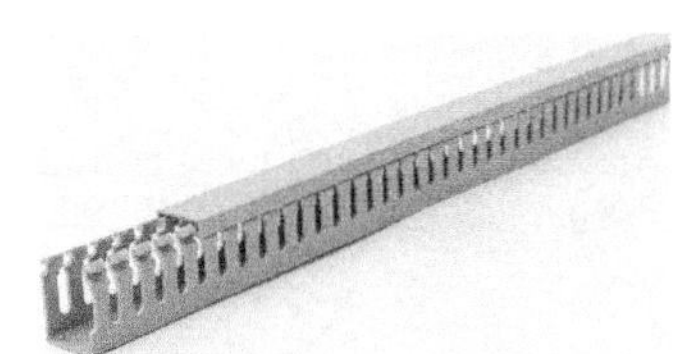

图2-23　走线槽

参考图2-22将设备安装到工位上，安装过程可使用螺丝、螺帽、扎带等配件。

3. 设备之间的连接

（1）设备安装的接线要求

1）电源线的连接。在固定设备完成后，在辅材中选取红黑电源线，一定要看清楚各个设备的输入电压范围，接线的正负极要仔细分辨，实训工位上也要有不同电压的接线座，通常红色接电源正极，黑色接电源负极。设备的接线柱标识要看仔细，螺丝卡线槽接触要确保良好。

2）信号线的连接。根据配置的信号线，通常黄线为信号正极，蓝线为信号负极，设备卡线槽与信号线连接的时候，一定要确保信号线接触良好，接线时线芯不能损坏，这样才有利于信号的传输。注意：RS-232串口、RS-485、USB都有自身通信的长度限制，在实际安装中不可过长，否则会导致信号衰减，传输信号稳定性变差。

3）网络类的连接。

网络类的连接多采用RJ-45网络线进行。在实际连接过程中，应该看清每个连接设备的端口、速率和对应的属性，特别是交换机、路由器的连接，对应端口属性要仔细辨别。

（2）设备连接的具体步骤

在连接红外对射的时候，请认清COM为信号地，可以与电源共地。OUT是红外对射的输出，可以接入ADAM-4150的信号输入端。红外对射的接线如图2-24所示。

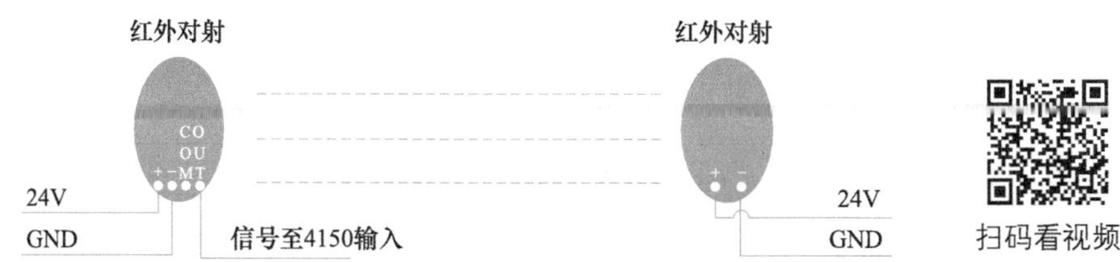

图2-24　红外对射的接线

在安装ADAM-4150接线柱时，应仔细对准位置，看清接线柱与面板标识的对应，以免接错。信号地与电源地可以共地使用。ADAM-4150的接线如图2-25所示。

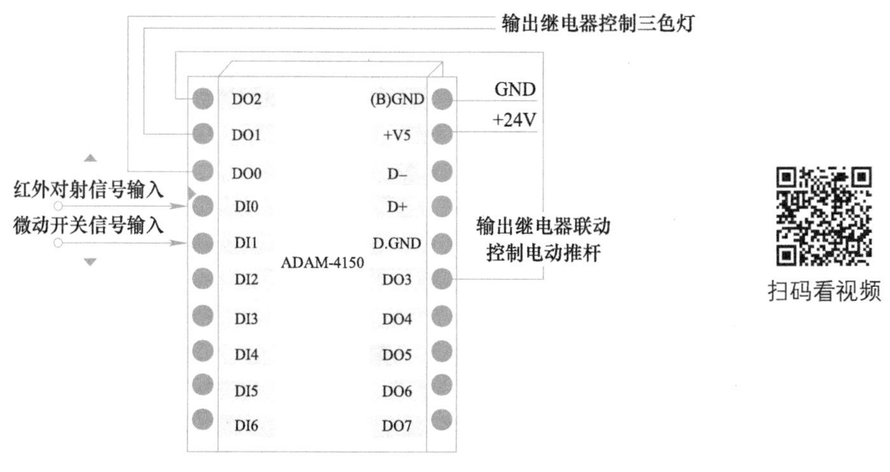

图2-25　ADAM-4150的接线

继电器7、8引脚是控制继电器的电源信号，继电器4、6和3、5是常开引脚，当继电器得电后，常开闭合，触发警示灯构成回路。继电器与警示灯的接线如图2-26所示。

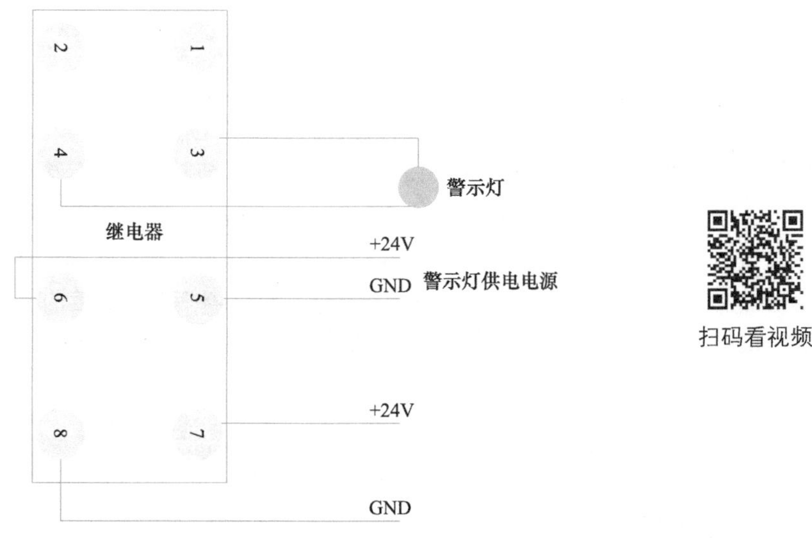

图2-26　继电器与警示灯的接线

智能筒型网络摄像头接线图如图2-27所示。

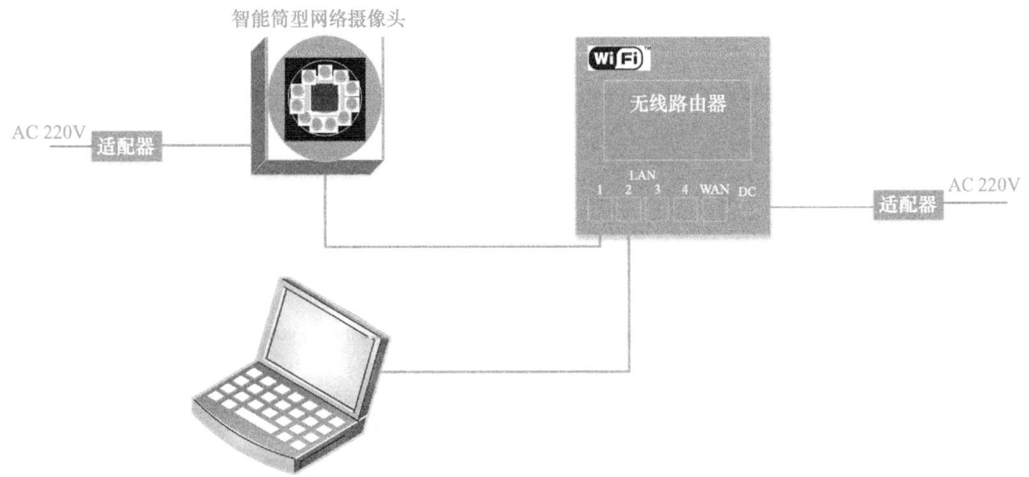

图2-27 智能筒型网络摄像头接线图

4．主要设备的调试

（1）数字量I/O模块ADAM-4150检测与配置步骤

本次任务使用的数字量I/O模块ADAM-4150，用于三色灯和电动推杆动作控制。ADAM-4150是通用传感器到计算机的便携式接口模块，具有内置的微处理器，坚固的工业级ABS塑料外壳，可以独立提供智能信号调理、模拟量I/O、数字量I/O和LED数据显示。

数字量I/O模块检测内容：测试模块各端口工作状态变化时，观察模块对应指示灯的变化是否正确。

数字量I/O模块配置内容：配置模块地址和通信协议；配置模块I/O口工作模式。

步骤1：按图2-28所示进行设备配置接线。

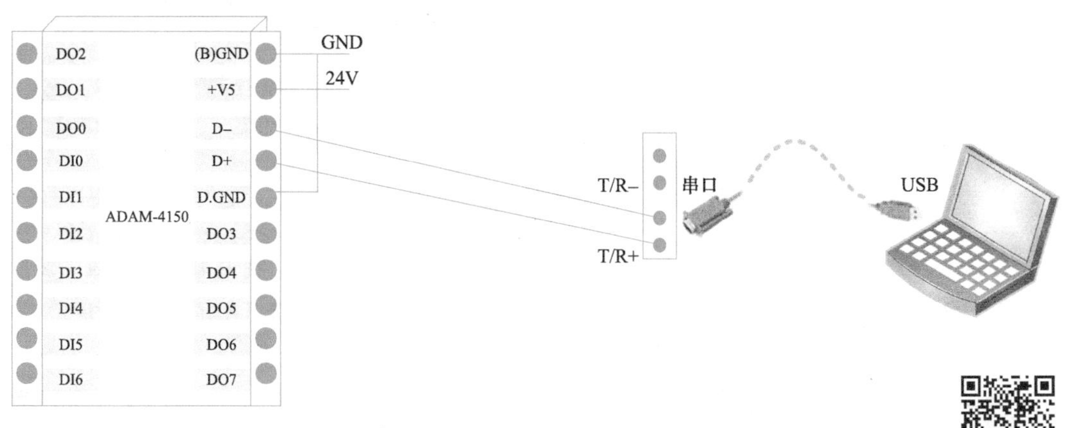

图2-28 数字量I/O模块配置接线图

扫码看视频

步骤2：安装并打开模块调试软件Adam/Apax. NET Utility。

步骤3：把模块侧面的拨码开关拨到INIT一边，使模块处于初始化的状态，并给模块上电。

步骤4：右击调试软件“Serial”选择“Refresh Subnode”，如图2-29所示。

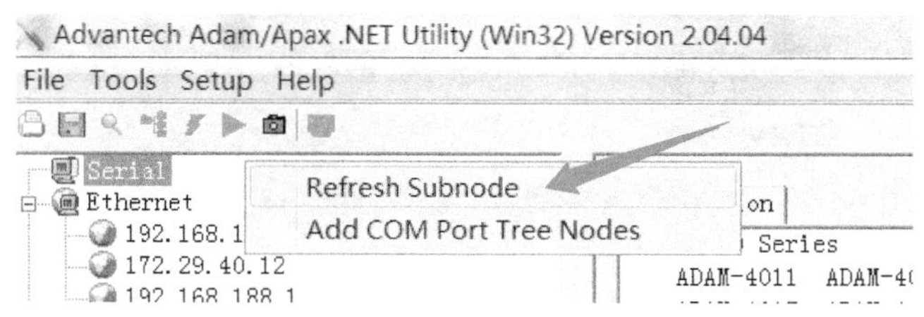

图2-29　数字量I/O模块设备搜索

右击“COM1”，搜索到在初始化（Init）状态下的数字量I/O模块ADAM-4150，如图2-30所示。

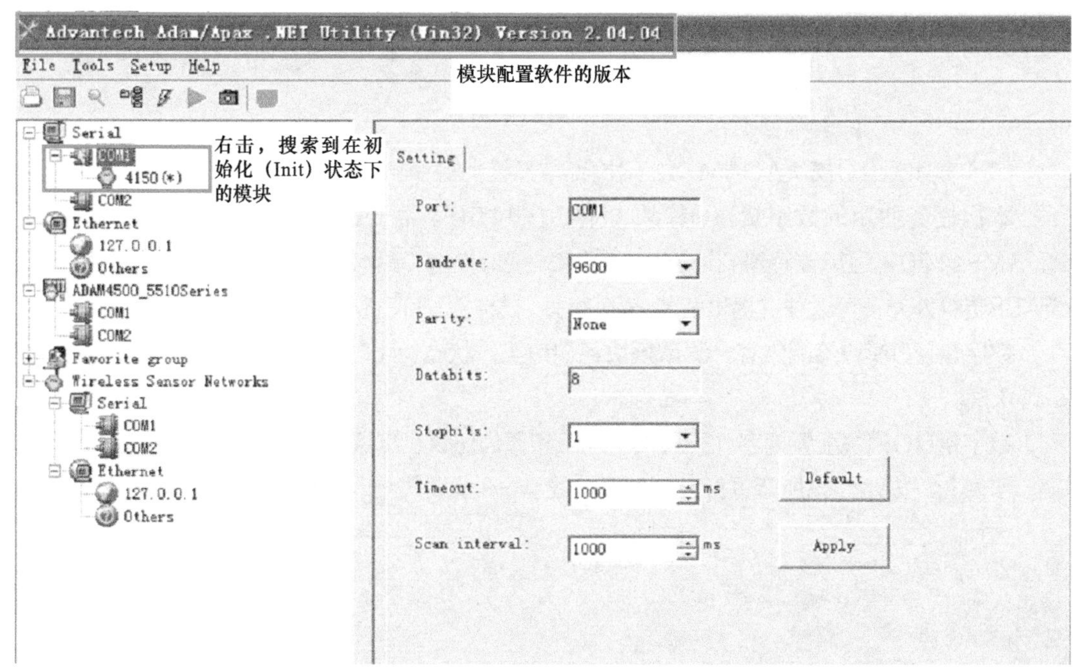

图2-30　数字量I/O模块ADAM-4150

步骤5：配置“Address”为“1”（如果一个项目中同一物联网网关下有多个数字量I/O模块，各设备地址不能相同），“Protocol”为“Modbus”，单击“Apply change”，如图2-31所示。

步骤6：设置数字量I/O模块的所有输入口工作模式为DI（即“DI mode”设置为“DI”）、输出口工作模式为DO（即“DO mode”设置为“DO”），设置完后单击“Apply mode”。数字量I/O模块输入口工作模式设置如图2-32所示。

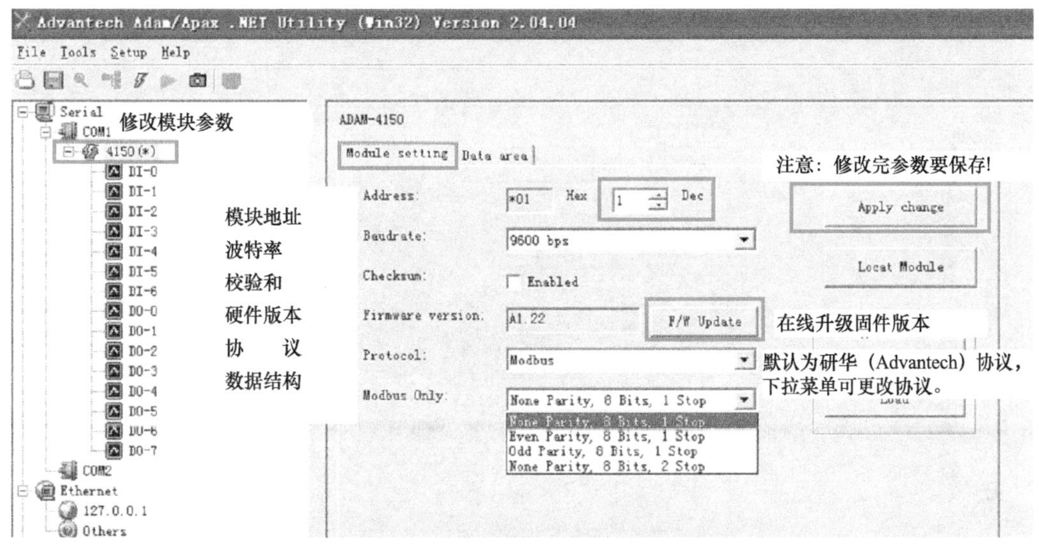

图2-31　数字量I/O模块参数设置

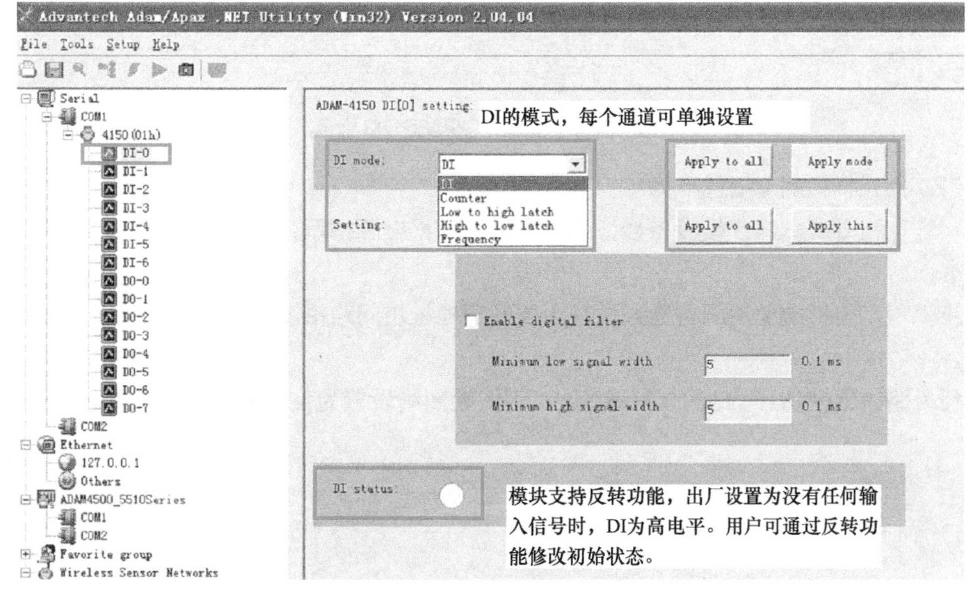

图2-32　数字量I/O模块输入口工作模式设置

步骤7：数字量I/O模块DI口检测，即在模块的DI 0和D.GND管脚间接一个开关，开关断开时，默认状态下DI 0=1，模块指示灯亮；开关闭合时，DI 0=0，模块指示灯灭，则证明DI口正常（模块支持DI反转功能，即在图2-32所示界面单击“DI status”，使DI反转）。

步骤8：数字量I/O模块DO口检测，即在调试软件“Data area”界面，单击“DO 0”至“DO 7”时，对应DO口的模块指示灯亮，再次单击时，对应DO口模块指示灯灭。数字量I/O模块DO口检测如图2-33所示。

步骤9：参数配置结束后，断电，然后把位于模块一侧的拨码开关拨到Normal状态，再次上电。

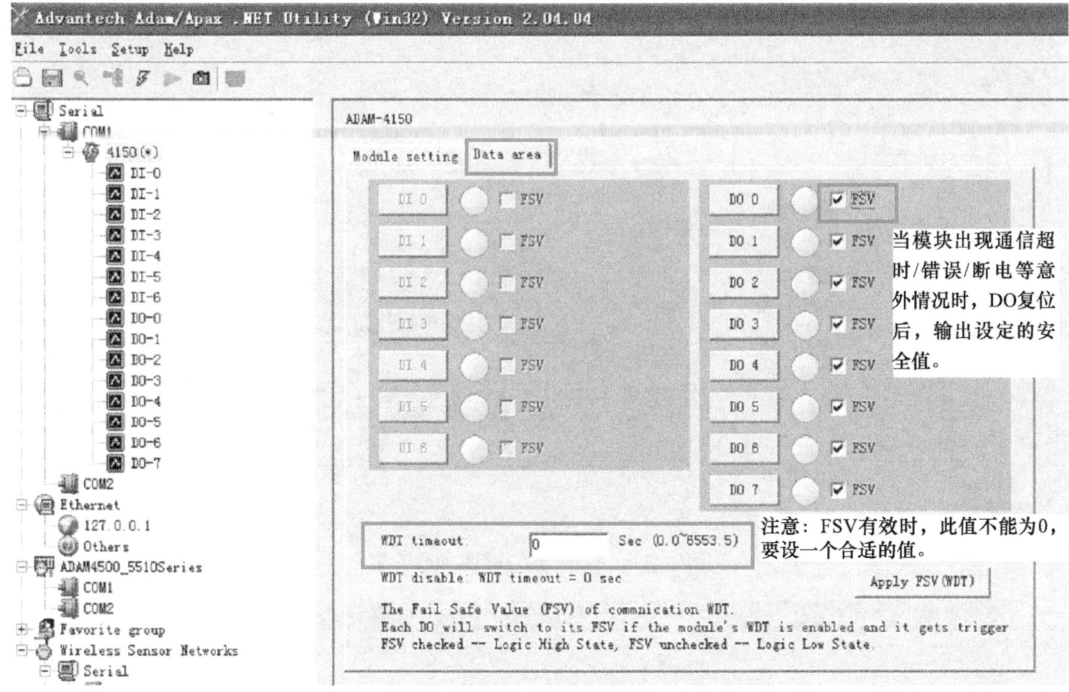

图2-33　数字量I/O模块DO口检测

（2）路由器检测与配置步骤

步骤1：按图2-34连接设备后，设备上电，观察电源指示，若电源指示灯亮，则设备供电正常。

步骤2：在PC端使用浏览器通过路由器网管地址访问路由器配置页，进行路由器初始化配置。

任务路由器默认IP为192.168.0.1。PC端网络设置为自动获得IP地址和DNS服务器地址。

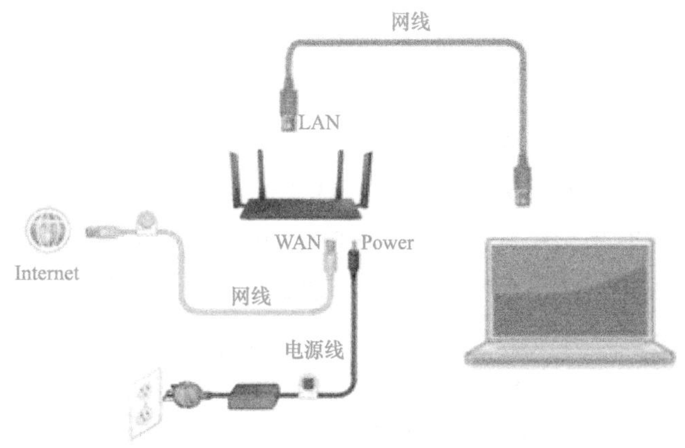

图2-34　路由器检测与配置连接示意图

路由器的默认网管地址、默认用户名、默认密码通常可在随箱说明书或厂商官网对应设备说明文件中获取，在未知设备网管地址情况下，通常可设置PC端网卡为自动获取IP地址状态，连接路由器LAN口查看默认网关地址（路由器网管地址）。

① 浏览器访问192.168.0.1/index.html，设置管理员密码，密码可自定义。访问路由器网管地址如图2-35所示。

图2-35　访问路由器网管地址

② 根据实验环境进行上网设置，即配置WAN口IP地址、子网掩码、网关、DNS信息，使设备连接到互联网（方式1：宽带拨号，需填写ISP提供的宽带账号及宽带密码；方式2：静态IP，需填写ISP或网络管理员分配的IP地址、子网掩码、网关、DNS服务器信息；方式3：动态IP，该方式适合局域网内上级网络提供DHCP的情况）。联网方式如图2-36所示。

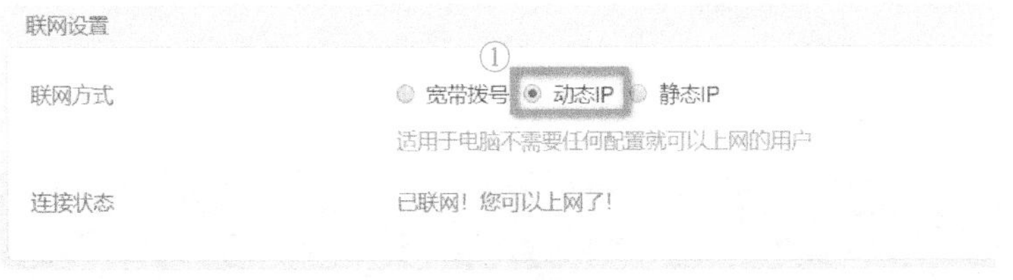

图2-36　联网方式

③ 打开无线设置，设置无线名称及无线密码，“无线名称”为“XTJC”（可自行定义），“无线密码”为“12345678”（可自行定义），如图2-37所示。

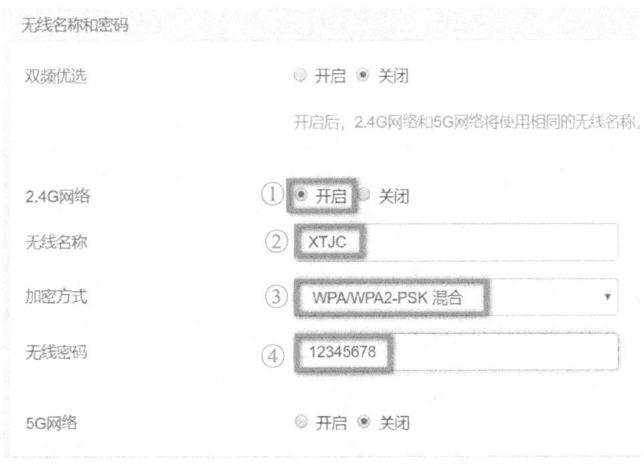

图2-37　无线设置

④ 单击“路由设置”，选择菜单栏下的“LAN口设置”，将LAN口IP设置模式改为手动模式，设置“LAN IP”为“192.168.1.1”，“子网掩码”为“255.255.255.0”，如图2-38所示。注：IP地址可根据需要自行设置。

步骤3：检测各网络接口通信情况。

把PC接入路由器一端的网线，在Windows系统命令提示符下测试路由器DHCP功能和端口连通性。

① 在命令提示符窗口中通过ipconfig命令，查询路由器DHCP分配的本机IP地址，如图2-39所示。

局域网参数
LAN IP
①
192.168.1.1
子网掩码
②
255.255.255.0
DHCP服务器
③
开启
关闭后路由
起始IP
④
192.168.1. 100
结束IP
⑤
192.168.1. 200
首选DNS
192.168.1.1
备用DNS

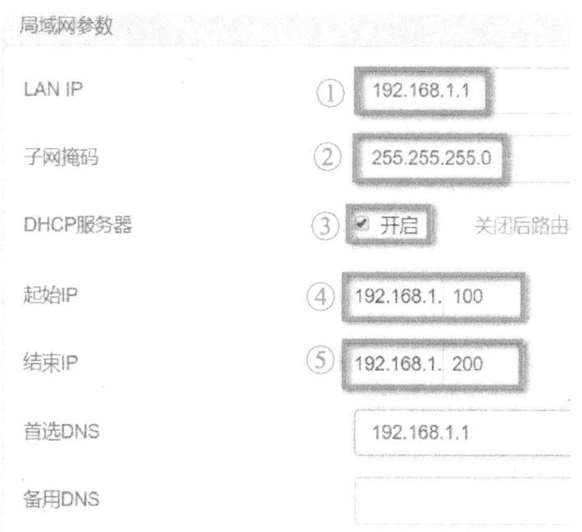

图2-38　LAN口设置

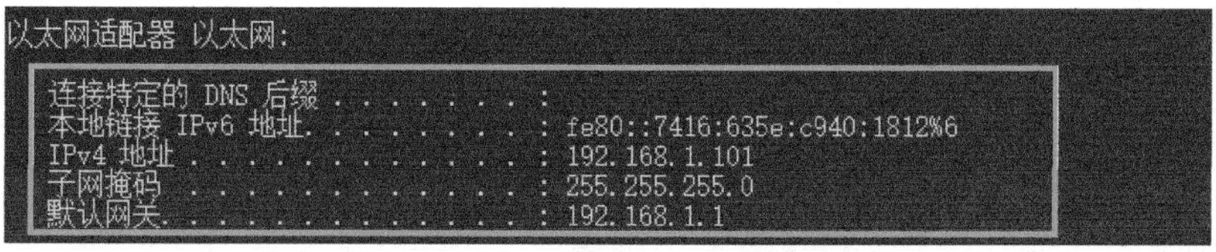

以太网适配器 以太网:
连接特定的 DNS 后缀 . . . . :
本地链接 IPv6 地址. . . . . : fe80::7416:635e:c940:1812%6
IPv4 地址 . . . . : 192.168.1.101
子网掩码 . . . . : 255.255.255.0
默认网关. . . . . : 192.168.1.1

图2-39　查询本机IP地址

② 在命令提示符窗口中通过ping命令，ping网关地址，检测路由器LAN口是否通畅，如图2-40所示。

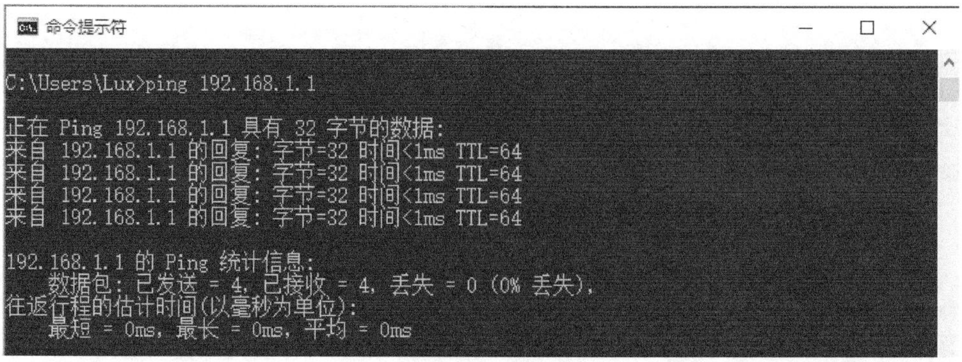

命令提示符
C:\Users\Lux>ping 192.168.1.1
正在 Ping 192.168.1.1 具有 32 字节的数据:
来自 192.168.1.1 的回复: 字节=32 时间<1ms TTL=64
来自 192.168.1.1 的回复: 字节=32 时间<1ms TTL=64
来自 192.168.1.1 的回复: 字节=32 时间<1ms TTL=64
来自 192.168.1.1 的回复: 字节=32 时间<1ms TTL=64
192.168.1.1 的 Ping 统计信息:
数据包: 已发送 = 4, 已接收 = 4, 丢失 = 0 (0% 丢失),
往返行程的估计时间(以毫秒为单位):
最短 = 0ms, 最长 = 0ms, 平均 = 0ms

图2-40　检测内网连通性

③ 在命令提示符窗口中通过ping命令，ping外网地址，检测路由器WAN口是否通畅，如图2-41所示。

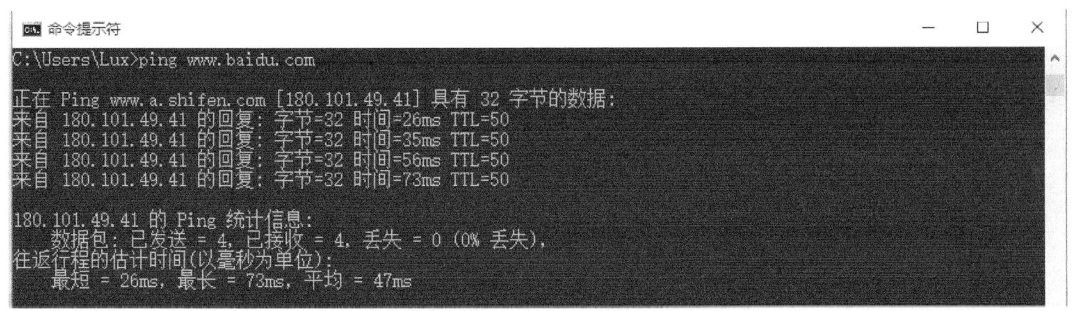

图2-41　检测外网连通性

（3）智能识别筒型网络摄像头配置步骤

步骤1：计算机系统为Windows操作系统，网络设置为自动获取IP地址。

步骤2：安装智能摄像头搜索软件Search Tool，并搜索智能摄像头。

① 计算机中执行Search Tool安装包，安装过程默认各选项，直至安装完成。

② 运行Search Tool软件，默认软件自动搜索局域网内现有智能摄像头（若未搜索到可单击“刷新”），若显示，则摄像头网口通信正常，Search Tool搜索智能摄像头如图2-42所示。

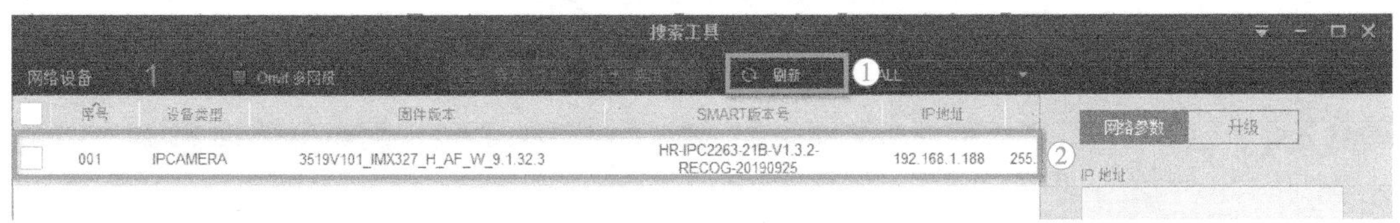

图2-42　Search Tool搜索智能摄像头

步骤3：修改摄像头IP地址。

勾选需修改的摄像头，设置IP地址：192.168.1.244，子网掩码：255.255.255.0，网关：192.168.1.1，DNS：192.168.1.1，HTTP端口：80，RTSP端口：554；填写用户名：admin，密码：123456，确认信息无误后，单击“修改”按钮即可。修改摄像头IP地址如图2-43所示。

步骤4：登录摄像头配置页面，检查摄像头监视功能，并修改摄像头密码。

① 双击Search Tool软件中摄像头，弹出的浏览器页面中下载摄像头插件，并安装。摄像头插件下载如图2-44所示。

② 插件安装完成后，重新打开浏览器访问摄像头配置页面http://192.168.1.244/，输入用户名：admin，密码：123456，摄像头配置登录如图2-45所示。

③ 检查摄像头是否能正常监视现场环境。

在实时预览界面中能够看到摄像头监视现场环境的情况，则摄像头监视功能正常。摄像头实时预览如图2-46所示。

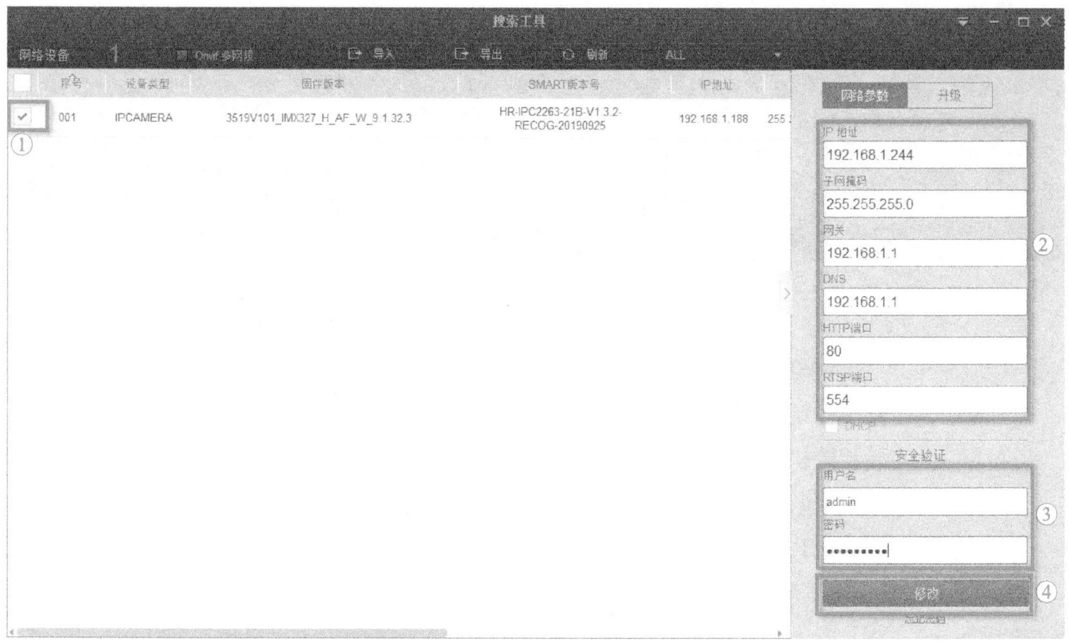

图2-43　修改摄像头IP地址

图2-44　摄像头插件下载

图2-45　摄像头配置登录

图2-46　摄像头实时预览

④ 单击"配置"→"系统"→"安全"，进入安全配置页面，查看摄像头管理员账号，并单击"编辑"，进行账号配置，如图2-47所示。

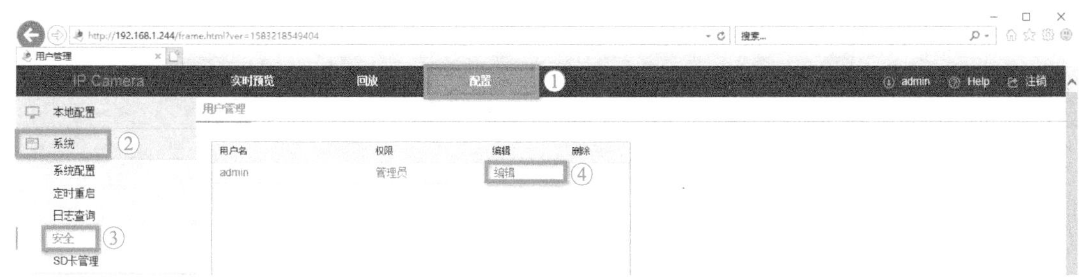

图2-47　账号配置

⑤ 修改管理员账号密码为admin123（密码可自定义，实际工程中应设置复杂度较高的密码为宜），如图2-48所示。

图2-48　摄像头管理员账号密码设置

步骤5：摄像头抓拍设置。

进入“智能设置”中的“抓拍设置”，开启区域抓拍，并进行区域配置。设置“灵敏度”为“10”，“目标抓拍时间”为“0.5”，“是否重复抓拍”为“不重复”，“抓拍阈值”为“5”，“人脸外扩系数”为“1.6”，“抓拍最小人脸尺寸”为“80”，“背景图质量”为“低”，“背景图分辨率”为“1920×1080”，如图2-49所示。摄像头抓拍设置的参数应根据现场情况进行调整，并测试，直到抓拍效果符合项目实际需求为止。

图2-49　摄像头抓拍设置

步骤6：摄像头人脸识别设置。

进入“智能设置”中的“识别设置”，打开“抓拍数据流”“发送底库图”，关闭“活体检测”“只对最大尺寸人脸进行识别”，如图2-50所示。实际应用中可根据项目需求进行设置。

图2-50　摄像头人脸识别设置

步骤7：配置摄像头底库。

① 打开智能摄像机底库管理工具RecogManager，搜索智能摄像头。

打开软件后，单击“发现”按钮，搜索到摄像头IP后，输入用户名“admin”，密码“admin123”，最后单击“确定”即可，如图2-51所示。

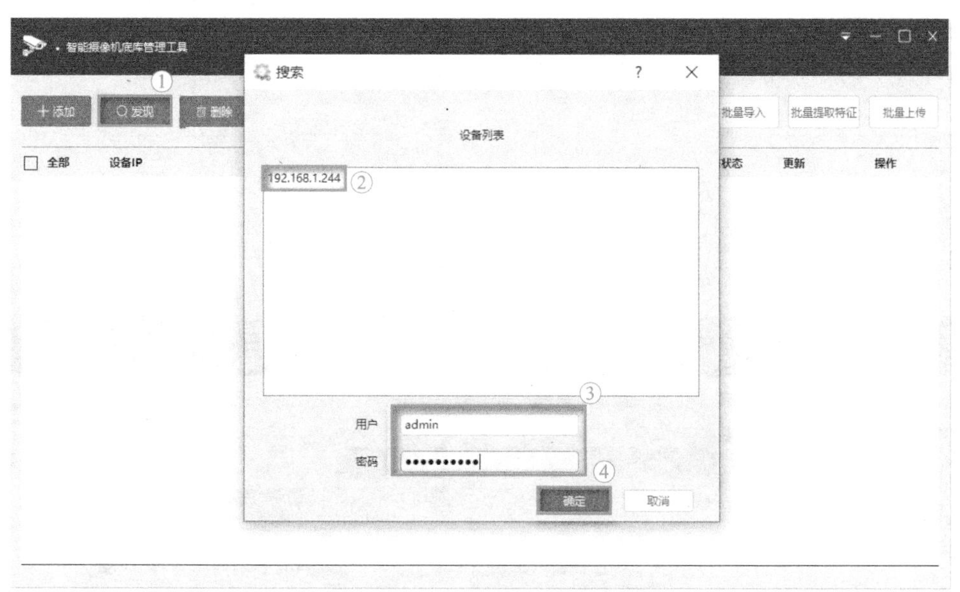

图2-51　搜索摄像头IP地址

② 进入摄像头配置底库项。

勾选摄像头，并单击“配置底库”按钮，如图2-52所示。

③ 创建底库。

在“底库配置”界面，单击“添加”按钮，设置“底库名称”为“员工库”（名称可自行定义），单击“确定”即可，如图2-53所示。

④ 添加人脸信息。

单击 + 按钮，名称输入照片对应的名称，“自定义字段1”输入人员部门（可自定义个人信息），上传个人照片，照片大小要小于100kb，且像素要不小于100×100，不大于1920×1080，最后单击“确定”按钮即可，如图2-54所示。

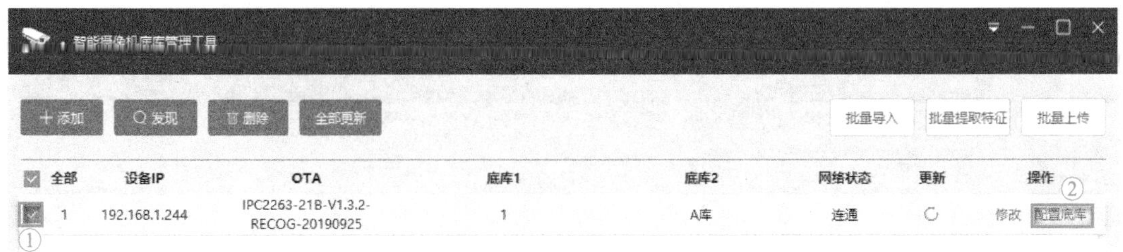

图2-52　配置底库

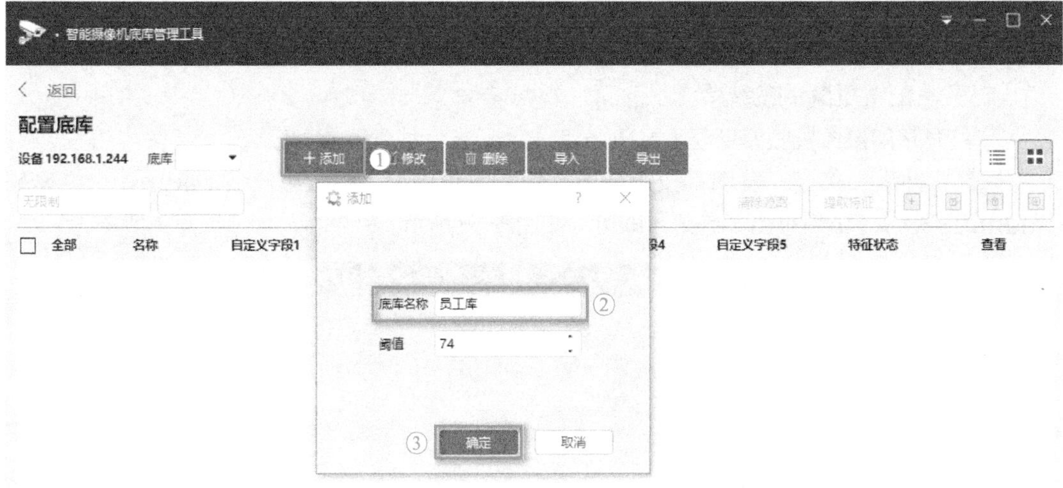

图2-53　创建底库

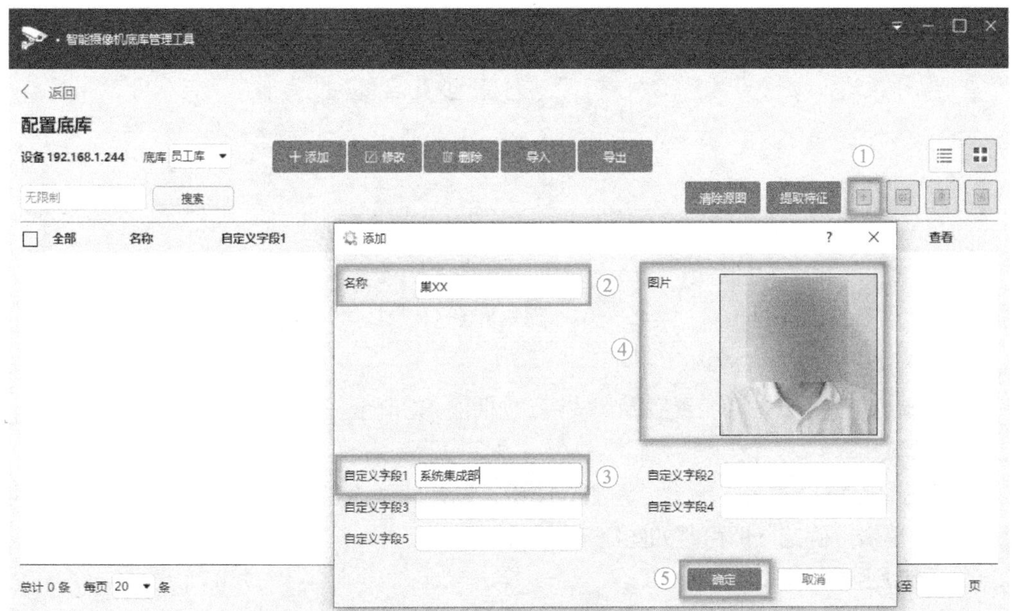

图2-54　添加个人照片

⑤ 提取人脸特征。

单击“提取特征”按钮，待提取完成，单击“确定”按钮即可，如图2-55所示。

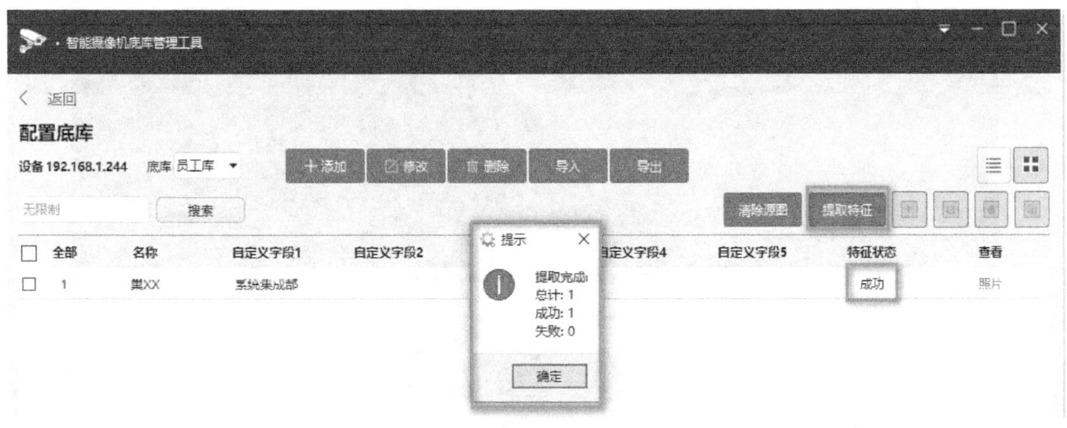

图2-55　提取人脸特征

步骤8：验证人脸识别功能。

① 打开摄像头展示端软件，并连接智能摄像头。

打开摄像头展示端软件IpcClient，单击“设备”按钮，输入摄像头IP地址，并单击“连接”按钮，在弹出的对话框中输入智能摄像头管理员账号admin，密码admin123，并单击“确定”按钮，如图2-56所示。

图2-56　智能摄像头设备连接

② 人脸采集比对。

人进入摄像头拍摄区域，会调取底库信息，核对照片信息，显示人员姓名并记录，如图2-57所示。

图2-57　人脸识别

（4）物联网网关检测及配置步骤

物联网网关又称网间连接器、协议转换器，在网络层以上实现网络互连，是复杂的网络互连设备，仅用于两个不同高层协议的网络互连。

物联网网关检测内容：能否正常访问设备配置页面，并进行配置；配置过程，观察指示灯是否正常显示。

物联网网关配置内容：修改物联网网关用户名、密码；设置网关IP地址。

步骤1：使用AC 220V电源通过电源适配器给物联网网关供电，并用网线连接物联网网关网口和计算机网口，观察物联网网关设备指示灯是否正常显示。

步骤2：通过浏览器访问物联网网关出厂默认管理地址，即http：//192.168.1.100，默认用户名为newland，默认用户密码为newland，输入默认用户名和密码，单击“立即登录”按钮，如图2-58所示。

192.168.1.100/#/login ①

中文 Chinese
English ②

登录系统

③ 用户名 newland
用户密码 ••••••••

④ 立即登录

图2-58　网关登录

步骤3：修改物联网网关登录密码，输入“旧密码”和“新密码”，并单击“确定”按钮，如图2-59所示。

图2-59　修改物联网网关密码

步骤4：设置网关IP地址，将网关IP地址设置为当前局域网下的IP地址即可，如图2-60所示。

图2-60　设置网关IP地址

任务检查与评价

完成任务后进行任务检查，可采用小组互评等方式，任务检查评价单见表2-12。

表2-12　任务检查评价单

任务：安装与调试智能安防系统

专业能力				
序号	任务要求	评分标准	分数	得分
1	按照设计的布局图安装并固定设备	参考布局图，将设备合理布局并固定在实训台，使得接线方便、层次分明	10	
2	按照接线图进行设备连接	红外对射接线正确	3	
		智能识别筒型网络摄像头接线正确	15	
		继电器接线正确	5	
		ADAM-4150接线正确	5	
		警示灯接线正确	5	
		物联网网关接线正确	3	
		网管型交换机接线正确	2	
		智能无线路由器接线正确	2	
3	组网设备的配置与联调	智能识别筒型网络摄像头安装与配置	5	
		物联网中心网关的配置	10	
		智能无线路由器的配置	5	
		整体设备联调完成基础功能	15	
专业能力小计			85	

职业素养				
序号	任务要求	评分标准	分数	得分
1	工位设备紧固、布局合理	安装布局合理、紧固	1	
2	工位设备走线合规、清晰	走线合理、清晰	2	
3	工具摆放整齐	施工结束后工具归位，摆放整齐	1	
4	辅料收纳整齐	施工结束后辅料归位，摆放整齐	1	
5	遵守课堂纪律	遵守课堂纪律，保持工位区域内整洁	10	
职业素养小计			15	
实操题总计			100	

任务小结

通过对安装与调试智慧安防设备相关知识的学习，掌握了基础传感器的安装，数据量I/O设备的安装与调试，对整个物联网集成实施的整体脉络有了比较清晰的认识。

在施工过程中，掌握设备安装、信号线连接、电源连接的基本要领和步骤；在设备调试过程中，熟悉不同设备的调试工具，掌握到不同设备输入输出的端口设置，掌握环境云以及云平台的相关内容设置。

任务拓展

通过智能筒型网络摄像头识别底库图片数据与摄像人像的图片一致后，摄像机发出匹配的JSON数据，同学结合这个信息，可以通过解析JSON数据，试着开发一个小程序。小程序在获取到JSON数据后进行进一步的解析，输出对应的值，触发执行器动作使报警灯闪烁。

任务4 安装与调试智能停车设备

职业能力目标

1）能根据设备结构及规格，使用合适的附件正确完成设备组装。

2）能根据设备说明书，完成设备的正确安装及位置调整。

任务描述与要求

任务描述

根据智能交通系统子场景的物联网系统总体设计方案，本任务将在实训工位上实现该场景设计的功能。实训工位上实施时要做到设备的合理布局以及走线槽位置的正确安装，使得安装实施的逻辑、层次、步骤清晰明了。

任务要求

1）实现设备的安装。

2）实现设备的配置。

3）实现设备的连接。

4）实现设备上电联调测试。

5）实现平台的数据读取以及上下行策略控制。

任务分析与计划

1. 任务分析

停车管理系统作为智能交通系统的一个重要组成部分，本任务采用红外对射、轻触开关、电动推杆、微动开关等设备，模拟车辆进入停车场的场景，以及停车场对外告知是否存在空余车位的场景。

2. 任务实施计划

根据物联网设备安装与调试的相关知识，制订完任务实施计划。计划的具体内容见表2-13。

表2-13　任务计划

项目名称	智慧工业园设备安装与调试
任务名称	安装与调试智能停车设备
计划方式	在实训工位上实现场景功能设计
计划要求	设备布局合理，安装正确，步骤规范
序号	任务计划
1	参照智能停车系统设备清单，确认设备是否就位
2	参照智能停车系统接线图、布局图的相关内容进行设备合理布局，安装到工位上
3	进行设备电源接线、信号源接线
4	连接完毕后开始互检，查看是否存在连接错误的情况
5	设备布局安装以及接线完成后，通过小组自查、互查等方式，确保接线无误后通电调试。调试后再进行上下行数据核实，确保任务正确完成

知识储备

1．综合布线系统施工的注意事项

（1）硬件

网络设备、器材、辅料等，尽量采用一家公司的产品，这样可以最大限度地减少高端与低端，甚至是同等级别不同设备间的不兼容问题。而且不要为了节省资金而选择没有质量保证的网络基础材料，如跳线、面板、网线等。这些材料在布线时都会安放在天花板或墙体中，出现问题后很难解决。同时，即使是大品牌的产品也要在安装前用专业工具检测一下质量。

（2）连线

当完成结构化布线工作后就应该把多余的线材、设备清理并归库。另外，要防止用户私自使用一分二线头这样的设备，造成网络中出现广播风暴，因此布线时遵循严格的管理制度是必要的，布线后不要遗留任何部件，施工后环境要清理保持整洁。

（3）防磁

在网线中走的是电信号，而大功率用电器附近会产生磁场，这个磁场又会对附近的网线起作用，生成新的电场，产生信号减弱或丢失的情况。需要注意的是防止磁场干扰除了要避开干扰源之外，网线接头的连接方式也是至关重要的，不管是采用568A还是568B标准来制作网线，一定要保证1和2、3和6是两对芯线，这样才能有较强的抗干扰能力。在结构化布线时一定要事先把网线的路线设计好，远离大辐射设备与大的干扰源。

（4）散热

高温环境下，设备会频频出现故障。当CPU风扇散热不佳时计算机系统经常会死机或自动重启，网络设备更是如此，高速运行的CPU与核心组件需要在一个合适的工作环境下运转，温度太高会使它们损坏。设备散热工作是一定要做的，特别是对于核心设备以及服务器来说，需要把它们放置在一个专门的机房中进行管理，并且还需要配备空调等降温设备。

（5）按规格连接线缆

网线品类有多种，如交叉线、直通线等，不同的线缆在不同情况下有不同的用途。如果混淆种类随意使用就会出现网络不通的情况。因此在结构化布线时一定要特别注意分清线缆的种类。线缆使用不符合要求就会出现网络不通的情况。

（6）留足网络接入点

在结构化布线过程中没有考虑未来的升级性，就会出现网络接口数量有限，或只够眼前使用的情况。因此在结构化布线时需要事先留出多一倍的网络接入点。

2. 交通类地感线圈施工规范

1）周围50cm范围内不能有大量的金属，如井盖、配电箱、配线架等。

2）线圈周围1m范围内不能有超过220V的供电线路，线圈布设位置干扰源干扰线圈产生的电压不超过2mV（测量方法：用万用表毫伏档位直接测量线圈两端之间的电压，2mV之内不存在干扰，超过2mV，电压越高干扰就越大，越容易造成误动作的情况发生）。

3）当环形线圈被放置于钢筋混凝土的钢筋之上时，线圈必须在钢筋之上至少5cm，并应增加1～2匝线圈匝数。

4）线圈与线圈之间的距离要大于等于1.3m，距离过小会相互干扰。

5）馈线的总长度一般不应大于350m。

任务实施

1. 任务实施准备

完成与智能停车系统相关资料的收集任务，准备好相应的设备和资源，具体资源见表2-14。

表2-14 任务实施准备

序号	类型	资源	是否到位（√）
1	图纸1	智能停车系统拓扑结构图	
2	图纸2	智能停车系统设备接线图	
3	安装工具	螺丝刀、剥线钳、斜口钳、尖嘴钳、网线钳等	
4	调试工具	万用表、网线检测器等	
5	主器材	UHF桌面发卡器1个	
		红外对射 1个	
		微动开关 1个	
		三色灯 1个	
		电动推杆 1个	
		继电器 4个	
		ADAM-4150 1个	
		NEWSensor(LoRa版) 2个	
		物联网网关 1个	
		NEWPorter 1个	
		网管型交换机 1个	
		智能无线路由器 1个	
6	辅材	电源线、信号线、接线卡、胶布、螺丝、网线、串口线等	

智能交通系统拓扑结构如图2-61所示。

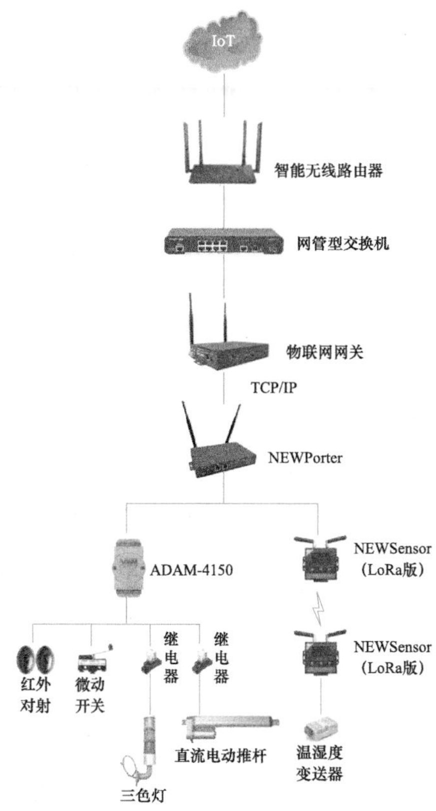

图2-61 智能交通系统拓扑结构

智能停车系统设备接线如图2-62所示。

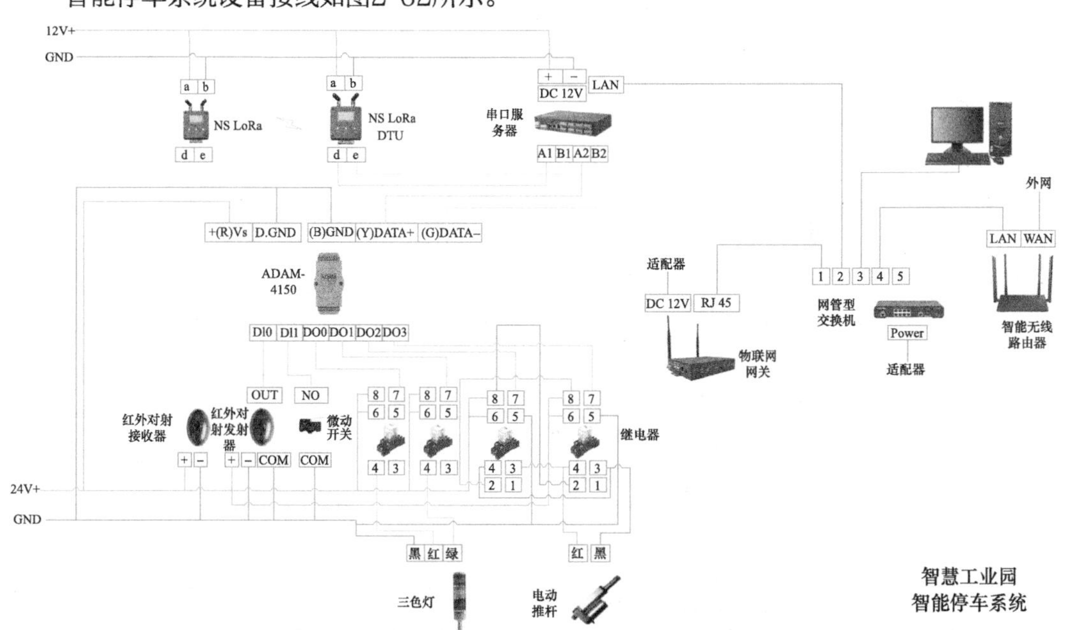

图2-62 智能停车系统设备接线

2. 设备的固定安装

设备布局的整体要求如下：

① 设备布局紧凑。

② 设备安装位置与信号走向基本保持一致。

③ 设备安装牢固。

④ 电源线、信号线应严格区分。

⑤ 线缆通过走线槽，避免缠绕。

设备布局图如图2-63所示。

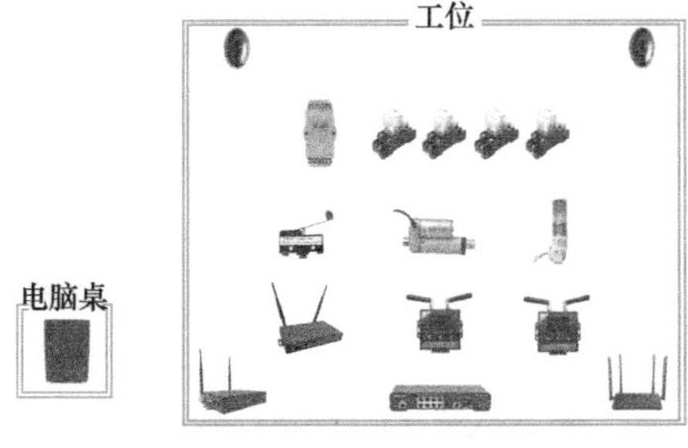

图2-63　设备布局图

参考图2-63将设备安装到工位上，安装过程可使用螺丝、螺帽、扎带等配件。

3. 设备之间的连接

（1）设备安装的接线要求

本任务设备安装的接线要求可参阅任务3设备安装的接线要求的内容。

（2）设备连接的具体步骤

步骤1：微动开关的连接。

微动开关可以触发控制信号输出到ADAM-4150。通过触动微动开关动作，能产生出开关量信号输出。微动开关接线示意如图2-64所示。

步骤2：三色灯的连接。

通过两个继电器控制红、绿灯的亮和灭。继电器是接收到ADAM-4150的输出信号控制量后，触发继电器动作实现控制。三色灯接线示意如图2-65所示。

图2-64　微动开关接线示意图

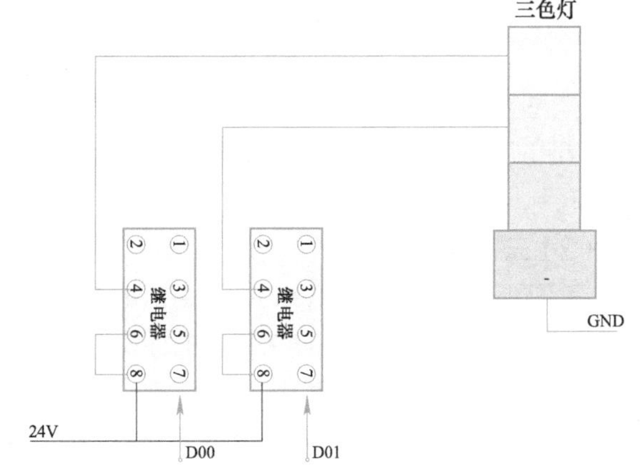

图2-65　三色灯接线示意图

步骤3：电动推杆的连接。

电动推杆互锁接线是通过两个继电器的常开、常闭触点的互为限制，达到模拟在不同地点的继电器动作控制推杆工作的效果，并且只能有一个继电器工作另一个继电器失效。电动推杆互锁接线示意如图2-66所示。

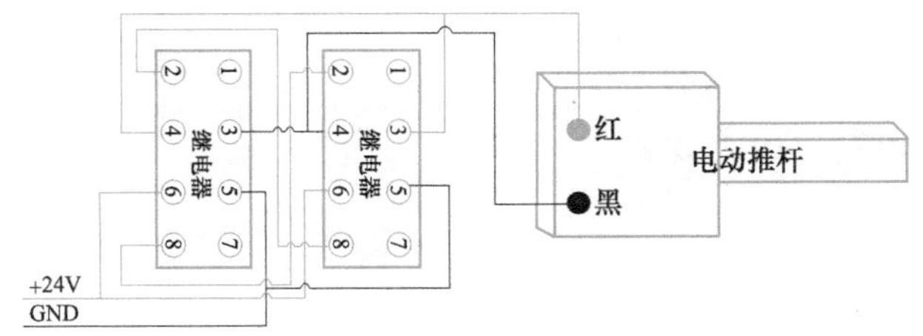

图2-66　电动推杆互锁接线示意图

4. 主要设备的调试

（1）LoRa模块的调试

LoRa模块的接线配置，参阅图2-62，使用NEWSensor配置工具软件，可以将NEWSensor模块设置成以LoRa模式通信的LoRa模块。设置LoRa主节点如图2-67所示。

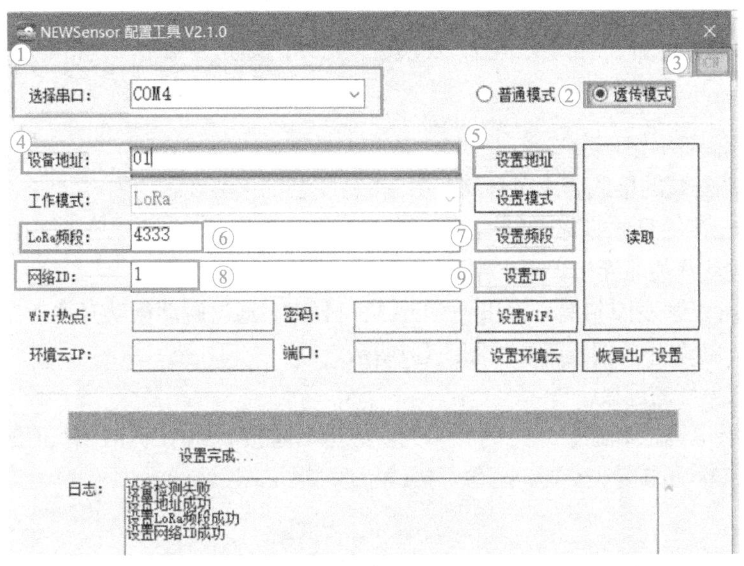

扫码看视频

图2-67　设置LoRa主节点

LoRa从节点的配置可参考主节点的配置，主节点与从节点地址需不一致，其他配置项一致即可。

（2）云平台的配置

登录到云平台http://www.nlecloud.com，在云平台项目下单击“添加设备”，在“设备标识”栏中填写当前网关设备的标识进行网关设备的添加，如图2-68所示。

（3）物联网网关的配置

打开PC端浏览器，输入物联网网关新的IP地址192.168.1.105，进入到网关配置平台，并登录物联网网关如图2-69所示。

图2-68　云平台设置

图2-69　登录物联网网关

在“配置”下单击“设置连接方式”→，将“云平台/边缘服务IP或域名”填写为117.78.1.201，“云平台/边缘服务端口Port”填写8600，单击“确定”按钮。如图2-70和图2-71所示。

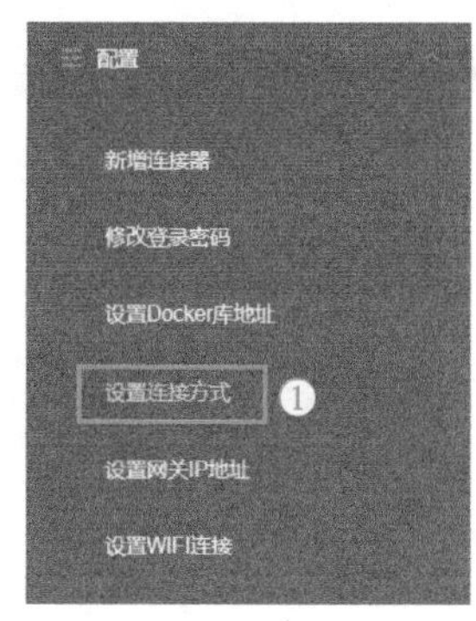

图2-70　设置连接方式

图2-71　设置TCP连接参数

（4）云平台数据的呈现

在云平台设备页面中单击“数据流获取”按钮，可在“上报记录数”栏中看到当前上报的实时数据数量，并且能在“执行器”栏下实时操控所添加的执行器，云平台上呈现的应用效果如图2-72所示。

图2-72　云平台呈现的应用效果

（5）项目生成器的呈现

在“项目生成器”界面中可以将元素区中的设备元素拖入设计区，设计区中的传感器元素可实时显示监控数据并且实时操控执行器元素，项目生成器呈现的应用效果如图2-73所示。

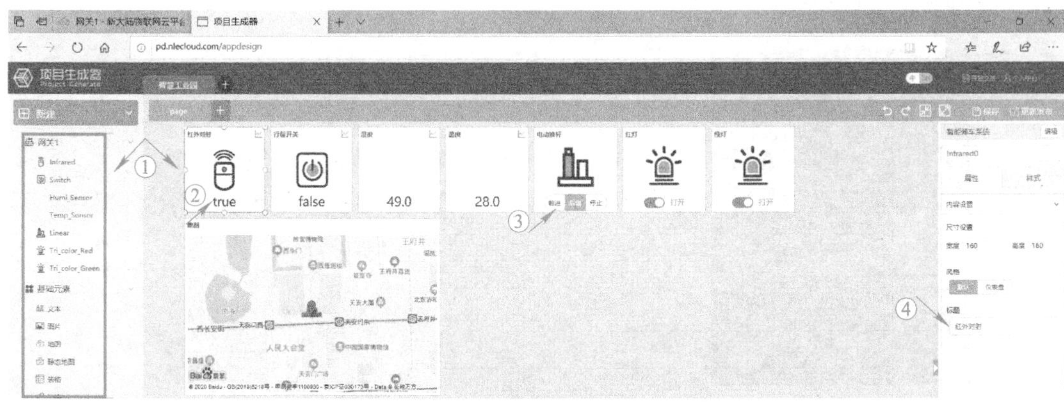

图2-73　项目生成器呈现的应用效果

任务检查与评价

完成任务后进行任务检查，可采用小组互评等方式，任务检查评价单见表2-15。

表2-15　任务检查评价单

<table>
<tr><td colspan="5">任务：安装与调试智能停车设备</td></tr>
<tr><th>序号</th><th>任务要求</th><th>评分标准</th><th>分数</th><th>得分</th></tr>
<tr><td>1</td><td>按照设计的布局图安装并固定设备</td><td>参考布局图，设备合理布局并固定在实训台，使得接线方便、层次分明</td><td>10</td><td></td></tr>
<tr><td rowspan="11">2</td><td rowspan="11">按照接线图进行设备连接</td><td>红外对射接线正确</td><td>3</td><td rowspan="11"></td></tr>
<tr><td>微动开关接线正确</td><td>3</td></tr>
<tr><td>继电器接线正确</td><td>5</td></tr>
<tr><td>ADAM-4150接线正确</td><td>5</td></tr>
<tr><td>三色灯接线正确</td><td>5</td></tr>
<tr><td>电动推杆接线正确</td><td>5</td></tr>
<tr><td>LoRa主、从节点接线正确</td><td>5</td></tr>
<tr><td>NEWPorter接线正确</td><td>2</td></tr>
<tr><td>物联网网关接线正确</td><td>3</td></tr>
<tr><td>网管型交换机接线正确</td><td>2</td></tr>
<tr><td>智能无线路由器接线正确</td><td>2</td></tr>
<tr><td rowspan="5">3</td><td rowspan="5">组网设备的配置与联调</td><td>LoRa主、从节点的配置</td><td>5</td><td rowspan="5"></td></tr>
<tr><td>物联网网关的配置</td><td>10</td></tr>
<tr><td>智能无线路由器的配置</td><td>5</td></tr>
<tr><td>云平台的配置与数据呈现</td><td>5</td></tr>
<tr><td>整体设备联调完成基础功能</td><td>10</td></tr>
<tr><td colspan="3">任务小计</td><td>85</td><td></td></tr>
<tr><th colspan="5">职业素养</th></tr>
<tr><th>序号</th><th>任务要求</th><th>评分标准</th><th>分数</th><th>得分</th></tr>
<tr><td>1</td><td>工位设备紧固、布局合理</td><td>安装布局合理、紧固</td><td>1</td><td></td></tr>
<tr><td>2</td><td>工位设备走线合规、清晰</td><td>走线合理、清晰</td><td>2</td><td></td></tr>
<tr><td>3</td><td>工具摆放整齐</td><td>施工结束后工具归位，摆放整齐</td><td>1</td><td></td></tr>
<tr><td>4</td><td>辅材收纳整齐</td><td>施工结束后辅材归位，摆放整齐</td><td>1</td><td></td></tr>
<tr><td>5</td><td>遵守课堂纪律</td><td>遵守课堂纪律，保持工位区域内整洁</td><td>10</td><td></td></tr>
<tr><td colspan="3">职业素养小计</td><td>15</td><td></td></tr>
<tr><td colspan="3">实操题总计</td><td>100</td><td></td></tr>
</table>

任务小结

通过对安装与调试智慧停车设备相关知识的学习，掌握了LoRa模块的调试，云平台的配置，物联网网关的配置，以及云平台数据和项目生成器的呈现，对整个物联网集成实施的整体脉络有了比较清晰的认识。

在施工过程中，掌握设备安装、信号线连接、电源连接的基本要领和步骤，在设备调试过程中，掌握不同设备的调试与配置，掌握云平台的相关内容设置。

任务拓展

在本任务的基础上，将两套或多套设备融合，设计出一款复杂且功能多样的智能停车体系，要求能实现多层次的停车管理场景。

将红外对射联动三色灯，本任务只涉及红绿灯，拓展任务中可以增加黄灯元素，再连接对应的继电器做控制。

根据要求输出连线图和云平台策略，并提出自己的思考和在实施过程中能得到什么体会，拓展任务要体现设计布局的合理性和设备使用的可靠性。

任务5 安装与调试智能楼宇设备

职业能力目标

1）能根据设备结构及规格，使用合适的附件正确完成设备组装。

2）能根据设备说明书，完成设备的正确安装及位置调整。

任务描述与要求

任务描述

根据智能楼宇系统子场景的物联网系统总体设计方案，本任务将在实训工位上实现该场景设计的功能。实训工位上实施时要做到设备的合理布局以及走线槽位置的正确安装，使得安装实施的逻辑、层次、步骤清晰明了。

任务要求

1）实现设备的安装。

2）实现设备的配置。

3）实现设备的连接。

4）实现设备上电联调测试。

5）实现平台的数据读取以及上下行策略控制。

任务分析与计划

1．任务分析

智能楼宇控制在现实生活中越来越普遍，通过智能化的控制给人们的生活带来便利、舒适和安全。本任务中采用人体红外、轻触开关、电动推杆、微动开关、烟感传感器、噪声传感器、CAN倾角传感器等设备，模拟智能楼宇的具体场景，实现在正常状况下，绿灯常亮；当烟感传感器被触发、人体红外被触发、噪声传感器被触发时，红灯亮起，绿灯熄灭。CAN总线双轴倾角传感器模拟地震或突发事故导致楼宇倾斜情况，CAN总线双轴倾角传感器被触发，则安全通道开启，电动推杆模拟触发安全通道开启的动作。

2. 任务实施计划

根据物联网设备安装与调试的相关知识，制订完任务实施计划。计划的具体内容见表2-16。

表2-16　任务计划

项目名称	智慧工业园设备安装与调试
任务名称	安装与调试智能楼宇设备
计划方式	在实训工位上实现场景功能设计
计划要求	设备布局合理，安装正确，步骤规范
序号	任务计划
1	参照智能楼宇系统设备清单，将需要安装的设备准备就位
2	参照智能楼宇系统接线图、布局图的相关内容进行设备合理布局，安装到工位上
3	进行设备电源接线、信号源接线
4	连接完毕后开始互检，查看是否存在连接错误的情况
5	设备布局安装以及接线完成后，通过小组自查、互查等方式，确保接线无误后通电调试。调试后再进行上下行数据核实，确保任务正确完成

知识储备

1. 楼宇自动化系统施工通用规程

1）仪表及设备的安装位置应远离有较强振动、电磁干扰的区域及热源，应安装在通风、干燥及便于调试、维护的场所。

2）并列安装的同类仪表及设备，距离地面高度应一致，高度差不应大于1mm，同一区域内高度差不应大于5mm。

3）仪表及设备安装前应进行通电试验，阀门安装应进行模拟动作和试压测试。

4）在设备或管道上安装传感器时，开孔和焊接工作必须在设备或管道的防腐、防潮和压力测试前进行。

2. 传感器以及开关的安装

1）传感器与管道相互垂直安装时，其轴线应与管道轴线垂直相交。

2）传感器在管道的拐弯处安装时，宜逆着物料流向在管道轴线上安装。

3）风管型温湿度传感器应安装在风速平稳的直管段、避开风管死角，且能正确反应温湿度数值的位置。

4）水管型温度传感器安装时应该避开死角，当感温段小于管道口径1/2时应该安装在管道的侧面或底部。

3. 现场控制设备的安装

1）现场控制设备应安装在设备控制箱内，设备控制箱内应有线缆连接的接线端子。

2）控制设备箱宜安装在被控设备附近，必须避开阀门、法兰、过滤器等。

任务实施

1. 任务实施准备

完成与智能楼宇控制系统相关资料的收集任务，准备相应的设备和资源，具体资源参见表2-17。

表2-17　任务实施准备

序号	类型	资源	是否到位（√）
1	图纸1	智能楼宇控制系统拓扑结构图	
2	图纸2	智能楼宇控制系统设备接线图	
3	安装工具	螺丝刀、剥线钳、斜口钳、尖嘴钳、网线钳等	
4	调试工具	万用表、网线检测器	
5	主器材	人体红外、微动开关、三色灯、电动推杆、继电器、ADAM-4150、NEWSensor、CAN总线双轴倾角传感器、CAN转以太网DTU、开关量烟感探测器、噪声传感器、直流信号隔离器、Wi-Fi数据采集模块、物联网网关、NEWPorter等	
6	辅材	电源线、信号线、接线卡、胶布、螺丝、网线、串口线等	

智能楼宇控制系统拓扑结构如图2-74所示。

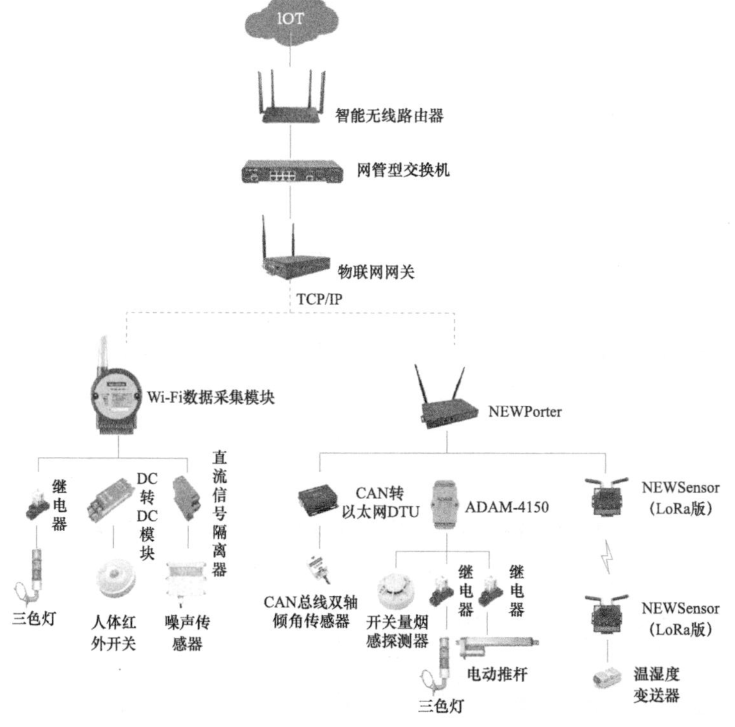

图2-74　智能楼宇控制系统拓扑结构

智能楼宇控制系统设备接线如图2-75所示。

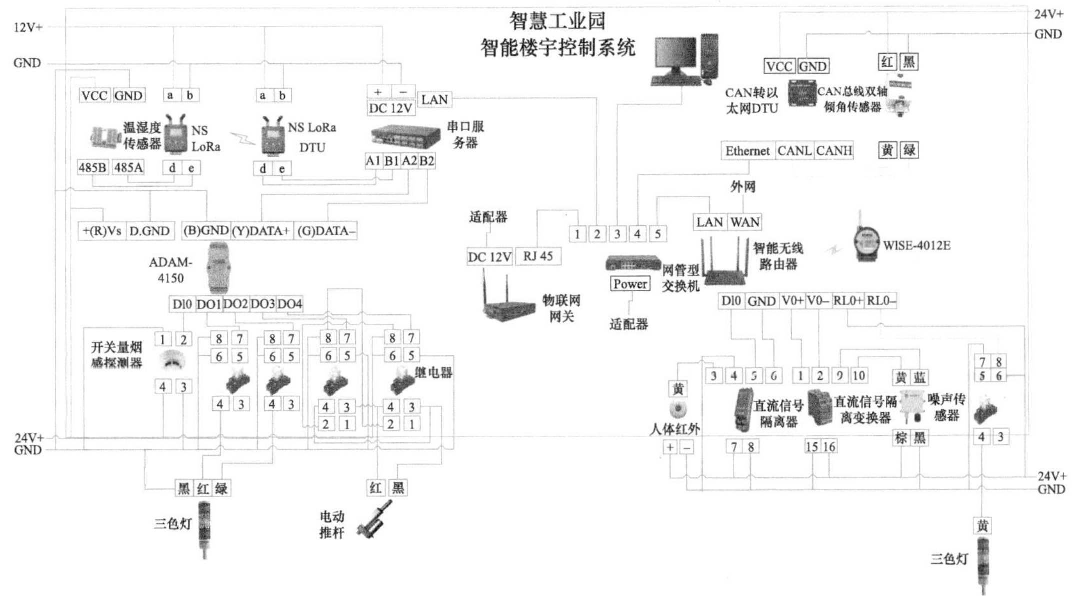

图2-75　智能楼宇控制系统设备接线

2. 设备的固定安装

设备布局的整体要求如下：

① 设备布局紧凑。

② 设备安装位置与信号走向基本保持一致。

③ 设备安装牢固。

④ 电源线、信号线应严格区分。

⑤ 线缆通过走线槽，避免缠绕。

设备布局图如图2-76所示。

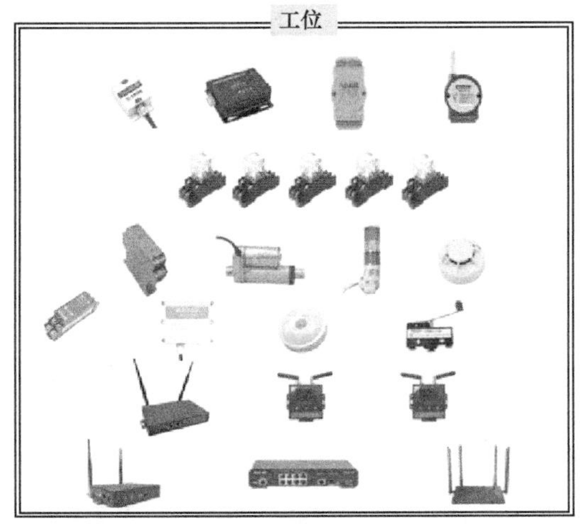

图2-76　设备布局图

3．设备之间的连接

（1）Wi-Fi数据采集模块（WISE-4012E）、噪声传感器、直流信号隔离器的连接

在任务中存在信号隔离器的连接，具体的接线如图2-77所示。

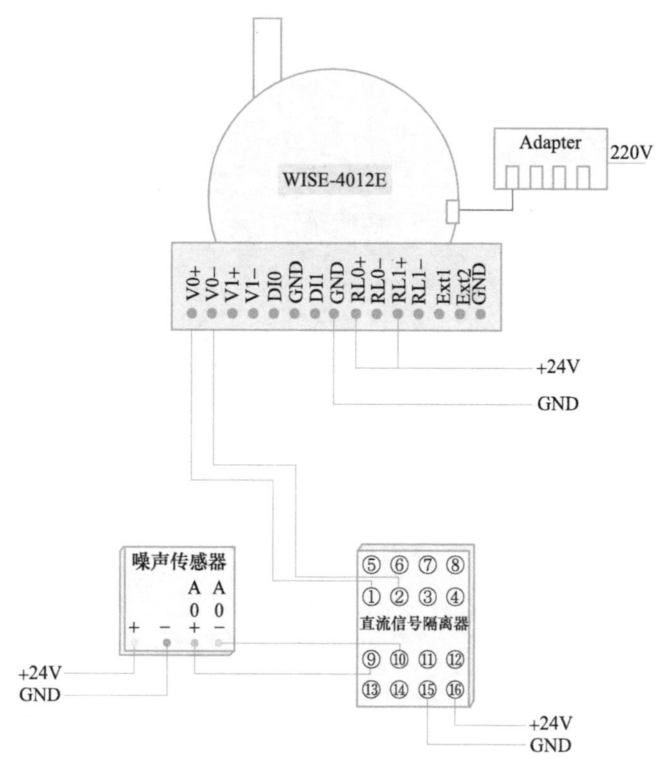

图2-77　接线示意图

（2）开关量烟感探测器的连接

在安装此类传感设备时，由于信号和电源线的线径相当，在安装的时候要仔细辨别电源线和信号线，避免接错导致设备故障。具体的接线如图2-78所示。

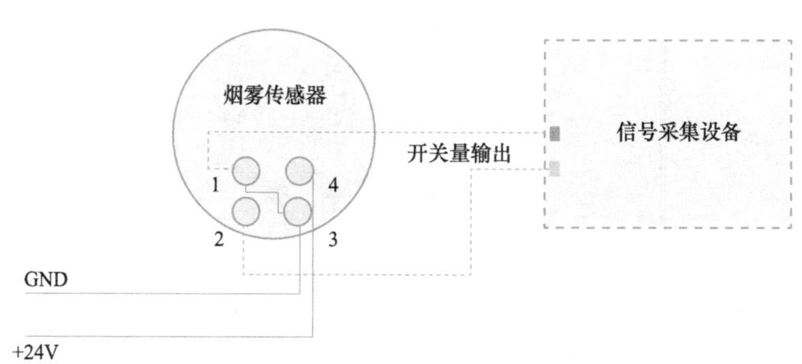

图2-78　接线示意图

（3）人体红外的接线

在安装人体红外的时候，同样要仔细辨别信号线和电源线，另外信号输出可以作为4150或4012E设备的DI口的输入使用。具体的接线如图2-79所示。

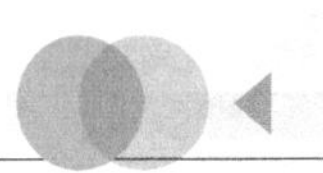

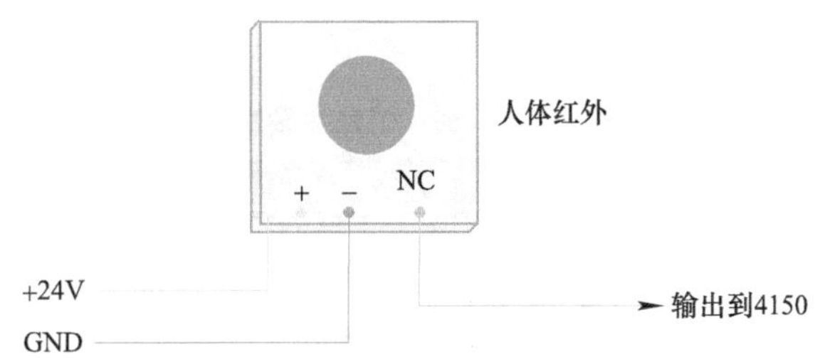

图2-79　接线示意图

（4）CAN总线双轴倾角传感器的接线

在连接CAN总线双轴倾角传感器设备的时候，信号采集设备E810的网口可以根据项目的实际组网需求连接，本任务将信号采集设备E810直接接入网关交换机。具体的接线如图2-80所示。

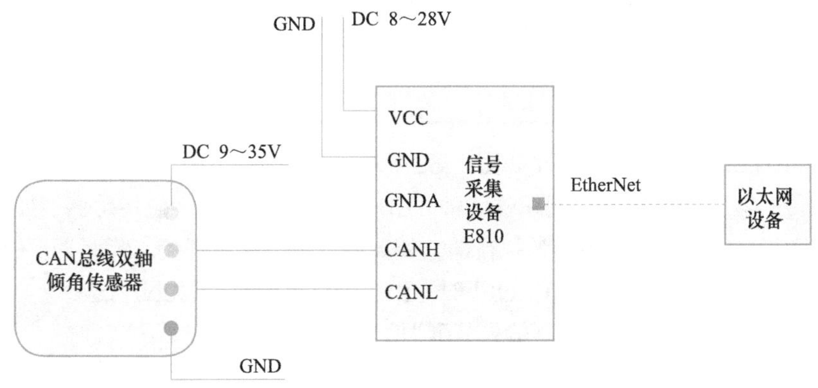

图2-80　接线示意图

4．主要设备的调试

Wi-Fi数据采集模块（WISE-4012E）的安装与调试

该模块是面向物联网开发者的输入/输出无线网络I/O模块，产品是基于以太网的无线I/O模块，通过无线Wi-Fi网络进行扩充，能在一定程度上缓解用户布线难，成本高等问题。同时也首次将数据采集、智能处理和数据发布这3个核心功能有效融合在单个I/O模块中，更好地满足个性化需求。WISE-4012E如图2-81所示。

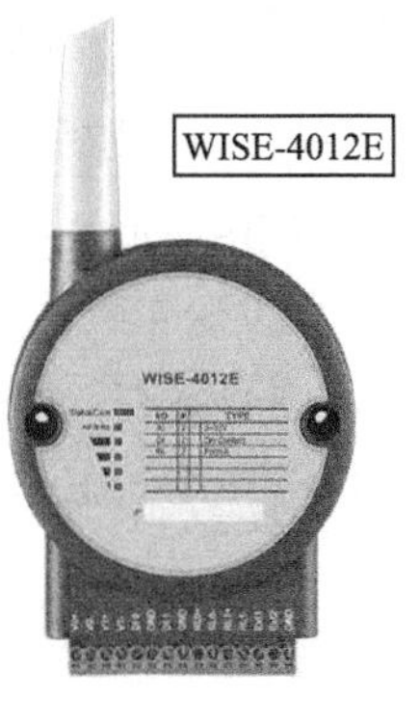

图2-81　WISE-4012E

WISE-4012E主要参数见表2-18。

表2-18　WISE-4012E主要参数

参数名称	参数内容
电源输入范围	Micro USB DC 5 V
尺寸（W×H×D）	80mm×148mm×25mm
LED指示灯	状态、通信、网络模式、质量
协议	Modbus/TCP、TCP/IP、UDP、HTTP、DHCP、MQTT
无线接口频带	2.4GHz
IEEE标准	IEEE 802.11b/g/n
无线接口户外范围	110m (L.O.S.)
无线安全	WPA2 Personal & Enterprise
工作湿度	20% ～ 95% RH
工作温度	–25℃ ～ 70℃ (–13° F～158° F)
存储湿度	0 ～ 95% RH
存储温度	–40℃ ～ 85℃

WISE-4012E管脚定义与背面如图2-82所示。该模块使用USB线缆供电，V0、V1可连接模拟量传感器，如PH标度、温度标度；DI0、DI1可连接数字量传感器，如液位状态、阀门状态；RL0、RL1可连接数字量执行器，如风扇开关、窗帘开关。背面1开关用于模式选择，拨码拨向ON时为Normal状态、OFF时为Initial状态；2开关为N/A选择。

注意：V0+与V0–、V1+与V1–输入范围为0～10V。

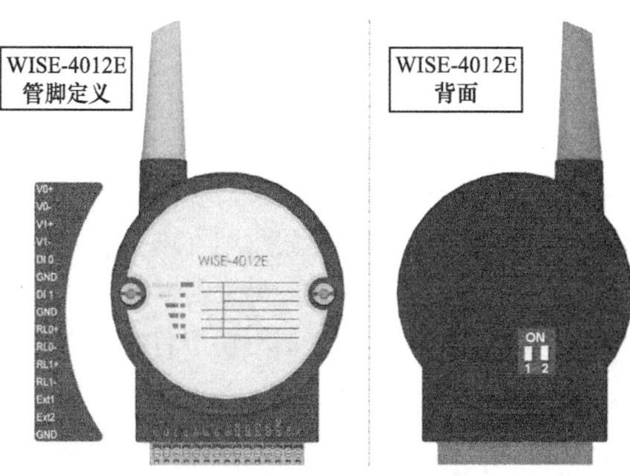

扫码看视频

图2-82　WISE-4012E管脚定义与背面

将电缆线根据正确的接线顺序连接在WISE-4012E底部的接线端子上，将螺丝穿过模块两侧螺钉孔，安装于墙面、旋紧即可。

安装后将1开关下拨为OFF使其处于Initial状态，使用USB线缆为WISE-4012E供电。打开计算机Wi-Fi功能，搜索到SSID为WISE-4012E_××的Wi-Fi并连接，如图2-83a所示。调试时应把有线网络的网线拔掉。

连接成功后，在浏览器输入WISE-4012E默认的IP地址192.168.1.1。进入图2-83b所示界面后，输入账号root，密码00000000。

a）

b）

图2-83　WISE-4012E的SSID与配置页面

扫码看视频

WISE-4012E指示灯含义见表2-19。

表2-19　WISE-4012E指示灯含义

LED灯	颜色	指示灯状态	含义
Status	绿	闪烁	2Hz：等待被连接
		高亮30秒	0.5Hz：已连入网络
AP/Infra	绿	亮	受限制的AP模式
		灭	无线站点模式
（信号强弱指示）	绿	亮×4	全信号
		亮×3	信号很好
		亮×2	信号不错
		亮×1	信号弱
		全灭	无信号/受限制的AP模式

在I/O Status界面可以查看DI和设置DO的状态，DI0与DICOM、DI1与DICOM之间接一根导线，则相应通道上的LED会点亮；悬空状态（断开）时相应通道上的LED会变灰，如图2-84a所示。DO Status点亮时（on）高电平输出，DO Status灰色时（off）低电平输出，高电平输出时会听到WISE-4012E发出“啪”的声音，如图2-84b所示。

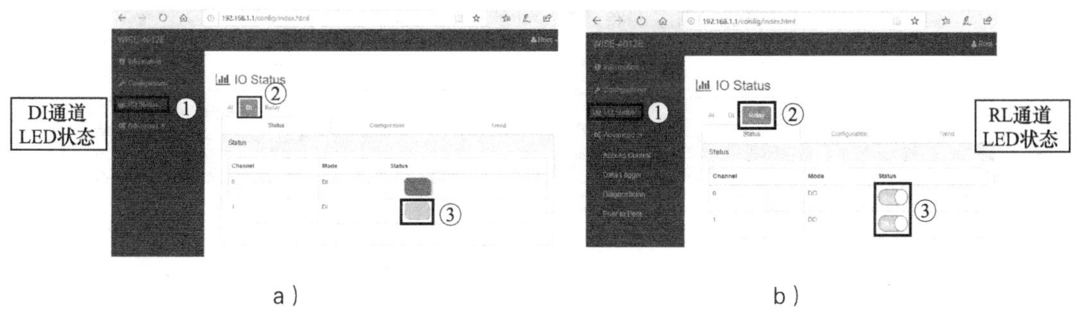

a）　　b）

图2-84　DI通道LED状态&RL通道LED状态

任务检查与评价

完成任务后进行任务检查，可采用小组互评等方式，任务检查单见表2-20。

表2-20　任务检查评价单

任务：安装与调试智能楼宇设备

序号	任务要求	评分标准	分数	得分
1	按照设计的布局图安装并固定设备	参考布局图，将设备合理布局并固定在实训台，使得接线方便、层次分明	10	
2	按照接线图进行设备连接	开关量烟感探测器接线正确	2	
		噪声传感器接线正确	2	
		继电器4个，接线正确	5	
		ADAM-4150接线正确	3	
		Wi-Fi数据采集模块接线正确	3	
		直流信号隔离器接线正确	5	
		三色灯接线正确	2	
		电动推杆接线正确	2	
		人体红外接线正确	2	
		NEWSensor主、从节点接线正确	5	
		NEWPorter接线正确	2	
		物联网网关接线正确	3	
		网管型交换机接线正确	2	
		智能无线路由器接线正确	2	
3	组网设备的配置与联调	NEWSensor主、从节点的配置	5	
		物联网网关的配置	10	
		智能无线路由器的配置	5	
		云平台的配置与数据呈现	5	
		整体设备联调完成基础功能	10	
任务小计			85	
职业素养				
序号	任务要求	评分标准	分数	得分
1	工位设备紧固、布局合理	安装布局合理、紧固	1	
2	工位设备走线合规、清晰	走线合理、清晰	2	
3	工具摆放整齐	施工结束后工具归位，摆放整齐	1	
4	辅材收纳整齐	施工结束后辅材归位，摆放整齐	1	
5	遵守课堂纪律	遵守课堂纪律，保持工位区域内整洁	10	
职业素养小计			15	
实操题总计			100	

任务小结

通过对安装与调试智能楼宇设备相关知识的学习，掌握了基础传感器的安装，Wi-Fi数据采集模块的安装与调试，以及云平台的配置，对整个物联网集成实施的整体脉络有了比较清晰的认识。

实训施工过程中，掌握设备安装、信号线连接、电源连接的基本要领和步骤，在设备调试过程中，掌握不同设备的调试与配制，掌握云平台的相关内容设置。

任务拓展

本任务将噪声传感器接入直流信号隔离器后转换成电压信号量输出。根据此思路，在本任务的基础上另外增加一个传感器接入，达到直流信号隔离器二进二出的使用功能。

任务6 智慧工业园项目呈现

职业能力目标

1．能根据传感网络的配置文档，完成ZigBee、Wi-Fi、RS485、CAN等网络参数的正确配置及调试操作。

2．能根据网络参数的配置文档，完成交换机、路由器等网络通信设备参数的正确配置及调试操作。

3．能根据物联网平台的使用手册，完成物联网平台与物联网网关的正确连接及调试。

任务描述与要求

任务描述

通过智慧安防系统、智能交通系统、智能楼宇控制系统的设备安装，已经将设备进行了正确的连接，本任务要将数据接入云平台，并进行智能化的控制，使得设备在有效的控制下实现所设计的功能。

任务要求

1．项目物联网网关设备的配置。

2．物联网云平台的具体配置。

3．实现平台的数据读取以及上下行策略控制。

任务分析与计划

1. 任务分析

物联网云平台是基于智能传感器、无线传输技术、大规模数据处理与远程控制等物联网核心技术与互联网、无线通信、云计算大数据技术高度融合开发的，集设备在线采集、远程控制、无线传输、数据处理、预警信息发布、决策支持、一体化控制等功能于一体的物联网系统。用户及管理人员可以通过手机、平板、计算机等信息终端，实时掌握传感设备信息，及时获取报警、预警信息，并可以手动/自动调整控制设备，最终使管理变得轻松简单。同时物联网云平台也是针对物联网教育、科研推出的，旨在提供一个开放的物联网云服务教学平台。通过物联网云服务平台相关的CASE-DESIGNER、API、SDK等为实验、实训、项目设计、比赛、毕业设计等提供一套完整的软硬件环境，用户可以轻松快速了解物联网行业应用，学习物联网相关技术。物联网总体框架的各个功能域模块如图2-85所示。

产品的结构中，使用Browser/Server及Client/Server双重方式来处理各个模块之间的数据传输。系统主体结构包括设备域、网关域、平台域和应用域。

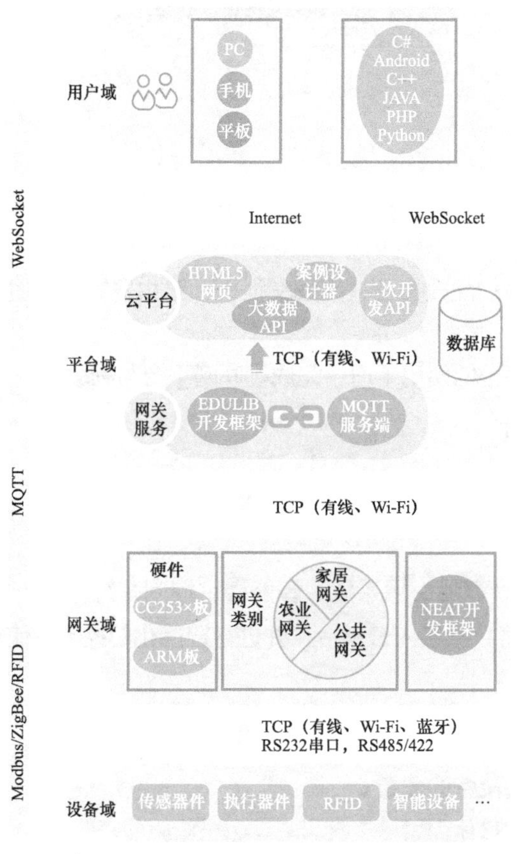

图2-85　物联网总体框架的各个功能域模块

2. 任务实施计划

根据智慧工业园项目呈现的相关知识，制订本次任务的实施计划。计划具体内容见表2-21。

表2-21 任务计划

项目名称	智慧工业园设备安装与调试
任务名称	智慧工业园项目呈现
计划方式	参照任务实施完成本任务
计划要求	用若干个计划环节来完成本次任务
序号	任务计划
1	物联网系统集成项目云平台接入呈现
2	物联网云平台数据接入
3	物联网云平台执行器、传感器设备的添加
4	项目生成器的呈现

知识储备

物联网平台为设备提供安全可靠的连接通信能力，向下连接海量设备，支撑设备数据采集上云；向上提供云端API，服务端通过调用云端API将指令下发至设备端，实现远程控制。物联网平台还提供了其他增值能力，如设备管理、规则引擎等，为各类IoT应用场景以及行业开发者助力。

物联网平台主要提供以下能力。

1. 设备接入

物联网平台支持海量设备连接上云，设备与云端通过IoT Hub进行稳定可靠的双向通信。

1）提供设备端SDK、驱动、软件包等帮助不同设备、网关轻松接入。

2）提供蜂窝（2G/3G/4G/5G）、NB-IoT、LoRaWAN、Wi-Fi等不同网络设备接入方案，解决企业异构网络设备接入管理痛点。

3）提供MQTT、CoAP、HTTP/S等多种协议的设备端SDK，既满足长连接的实时性需求，也满足短连接的低功耗需求。

4）开源多种平台设备端代码，提供跨平台移植指导，助力基于多种平台的设备接入。

2. 设备管理

物联网平台提供完整的设备生命周期管理功能，支持设备注册、功能定义、数据解析、在线调试、远程配置、固件升级、远程维护、实时监控、分组管理、设备删除等功能。

1）提供设备模型，简化应用开发。

2）提供设备上下线变更通知服务，方便实时获取设备状态。

3）提供数据存储能力，方便用户海量设备数据的存储及实时访问。

4）支持OTA升级，赋能设备远程升级。

5）提供设备影子缓存机制，将设备与应用解耦，解决不稳定无线网络下的通信不可靠痛点。

3. 安全能力

物联网平台提供多重防护，能有效保障设备和云端数据的安全。多重防护包括身份认证、通信安全等方面。

1）提供安全存储方案及设备密钥安全管理机制，防止设备密钥被破解。

2）提供一机一密的设备认证机制，降低设备被攻破的安全风险。

3）提供一型一密的设备认证机制。

4）支持TLS（MQTT\HTTP）、DTLS（CoAP）数据传输通道，保证数据的机密性和完整性，适用于硬件资源充足、对功耗不是很敏感的设备，安全级别高。

5）支持设备权限管理机制，保障设备与云端安全通信。

6）支持设备级别的通信资源（Topic等）隔离，防止设备越权等问题发生。

4. 规则引擎

物联网平台支持多种规则、策略，能应对各种复杂的IoT应用场景有效协助应用端的规则设置。另外支持订阅某产品下所有设备的某个或多个类型消息。配置的数据流转规则将指定Topic消息的指定字段流转到目的地，进行存储和计算处理。

1）将数据转发到另一个设备的Topic中，实现设备与设备之间的通信。

2）将数据转发到AMQP服务端订阅消费组，服务端通过AMQP客户端监听消费组获取消息。

3）将数据转发到消息服务（MNS）和消息队列（RocketMQ）中，保障应用消费设备数据的稳定可靠性。

4）将数据转发到DataHub中，提供设备数据采集+大数据计算的联合方案。

5）将数据转发到函数计算中，提供设备数据采集+事件计算的联合方案。

6）配置简单规则，即可将设备数据无缝流转至其他设备，实现设备联动。

5. 数据管理

在存储、处理和分析数据时，物联网云平台需要构建一个处理数据的系统。物联网云平台将整个机群的数据源组合成一个统一的数据流，提供产品范围的商业智能。物联网云平台架构将设备数据与现有服务无缝集成，可以获得将数据存储到所需位置的所有好处，而无须处理物联网云解决方案的复杂构建和维护等方面的问题。物联网云平台要求挂载公司检查的不仅仅是已建立的品牌名称，还有实际的原型和测试功能，这些功能将管理数百或数千个远程设备。

6. 可扩展性

物联网云平台支持数百万个同步设备连接，允许配置设备以进行机器对机器通信。具有持续高正常运行时间的物联网云平台，应提供停机时间的完全透明度。每个平台都有某种类型的平台状态页面，平台状态页面可检查正常运行时间以及处理过去事件的方式，还可以帮助检查客户类型以及使用部署的设备数量，管理扩展云基础架构的平台，监控设备的性能并帮助用户在必要时进行扩展。

物联网云平台架构示意图如图2-86所示。

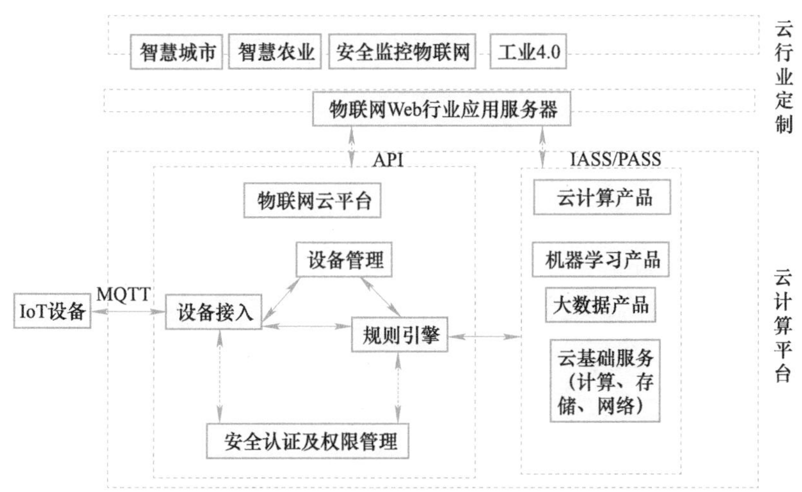

图2-86　物联网云平台架构示意图

任务实施

1．智能安防系统

（1）云平台账号注册及项目创建

步骤1：打开浏览器，输入www. nlecloud. com，进入新大陆云平台首页，若无账号可进行账号注册，登录新大陆云平台，并申请当前账号的API密钥如图2-87所示。

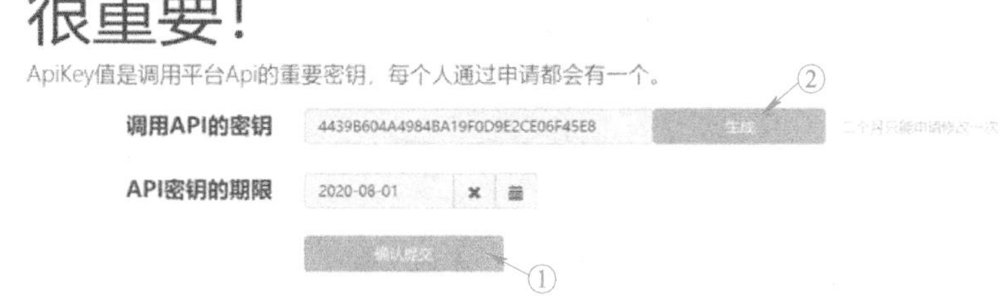

图2-87　申请API密钥

步骤2：单击“添加项目”按钮，在项目新增界面下填写“项目名称”“行业类别”需选择“智慧城市”如图2-88所示。

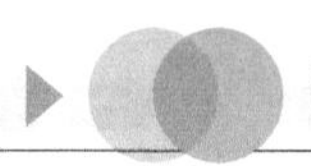

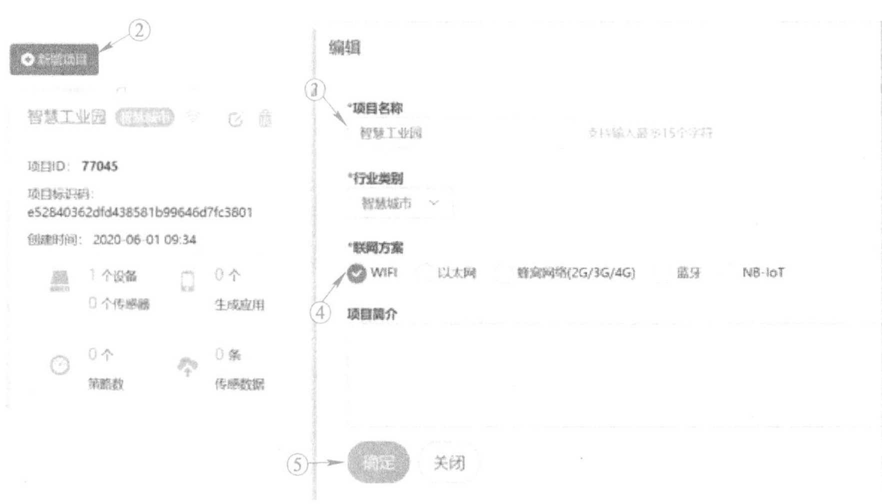

图2-88　新建项目

步骤3：在新增的项目下，单击“添加设备”按钮，在“添加设备”界面填写设备的基本信息，设备标识需填写网关设备标识，如图2-89所示。

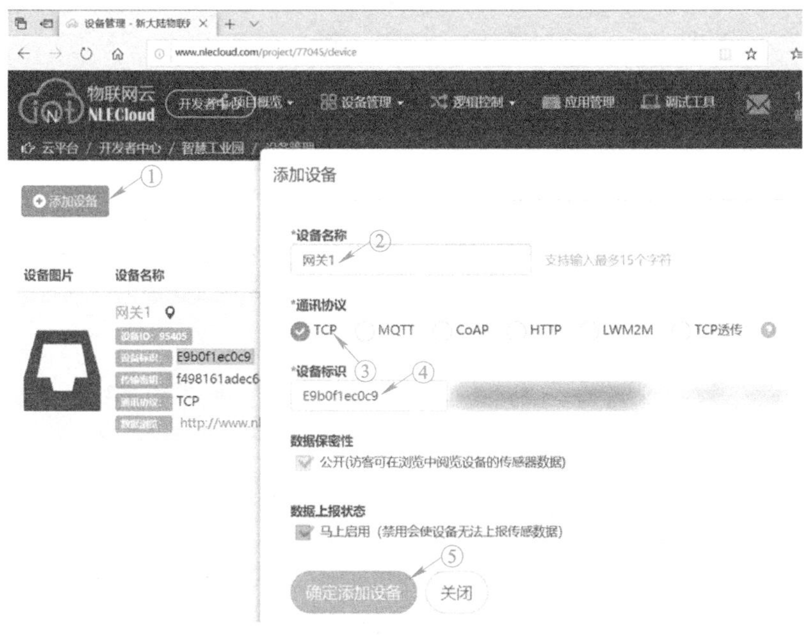

图2-89　添加设备

（2）物联网网关配置

步骤1：进入物联网网关，设置Docker仓库。选择“配置”→“设置Docker库地址”，设置“Docker仓库类型”为“Docker公有仓库”，账号及密码默认即可，如图2-90所示。

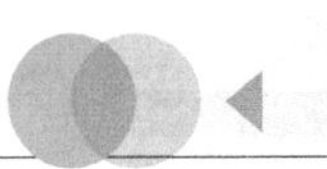

图2-90　配置Docker仓库地址

步骤2：网关设置云平台连接方式。选择“配置”→“设置连接方式”，单击CloudClient编辑图标，设置“云平台/边缘服务IP或域名”为“117.78.1.201”，“云平台/边缘服务Port”为“8600”，如图2-91所示，“云平台设备标识”“云平台secretKey”为默认参数，无需输入。

图2-91　设置云平台连接方式

步骤3：物联网网关状态确认，使用注册的手机账号登录新大陆物联网云平台http：//www.nlecloud.com/，确认设备状态为“在线”，如图2-92所示。

图2-92　网关在线

步骤4：选择“配置”→“新增连接器”，用于添加ADAM4150模块，当ADAM4150模块通过串口或USB口接至物联网网关时，设备接入方式为“串口接入”；当ADAM4150模块通过串口服务器接至物联网网关时，设备接入方式为“串口服务器接入”。波特率应与ADAM4150模块所配置的波特率一致；连接器设备类型应与ADAM4150模块所配置的协议一致，如图2-93所示。

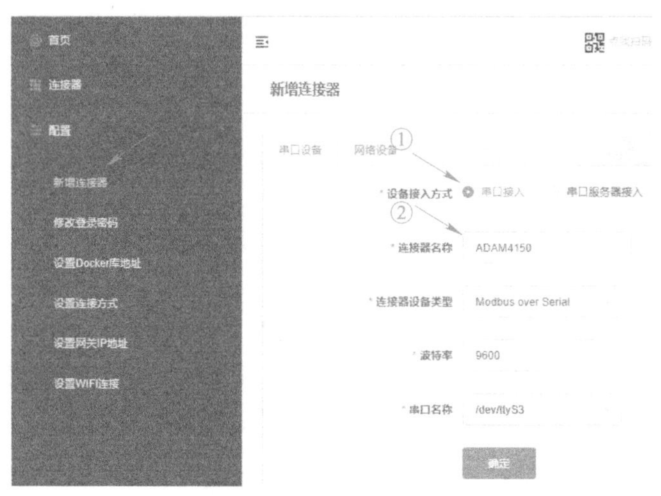

图2-93　添加连接器

步骤5：选择“连接器”→“ADAM4150”，确认“连接器状态为：正在运行”，此时，新增“设备类型”为“4150”的设备，“设备地址”应与ADAM4150模块所配置的设备地址一致，如图2-94所示。

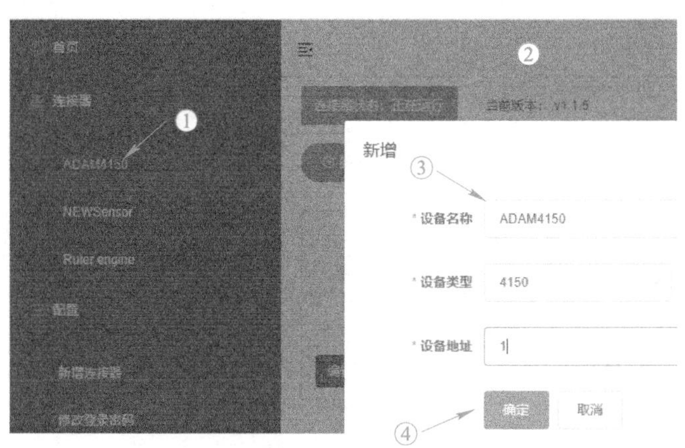

图2-94　新增设备

步骤6：在ADAM4150设备下新增执行器。“可选通道号”应与实际接入ADAM4150模块引脚保持一致。“传感类型”选择相应的设备类型，如图2-95所示。

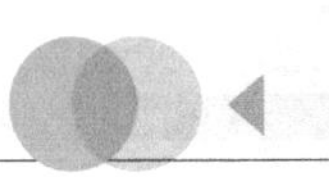

图2-95 新增执行器

步骤7：在ADAM4150设备下新增传感器。“可选通道号”应与实际接入ADAM4150模块引脚保持一致。“传感类型”选择相应的设备类型，如图2-96所示。

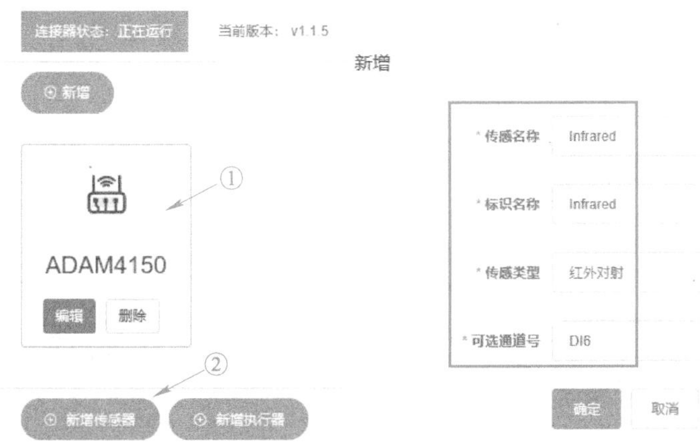

图2-96 新增传感器

（3）物联网云平台数据获取

进入云平台项目下新增的网关中，单击“数据流获取”按钮获取物联网中心网关设备配置信息；单击“上报记录数”按钮可以查看执行器、传感器的值，同时可以从传感器列表和执行器列表中看到传感器的实时数据和执行器的状态；单击执行器的“开关”按钮，可以实时控制执行器，如图2-97所示。

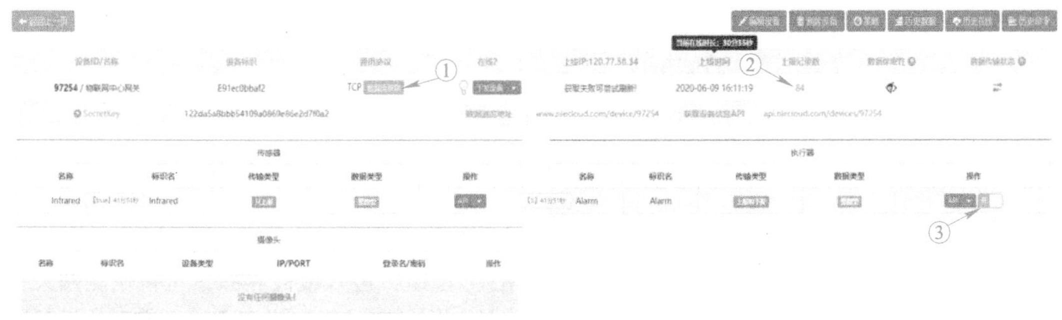

图2-97 物联网云平台数据获取

（4）项目生成器应用管理

步骤1：单击“生成应用”跳转至项目生成器的新增界面，如图2-98所示。

图2-98　进入项目生成器的新增界面

步骤2：单击“马上创建一个应用”，如图2-99所示。

图2-99　创建应用

步骤3：新增项目生成器设备。在“应用模板”处选择“项目生成器”，填写完项目基本信息后，单击“确定”按钮即可，如图2-100所示。

图2-100　新增应用

步骤4：在新增的项目生成器应用右上角单击按钮，进入设计界面，可将左侧网关下的元素拖拽至设计区域，进行项目生成器界面的设计，拖拽完成后的元素会显示实时的设备数据，设计完成后即可将项目生成器进行保存发布，如图2-101所示。

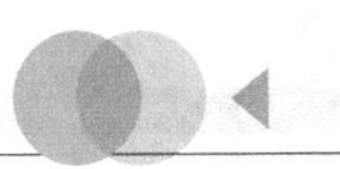

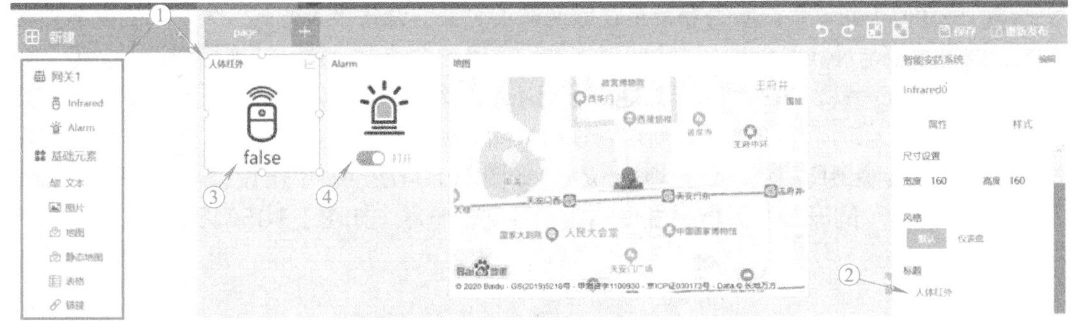

图2-101　项目生成器设计及使用

步骤5：返回新增项目生成器界面，复制应用域名并粘贴至浏览器，进入Web界面，即可浏览设计好的项目。

2. 智能交通系统

（1）物联网网关配置（参照智慧安防系统）

（2）添加连接器（ADAM4150）、传感器、执行器

在项目中ADAM4150是重要的I/O设备，传感信息输入的传感器有红外对射和行程开关，执行信号输出的有电动推杆和三色灯，具体添加步骤请参照智能安防系统。

传感器与执行器的配置说明见表2-22。

表2-22　传感器与执行器的配置说明

类型	传感名称	标识名称	传感类型
传感器	Infrared	Infrared	红外对射
	Switch	Switch	行程开关
执行器	Linear	Linear	电动推杆
	Tri_color_Red	Tri_color_Red	三色灯（红色）
	Tri_color_Green	Tri_color_Green	三色灯（绿色）

添加传感器/执行器的效果如图2-102所示。

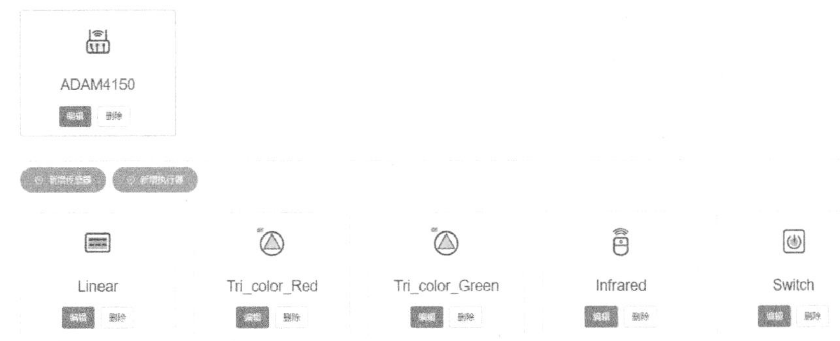

图2-102　添加传感器/执行器的效果

（3）添加连接器、传感器

选择“配置”→“新增连接器”，用于添加NewSensor模块（Lora），当NewSensor模块通过串口或USB口接至物联网网关时，“设备接入方式”为“串口接入”；当

NewSensor模块通过串口服务器接至物联网网关时，“设备接入方式”为“串口服务器接入”。波特率应与NewSensor模块所连接的传感器的波特率一致，“连接器设备类型”要选择“Modbus over Serial”，如图2-103所示。选择“连接器”→“Lora”，确认“连接器状态为：正在运行”，此时，新增“设备类型”为“温湿度传感器（485型）”，“设备地址”应与传感器所配置的设备地址一致，如图2-104所示。单击设备名称为“Hum_Temp_Sensor”的设备，新增温度传感器、湿度传感器，如图2-105所示。

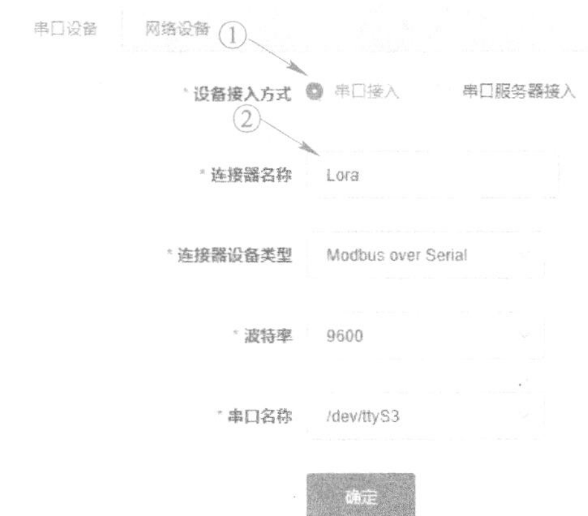

图2-103　新增连接器

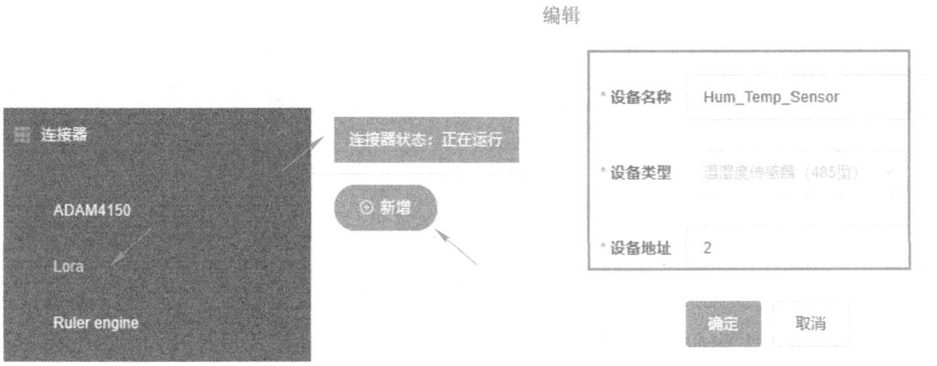

a）　　b）

图2-104　新增设备

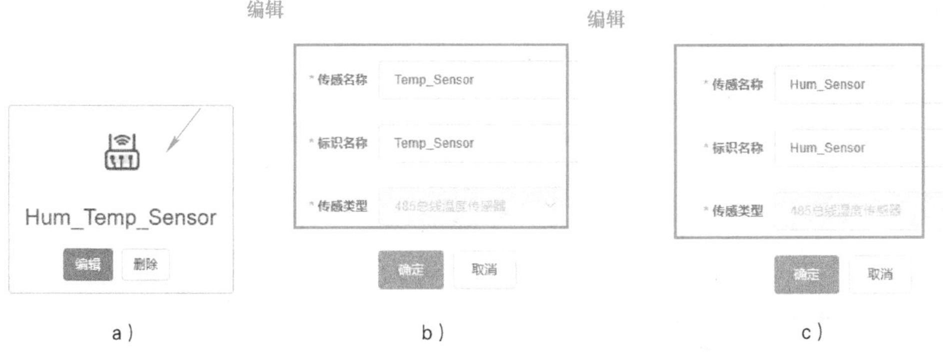

a）　　b）　　c）

图2-105　新增传感器

传感器配制说明见表2-23。

表2-23 配置说明

设备名称	传感名称	标识名称	传感类型
温湿度传感器	Temp_Sonsor	Temp_Sonsor	485总线温度传感器
	Hum_Sensor	Hum_Sensor	485总线湿度传感器

（4）物联网云平台数据获取

操作的具体步骤可以参阅智能安防系统的相关内容。智能交通系统的物联网云平台如图2-106所示。

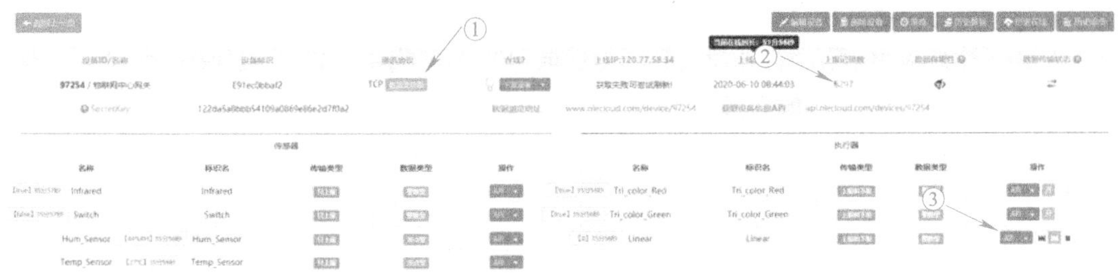

图2-106 物联网云平台

（5）项目生成器设计及使用

将左侧元素拖至右侧布局，使用“属性”或“样式”对元素进行编辑，如图2-107所示。

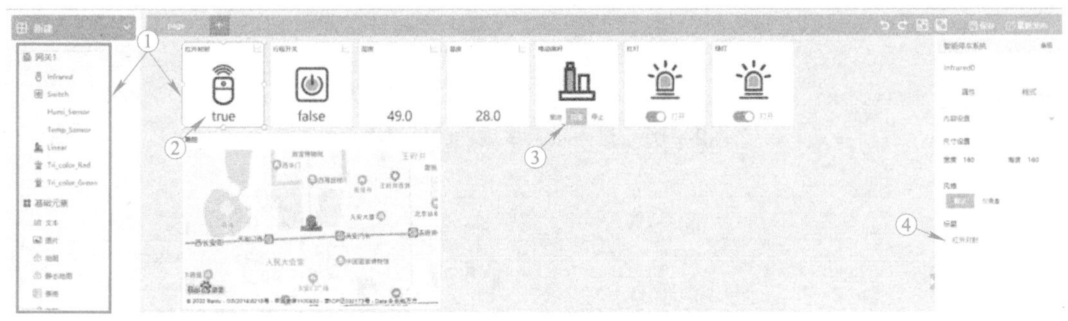

图2-107 项目生成器设计及使用

3. 智能楼宇系统

（1）物联网云平台数据获取

单击“数据流获取”按钮获取物联网中心网关值，单击“上报记录数”按钮可以查看执行器、传感器的值，单击“开/关”按钮可以控制执行器，如图2-108所示。

图2-108　物联网云平台

（2）项目生成器应用管理

单击“生成应用管理”按钮跳转到项目生成器的新增界面，如图2-109所示。单击“马上创建一个应用”按钮，如图2-110所示。

图2-109　进入项目生成器的新增界面

图2-110　创建应用

（3）项目生成器新增应用

输入“应用名称”“应用标识”，“应用模板”选择“项目生成器”如图2-111所示。

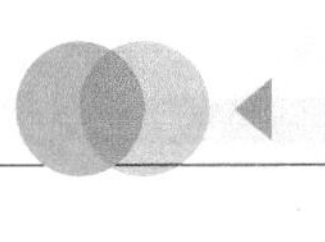

图2-111 新增应用

（4）项目生成器应用发布

单击“马上发布”按钮，复制应用域名并粘贴至浏览器，页面跳转后单击“项目生成器”图标，如图2-112所示。

图2-112 应用发布

（5）项目生成器设计及使用

将左侧元素拖至右侧布局，使用“属性”或“样式”对元素进行编辑，如图2-113所示。

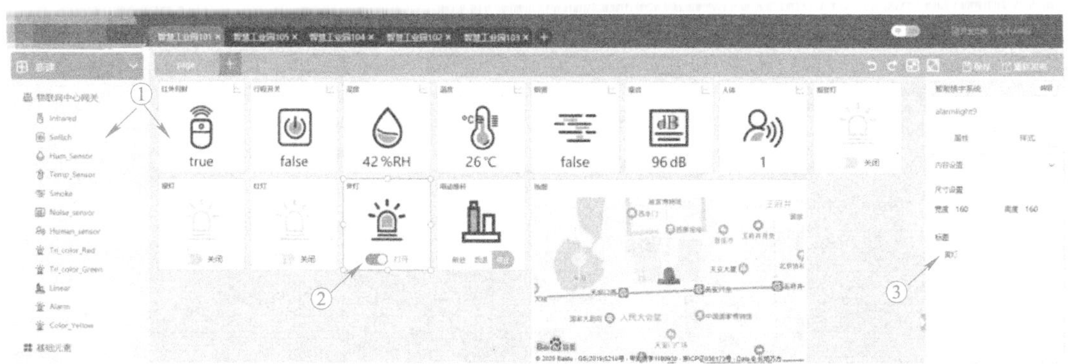

图2-113　项目生成器设计及使用

任务检查与评价

完成任务后进行任务检查，可采用小组互评等方式，任务检查评价单见表2-24。

表2-24　任务检查评价单

任务：智慧工业园项目呈现

专业能力				
序号	任务要求	评分标准	分数	得分
1	物联网系统集成项目云平台接入呈现	云平台接入呈现，层次关系清晰，模块之间衔接逻辑准确	20	
2	物联网云平台数据接入	云平台数据接入合理，层次关系清晰，模块之间衔接逻辑准确	20	
3	物联网云平台执行器、传感器设备的添加	云平台设备接入合理，层次关系清晰，模块之间衔接逻辑准确	20	
4	项目生成器的呈现	项目生成器所有设备设计合理，层次关系明晰，模块之间衔接关系逻辑准确，整体架构符合要求	30	
专业能力小计			90	

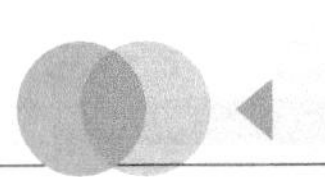

（续）

职业素养				
序号	任务要求	评分标准	分数	得分
1	云平台设备均能添加正确	正确使用云平台和项目生成器工具，设计标注清楚、模块布局整齐、字体大小规范	5	
2	遵守课堂纪律	遵守课堂纪律，保持工位区域内整洁	5	
职业素养小计			10	
实操题总计			100	

任务小结

基于智能传感器、无线传输技术、大规模数据处理与远程控制等物联网核心技术与互联网、无线通信、云计算大数据技术高度融合开发的物联网云服务平台，集设备在线采集、远程控制、无线传输、数据处理、预警信息发布、决策支持、一体化控制等功能于一体的物联网系统。用户及管理人员可以通过手机、平板、计算机等信息终端，实时掌握传感设备信息，及时获取报警、预警信息，并可以手动/自动调整控制设备，最终使管理变得轻松简单。

任务拓展

进行二氧化碳变送器（485型）实验，测试指令如图2-114所示。二氧化碳浓度的计算方法如图2-115所示。网络调试助手的设置如图2-116所示，发送指令后得到变送器的返回结果，根据结果计算二氧化碳的浓度。

查询变送器（地址为2）的数据（二氧化碳浓度），主机→从机

地址	功能码	起始寄存器地址高	起始寄存器地址低	寄存器长度高	寄存器长度低	CRC16低	CRC16高
0×02	0×03	0×00	0×00	0×00	0×01	0×84	0×39

若变送器接收正确，返回以下数据，从机→主机

地址	功能码	数据长度	寄存器0数据高	寄存器0数据低	CRC16低	CRC16高
0×02	0×03	0×02	0×0e	0×48	0×f8	0×12
			二氧化碳浓度，单位ppm			

图2-114　测试指令

扫码看视频

图2-115　二氧化碳浓度计算

图2-116　网络调试助手

任务7　验收方案编制

职业能力目标

1．能根据项目需求，设计项目实施过程管理办法

2．能运用办公软件，准确输出工程实施手册、设备到货验收报告、测试报告、项目验收报告等。

任务描述与要求

任务描述

小陆所在的A公司完成了××智慧工业园项目整体施工任务，系统已经全面调试完成并进入了试运行阶段，公司要求小陆着手准备项目验收的工作。

小陆要根据公司的要求进入项目验收前的准备工作，具体的工作包括：施工单位自检评定、从监理方获取《工程质量评估报告》、第三方或自评《质量检查报告》、监理单位初评报告、确认材料和验收时间等内容。

小陆应草拟一个项目验收方案，并先由公司项目组进行内审，递交第三方监理单位审核后，提交业主单位进行项目验收。

任务要求

1．编写智慧工业园项目完成情况报告。

2．编写智慧工业园项目建设质量报告。

3．编写智慧工业园项目档案资料的情况（设计、施工、监理、集成、验收）。

任务分析与计划

1．任务分析

通过物联网系统集成项目验收与方案编制的基础知识学习，对物联网系统集成项目总体验收流程和方式有了大致的认识和了解，能运用所学过的知识，对××智慧工业园项目进行验收和方案编制。

2．任务实施计划

根据物联网系统集成项目验收与方案编制的相关知识，制订任务实施计划。计划的具体内容见表2-25。

表2-25　任务计划

项目名称	智慧工业园设备安装与调试
任务名称	验收方案编制
计划方式	参照任务实施完成本任务
计划要求	用若干个计划环节完成本次任务
序号	任务计划
1	准备智慧工业园项目验收材料
2	编制智慧工业园项目验收的基本内容
3	实施智慧工业园项目验收的基本流程
4	编制物联网集成项目验收报告

知识储备

1．场景化验收

场景化验收中，场景设备安装验收是最重要的部分。场景中的设备是否按照图纸安装在指定的位置，是否够隐蔽；线束是否不见明线，是否整齐；是否考虑安全保护，以及冗余和移动的需求。

（1）硬件验收

硬件运行是否正常，基本功能是否实现。

（2）软件验收（Web、APP、后台、前端验收）

1）Web系统功能验收：确认所有功能正常。

2）Web系统兼容性验收。

3）App功能验收：确认绑定、解绑、控制等所有功能正常。

4）App兼容性验收。

5）后台功能验收：无接口报错。

6）后台稳定性验收：接口响应时长、设备连接状态正常、其他前端功能、场景功能等正常。

2. 项目验收需准备的材料

（1）整理装订材料（物联网项目验收报告书）

（2）验收报告书材料目录

1）物联网项目验收申请表。

2）经立项批准的项目可行性研究报告。

3）项目工作总结。

4）项目管理情况，主要包括项目计划、采用标准、需求方案及其执行情况、招投标合同（协议）等。

5）项目经费决算表，有关单据、专项经费使用情况等有关财务、审计资料。

6）项目所获成果、专利等证明材料。

7）有关产品测试报告、检测报告及用户使用报告。

8）其他相关佐证材料。

（3）验收内容

1）项目完成情况。主要检查项目内容、规模是否按照经立项批准的项目可行性研究报告等有关文件约定建成，项目建设中发生的重大变更是否获得批准。

2）项目（开发）建设质量。主要检查网络系统、应用系统、安全系统的施工质量。

3）执行法律、法规和标准情况。主要检查项目建设和管理是否符合有关法律、法规、专项管理办法以及物联网建设相关标准。

4）档案资料情况。主要检查项目设计、施工、监理、集成、验收等技术档案，合同档案，各类标准、管理文件及过程控制文件等档案资料。

5）专项资金使用情况。主要依据合同规定检查使用专项资金情况，或者根据批复文件要求，调整使用专项资金情况。

（4）项目验收论证会程序

1）项目承担单位汇报项目建设和试运行的整体情况。

2）项目验收组查看项目建设有关资料。

3）项目承担单位答疑。

4）项目验收组实地检查项目建设与应用情况。

5）项目验收组研究讨论项目总体情况，填写项目评价、验收意见等。项目验收组讨论表决后，向项目承担单位通报验收情况。

物联网项目验收流程图如图2-117所示。

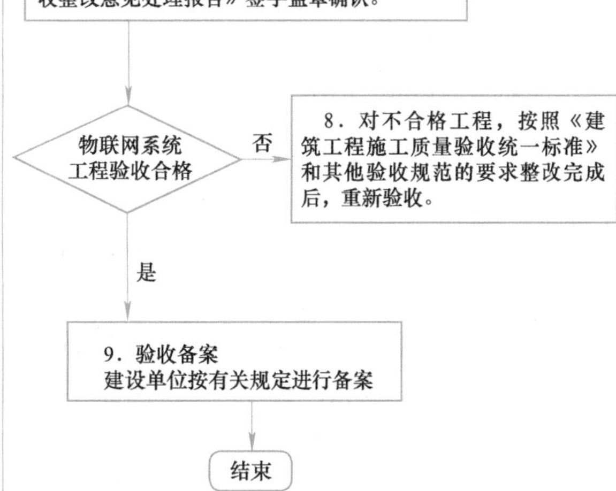

图2-117　物联网项目验收流程图

任务实施

参考智慧工业园物联网项目验收报告书范例，编制一个小型的物联网项目验收报告。

物联网工程项目验收报告书范例

1. 验收报告书封面

物联网工程项目验收报告书封面范例如图2-118所示。

智慧工业园物联网
项目验收报告书

项目名称：____________
承担单位（盖章）：____________
项目联系人：____________
联系电话及传真：____________
验收日期：____________

图2-118　物联网工程项目验收报告书封面范例

2. 验收报告书目录

1）物联网项目验收申请表。

2）物联网项目可行性研究报告。

3）物联网项目总体工作总结。

4）物联网项目管理情况说明，主要内容包括项目计划、采用标准、需求方案及其执行情况、招投标合同（协议书）等。

5）项目经费决算表、项目相关单据、项目费用使用情况等。

6）物联网项目最终所获成果说明、专利等证明材料。

7）有关产品测试报告、检测报告及用户使用报告。

8）其他物联网项目相关的佐证材料。

3. 验收报告书内容

1）项目完成情况。主要检查项目内容、规模是否按照经立项批准的项目可行性研究报告等有关文件约定建成，项目建设中发生的重大变更是否获批。

2）项目建设质量。主要检查网络系统、应用系统、安全系统的施工质量。

3）执行法律法规和标准情况。主要检查项目建设和管理是否符合有关法律、法规、项目管理办法以及物联网建设相关标准。

4）档案资料情况。主要检查项目设计、施工、监理、集成、验收等技术档案，合同文档，各类标准，管理文件及过程控制文件等档案资料。

5）项目资金使用情况。主要检查项目重点资金使用情况，根据批复资金使用要求审核。

4. 项目验收论证程序

1）物联网项目承建单位汇报项目建设和试运行的总体情况。

2）物联网项目验收组查看项目建设有关资料。

3）项目总承建单位负责答疑。

4）项目验收组实地检查项目建设与应用情况。

5）项目验收组研究、讨论、评判项目总体建设情况，填写项目评价、验收意见、签字确认等。

任务检查与评价

完成任务后进行任务检查，可采用小组互评等方式，任务检查评价单见表2-26。

表2-26 任务检查评价单

任务：验收方案编制

专业能力				
序号	任务要求	评分标准	分数	得分
1	智慧工业园项目验收要准备的材料	根据学过的基础知识，罗列出智慧工业园项目要进行竣工验收时所要准备的材料	20	
2	智慧工业园项目验收的基本内容	根据所学的内容，罗列出验收的具体材料的基本内容	20	
3	智慧工业园项目验收的基本流程	画出智慧工业园项目对应的验收流程示意图	20	
4	编制一个小型的物联网集成项目验收报告	编制一个小型的物联网项目验收报告，依据范本案例，层次关系清晰，文档之间逻辑准确	30	
专业能力小计			90	
职业素养				
序号	任务要求	评分标准	分数	得分
1	绘图工具、文档编辑器等准备到位	正确使用Visio、Word、Excel等工具，文档清晰、文档布局整齐、字体规范	5	
2	遵守课堂纪律	遵守课堂纪律，整洁工位区域内保持	5	
职业素养小计			10	
实操题总计			100	

任务小结

通过本任务的学习，了解到了物联网项目进行竣工验收的时所需要准备的验收材料，以及整个项目验收的验收过程，验收的内容有项目完成情况、项目建设质量、执行法律法规和标准情况、档案资料情况、项目资金使用情况，从而在验收前可以有针对性地准备对应的验收材料。

任务拓展

根据所学的物联网项目验收案例，结合不同的行业特点，绘制出工业物联网项目验收的流程。

Project 3

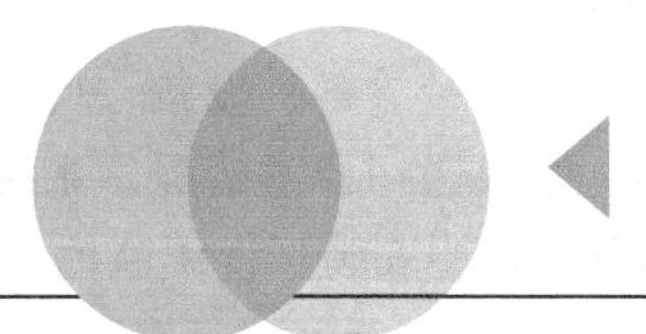

项目 3 智慧农场应用系统部署

引导案例

智慧农场是以在生产现场安装传感器、控制器、摄像头等多种物联网设备为主，以计算机、智能手机为辅，实现对农业生产现场的环境指数实时监测和展示，如图3-1所示。使用该系统可减少人工成本，实现精准调控，有效规避生产风险。

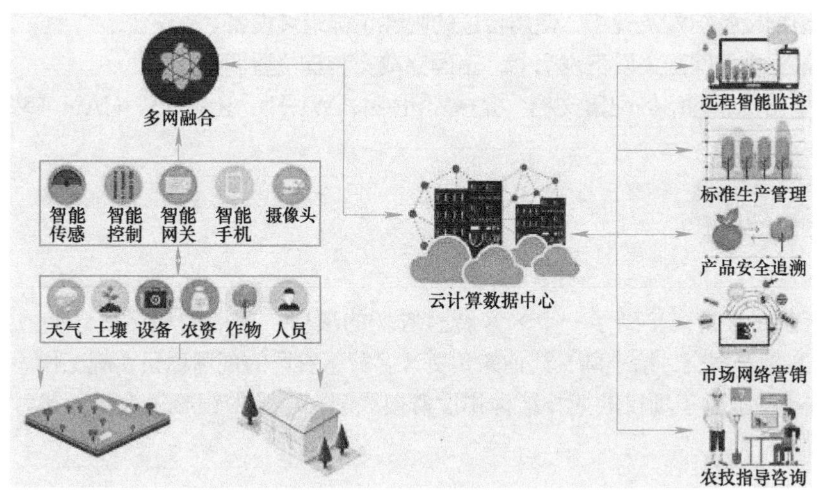

图3-1 智慧农场

智慧农场是一款集租地种植、农业认养、农业电商、农业物联网、实时监控直播、多种营销功能等为一体的农业线上多平台（APP+小程序+移动H5）管理系统，使人们能够体验农村种植、养殖的生活。

用户通过智慧农场监控直播可以实时查看自己种植的菜地，让蔬菜的成长24h“看得见”；

通过物联网设备，可以实时检测环境数据，远程控制自动浇水、施肥，让种植更有乐趣；通过在生产现场安装的各种设备，可以实时采集和监测生产现场环境中的各种数据并及时上传至云端。如果遇到异常情况，系统会自动发出报警。

智慧农场中安装了视频监控设备，用户可通过手机或者计算机对作物情况、农业生产情况进行远程查看，还可进行视频录像、视频回放。

用户根据设定条件可远程控制生产现场的设备，自动实现灌溉、排风、降温等农业操作，也可使用手机在系统中进行远程控制。

AI、物联网、大数据是产业的未来趋势，应用在农业上时不仅可以解决人员短缺的困境，还能应对气候变化的影响。而目前的智慧农场不仅对人们监控农作物的生长提供技术支持，还提供了一套集种植、供应链、零售、智慧办公、农村旅游发展等于一体的区块链系统。

任务1　安装与调试系统设备

职业能力目标

1）能根据设备结构及规格，使用合适的附件正确组装设备。

2）能根据物联网网关设备说明书，正确完成安装及位置调整。

3）能根据传感网络的配置文档，完成ZigBee、Wi-Fi、RS485、CAN等网络参数的正确配置及调试。

任务描述与要求

任务描述

小陆所在的A公司接到了一个××智慧农场的项目，前期的项目设计和方案都已经完成，公司将实施方案交付给小陆，让他来负责××智慧农场的现场项目实施工作。

实施方案中提供了项目的拓扑结构和设备接线图，小陆带领施工人员一起对设备进行安装和调试工作。

任务要求

1）智能大棚种植设备的安装与调试。

2）智能鱼塘养殖设备的安装与调试。

3）智慧农场应用系统的使用。

任务分析与计划

1．任务分析

通过对物联网系统集成农场项目的基础知识学习，对物联网系统工程的设备安装调试有大致的了解，运用所学的知识，依托××智慧农场的项目方案，通过拓扑和接线图将设备正确安装并调试。

2. 任务实施计划

根据所学物联网系统集成项目需求调研与分析的相关知识，制订本次任务的实施计划。计划的具体内容可以包括设备类型、设备位置部署、主要技术指标、设备选型、清单及技术指标、安装要求等。任务计划见表3-1。

表3-1 任务计划

项目名称	智慧农场应用系统部署
任务名称	系统设备的安装与调试
计划方式	参照样例设计
计划要求	请用若干个计划环节来完整描述出如何完成本次任务
序号	任务计划
1	参照物联网系统集成项目需求调研表案例说明
2	参照物联网系统集成项目用户访谈记录表案例说明
3	参照物联网系统集成项目现场勘查记录表案例说明
4	参照物联网系统集成项目总体设计方案的内容
5	选取3个任务要求中的一个或多个，按照详细设计的相关原则进行设备以及组网的设计
6	对设计的思路加以说明
7	论述项目设计过程中存在问题和如何优化，使其变得更合理、更符合应用场景的要求

知识储备

1. 智能大棚种植设备的拓扑与接线

智能大棚种植系统模拟蔬菜、水果的种植过程，利用LoRa技术采集大棚内的光照值及CO_2数据，判断大棚内的光照强度是否高于预设的阈值。如果高于则通过数字量采集器4150来控制遮阳网的开启，降低棚内光照强度。当CO_2浓度低于阀值时，打开风扇疏导空气来调节大棚内的CO_2浓度。利用噪声传感器测量夜间分贝值，当超过阈值时开启报警灯报警。利用NB-IoT通信技术实现对大棚中的温湿度实时检测。

智能大棚种植系统的拓扑图及接线图如图3-2和图3-3所示。

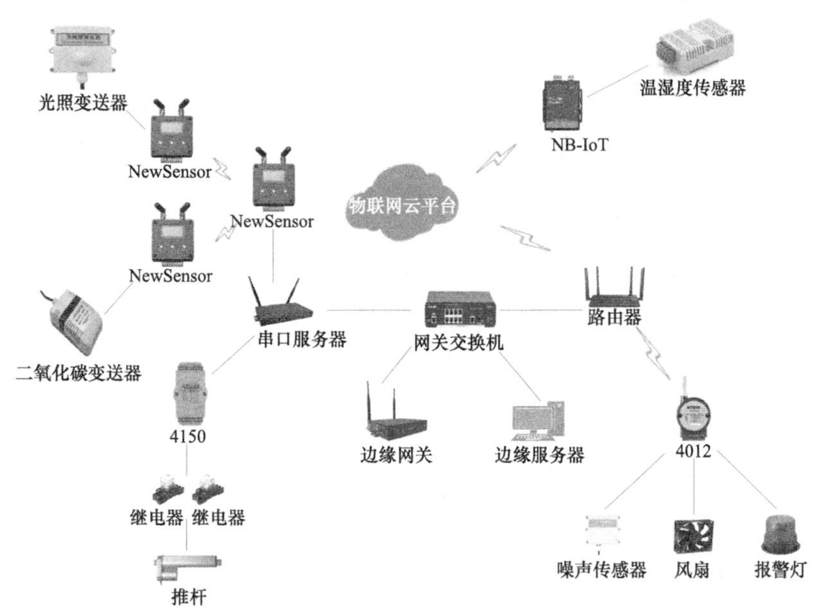

图3-2 智能大棚种植系统拓扑图

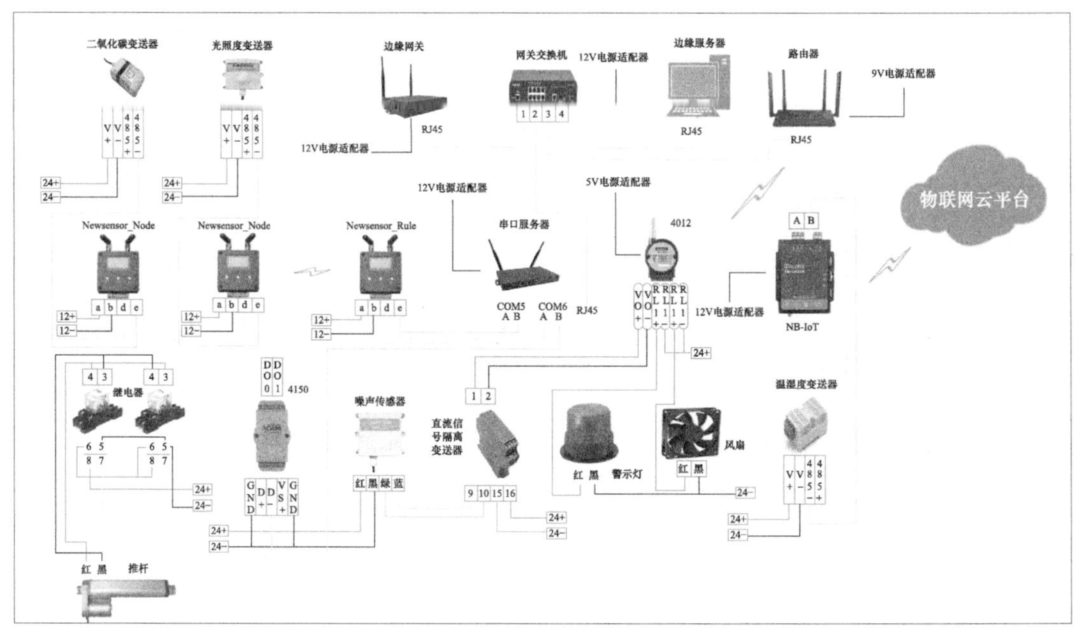

图3-3　智能大棚种植系统接线图

2. 智能鱼塘养殖设备的拓扑与接线

智能鱼塘养殖系统实时检测鱼塘水温、CO_2指标。如果鱼塘水中的CO_2含量超标，则开启增氧机进行增氧。鱼塘需要定期清理垃圾，可远程控制闸门放水，如果闸门发生故障，则在本地端控制闸门开与关。在鱼塘四周需要安装灯带，天黑时应自行打开灯带予以警示，防止人员落水。

智能鱼塘养殖系统的拓扑图及接线图如图3-4和图3-5所示。

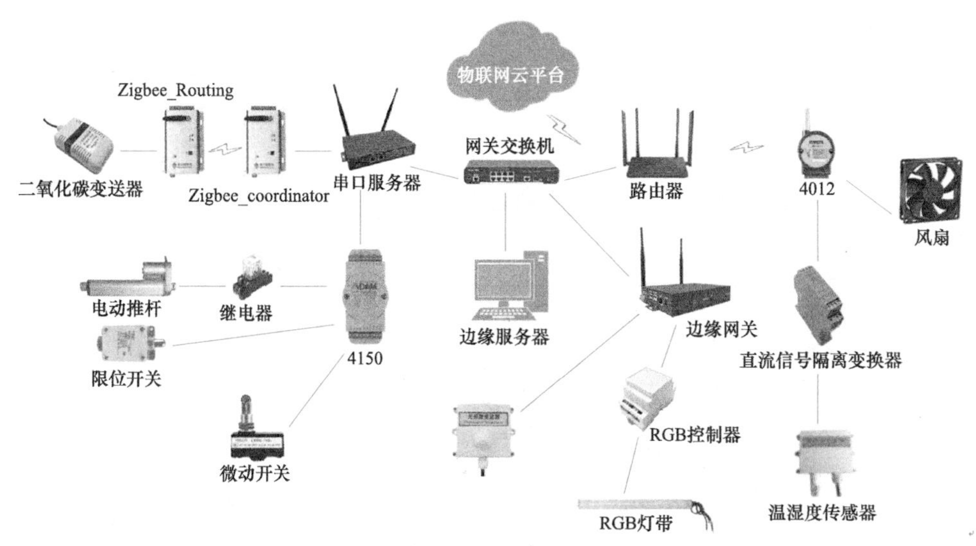

图3-4　智能鱼塘养殖系统拓扑图

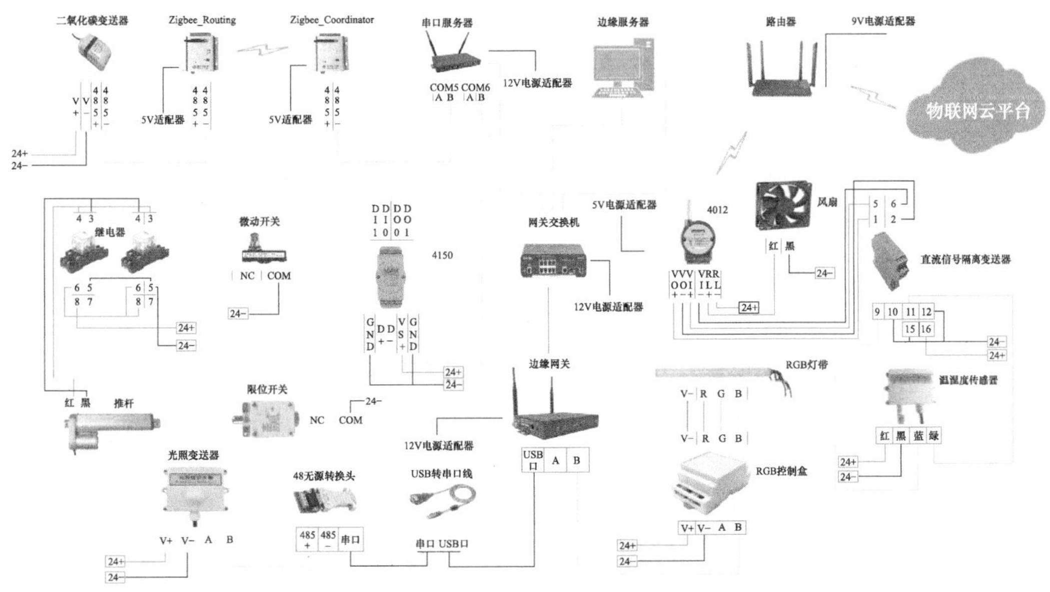

图3-5　智能鱼塘养殖系统接线图

任务实施

1. 智能大棚种植设备的安装与调试

（1）依据设备配置信息配置设备（见表3-2）

表3-2　设备配置信息

设备名称	配置项	配置
路由器	IP地址	192.168.3.1
	SSID及Password	SSID:XTJCXX(XX为座位号) Password:12345678
串口服务器	IP地址	192.168.3.2
	COM5波特率	9600
	COM6波特率	9600
边缘网关	IP地址	192.168.3.3
4012	IP地址	192.168.3.4
	AP	SSID:XTJCXX　　Security Key:12345678
NewSensor	LoRa频率	自行设定
	网络地址	1
	波特率	9600
4150	设备地址	1
二氧化碳变送器	设备地址	3
温湿度变送器	设备地址	1
光照变送器	设备地址	2

（2）配置NB-IoT

步骤1：安装NB-IoT模块配置工具，打开配置工具并连接设备，如图3-6所示。

1）在“串口选择”下拉菜单中选择设备对应的COM口。

2）单击“打开”按钮打开串口，在下方提示框中提示“串口打开成功！”。

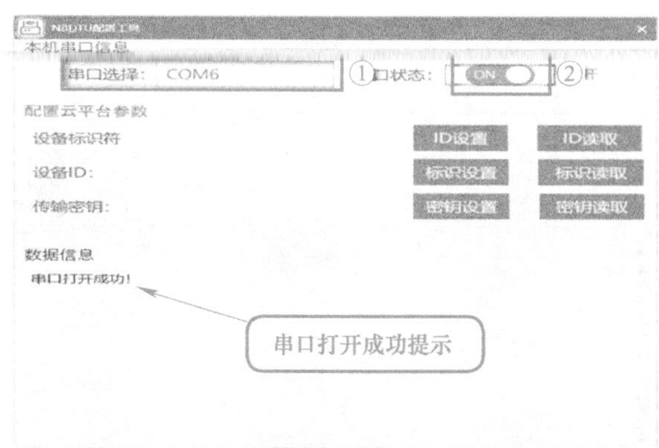

图3-6　打开串口

步骤2：配置设备标识符、设备ID及传输密钥，如图3-7所示。

1）设置NB-IoT云平台连接信息，信息可从云平台上查询，填入设备标识符、设备ID和传输密钥的文本框中。

2）依次单击文本框后面的“设置”按钮，保存设备信息，下方提示设置成功即可。

图3-7　设置设备标识符、设备ID、传输密钥

（3）添加NB-IoT设备

步骤1：在已有的项目中选择“新增设备”命令，填写设备名称为NB，单击选择通信协议为CoAP，填写设备标识为NB_gateway，最后单击“确定添加设备”按钮，如图3-8所示。

步骤2：进入NB-IoT设备界面，单击加号按钮，在“添加传感器”界面选择“NEWLab”→“温度”命令进行添加，保持默认设置即可，最后单击“确定”按钮完成添加，如图3-9所示。

注意：温度标识名必须为nl_temperature，湿度标识名必须为nl_humidity。

添加设备

*设备名称

① NB　支持输入最多15个字符

*通讯协议

TCP　MQTT ② CoAP　HTTP　LWM2M　TCP透传

*设备标识

③ NB_gateway　英文、数字或其组合6到30个字符 解绑被占用的设备

数据保密性

公开(访客可在浏览中阅览设备的传感器数据)

数据上报状态

马上启用（禁用会使设备无法上报传感数据）

④ 确定添加设备　关闭

图3-8　添加设备

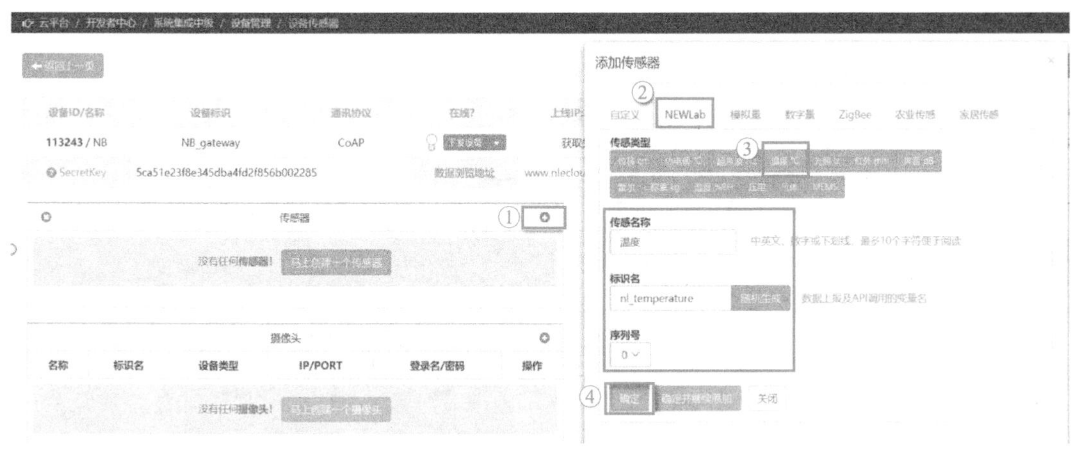

图3-9　添加传感器

（4）云平台设备获取及策略控制

步骤1：获取云平台设备数据，如图3-10所示。

图3-10　物联网云平台

步骤2：添加策略。

场景一：当大棚内光照强度高于阈值时，应打开遮阳网降低光照强度；光照强度低于阈值时，关闭遮阳网，如图3-11所示。

图3-11　制定策略

场景二：大棚内CO_2高于阈值时，开启风机降低大棚内的CO_2浓度；低于阀值时，关闭风机，如图3-12所示。

图3-12　制定策略

场景三：大棚内噪声高于阈值时开启报警灯，低于阈值时关闭，如图3-13所示。

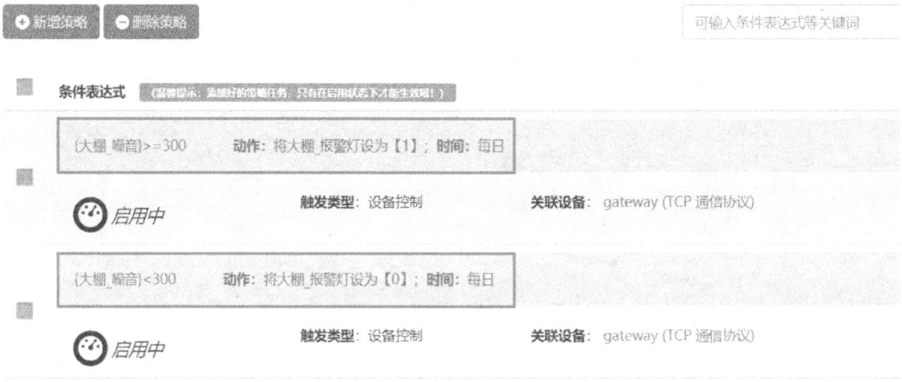

新增策略　删除策略　可输入条件表达式等关键词

条件表达式（温馨提示：添加好的策略任务，只有在启用状态下才能生效哦！）

{大棚_噪音}>=300　动作：将大棚_报警灯设为【1】；时间：每日

启用中　触发类型：设备控制　关联设备：gateway (TCP 通信协议)

{大棚_噪音}<300　动作：将大棚_报警灯设为【0】；时间：每日

启用中　触发类型：设备控制　关联设备：gateway (TCP 通信协议)

图3-13　制定策略

2. 智能鱼塘养殖设备的安装与调试

(1)依据设备配置信息配置设备(见表3-3)

表3-3 设备配置信息

设备名称	配置项	配置
路由器	IP地址	192.168.3.1
	SSID及Password	SSID:XTJCXX(XX为座位号) Password:12345678
串口服务器	IP地址	192.168.3.2
	COM5波特率	9600
	COM6波特率	9600
边缘网关	IP地址	192.168.3.3
4012	IP地址	192.168.3.4
	AP	SSID:XTJCXX Security Key:12345678
ZigBee	PAN ID	自行设定
	Channel	
4150	设备地址	1
二氧化碳变送器	设备地址	3
RGB控制盒	设备地址	1
光照变送器	设备地址	2

(2)配置ZigBee设备

步骤1:配置ZigBee协调器模块。

打开ZigBee配置工具,连接ZigBee模块,设备类型选择Coordinator,PAN ID、通道、设备ID可自行设定,波特率、数据位、校验位、停止位保持默认即可,如图3-14所示。

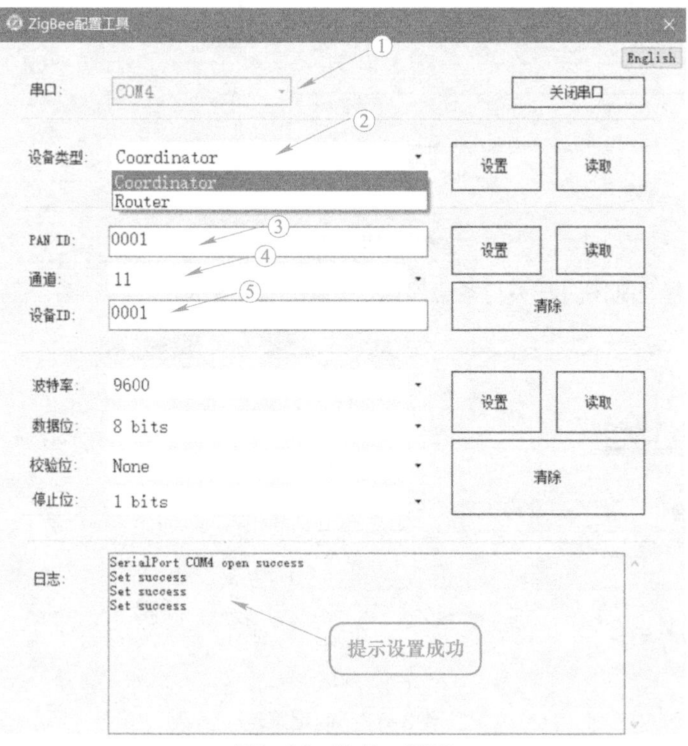

图3-14 ZigBee配置

步骤2：配置ZigBee路由模块。路由模块的配置只需将设备类型选择为Router，设备ID与协调器不同即可，配置过程可参考协调器配置。

（3）云平台设备获取及策略控制

步骤1：获取云平台设备数据，如图3-15所示。

设备ID/名称	设备标识	通讯协议	在线?	上线IP:117.136.75.245	上线时间	上报记录数	数据保密性	数据传输状态
113209 / gateway	E947da9f126	TCP 数据流获取	下发设备	获取失败可尝试刷新!	2020-07-30 09:12:06	86883		
SecretKey	67b86b978c6f4d5f8daf315e7bbeaa84	数据浏览地址	www.nlecloud.com/device/113209	获取设备信息API	api.nlecloud.com/devices/113209			

传感器

名称	标识名	传输类型	数据类型	操作
鱼塘_光照 【616.0】27分42秒	light	只上报	整数型	API
鱼塘_CO2 【538.0】27分42秒	CO2	只上报	整数型	API
闸门感应器 【false】27分42秒	ate_inductor	只上报	整数型	API
应急闸门控制 【false】27分42秒	rgency_gate	只上报	整数型	API
鱼塘_水温 【27.0】27分42秒	temperature	只上报	整数型	API
鱼塘_湿度 【62.0】27分42秒	humidity	只上报	整数型	API

执行器

名称	标识名	传输类型	数据类型	操作
【255,234,5】12分19秒 RGB灯 2/2	RGB	上报和下发	字符型	API 发的内容
【0】27分41秒 电动闸门	Electric_gate	上报和下发	整数型	API
【false】27分37秒 增氧机	aerator	上报和下发	整数型	API 关

图3-15　云平台数据

步骤2：添加策略。

场景一：鱼塘含氧量高于阈值时控制增氧机关闭，低于阈值时开启，如图3-16所示。

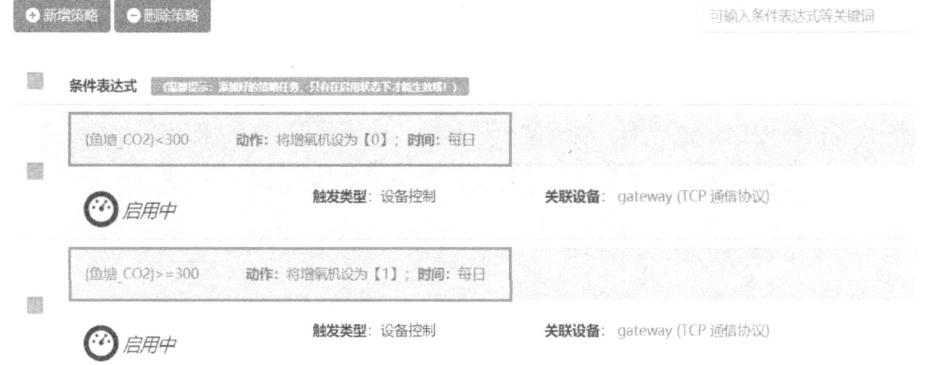

图3-16　制定策略

场景二：远程控制闸门开关与紧急停止，如图3-17所示。

电动闸门	Electric_gate	上报和下发	整数型	API

a）

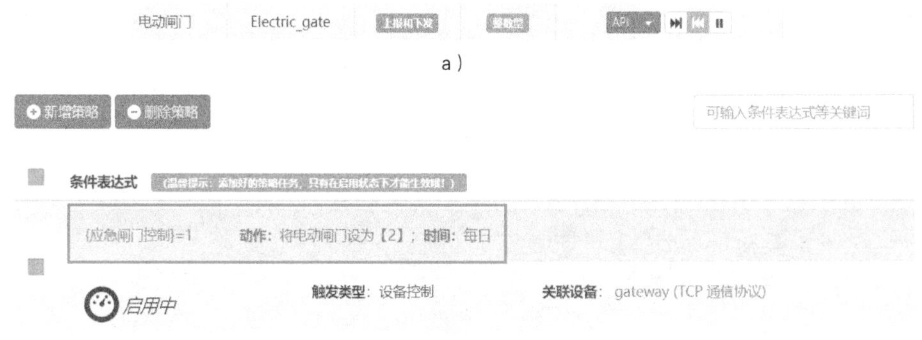

b）

图3-17　制定策略

a）远程控制闸门按钮　b）紧急停止应急闸门按钮

场景三：当光照值低于阈值时开启RGB，高于阈值时关闭RGB，如图3-18所示。

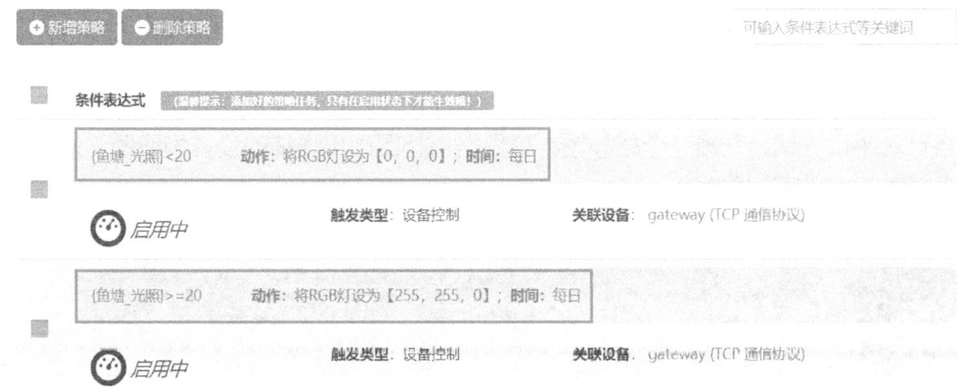

图3-18　制定策略

任务检查与评价

扫码看视频

完成任务后进行任务检查，可采用小组互评等方式。任务检查评价单见表3-4。

表3-4　任务检查评价单

任务：安装与调试系统设备				
专业能力				
序号	任务要求	评分标准	分数	得分
1	智能大棚种植设备的安装与调试	根据提供的拓扑图、接线图的要求，正确完成设备的安装；接线错误的，每个扣5分，扣完为止	30	
2	智能鱼塘养殖设备的安装与调试	根据提供的拓扑图、接线图的要求，正确完成设备的安装；接线错误的，每个扣5分，扣完为止	30	
3	智慧农场应用系统的使用	智慧农场的数据在平台上呈现，并能触发执行器动作 数据错误或执行错误的，每个扣5分，扣完为止；报告逻辑错误的，每个扣5分，扣完为止	30	
专业能力小计			90	
职业素养				
序号	任务要求	评分标准	分数	得分
1	安装工具准备到位	安装工具：剥线钳、螺钉旋具、信号线、电源线等准备好并摆放整齐	5	
2	遵守课堂纪律	遵守课堂纪律，保持工位区域内整洁	5	
职业素养小计			10	
实操题总计			100	

任务小结

通过安装与调试系统设备的任务，读者可以学习到物联网项目的基本安装与调试的流程、设备间数据上下行传输的方式以及设备接入网关的相关配置信息，并通过云平台对数据进行展示和设置一些实际策略。

任务拓展

试着用熟悉的传感器和执行器搭配成一个新的功能组合，满足智慧农场的其他方面的应用。自己动手试一试，先画一个拓扑图，再根据拓扑图画出详细的设备接线图，然后试着安装，看看能否达到预期的效果。

任务2 搭建边缘服务

职业能力目标

能根据物联网系统的部署文档，正确完成边缘数据处理。

任务描述与要求

任务描述

小陆所在的A公司接到了一个××智慧农场的项目，前期的项目设计和方案都已经完成，公司将实施方案交付给小陆。

公司想根据项目的特点增加边缘服务，提高项目数据处理的及时性，边缘服务方案由公司研发后提交项目组进行部署实施，小陆带领团队人员一起搭建边缘服务及应用的配置。

任务要求

1）搭建边缘服务。

2）通过Docker容器运行Nginx。

3）采用Docker容器运行MySQL。

任务分析与计划

1．任务分析

本任务要求使用边缘服务对网关传来的数据加以分析并通过策略快速作出响应。

边缘节点作为物联网的“小脑”，是一个拥有独立接入和计算能力的服务器，一般根据其外形特征被称为边缘盒子。IoT边缘服务并不强制配套边缘盒子，仅对边缘盒子的硬件规格有一些基本要求，只要是满足要求的硬件，无论型号，均可基于Docker容器来部署边缘服务软件包，获取边缘的设备接入、设备联动和低时延本地闭环管理等基本能力。

依据本任务的要求在Linux系统中安装Docker容器，并在容器中部署Nginx、MySQL以及EdgeServer边缘服务，同时修改物联网网关的配置，将Cloudclient指向边缘计算服务器。

2. 任务实施计划

根据物联网系统集成项目关于边缘服务和应用部署的相关的知识，制订本次任务的实施计划。计划的具体内容可以包括任务前的准备、分工等，任务计划见表3-5。

表3-5　任务计划

项目名称	智慧农场应用系统部署
任务名称	搭建边缘服务
计划方式	在虚拟机中完成边缘服务的全程部署
计划要求	请用若干个计划环节来完整描述出如何完成本次任务
序号	任务计划
1	在提供的计算机上安装VM（VirtualBox）虚拟机
2	在虚拟机中安装Ubuntu 1.8版本的Linux操作系统
3	在Linux操作系统上部署Docker
4	将Nginx、MySQL镜像拖到本地
5	通过Docker run运行
6	通过Web界面访问Nginx
7	通过Navicat操作MySQL数据库
8	论述物联网集成与运维项目边缘服务的搭建是如何做好前期的系统准备工作的，哪些重要的环节要注意什么，提前做好这方面的准备

知识储备

1. 边缘计算的技术介绍

边缘计算（Edge Computing）指的是接近于事物、数据和行动源头处的计算，在靠近物或数据源头的一侧，采用网络、计算、存储、应用核心能力为一体的开放平台，就近提供最近端服务。它使用一种分散式运算的架构，把应用程序、数据资料与服务的运算，由网络中心节点移往网络逻辑上的边缘节点来处理。

物联网应用程序在边缘侧发起，产生更快的网络服务响应，满足行业在实时业务、应用智能、安全与隐私保护等方面的基本需求。边缘运算将完全由中心节点处理的大型服务加以分解，切割成更小、更容易管理的部分，分散到边缘节点去处理。这就是物联网中的边缘计算。

边缘计算将计算任务部署在云端和终端之间，分布式计算以及靠近设备端的特性决定了它实时处理的优势，所以它能够更好地支撑本地业务实时处理与执行。

边缘服务主要是在本地提供就近服务，满足实时性、成本、安全与隐私保护等方面的诉求。许多业务将通过本地设备实现而无需交由云端，大大提升了处理效率，减轻云端的负荷。

物联网边缘计算主要涉及设备端、边缘计算端和云端3个部分，其中边缘计算端是设备连接到网关后，网关可以实现设备数据的采集、流转、存储、分析和上报设备数据至云端，同时网关提供规则引擎、函数计算引擎，方便场景编排和业务扩展。物联网边缘计算数据流如图3-19所示。

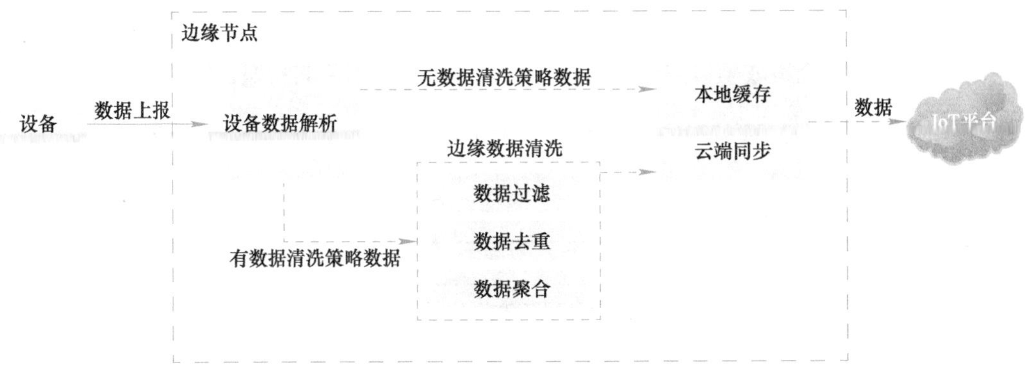

图3-19　物联网边缘计算数据流示意图

边缘计算可以降低传感器和中央云之间所需的网络带宽（即更低的延迟），并减轻整个IT基础架构的负担。它在边缘设备处存储和处理数据，而不需要网络连接来进行云计算。这消除了高带宽的持续网络连接。

通过边缘计算，端点设备仅发送云计算所需的信息而不是原始数据。它有助于降低云基础架构的连接和冗余资源的成本。当在边缘分析大量数据并仅将过滤的数据推送到云端时，能够显著节省IT基础设施资源。

利用计算能力使用边缘设备的行为类似于云类操作。应用程序可以快速执行并与端点建立可靠且高度响应的通信。

通过边缘计算实现数据的安全性和隐私性。敏感数据在边缘设备上生成、处理和保存，而不是通过不安全的网络传输，并有可能破坏集中式数据中心。边缘计算生态系统可以为每个边缘提供共同的策略（可以以自动方式实现），以实现数据完整性和隐私性。

边缘计算的出现并不能取代对传统数据中心或云计算基础设施的需求。相反，它与云共存，加强云的计算能力，同时云的部分计算被分配到端点执行。

下面对物联网边缘计算的应用进行说明。某边缘计算产品Link Edge的开发者能够轻松将边缘计算能力部署在各种智能设备和计算节点上，如车载中控、工业流水线控制台、路由器等。

例如，基于生物识别技术的智能云锁利用本地家庭网关的计算能力，可实现无延时体验，断网了还能开锁，避免“被关在自己家门外”的尴尬。云与边缘的协同计算还能实现场景化联动，一推开门，客厅的灯就可以自动打开。产品能利用局域网网关的处理能力处理较为实时性的信息。

例如车联网，当下伴随着智能驾驶、自动驾驶等新势力车企的蓬勃发展，联网汽车数量越来越多，针对车联网用户的功能也越来越多，传输数据量不断增加，对其延迟/时延的需求也越来越苛刻，尤其是汽车在高速行驶中，通信延迟应在几ms以内，而网络的可靠性对安全驾驶至关重要。

那么，在这个过程中如何满足车联网对传输速率的高要求？传统中央云计算由于经过多层级计算处理，延迟高、效率低，已不能满足车联网的传输需求。而基于边缘计算的解决方案，在近点边缘层已经完成对数据的过滤、筛选、分析和处理，传输距离短、延迟低、效率更高。相较云计算，车联网显然更加需要边缘计算来保驾护航，如图3-20所示。

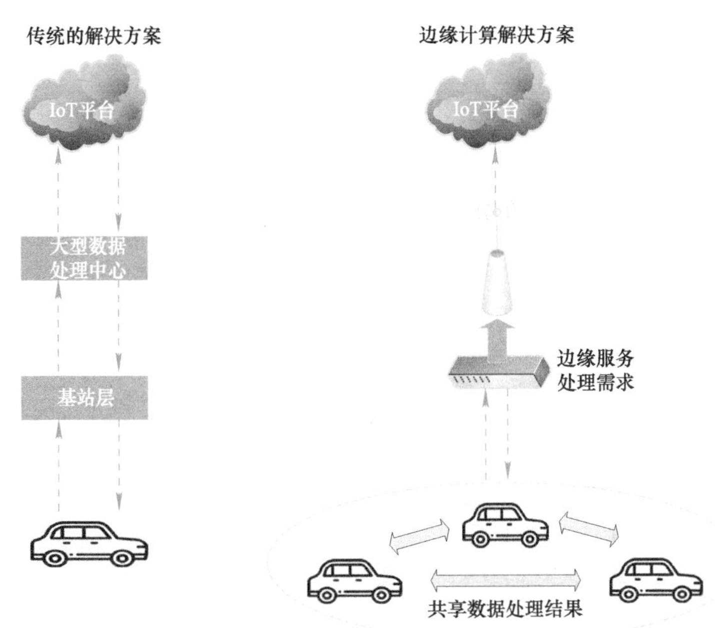

图3-20　边缘服务案例

边缘计算通过与行业使用场景和相关应用相结合，依据不同行业的特点和需求，完成了从水平解决方案平台到垂直行业的落地，在不同行业构建了众多创新的垂直行业解决方案。目前边缘计算已经成为物联网行业不可或缺的节点。边缘计算的核心场景主要面向IoT，包括车联网、智慧水务、智能楼宇、智慧照明、智慧医疗等。

2. 边缘计算的基础功能

1）数据采集。通过不同的接口驱动与设备通信，获得设备推送的通信报文。

2）报文解析或协议解析。这里主要是指业务应用协议的报文解析，例如，将设备的Modbus协议解析为具体的业务结构化数据。

3）数据清洗或过滤。设备端数据采集很频繁，通常到ms级别，这是确保实时性的需要，但是很多采集到的数据是大量冗余的。最常见的做法就是对实时数据进行标注，实现在数据变位或一定间隔内定期进行上送、记录等数据处理，进而加强与云端通信的有效性，又能降低通信成本。

4）本地场景联动（自动化调度策略）。就是本地设备之间发生关联、产生业务链的一种业务规则，而联动策略支持预先或实时配置。例如，温度传感器获取的数据大于32℃时，打开空调的供电，并在间隔数秒后启动空调。

5）分析告警。主要是实时分析，这和场景联动前置很像，都是通过条件判定生成输出，只不过场景联动输出的是新业务链调度，而分析告警输出的是异常处置、消息预警等。消息预警一般可以通过短信、邮件等方式，需要注意告警过滤策略很重要，防止消息淹没和提高告警精准度。

6）数据记录。边缘服务的本地存储有限，通常的做法是将数据暂时缓存。例如，本地只保留三天、七天，过期数据及时删除。另外一部分做法就是本地实时存储，隔天（或一定时间）统一推送到云端指定存储服务上，然后删除本地存储数据。

3．边缘计算的进阶功能

1）视频预处理或视频分析。在传统自动化控制中较少涉及视频数据采集，更多的是图像采集，实时性也不高。随着硬件资源和网络通信的发展，视频采集成为常态。但将视频数据直接推送到云端是一笔巨大的成本开支，因此大多数情况下，边缘服务会对采集的视频进行预处理，例如，有效分割、图像提取等，预处理后再推送云端处置，或将预先训练好的视频分析模型直接加载在边缘服务进行实时处理，仅将分析结果推送云端，甚至将分析结果在本地直接进行场景联动，触发新业务链。

2）语音预处理或语音分析。放置在本地边缘服务，和视频一样是为了实时性、减少通信成本、清洗冗余等。

3）本地机器学习。通常的做法是在云端训练好模型然后远程部署到本地，在本地进行推理计算，提高业务稳定性和计算速度。

4）函数计算。本地各种事件业务的处置函数，如实现数据过滤归一、构建孪生数据和业务模型、数据转发或提供第三方服务接口等。

任务实施

本任务使用的边缘服务模块主要包含以下内容。

1）网关通信服务容器，容器名称为edgeServerContain。该服务负责与网关交互数据，如采集网关数据、给网关发送执行器命令等。

2）云端通信服务容器，容器名称为edgeClientContain。该服务负责与云平台交互数据，如将网关服务采集到的数据发送给云平台、接收云平台的执行器命令等。

3）数据解析服务容器，容器名称为analysisDataContain。该服务负责将获取到的字符串数据解析成可读性、查询性比较好的数据结构并保存到边缘服务器数据库。

4）项目生成器生成的Web项目的HTTP数据服务接口容器，容器名称为webapiContain。该服务负责给生成的Web项目提供HTTP接口。

5）nginx服务容器，容器名称为ffmpeg-nginx-node-contain。该服务负责给生成的Web项目提供Web运行宿主服务。

6）MySQL服务容器，容器名称为mysqlContain。边缘服务的数据存储数据库。

本次任务要求在Linux环境中安装Docker容器，在安装好的Docker容器中部署边缘计算服务模块NLE_EdgeServer。依据Linux技术、容器技术、边缘计算技术来完成。

1．安装Docker容器并部署边缘计算服务模块

步骤1：使用命令“sudo apt-get update”访问源列表里的每个网址，读取列表信息，进行软件列表更新，如图3-21所示。

图3-21　软件列表更新

步骤2：使用命令“sudo apt-get install”安装Docker容器，如图3-22所示。

```
liuxd@liuxd-VirtualBox:~$ sudo apt-get install docker
正在读取软件包列表... 完成
正在分析软件包的依赖关系树
正在读取状态信息... 完成
下列【新】软件包将被安装:
  docker
升级了 0 个软件包，新安装了 1 个软件包，要卸载 0 个软件包，有 249 个软件包未被
升级。
需要下载 12.9 kB 的归档。
解压缩后会消耗 45.1 kB 的额外空间。
获取:1 http://cn.archive.ubuntu.com/ubuntu bionic/universe amd64 docker amd64 1
.5-1build1 [12.9 kB]
已下载 12.9 kB，耗时 1秒 (12.6 kB/s)
正在选中未选择的软件包 docker。
(正在读取数据库 ... 系统当前共安装有 127975 个文件和目录。)
正准备解包 .../docker_1.5-1build1_amd64.deb  ...
正在解包 docker (1.5-1build1) ...
正在处理用于 man-db (2.8.3-2ubuntu0.1) 的触发器 ...
正在设置 docker (1.5-1build1) ...
liuxd@liuxd-VirtualBox:~$
```

图3-22　安装Docker窗口

启动Docker服务，如图3-23所示。

```
liuxd@liuxd-VirtualBox:~/File/NLE_EdgeServer$
liuxd@liuxd-VirtualBox:~/File/NLE_EdgeServer$ sudo systemctl start docker
liuxd@liuxd-VirtualBox:~/File/NLE_EdgeServer$
liuxd@liuxd-VirtualBox:~/File/NLE_EdgeServer$ docker -v
Docker version 18.09.7, build 2d0083d
liuxd@liuxd-VirtualBox:~/File/NLE_EdgeServer$
```

图3-23　启动Docker服务

步骤3：进入Linux系统，然后选择并创建一个存放边缘服务的路径（如File），将边缘服务文件包NLE_EdgeServer文件夹复制到该路径目录下，如图3-24所示。

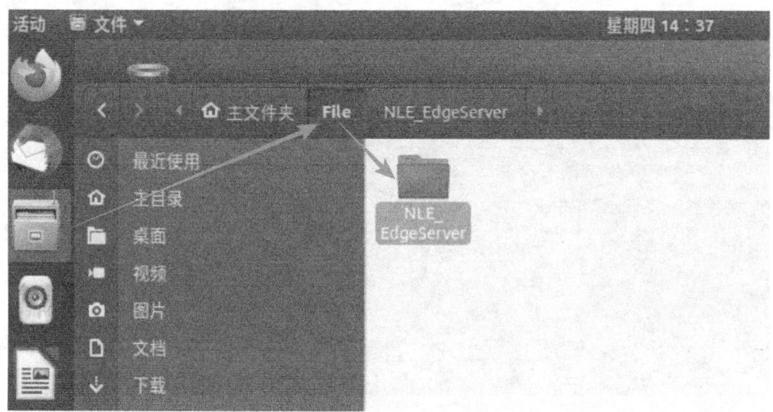

图3-24　文件复制

在主文件夹下创建一个“File”文件夹，将NLE_EdgeServer文件夹复制到该路径目录下，打开终端界面输入命令“cd File/”（注意：File文件夹是刚刚创建的路径目录），如图3-25所示。

```
liuxd@liuxd-VirtualBox:~$ ls
examples.desktop  File  公共的  模板  视频  图片  文档  下载  音乐  桌面
liuxd@liuxd-VirtualBox:~$
liuxd@liuxd-VirtualBox:~$
liuxd@liuxd-VirtualBox:~$ cd File/NLE_EdgeServer/
```

图3-25　切换目录

在当前文件目录下输入命令“ls”，可以查看当前文件夹下的所有文件，如图3-26所示。

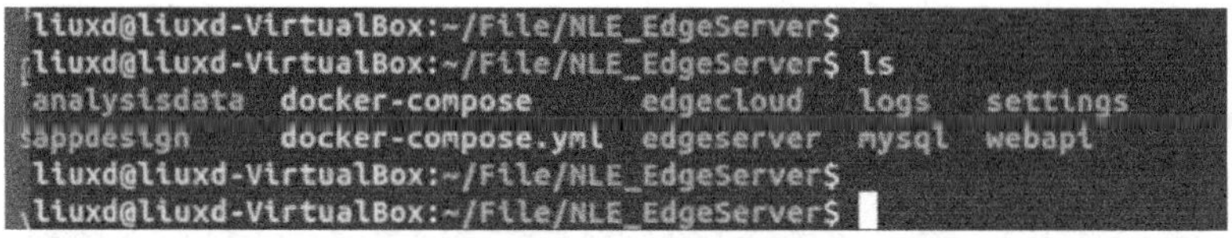

```
liuxd@liuxd-VirtualBox:~/File/NLE_EdgeServer$
liuxd@liuxd-VirtualBox:~/File/NLE_EdgeServer$ ls
analysisdata  docker-compose      edgecloud   logs   settings
appdesign     docker-compose.yml  edgeserver  mysql  webapi
liuxd@liuxd-VirtualBox:~/File/NLE_EdgeServer$
liuxd@liuxd-VirtualBox:~/File/NLE_EdgeServer$
```

图3-26　目录查看

输入命令“sudo docker-compose up -d --build”，可以自动把当前目录下的服务生成镜像并运行容器，无error提示信息，如图3-27所示。

```
终端 ▾                         星期五 14：02                         zh ▾
              ubuntu@ubuntu-Virtual-Machine: ~/File/NLE_EdgeServer
文件(F)  编辑(E)  查看(V)  搜索(S)  终端(T)  帮助(H)
Try: sudo apt install <deb name>

ubuntu@ubuntu-Virtual-Machine:~/File/NLE_EdgeServer$ sudo docker-compose up -d --build
Creating network "nle_edgeserver_default" with the default driver
Pulling mysql (192.168.67.148:5001/mysql:)...
latest: Pulling from mysql
d599a449871e: Pull complete
f287049d3170: Pull complete
08947732a1b0: Pull complete
96f3056887f2: Pull complete
871f7f65f017: Pull complete
1dd50c4b99cb: Pull complete
5bcbdf508448: Pull complete
02a97db830bd: Pull complete
c09912a99bce: Pull complete
08a981fc6a89: Pull complete
818a84239152: Pull complete
Digest: sha256:9e02c7c9a87d363588e85c87b8c6f637254c5c67b915b1666482f54121bb0926
Status: Downloaded newer image for 192.168.67.148:5001/mysql:latest
Building edgeserver
Step 1/5 : FROM 192.168.67.148:5001/microsoft/dotnet:2.2-aspnetcore-runtime
2.2-aspnetcore-runtime: Pulling from microsoft/dotnet
d599a449871e: Already exists
f34c11627f94: Pull complete
ce0edaef546f: Pull complete
a3e12d8ee7d7: Pull complete
Digest: sha256:4d1d39693ff335988733ca1229824a0df3c26d9e30f5ce0605ea343b5a72206e
Status: Downloaded newer image for 192.168.67.148:5001/microsoft/dotnet:2.2-aspnetcore-runtime
 ---> 594143f47344
Step 2/5 : WORKDIR /serverapp
 ---> Running in 75a6a148a496
Removing intermediate container 75a6a148a496
 ---> 4097ceaadcea
Step 3/5 : COPY ./ /serverapp/
 ---> 36aa8b03e7f6
Step 4/5 : RUN /bin/cp /usr/share/zoneinfo/Asia/Shanghai /etc/localtime && echo 'Asia/Shanghai' >/etc/timezone
 ---> Running in 2be777961a0f
Removing intermediate container 2be777961a0f
 ---> b0fccc975feb
Step 5/5 : ENTRYPOINT ["dotnet", "NLE.Edge.ServerToGateWay.dll"]
 ---> Running in ca47c366f3de
Removing intermediate container ca47c366f3de
```

图3-27　生成镜像并运行容器

等待并且最后几行的Creating容器信息状态提示done则表示成功，如图3-28所示。

输入命令“sudo docker ps－a”，查看容器运行情况，部署成功如图3-29所示。STATUS栏提示“Up”说明已成功运行。如果STATUS栏提示“Down”则表示该容器已停止运行，Restarting表示该容器正在重启。

手动启动推流转码服务（生成的web项目上的摄像头需要用到）。输入命令“sudo docker exec－d nginx服务容器ID bash/usr/local/src/init. sh”注意，服务器ID号可以简写也可以全写。该命令表示进入nginx服务容器中然后在后台执行init. sh文件，如图3-30所示。

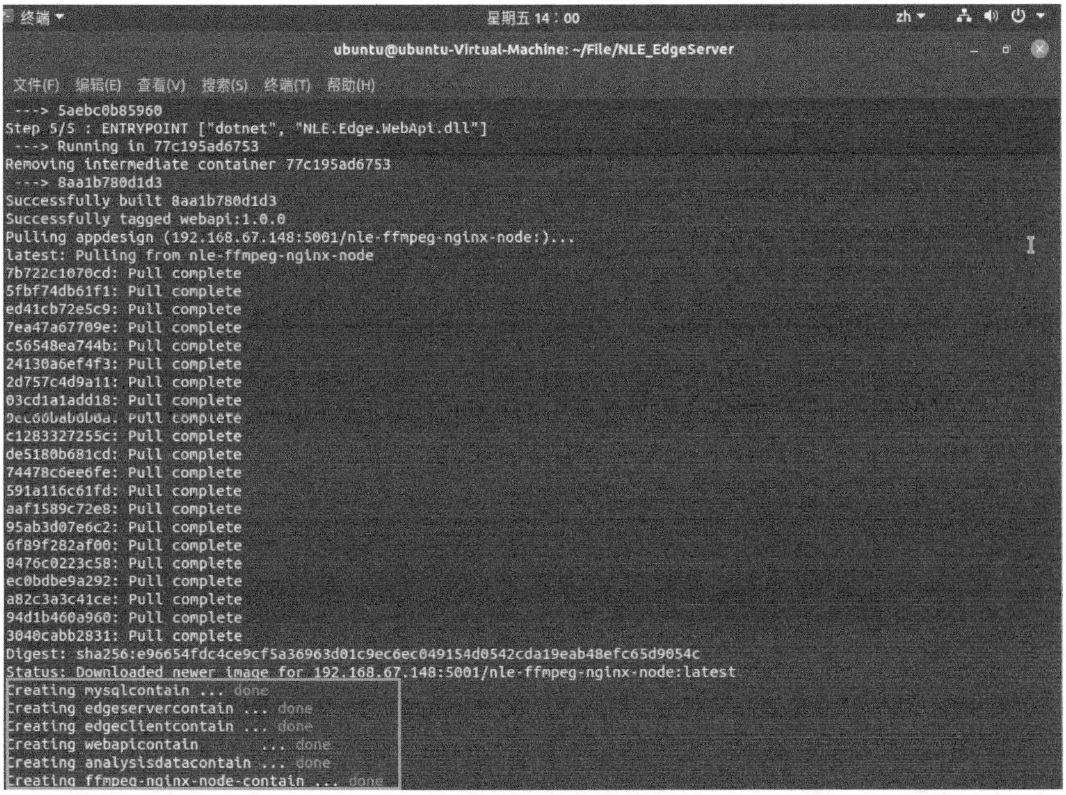

```
终端 ▾                          星期五 14：00                          zh ▾
              ubuntu@ubuntu-Virtual-Machine: ~/File/NLE_EdgeServer
文件(F) 编辑(E) 查看(V) 搜索(S) 终端(T) 帮助(H)
 ---> 5aebc0b85960
Step 5/5 : ENTRYPOINT ["dotnet", "NLE.Edge.WebApi.dll"]
 ---> Running in 77c195ad6753
Removing intermediate container 77c195ad6753
 ---> 8aa1b780d1d3
Successfully built 8aa1b780d1d3
Successfully tagged webapi:1.0.0
Pulling appdesign (192.168.67.148:5001/nle-ffmpeg-nginx-node:)...
latest: Pulling from nle-ffmpeg-nginx-node
7b722c1070cd: Pull complete
5fbf74db61f1: Pull complete
ed41cb72e5c9: Pull complete
7ea47a67709e: Pull complete
c56548ea744b: Pull complete
24130a6ef4f3: Pull complete
2d757c4d9a11: Pull complete
03cd1a1add18: Pull complete
3ec60babobda: Pull complete
c1283327255c: Pull complete
de5180b681cd: Pull complete
74478c6ee6fe: Pull complete
591a116c61fd: Pull complete
aaf1589c72e8: Pull complete
95ab3d07e6c2: Pull complete
6f89f282af00: Pull complete
8476c0223c58: Pull complete
ec0bdbe9a292: Pull complete
a82c3a3c41ce: Pull complete
94d1b460a960: Pull complete
3040cabb2831: Pull complete
Digest: sha256:e96654fdc4ce9cf5a36963d01c9ec6ec049154d0542cda19eab48efc65d9054c
Status: Downloaded newer image for 192.168.67.148:5001/nle-ffmpeg-nginx-node:latest
Creating mysqlcontain ... done
Creating edgeservercontain ... done
Creating edgeclientcontain ... done
Creating webapicontain       ... done
Creating analysisdatacontain ... done
Creating ffmpeg-nginx-node-contain ... done
```

图3-28　成功示例

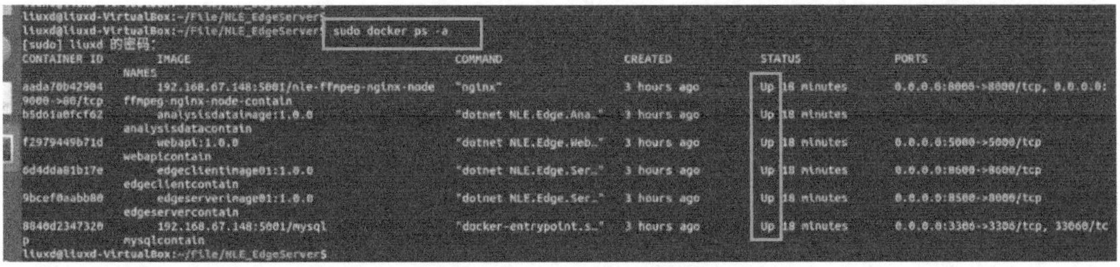

```
liuxd@liuxd-VirtualBox:~/File/NLE_EdgeServer$
liuxd@liuxd-VirtualBox:~/File/NLE_EdgeServer$ sudo docker ps -a
[sudo] liuxd 的密码：
CONTAINER ID        IMAGE                                          COMMAND                  CREATED         STATUS          PORTS
                    NAMES
aada70b42904        192.168.67.148:5001/nle-ffmpeg-nginx-node      "nginx"                  3 hours ago     Up 18 minutes   0.0.0.0:8000->8000/tcp, 0.0.0.0:
9000->80/tcp        ffmpeg-nginx-node-contain
b5d01a0fcf62        analysisdataimage:1.0.0                        "dotnet NLE.Edge.Ana…"   3 hours ago     Up 18 minutes
                    analysisdatacontain
f2979449b71d        webapi:1.0.0                                   "dotnet NLE.Edge.Web…"   3 hours ago     Up 18 minutes   0.0.0.0:5000->5000/tcp
                    webapicontain
0d4dda81b17e        edgeclientimage01:1.0.0                        "dotnet NLE.Edge.Ser…"   3 hours ago     Up 18 minutes   0.0.0.0:8600->8600/tcp
                    edgeclientcontain
9bcef0aabb80        edgeserverimage01:1.0.0                        "dotnet NLE.Edge.Ser…"   3 hours ago     Up 18 minutes   0.0.0.0:8500->8000/tcp
                    edgeservercontain
8840d2347320        192.168.67.148:5001/mysql                      "docker-entrypoint.s…"   3 hours ago     Up 18 minutes   0.0.0.0:3306->3306/tcp, 33060/tc
p                   mysqlcontain
liuxd@liuxd-VirtualBox:~/File/NLE_EdgeServer$
```

图3-29　查看运行中的容器

```
ubuntu@ubuntu-Virtual-Machine:~/File/NLE_EdgeServer$ sudo docker exec -d 316 bash /usr/local/src/init.sh
```

```
Creating ffmpeg-nginx-node-contain ... done
ubuntu@ubuntu-Virtual-Machine:~/File/NLE_EdgeServer$ sudo docker ps -a
CONTAINER ID        IMAGE                                       COMMAND                  CREATED             STATUS
        PORTS                                             NAMES
3163f11a40f8        192.168.67.148:5001/nle-ffmpeg-nginx-node   "nginx"                  44 seconds ago      Up 41 seco
nds     0.0.0.0:8000->8000/tcp, 0.0.0.0:9000->80/tcp      ffmpeg-nginx-node-contain
b1f773539a37        analysisdataimage:1.0.0                     "dotnet NLE.Edge.Ana…"   48 seconds ago      Up 45 seco
nds                                                       analysisdatacontain
74ea5df4e697        webapi:1.0.0                                "dotnet NLE.Edge.Web…"   48 seconds ago      Up 43 seco
nds     0.0.0.0:5000->5000/tcp                            webapicontain
27a17c778a6e        edgeclientimage01:1.0.0                     "dotnet NLE.Edge.Ser…"   51 seconds ago      Up 48 seco
nds     0.0.0.0:8600->8600/tcp                            edgeclientcontain
e7cee4388f55        edgeserverimage01:1.0.0                     "dotnet NLE.Edge.Ser…"   53 seconds ago      Up 50 seco
nds     0.0.0.0:8500->8000/tcp                            edgeservercontain
ba3ba8a183f6        192.168.67.148:5001/mysql                   "docker-entrypoint.s…"   55 seconds ago      Up 52 seco
nds     0.0.0.0:3306->3306/tcp, 33060/tcp                 mysqlcontain
```

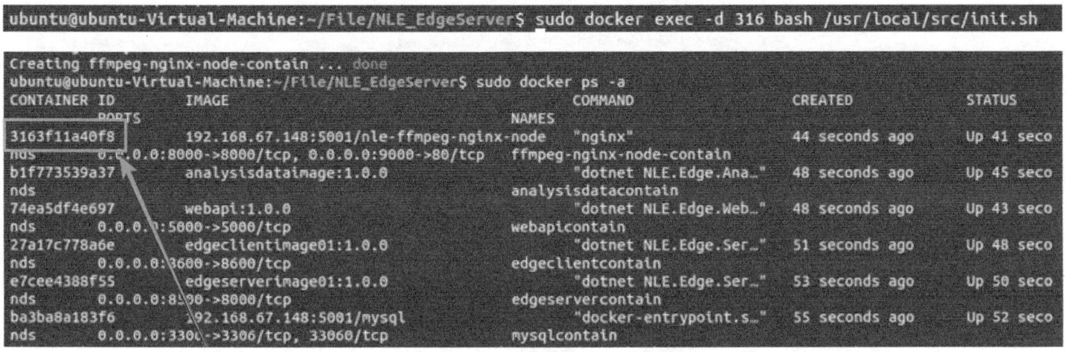

图3-30　查看运行中的容器

手动启动推流转码服务，输入命令“sudo docker exec -d nginx服务容器ID bash/user/local/src/init.sh”，NLE_EdgeServer部署完成。

2. 通过单独获取镜像的方式来部署

以上内容是通过整体镜像拖拽获取，下面介绍通过单独获取镜像的方式来部署。

步骤1：拉取最新版的Nginx镜像，如图3-31所示。

```
edgeserver@edgeserver-VirtualBox:~$ sudo docker pull nginx:latest
latest: Pulling from library/nginx
8559a31e96f4: Pull complete
8d69e59170f7: Pull complete
3f9f1ec1d262: Pull complete
d1f5ff4f210d: Pull complete
1e22bfa8652e: Pull complete
Digest: sha256:21f32f6c08406306d822a0e6e8b7dc81f53f336570e852e25fbe1e3e3d0d0133
Status: Downloaded newer image for nginx:latest
docker.io/library/nginx:latest
```

图3-31　拉取镜像

步骤2：查看本地镜像。使用以下命令来查看是否已安装了Nginx，如图3-32所示。

```
edgeserver@edgeserver-VirtualBox:~$ sudo docker images
REPOSITORY          TAG                 IMAGE ID            CREATED             SIZE
nginx               latest              2622e6cca7eb        2 weeks ago         132MB
```

图3-32　查看本地镜像

步骤3：运行容器。安装完成后，可以使用以下命令来运行Nginx容器。

```
$ docker run --name nginx-test -p 9110:80 -d nginx
```

参数说明：

--name nginx-test：容器名称。

-p 9110:80：端口进行映射，将本地8080端口映射到容器内部的80端口。

-d nginx：设置容器在后台一直运行。

步骤4：通过浏览器可以直接访问8080端口的Nginx服务，如图3-33所示。

图3-33　Nginx访问页面

步骤5：查看进程的命令，如图3-34所示。

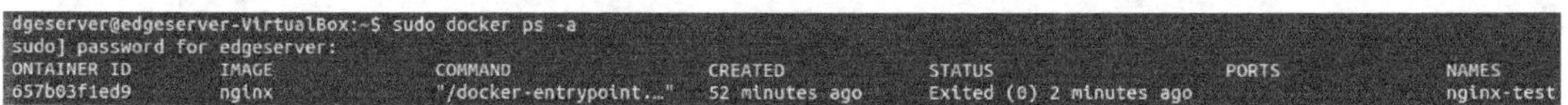

图3-34　查看运行中的容器

3．修改Nginx的访问页面内容

1）进入Nginx的镜像中，将index.html页面显示变更为“Welcom The world of IOT system integration！”，如图3-35所示。

```
edgeserver@edgeserver-VirtualBox:/$ sudo docker exec -it a657b03f1ed9 /bin/bash
root@a657b03f1ed9:/# echo "Welcom The world of IOT system integration!" >/usr/share/nginx/html/index.html
```

图3-35　配置nginx

2）退出镜像后重新启动容器，如图3-36所示。

```
root@a657b03f1ed9:/# exit
exit
edgeserver@edgeserver-VirtualBox:/$ sudo docker restart a657b03f1ed9
a657b03f1ed9
```

图3-36　退出镜像

3）重新打开浏览器访问，如图3-37所示。

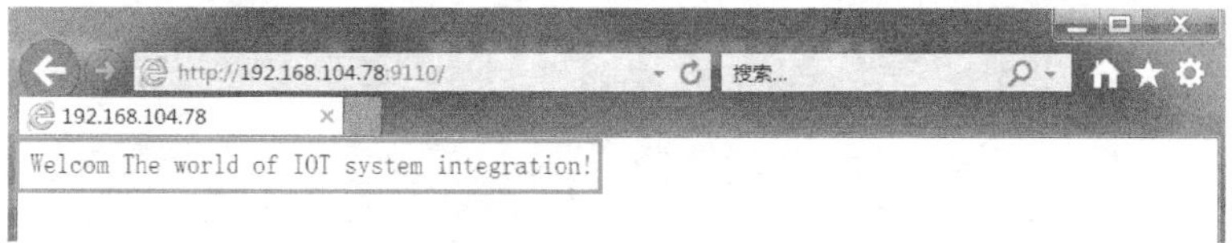

图3-37　浏览器访问

4．使用Docker安装MySQL并连接

1）拉取MySQL镜像，如图3-38所示。

```
root@edgeserver-VirtualBox:~# docker pull mysql:latest
latest: Pulling from library/mysql
8559a31e96f4: Already exists
d51ce1c2e575: Pull complete
c2344adc4858: Downloading [=================================================>  ]  4.075MB/4.178MB
fcf3ceff18fc: Download complete
16da0c38dc5b: Download complete
b905d1797e97: Downloading [=================>                                  ]  4.753MB/13.44MB
4b50d1c6b05c: Download complete
c75914a65ca2: Download complete
1ae8042bdd09: Downloading [=>                                                 ]   3.15MB/111.5MB
453ac13c00a3: Waiting
9e680cd72f08: Waiting
a6b5dc864b6c: Waiting
```

图3-38　拉取镜像

2）查看本地镜像，使用以下命令来查看是否已安装了MySQL，如图3-39所示。

图3-39　查看镜像

运行容器安装完成后，可以使用以下命令来运行MySQL容器，如图3-40所示。

```
root@edgeserver-VirtualBox:~# docker run -itd --name mysql-test -p 3306:3306 -e MYSQL_ROOT_PASSWORD=123456 mysql
2aaa93f88d0381923d9fdd33cb4d40e63b5fdfbca39db5b01f06c2ab401fdd66
root@edgeserver-VirtualBox:~#
```

图3-40　运行容器

参数说明：

-p 3306:3306：映射容器服务的3306端口到宿主机的3306端口，外部主机可以直接通过宿主机IP:3306访问到MySQL的服务。

MYSQL_ROOT_PASSWORD=123456：设置MySQL服务root用户的密码。

3）安装成功后，通过docker ps -a命令查看是否安装成功，如图3-41所示。

图3-41　查看运行中的容器

4）登录MySQL服务器，如图3-42所示。

```
root@edgeserver-VirtualBox:~# docker exec -it 2aaa93f88d03 /bin/bash
root@2aaa93f88d03:/#
root@2aaa93f88d03:/#
root@2aaa93f88d03:/#
root@2aaa93f88d03:/# mysql -uroot -p
Enter password:
Welcome to the MySQL monitor.  Commands end with ; or \g.
Your MySQL connection id is 8
Server version: 8.0.20 MySQL Community Server - GPL

Copyright (c) 2000, 2020, Oracle and/or its affiliates. All rights reserved.

Oracle is a registered trademark of Oracle Corporation and/or its
affiliates. Other names may be trademarks of their respective
owners.

Type 'help;' or '\h' for help. Type '\c' to clear the current input statement.

mysql> GRANT ALL ON *.* TO 'root'@'%';
Query OK, 0 rows affected (0.01 sec)

mysql>
```

图3-42　登录MySQL服务器

MySQL启动成功后可以用客户端（如Navicat）访问数据库。

如果在实际操作过程中，出现错误提示“'2059'”，可以用以下语句修复。修改USER表如图3-43所示。

```
mysql> ALTER USER 'root'@'%' IDENTIFIED WITH mysql_native_password BY 'password';
```

```
mysql> ALTER USER 'root'@'%' IDENTIFIED WITH mysql_native_password BY 'password';
Query OK, 0 rows affected (0.01 sec)
```

图3-43　修改USER表

MySQL命令参考：

进入MySQL：

```
mysql –uroot - p
```

授权：

```
mysql> GRANT ALL ON *.* TO 'root'@'%';
```

刷新权限：

```
mysql> flush privileges;
```

更新加密规则：

```
mysql> ALTER USER 'root'@'localhost' IDENTIFIED BY 'password' PASSWORD EXPIRE NEVER;
```

更新root用户密码：

```
mysql> ALTER USER 'root'@'%' IDENTIFIED WITH mysql_native_password BY '123456';
```

刷新权限：

```
mysql> flush privileges;
```

5）通过Navicat客户端连接MySQL数据库，如图3-44所示。进行连接测试，查看是否可以连接成功。

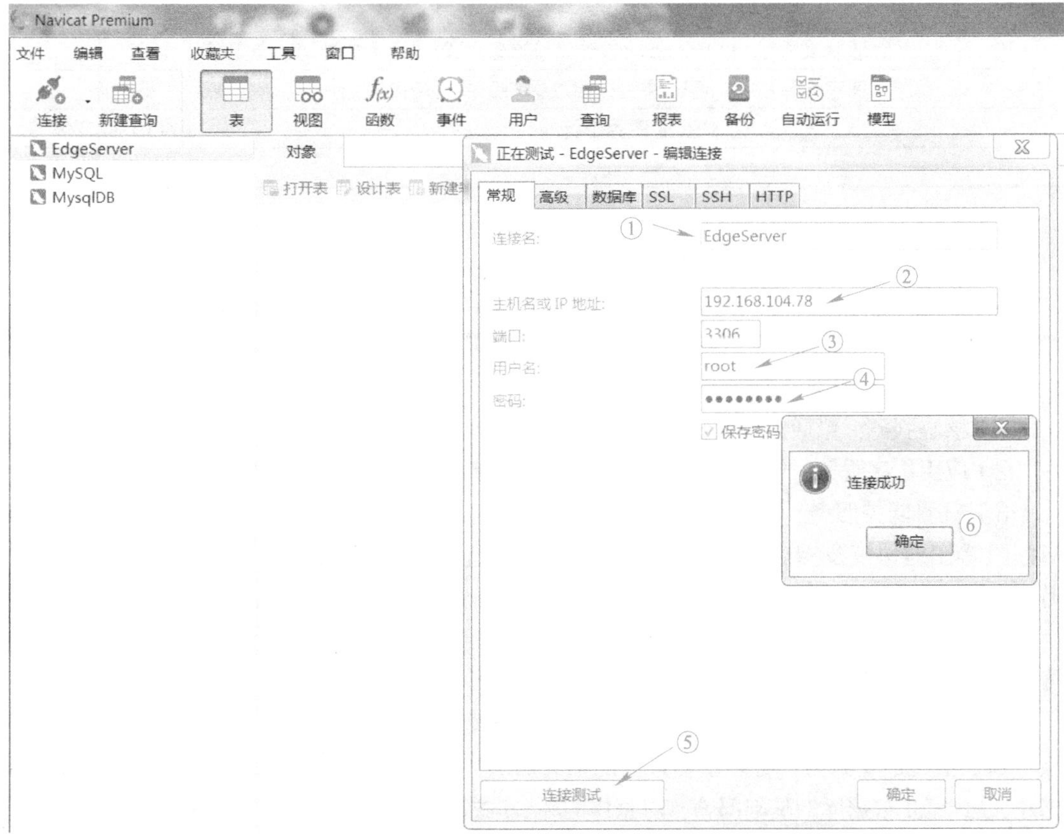

图3-44　客户端连接数据服务

任务检查与评价

完成任务后进行任务检查，可采用小组互评等方式，任务检查评价单见表3-6。

表3-6　任务检查评价单

任务：搭建边缘服务				
专业能力				
序号	任务要求	评分标准	分数	得分
1	搭建边缘服务	查看边缘服务是否搭建成功，查看是否有相应活动的进程存在	30	
2	通过Docker容器运行Nginx	查看安装后的Nginx进程是否存在，并能够通过浏览器访问Web界面	20	
		修改Nginx的登录访问界面，修改为需要的内容	10	
3	采用Docker容器运行MySQL	能够成功安装MySQL数据库，并刷新权限更新加密规则	20	
		能够通过Navicat或其他客户端连接并访问MySQL数据库	10	
专业能力小计			90	

（续）

职业素养				
序号	任务要求	评分标准	分数	得分
1	系统环境准备	Windows操作系统准备、VM准备、内外网准备完好	5	
2	遵守课堂纪律	遵守课堂纪律，保持工位区域内整洁	5	
职业素养小计			10	
实操题总计			100	

任务小结

从边缘到云平台过程中，边缘（Edge）是使计算更靠近数据源的物理位置。

利用边缘服务可以在机器与机器、机器与云及机器与移动设备应用间建立连接。

支持上述连接的服务包括：

1）核心服务：包括支持登录和提供安全及证书管理的服务。

2）应用程序服务：包括支持用户管理和Git存储库的服务。

3）机器网关服务：包括支持机器网关的服务，机器网关利用OPC-UA、Modbus和MQTT等工业协议及相应的适配器；执行XML配置监测的服务；提供数据存储和转发的服务；支持路由验证的服务；提供路由ping检测的服务及实现机器健康情况监测的服务。

4）云网关服务：包括提供API，以构建客户端侧HTTP兼容应用程序的服务，利用隧道传输实现不同网络协议通信的服务和建立proxy设置的服务。

5）移动设备网关服务：包括Web Socket服务器服务。

通过搭建边缘服务，可以了解容器的相关知识、边缘服务的相关知识、Web服务的基础搭建、MySQL数据库的基础部署，对整体的环境准备和应用部署有了较深刻的理解。

任务拓展

雾计算（Fog Computing）和边缘计算（Edge Computing）有很多相似点，甚至可以互相交换，二者都是试图减少发送到云端的数据量，降低延迟，提高性能，同时也都将数据处理转移至终端等临近源头。对二者的选择取决于应用实例所期望的结果。一般雾计算过程发生在局域网（LAN）架构上，通过工业网关及嵌入式交互的集中式系统。边缘计算（见图3-45）过程发生在终端设备上。

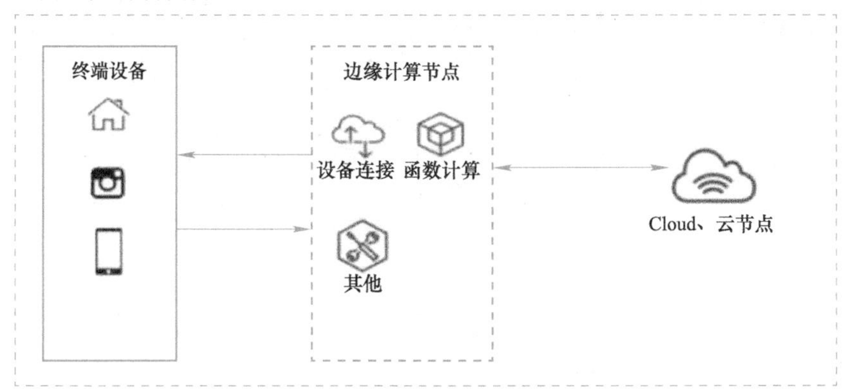

图3-45　边缘计算架构示意图

从市场应用区分，边缘计算主要分为3类：电信运营商边缘计算、企业与物联网边缘计算和工业边缘计算，对于3类之间产生的6种边缘计算业务形态，可以独立一种存在，也可以多种业务形态相辅相成。边缘计算分类细节如图3-46所示。

3类边缘计算	6种边缘计算主要业务形态	主要用户	典型方案
电信运营商	物联网边缘计算	ICT、OT、电信运营商	华为Ocean Connect&EC-IoT 思科Jasper&Fog Computing
	工业边缘计算	OT、ICT	西门子Industrial Edge和利时Holiedge
企业与物联网	智慧家庭边缘计算	电信运营商、OTT	智慧家居
	广域接入网络边缘计算	电信运营商、OTT	SD-WAN
工业	边缘云	OTT、电信运营商、开源	AWS Greengrass Huawei Intelligent EdgeFabric
	多接入边缘计算（MEC）	电信运营商	中国移动MEC 中国连通EDGE 中国电信ECOP

图3-46　边缘计算分类细节

边缘计算的详细架构如图3-47所示。

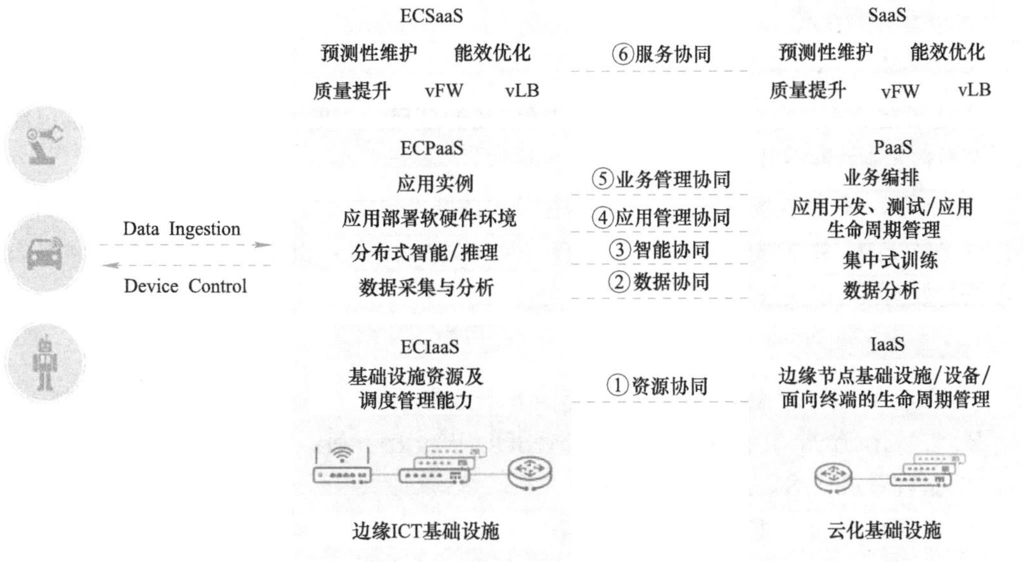

图3-47　边缘计算的详细架构

通过上述拓展知识的学习，思考哪些应用领域对边缘计算服务的需求更为迫切，以及如何在现有的边缘计算服务架构内更加优化。

进入容器内部，对index. html的文件进行修改操作。

执行“sudo docker exec -it a657b03f1ed9 bash”命令进入容器内部，下载Vim指令，接着对index. html文件进行编辑。

执行“apt-get update”命令更新容器。

执行“apt-get install vim”命令即可成功安装vim。

执行“root@a657b03f1ed9:/usr/share/nginx/html# vim index. html”命令，

在容器内找到对应的路径后执行“vim index.html命令保存即可。

任务3 搭建数据服务器

职业能力目标

1．能根据数据库软件版本要求，在Windows、Linux操作系统下正确安装关系型数据库管理软件。

2．能根据技术文档中数据库设计的要求，运用结构化查询语言，正确编写关系型数据库中的新增、删除、修改、查询等SQL脚本。

3．能根据数据库备份要求，运用Windows计划任务功能，定时备份数据库，还原指定数据库数据。

4．能根据数据库管理要求，完成关系型数据库实例、用户、权限等的管理。

任务描述与要求

任务描述

小陆所在的A公司接到了一个××智慧农场的项目，前期的项目设计和方案都已经完成，公司将实施方案交付给小陆。

在接手××智慧农场项目时，公司根据项目的要求想要搭建数据服务器。这对项目数据的处理是必备的。数据服务器可以获取并存储网关发送的相关项目数据。小陆带领着团队人员一起搭建数据服务以及进行相应的配置。

任务要求

1）在Ubuntu 18操作系统上安装MySQL服务端。

2）在Windows 10操作系统上安装MySQL Workbench。

3）远程登录MySQL服务端。

4）掌握MySQL数据库的基本操作方法。

任务分析与计划

1．任务分析

MySQL是一个C/S架构的软件，有服务端和客户端。服务端一般在机房长期运行，客户端在需要使用的时候才启动，想要访问服务器必须要在客户端进行连接和授权认证过程。

在Ubuntu中安装MySQL有两种方法，一种是用“apt-get”命令安装，另一种是下载官网安装包进行安装。在确定外网连接正常、DNS配置正确的情况下使用root用户执行“apt-get”命令最为简便。

Linux操作系统中安装MySQL的命令有：

```
sudo apt-get install mysql-server
sudo apt-get install mysql-client
sudo apt-get install libmysqlclient-dev
```

mysql-server为MySQL服务端、mysql-client为MySQL客户端、libmysqlclient-dev为MySQL客户端API。

MySQL Workbench是一款专为MySQL设计的集成化桌面软件，也是下一代可视化数据库设计、管理的工具，它同时有开源和商业化两个版本。该软件支持Windows和Linux操作系统，可以从官网下载。

SQL（Structured Query Language，结构化查询语言）是一种特殊目的的编程语言，是一种数据库查询和程序设计语言，用于存取数据以及查询、更新和管理关系数据库系统，同时也是数据库脚本文件的扩展名。SQL常用操作语句有create、drop、delete、update、select等。

2. 任务实施计划

根据数据库相关的知识，制订本次任务的实施计划。计划的具体内容可以包括MySQL最新版本安装等，任务计划见表3-7。

表3-7　任务计划

项目名称	智慧农场应用系统部署
任务名称	搭建数据服务器
计划方式	总体计划、分步计划、过程计划
计划要求	选择一个特定的计划方式，制订可执行的计划步骤
序号	任务计划
1	在Ubuntu 18操作系统上安装MySQL服务端
2	在Windows 10操作系统上安装MySQL Workbench
3	远程登录MySQL服务端
4	MySQL数据库基本操作案例

知识储备

数据库简单来说是本身可视为电子化的文件柜—— 存储电子文件的住所，用户可以对文件中的数据进行增、删、改、查等操作。它以一定的方式存储在一起，能为多个用户共享、具有尽可能小的冗余度的特点，是与应用程序彼此独立的数据集合。数据库管理系统是一种操纵和管理数据库的大型软件，用于建立、使用和维护数据库，简称DBMS。

许多企业，包括Facebook、Google、Adobe、阿尔卡特-朗讯和Zappos等都依靠MySQL来节省时间和金钱，以支持其高容量网站、关键业务系统和打包软件。MySQL是Oracle公司的产品，它提供免费的MySQL Community Edition（社区版）和收费的MySQL Standard Edition（标准版）、MySQL Enterprise Edition（企业版）、MySQL Cluster Carrier Grade Edition（社运营商级版本）。

MySQL Community Edition目前最新版本为MySQL 8.0.18；本任务使用的版本为5.7.28。该版本可以直接在官网下载，如图3-48～图3-50所示。

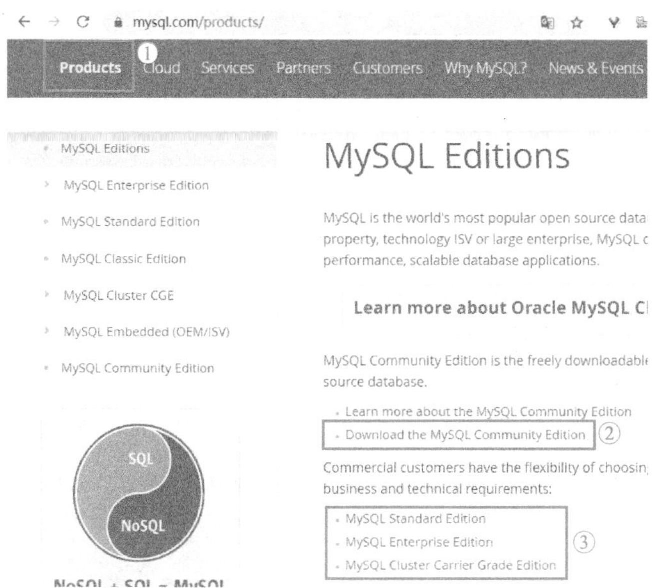

图3-48　MySQL下载界面

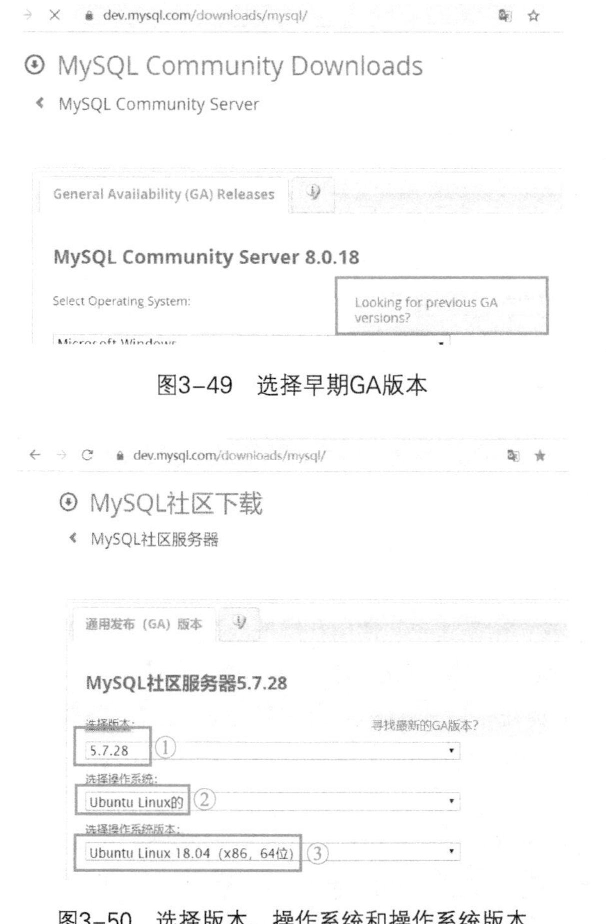

图3-49　选择早期GA版本

图3-50　选择版本、操作系统和操作系统版本

任务实施

1．在Ubuntu 18操作系统上安装MySQL服务端

步骤1：按<Ctrl+Alt+T>组合键进入终端命令界面。

步骤2：输入“sudo apt-get update”命令和登录密码。该命令将访问源列表里的每个网址，读取列表信息，进行软件列表更新，如图3-51所示。

```
root@roger-VirtualBox:~# sudo apt-get update
命中:1 http://security.ubuntu.com/ubuntu bionic-security InRelease
命中:2 http://cn.archive.ubuntu.com/ubuntu bionic InRelease
命中:3 http://cn.archive.ubuntu.com/ubuntu bionic-updates InRelease
命中:4 http://cn.archive.ubuntu.com/ubuntu bionic-backports InRelease
正在读取软件包列表... 完成
```

图3-51　更新可获取软件及其版本信息

步骤3：输入“sudo apt-get install mysql-server”命令。用于安装MySQL服务端，如图3-52所示。

```
root@roger-VirtualBox:~# sudo apt-get install mysql-server
正在读取软件包列表... 完成
正在分析软件包的依赖关系树
正在读取状态信息... 完成
将会同时安装下列软件:
  libaio1 libevent-core-2.1-6 libhtml-template-perl mysql-client-
建议安装:
  libipc-sharedcache-perl mailx tinyca
下列【新】软件包将被安装:
  libaio1 libevent-core-2.1-6 libhtml-template-perl mysql-client-
升级了 0 个软件包，新安装了 9 个软件包，要卸载 0 个软件包，有 372
需要下载 19.2 MB 的归档。
解压缩后会消耗 155 MB 的额外空间。
您希望继续执行吗? [Y/n] y
```

图3-52　安装MySQL服务端

步骤4：使用policy命令显示软件包的安装状态和版本信息，如图3-53所示。

```
root@roger-VirtualBox:~# apt policy mysql-server
mysql-server:
  已安装: 5.7.31-0ubuntu0.18.04.1
  候选:  5.7.31-0ubuntu0.18.04.1
  版本列表:
 *** 5.7.31-0ubuntu0.18.04.1 500
```

图3-53　policy命令

步骤5：可以使用systemctl status命令查看MySQL服务的状态，如图3-54所示。可以看到MySQL Community Server的版本、激活状态等。

```
root@roger-VirtualBox:~# systemctl status mysql
●mysql.service - MySQL Community Server
   Loaded: loaded (/lib/systemd/system/mysql.service; enabled; vendor preset: enabled)
   Active: active (running) since Wed 2020-07-29 09:53:08 CST; 58s ago
 Main PID: 3933 (mysqld)
    Tasks: 27 (limit: 2333)
   CGroup: /system.slice/mysql.service
           └─3933 /usr/sbin/mysqld --daemonize --pid-file=/run/mysqld/mysqld.pid

7月 29 09:53:07 roger-VirtualBox systemd[1]: Starting MySQL Community Server...
7月 29 09:53:08 roger-VirtualBox systemd[1]: Started MySQL Community Server.
```

图3-54　MySQL服务状态

步骤6：使用“mysql -h 主机地址 -u 用户名 -p 用户密码”命令登录到MySQL服务端。如果是连接到本机的MySQL可以不输入-h主机地址，如图3-55所示。

```
root@roger-VirtualBox:~# mysql -u root -p
Enter password:
Welcome to the MySQL monitor.  Commands end with ; or \g.
Your MySQL connection id is 2
Server version: 5.7.31-0ubuntu0.18.04.1 (Ubuntu)

Copyright (c) 2000, 2020, Oracle and/or its affiliates. All rights reserved.

Oracle is a registered trademark of Oracle Corporation and/or its
affiliates. Other names may be trademarks of their respective
owners.

Type 'help;' or '\h' for help. Type '\c' to clear the current input statement.

mysql>
```

图3-55　连接到本机上的MySQL

2．在Windows 10操作系统上安装MySQL Workbench

步骤1：从Microsoft官网下载C++ 2019版并安装。如果未安装将出现警告，如图3-56所示。

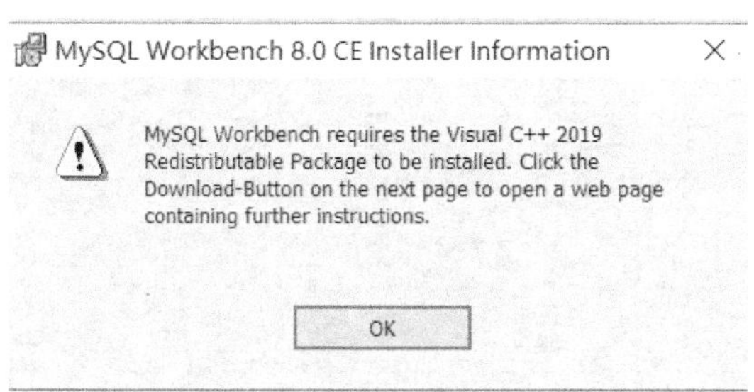

图3-56　警告信息

步骤2：从MySQL官网下载MySQL Workbench，下载文件名为mysql-workbench-community-8.0.21-winx64，如图3-57所示。

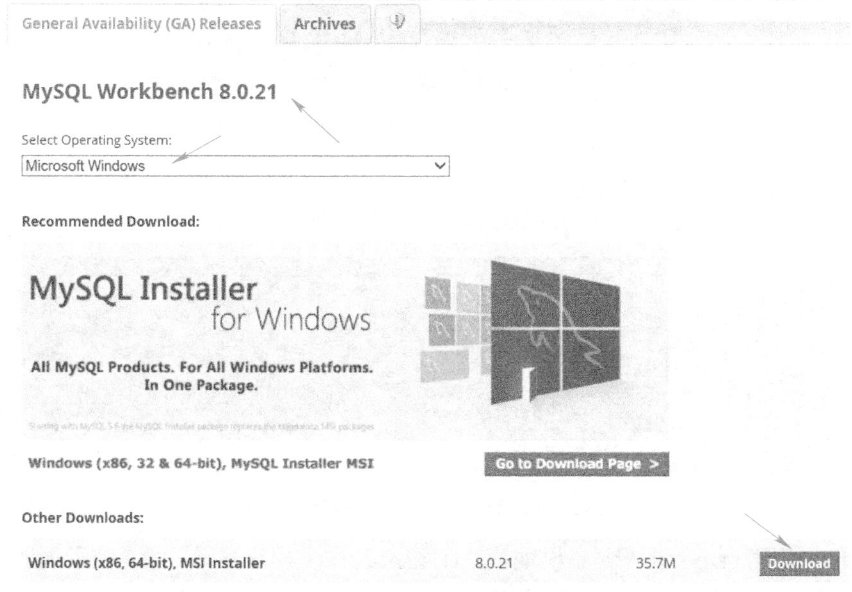

图3-57　从MySQL官网下载

步骤3：单击“Next”按钮即可完成MySQL Workbench的安装，如图3-58所示。

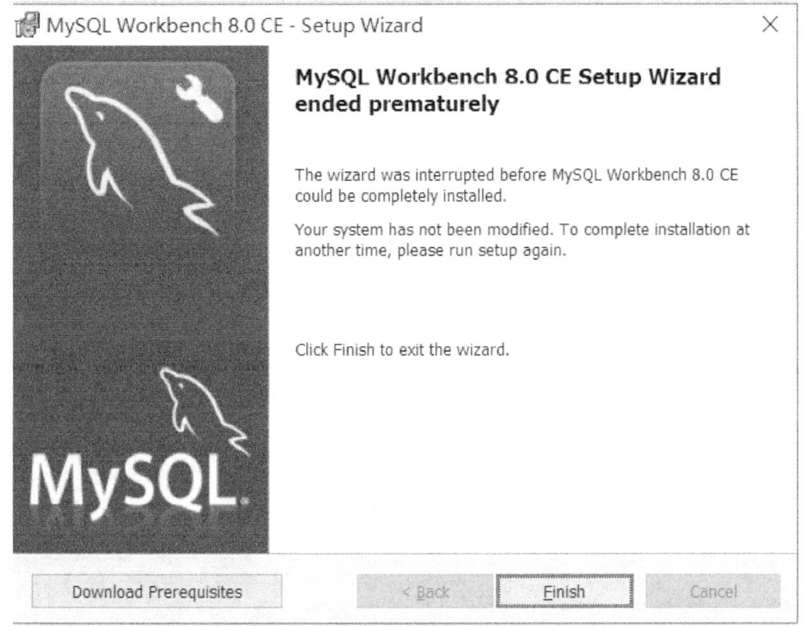

图3-58　MySQL Workbench安装

3．远程登录MySQL服务端

步骤1：使用root用户登录，找到MySQL服务端在/etc目录下的配置文件，例如“/etc/mysql/mysql. conf. d/mysqld. cnf”文件，将“bind-address=127. 0. 0. 1”注释，如图3-59和图3-60所示。

```
root@roger-VirtualBox:~# vim /etc/mysql/mysql.conf.d/mysqld.cnf
root@roger-VirtualBox:~#
```

图3-59　编辑mysqld.cnf配置文件

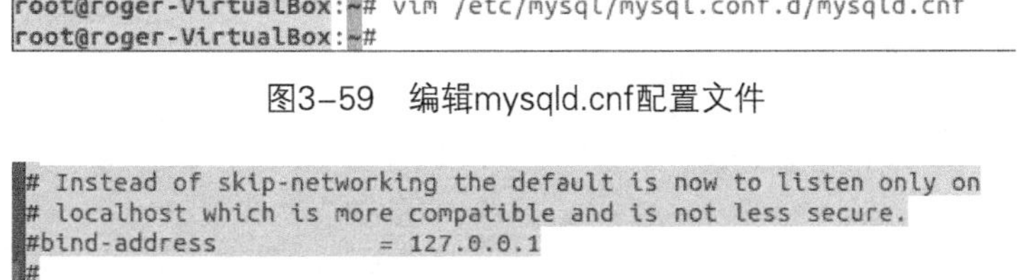

Instead of skip-networking the default is now to listen only on
localhost which is more compatible and is not less secure.
#bind-address = 127.0.0.1
#

图3-60　修改bind-address

步骤2：输入“netstat -lnp|grep 3306”命令，查看3306端口是否开放并处于监听状态，如图3-61所示。

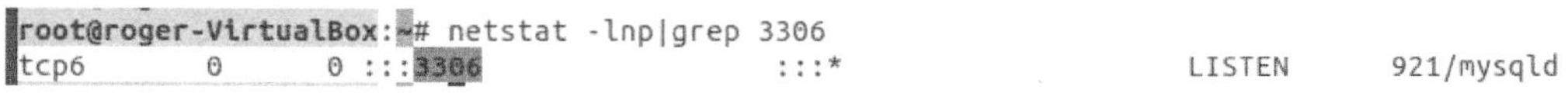

root@roger-VirtualBox:~# netstat -lnp|grep 3306
tcp6 0 0 :::3306 :::* LISTEN 921/mysqld

图3-61　查看3306端口状态

步骤3：输入“ufw status verbose”命令，查看防火墙状态是否为不活动。处于活动状态则可以使用“ufw disable”命令关闭防火墙，如图3-62所示。

```
root@roger-VirtualBox:~# ufw status verbose
状态：不活动
root@roger-VirtualBox:~# ufw disable
```

图3-62　关闭防火墙

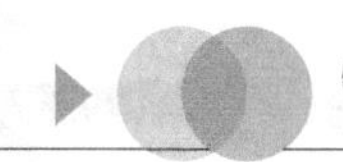

步骤4：使用“mysql -h 主机地址 -u 用户名 -p 用户密码”命令登录MySQL服务端。

步骤5：使用“use mysql；”命令切换数据库至MySQL数据库。该数据库存放着权限表，其中，user表为用户连接MySQL数据库需要输入的信息。

步骤6：使用“update user set host='%' where user='root'”命令修改user表，该SQL语句中的“host='%'”表示可以远程登录，并且可以是除服务器以外的其他任何终端，%表示任意IP都可登录。

步骤7：使用“alter user 'root'@'%' identified with mysql_native_password by '123456'；”命令修改user表，该语句中的root为终端登录时使用的用户名，%表示任意IP地址，123456为终端登录时使用的密码。

步骤8：使用“flush privileges;”命令刷新MySQL的系统权限相关表。

步骤9：打开Windows 10操作系统上已安装的MySQL Workbench并创建连接，如图3-63所示。

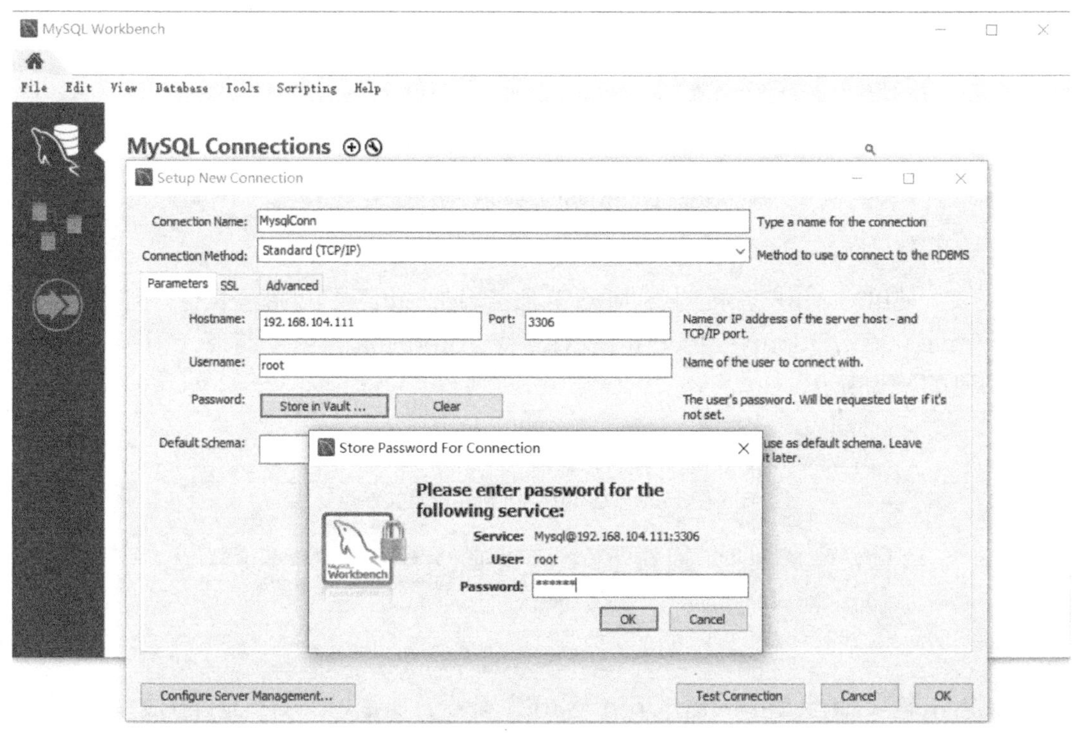

图3-63　创建连接

其中，Connection Method为Standard(TCP/IP)，Hostname为MySQL服务端的IP地址，Username为root，Port为3306，Password为123456，单击“Test connection”按钮。

4．MySQL数据库基本操作案例

步骤1：打开Windows 10操作系统上已安装的MySQL Workbench，并创建连接。

步骤2：在查询窗中输入“show databases;”命令并单击按钮执行SQL语句，结果将在Result Grid中显示，如图3-64所示。

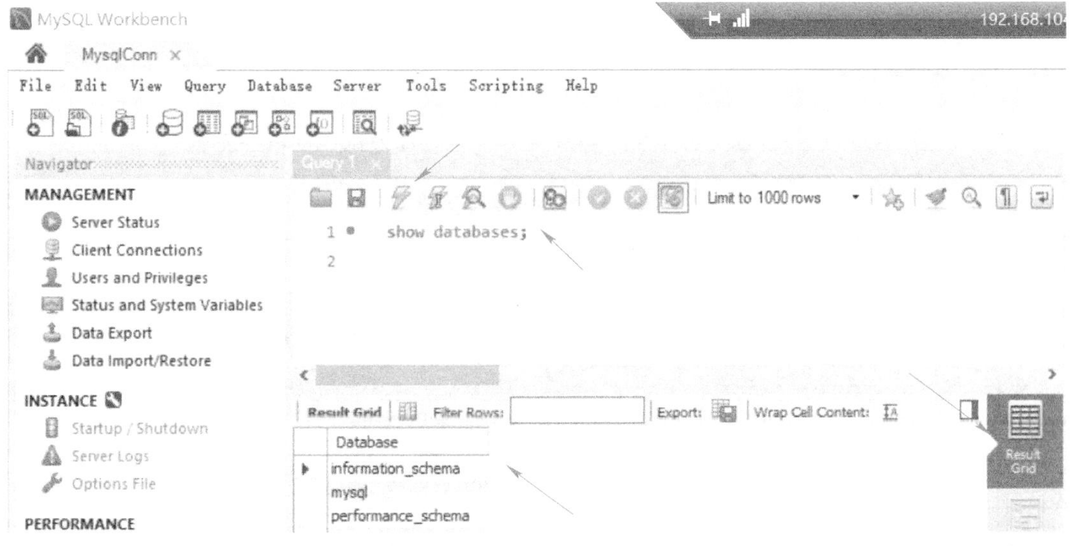

图3-64 MySQL Workbench界面

步骤3：在查询窗中输入“create database test;”命令创建test数据库。

步骤4：在查询窗中输入“use test;”切换至test数据库。

步骤5：在查询窗中输入“create table test_new(nid int not null primary key, nname varchar(8) not null);”命令创建名为test_new的表，nid为int型、非空、主键，nname为varchar(8)型、非空。

步骤6：在查询窗中输入“insert into test_new(nid, nname) values(1, 't1');”命令插入第一条记录。

步骤7：在查询窗中输入“insert into test_new(nid, nname) values(2, 't2');”命令插入第二条记录。

步骤8：在查询窗中输入“select * from test_new;”命令查询test_new表中的所有记录，如图3-65所示。

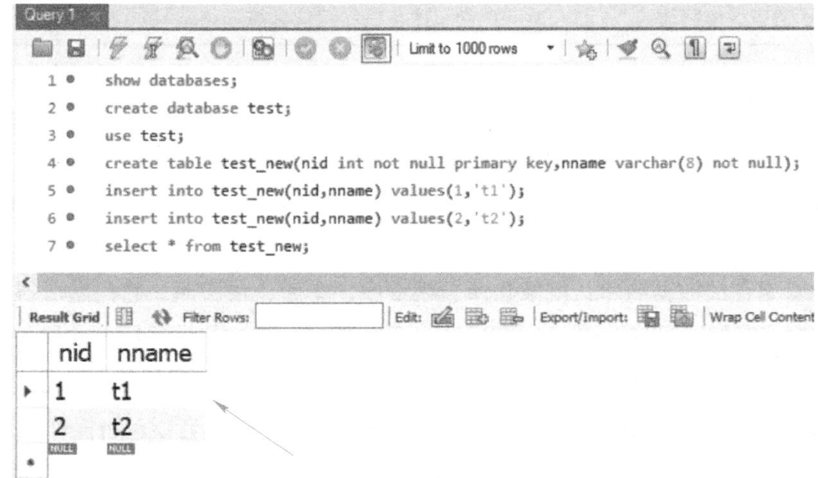

图3-65 操作结果

任务检查与评价

完成任务后进行任务检查，可采用小组互评等方式，任务检查评价单见表3-8。

表3-8 任务检查评价单

任务：搭建数据服务器

专业能力				
序号	任务要求	评分标准	分数	得分
1	在Ubuntu 18操作系统上安装MySQL服务端	查看MySQL服务端是否安装成功	20	
		登录MySQL服务端是否成功	5	
2	在Windows 10操作系统上安装MySQL Workbench	查看MySQL Workbench是否安装成功	15	
3	远程登录MySQL服务端	查看MySQL Workbench连接MySQL服务端是否成功	20	
4	MySQL数据库的基本操作	查看test数据库是否创建成功	10	
		查看test_new数据表是否创建成功	10	
		查看查询结果是否正确	10	
专业能力小计			90	
职业素养				
序号	任务要求	评分标准	分数	得分
1	系统环境准备	Windows系统准备、VM准备、内外网准备完好	5	
2	遵守课堂纪律	遵守课堂纪律，保持工位区域内整洁	5	
职业素养小计			10	
实操题总计			100	

任务小结

数据库就是存放数据的库，就像仓库、粮食库、车库、快递库，它们是放各种实体东西的库，而数据库存放的只有数据，如图3-66所示。服务器是提供计算服务的设备。由于服务器需要响应服务请求并进行处理，一般来说应具备承担服务并且保障服务的能力。

与MySQL服务器通话的客户端不止一种，如Windows或者Linux操作系统下的命令行，可以直接通过命令建立与MySQL数据库的通话；还有phpMyAdmin，它是XAMPP提供的一种图形化连接方式；还有Navicat、MySQL Workbench等。

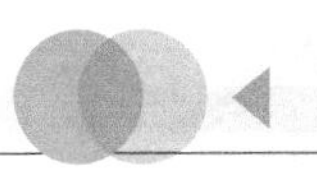

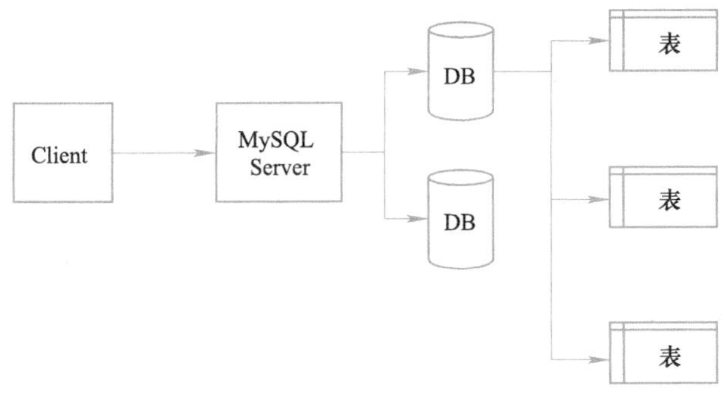

图3-66　数据库

任务拓展

LAMP是指一组通常在一起使用来运行动态网站或者服务器的自由软件，包括Linux操作系统、Apache网页服务器、MySQL数据库管理系统（或者数据库服务器）和PHP/Perl/Python脚本语言。

LAMP就像饭店。Apache就像饭店前台，专门用来接受客户请求，并做一些静态页面处理（只卖酒水饮料）。

PHP就像服务生，专门用来解析处理由前台不能处理的“订单”。例如，用户想吃一碗意大利面，服务生就需要和后厨沟通，并做相应的安排处理，然后将处理后的结果返回给前台，由前台再给用户。

MySQL就像后厨，专门用来存放食材，并且只能由中间的服务生和后厨沟通来获取食材。

C/S架构如图3-67所示。

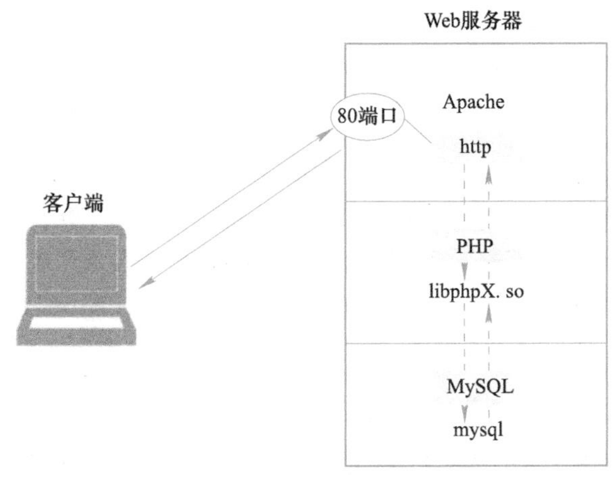

图3-67　C/S架构

任务4 搭建应用服务器

职业能力目标

1）能根据物联网系统的应用手册，正确完成物联网平台采集感知数据、输出控制数据与平台应用服务的配置。

2）能根据物联网技术要求，完成Internet Information Services、Tomcat等物联网系统平台应用服务、Web服务器的正确搭建与配置。

任务描述与要求

任务描述

小陆所在的A公司接到了一个××智慧农场的项目，前期的项目设计和方案都已经完成，公司将实施方案交付给小陆。

在接手××智慧农场项目时，他根据项目的要求需要搭建数据服务器，获取并存储网关发送的相关项目数据，带领团队人员一起进行搭建和配置。

任务要求

1）修改Ubuntu操作系统的主机名。

2）使用Netplan工具配置静态IP地址、网关、DNS服务器地址。

任务分析与计划

1. Ubuntu操作系统的IP地址配置

在Linux操作系统中，网络IP默认是根据DHCP方式由网关自动进行分配的，这样可能会出现不同时间连接网络时所分配的IP不一致，当使用Linux操作系统作为服务器时，建议配置静态IP地址。

Ubuntu 18.04使用Netplan来配置IP地址，Netplan是一个新的命令行网络配置工具。默认的Netplan配置文件一般在/etc/netplan目录下，文件类型为YAML。Netplan从/etc/netplan/*.yaml读取配置，可以由管理员或者系统安装人员配置；也可以由云镜像或者其他操作系统部署设施自动生成。在系统启动阶段早期，Netplan在/run目录生成好配置文件并将设备控制权交给相关后台程序。

2. Ubuntu系统的IP地址配置任务实施计划

根据所学Linux命令，制订本次Ubuntu操作系统的IP地址配置任务的计划。计划的具体内容可以包括mtui文本配置工具的使用、配置文件的修改等，任务计划见表3-9。

表3-9　任务计划

项目名称	智慧农场应用系统部署
任务名称	搭建应用服务器
计划方式	总体计划、分步计划、过程计划
计划要求	选择一个特定的计划方式，制订可执行的计划步骤
序号	任务计划
1	修改Ubuntu操作系统的主机名
2	使用Netplan工具配置静态IP地址、网关、DNS服务器地址

知识储备

1．物联网应用系统部署概述

物联网应用系统有两种模式：C/S（客户端/服务器端程序）和B/S（浏览器端/服务器端）。C/S应用系统一般独立运行，B/S应用系统一般借助IE等浏览器来运行。物联网Web应用系统作为典型的浏览器/服务器架构的产物，在使用时，用户只需要有浏览器即可，不需要再安装其他软件，而且具有较强的跨平台使用能力，因此得到了快速发展，也是物联网项目最常用的架构模式，本任务主要介绍B/S架构应用系统部署。

Web应用系统的部署方式多种多样，最初人们通常把应用程序、数据库、文件等所有资源都部署在一台服务器上（见图3-68），后面发现随着系统访问量的增加，Web应用服务器的压力在高峰期会上升比较高，为了解决这个问题，人们开始使用应用服务和数据服务分离的方式进行应用系统的部署（见图3-69）。但随着传感器技术、传输网络技术、边缘计算等技术的不断更新迭代，物联网的应用也不断蓬勃发展，为应对日益复杂的业务场景和复杂的网络环境，物联网应用系统架构也不断发生转变。例如，现在采用的分布式服务架构中把公共的应用模块提取出来，部署在分布式服务器上供应用服务器调用，如图3-70所示。

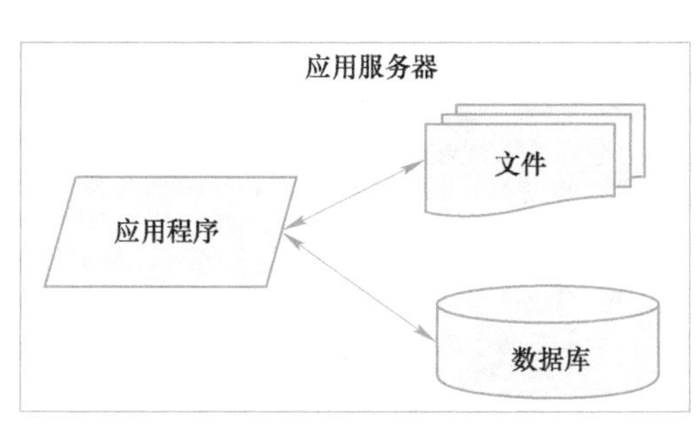

图3-68　初始阶段应用系统架构图

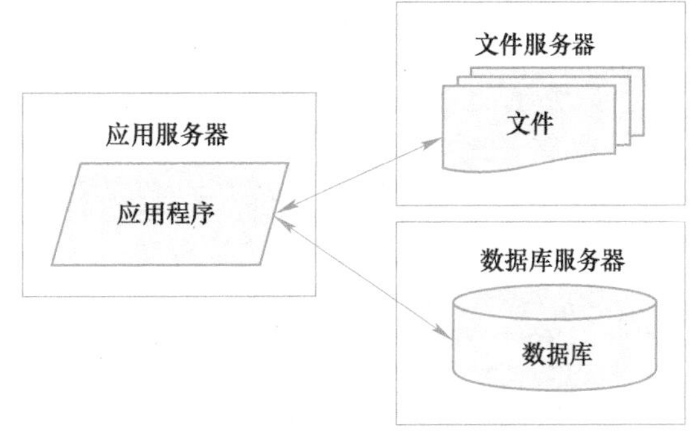

图3-69　应用服务和数据服务分离架构图

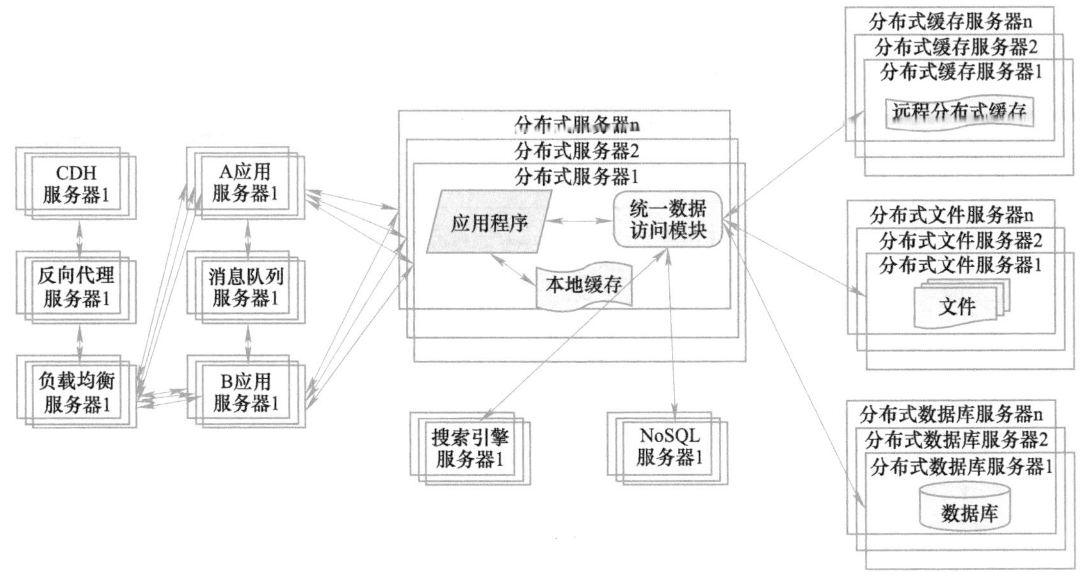

图3-70　分布式应用系统架构图

从Web应用系统架构中，可以直观地知道在物联网系统集成项目中为了使Web应用系统正常运行，项目实施工程师的工作通常需要包含服务器操作系统安装和安全策略配置、数据库系统部署、应用支撑平台软件/中间件安装、应用系统运行环境变量配置等。例如，某一物联网系统集成项目采用图3-71所示的建设模式，在物联网网关和物联网云平台间部署边缘服务，使用户可就近取得所需内容，保障用户在不同信任域和异构网络环境下的数据和隐私安全，同时使用项目生成器快速开发项目Web应用系统，并部署到Web应用服务器。项目中云服务提供商负责物联网云平台基础环境的搭建，项目实施工程师负责Web服务器、边缘服务器中相关软件/服务的部署和配置。项目实施工程师需要在边缘服务器部署Linux操作系统，并在操作系统中安装Docker容器，在容器中部署MySQL数据库、Nginx Web服务器、网关数据处理服务、数据传输物联网平台，在Web应用服务器上安装操作系统后部署IIS，并把项目应用系统通过IIS进行发布。

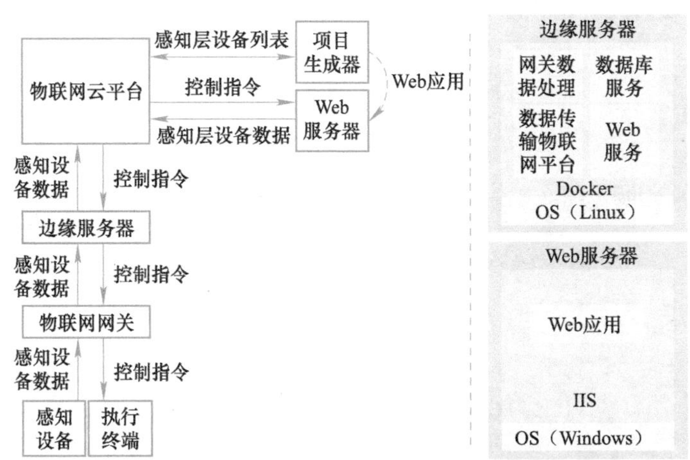

图3-71　物联网系统集成项目建设架构及服务器部署内容示例

2. 虚拟环境部署

VirtualBox是一款开源虚拟机软件，归属于Oracle公司，正式名称为Oracle VM VirtualBox。目前，VirtualBox可在Windows、Linux、Macintosh和Solaris主机上运行，并支持大量客户机操作系统，包括但不限于Windows（NT 4.0、2000、XP、Server 2003、Vista、7、8和10）、DOS/Windows 3.x、Linux（2.4、2.6、3.x和4.x）、Solaris和OpenSolaris，OS/2和OpenBSD。本任务中为VirtualBox 6.0.14版本，下载方式如图3-72所示（基于Windows操作系统）；下载后为可执行文件，如图3-73所示。

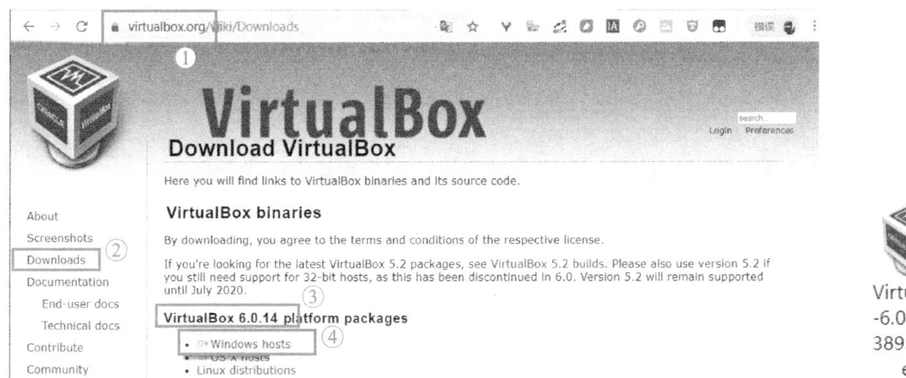

VirtualBox
-6.0.14-13
3895-Win.
exe

图3-72　VirtualBox 6.0.14软件下载　　　图3-73　VirtualBox6.0.14安装文件

（1）安装VirtualBox 6.0.14

步骤1：双击可执行文件或右击可执行文件，单击“运行”按钮选择“以管理员身份运行”命令，如图3-74所示。

图3-74　执行VirtualBox 6.0.14可执行文件

步骤2：单击“下一步”按钮进行安装。

步骤3：选择要安装的功能和安装位置，如图3-75所示。

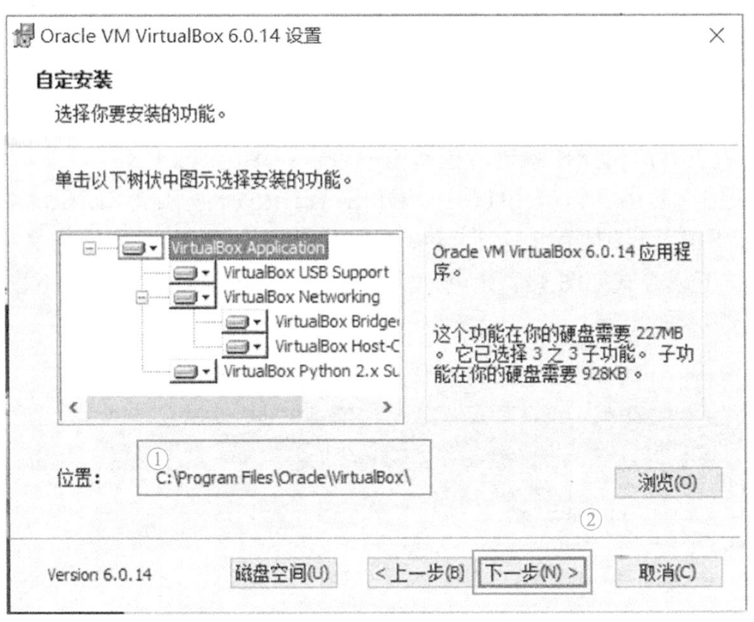

图3-75　选择安装位置和安装的功能

步骤4：选择是否添加到菜单条目，添加桌面快捷方式、启动栏快捷方式、注册文件关联并单击“下一步”按钮。

步骤5：提示“将重置网络连接并暂时中断网络连接”，如图3-76所示。

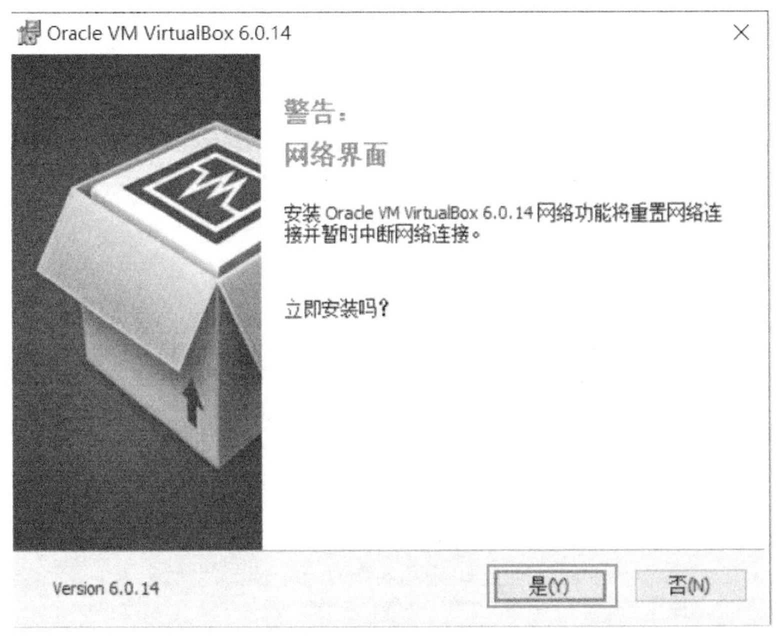

图3-76　警告

步骤6：单击“安装”按钮进行安装。

步骤7：安装Oracle Corporation通用串行总线控制器，如图3-77所示。

图3-77　安装Oracle Corporation通用串行总线控制器

步骤8：安装完成后即可运行Oracle VM VirtualBox 6.0.14。

（2）文件夹共享

步骤1：在VirtualBox菜单中执行“设备”→“共享文件夹”命令。

步骤2：选择共享文件夹并右击选择“固定分配”命令。

步骤3：在D盘下先新建共享文件夹VirtualBox_Share，并把mysql-apt-config_0.8.14-1_all.deb文件复制到该文件夹下，设置共享文件夹名称和路径后单击“OK”按钮，如图3-78所示。

图3-78　编辑共享文件夹

步骤4：在VirtualBox菜单中执行“设备”→“安装增强功能”命令。

步骤5：在终端下执行“sudo mount -t vboxsf VirtualBox_Share /usr/local/bin”命令，该命令将Windows操作系统中共享的文件夹挂载到Ubuntu操作系统中的/usr/local/bin文件夹下，如图3-79所示。可使用“ll”命令来查看该目录。

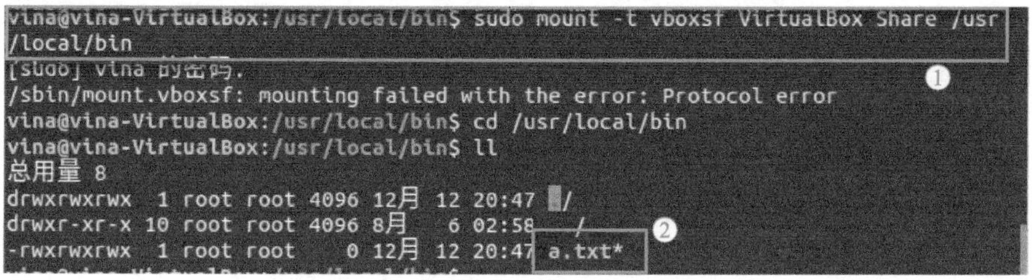

```
vina@vina-VirtualBox:/usr/local/bin$ sudo mount -t vboxsf VirtualBox_Share /usr
/local/bin
[sudo] vina 的密码:
/sbin/mount.vboxsf: mounting failed with the error: Protocol error
vina@vina-VirtualBox:/usr/local/bin$ cd /usr/local/bin
vina@vina-VirtualBox:/usr/local/bin$ ll
总用量 8
drwxrwxrwx  1 root root 4096 12月 12 20:47 ./
drwxr-xr-x 10 root root 4096 8月   6 02:58 ../
-rwxrwxrwx  1 root root    0 12月 12 20:47 a.txt*
```

图3-79　mount命令

3. Windows Server 2019操作系统安装

Windows Server是微软在2003年4月24日推出的Windows服务器操作系统，其核心是Microsoft Windows Server System（WSS），每个Windows Server都与其家用（工作站）版对应（2003 R2除外）。Windows Server的历史版本有：2003（2003年4月24日发行）、2008（2008年2月27日发行）、2008 R2（2009年10月22日发行）、2012（2012年9月4日发行）、2012 R2（2013年10月17日发行）、2016（2016年10月13日发行）。

目前最新版本是Windows Server 2019。该版本是微软于2018年11月13日发布的新一代Windows Server服务器操作系统，基于Win10 1809（LTSC）内核开发而成。Windows Server 2019可以直接在微软官网下载。

下面介绍如何在Oracle VM VirtualBox 6.0.14软件上安装Windows Server 2019操作系统。具体安装步骤如下。

步骤1：打开Oracle VM VirtualBox，选择“新建”命令，如图3-80所示。

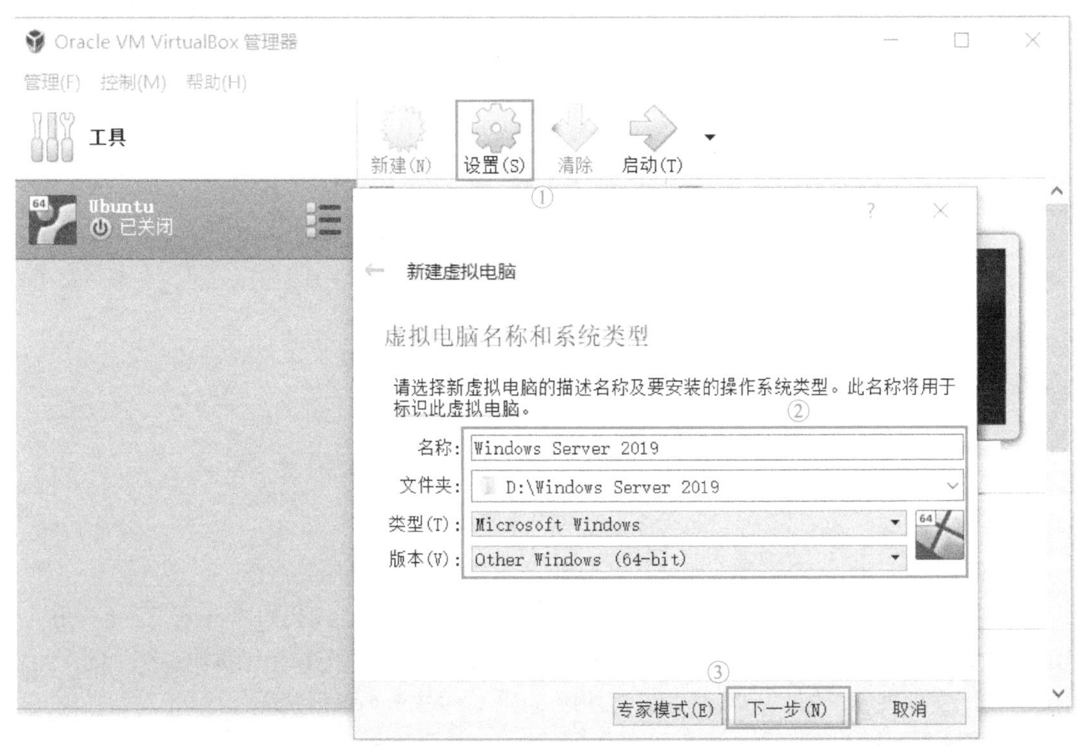

图3-80 输入名称和存放的路径

步骤2：设置为虚拟计算机分配的内存大小至少为4096MB，并单击“下一步”按钮。

步骤3：创建虚拟硬盘，并单击“创建”按钮。

步骤4：选择虚拟硬盘文件类型为VDI，并单击“下一步”按钮。

步骤5：创建虚拟硬盘，选择“动态分配”，并单击“下一步”按钮。

步骤6：设置硬盘大小和存放位置，并单击“下一步”按钮，如图3-81所示。

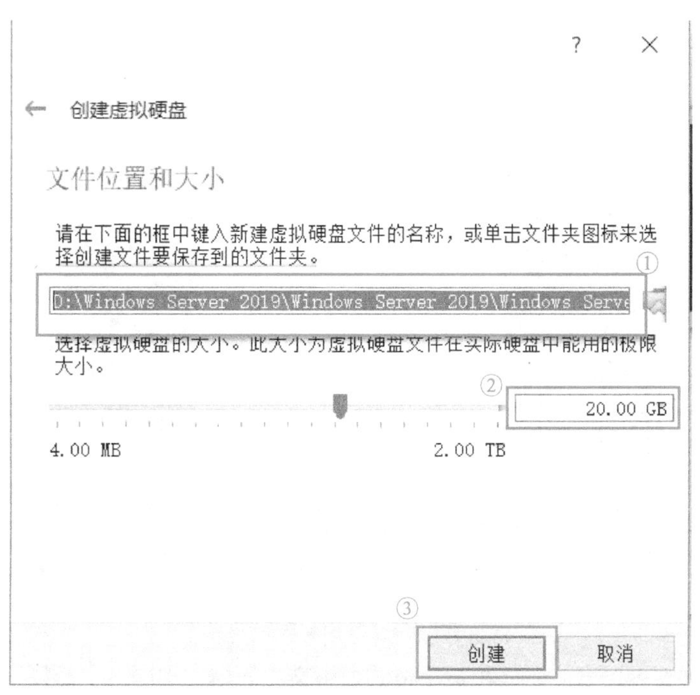

图3-81　设置硬盘大小和存放位置

步骤7：设置完成后即可看到内存等配置，单击“启动”按钮，如图3-82所示。

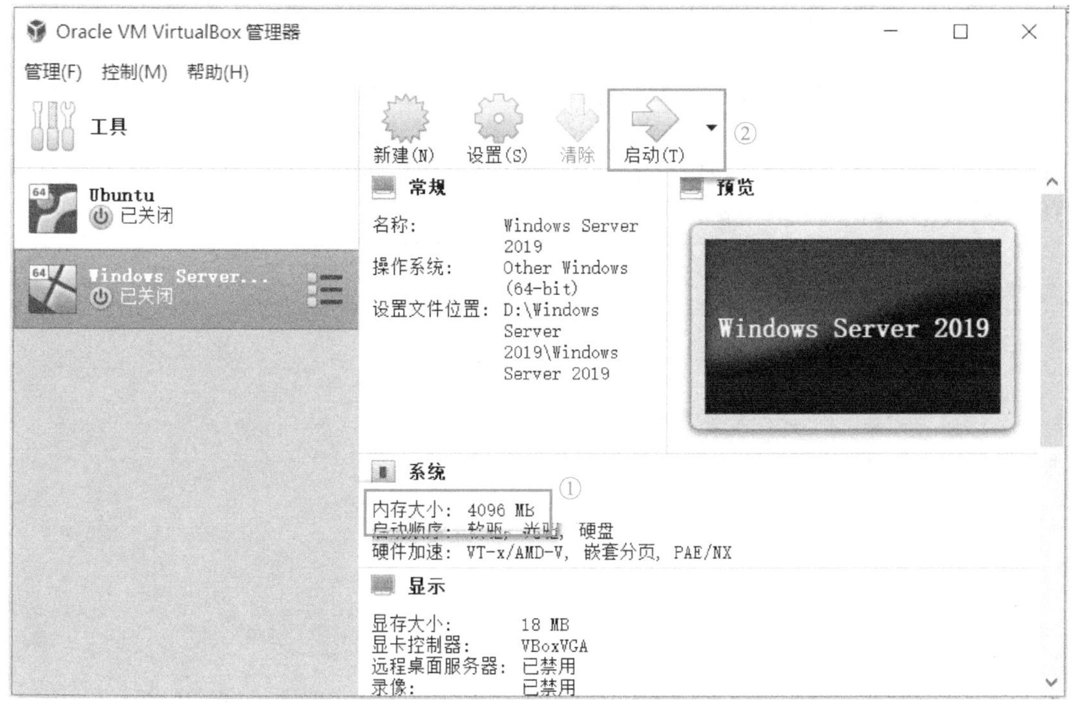

图3-82　启动虚拟计算机

步骤8：选择在微软官网下载的镜像文件，单击“启动”按钮，如图3-83所示。

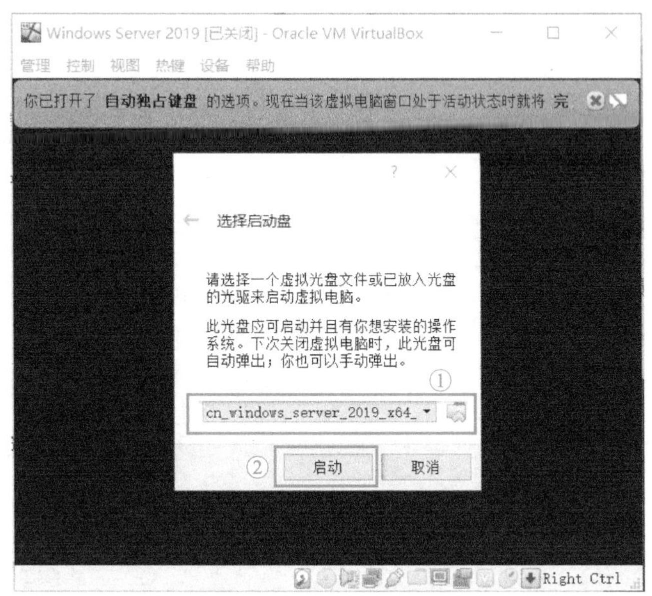

图3-83　选择安装文件

步骤9：选择安装语言、时间和货币格式为中文（简体，中国），选择了键盘和输入方法后，单击“下一步”按钮。

步骤10：单击“现在安装”按钮。

步骤11：输入所购买的产品密钥，也可以选择“我没有产品密钥”并在后期输入密钥。

步骤12：选择“Windows Server 2019 Standard（桌面体验）”后单击“下一步”按钮。

步骤13：选择“我接受许可条款”后单击“下一步”按钮。

步骤14：选择“自定义：仅安装Windows（高级）”后单击“下一步”按钮。

步骤15：单击“新建”按钮，输入磁盘大小，如15 360MB（即15GB，建议至少10GB以上），单击“应用”按钮后再单击“下一步”按钮，如图3-84所示。

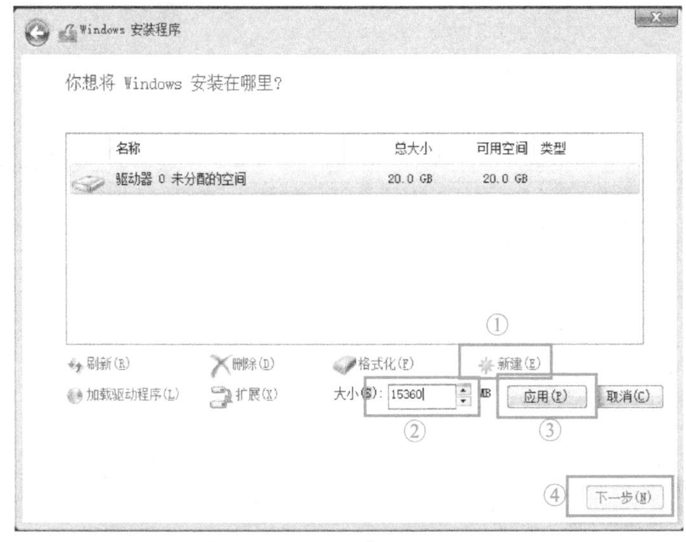

图3-84　设置系统盘位置

步骤16：设置完成后将会保留549MB作为系统保留分区，剩余14.5GB作为主分区。再单击“下一步”按钮，如图3-85所示。

图3-85　分配系统分区

步骤17：设置完成后，将自动安装。

步骤18：安装完成后需要设置登录密码，然后单击“完成”按钮。

4. Windows常用命令

cmd是command的缩写，即命令提示符，是在OS/2、Windows为基础的操作系统下的“MS-DOS”命令。在不同的操作系统环境下，命令提示符各不相同。下面将以Windows Server 2019操作系统为例介绍Windows常用的命令。

在Windows Server 2019操作系统中可以使用<WIn+R>组合键打开运行窗口，直接输入命令运行操作；或者输入“cmd”并按<Enter>键，打开cmd窗口后输入命令，按<Enter>键执行命令。也可以使用Windows Server 2019自带的搜索功能，在搜索文本框里输入“cmd”后将出现“命令提示符”，以管理员身份运行该应用，如图3-86所示。

图3-86　cmd命令

Windows的常用命令包括网络通信、打开应用等。常用的网络通信命令有ipconfig、nslookup、netstat、route、ping等。

（1）ipconfig命令

作用：显示当前的TCP/IP配置的设置值。

说明：可使用“ipconfig help”命令获取帮助。

示例：查看本地IP地址等详细信息，如图3-87所示。

```
C:\Users\Administrator>ipconfig -all

Windows IP 配置

   主机名  . . . . . . . . . . . . . : WIN-7FK926ATOHJ
   主 DNS 后缀 . . . . . . . . . . . :
   节点类型  . . . . . . . . . . . . : 混合
   IP 路由已启用 . . . . . . . . . . : 否
   WINS 代理已启用 . . . . . . . . . : 否

以太网适配器 以太网:

   连接特定的 DNS 后缀 . . . . . . . :
   描述. . . . . . . . . . . . . . . : Intel(R) PRO/1000 MT Desktop Adapter
   物理地址. . . . . . . . . . . . . : 08-00-27-F9-06-A3
   DHCP 已启用 . . . . . . . . . . . : 是
   自动配置已启用. . . . . . . . . . : 是
   本地链接 IPv6 地址. . . . . . . . : fe80::e1dd:f84b:1e28:6d9c%6(首选)
   IPv4 地址 . . . . . . . . . . . . : 172.29.40.29(首选)
   子网掩码  . . . . . . . . . . . . : 255.255.248.0
   获得租约的时间  . . . . . . . . . : 2020年2月19日 16:55:00
```

图3-87　ipconfig命令

示例：查看本地DNS缓存的内容，如图3-88所示。

```
C:\Users\Administrator>ipconfig -displaydns

Windows IP 配置

    ctldl.windowsupdate.com
    ----------------------------------------
    记录名称. . . . . . . : ctldl.windowsupdate.com
    记录类型. . . . . . . : 5
    生存时间. . . . . . . : 35
    数据长度. . . . . . . : 8
    部分. . . . . . . . . : 答案
    CNAME 记录  . . . . . : audownload.windowsupdate.nsatc.net
```

图3-88　ipconfig命令

（2）nslookup命令

作用：连接DNS服务器，查询域名信息。

说明：可使用“nslookup/?”命令获取帮助。

示例：获取www. baidu. com的域名解析，如图3-89所示。

```
C:\Users\Administrator>nslookup -d www.baidu.com
------------
Got answer:
    HEADER:
        opcode = QUERY, id = 1, rcode = NOERROR
        header flags:  response, auth. answer, want recursion, recursion avail.
        questions = 1,  answers = 1,  authority records = 0,  additional = 0

    QUESTIONS:
        1.30.168.192.in-addr.arpa, type = PTR, class = IN
    ANSWERS:
    ->  1.30.168.192.in-addr.arpa
        name = nl-ad1.newlandcomputer.com
        ttl = 1200 (20 mins)

------------
服务器:  nl-ad1.newlandcomputer.com
Address:  192.168.30.1
```

图3-89　nslookup命令

（3）netstat命令

作用：显示协议统计信息和当前TCP/IP网络连接。

说明：可使用“netstat help”命令获取帮助。

示例：查看所有进程，如图3-90所示。

```
C:\Users\Administrator>netstat -ano

活动连接

  协议  本地地址          外部地址        状态           PID
  TCP    0.0.0.0:135       0.0.0.0:0       LISTENING       324
```

图3-90　netstat命令

（4）route命令

作用：操作网络路由表。

说明：可使用“route help”命令获取帮助。

示例：显示IP路由，如图3-91所示。

```
C:\Users\Administrator>route print
===========================================================================
接口列表
 10...c8 5b 76 cf e0 29 ......Intel(R) Ethernet Connection (4) I219-LM
 21...0a 00 27 00 00 15 ......VirtualBox Host-Only Ethernet Adapter
  8...00 28 f8 84 17 51 ......Microsoft Wi-Fi Direct Virtual Adapter
  6...02 28 f8 84 17 50 ......Microsoft Wi-Fi Direct Virtual Adapter #3
  7...00 28 f8 84 17 50 ......Intel(R) Dual Band Wireless-AC 8265
 18...00 28 f8 84 17 54 ......Bluetooth Device (Personal Area Network)
  1...........................Software Loopback Interface 1
===========================================================================

IPv4 路由表
===========================================================================
活动路由:
网络目标        网络掩码          网关       接口   跃点数
          0.0.0.0          0.0.0.0     172.29.47.254    172.29.40.82     40
        127.0.0.0        255.0.0.0            在链路上         127.0.0.1    331
        127.0.0.1  255.255.255.255            在链路上         127.0.0.1    331
  127.255.255.255  255.255.255.255            在链路上         127.0.0.1    331
```

图3-91　route命令

（5）ping命令

作用：互联网包探测器，用于测试网络连接量的程序。

说明：可使用“ping/?”命令获取帮助。

示例：测试与baidu服务器的连接情况，如图3-92所示。

```
C:\Users\Administrator>ping baidu.com

正在 Ping baidu.com [220.181.38.148] 具有 32 字节的数据:
来自 220.181.38.148 的回复: 字节=32 时间=46ms TTL=50
来自 220.181.38.148 的回复: 字节=32 时间=46ms TTL=50
来自 220.181.38.148 的回复: 字节=32 时间=45ms TTL=50
来自 220.181.38.148 的回复: 字节=32 时间=47ms TTL=50

220.181.38.148 的 Ping 统计信息:
    数据包: 已发送 = 4，已接收 = 4，丢失 = 0 (0% 丢失)，
往返行程的估计时间(以毫秒为单位):
    最短 = 45ms，最长 = 47ms，平均 = 46ms
```

图3-92　ping命令

示例：对当前主机执行6次ping操作，如图3-93所示。

```
C:\Users\Administrator>ping -n 6 127.0.0.1

正在 Ping 127.0.0.1 具有 32 字节的数据:
来自 127.0.0.1 的回复: 字节=32 时间<1ms TTL=128
来自 127.0.0.1 的回复: 字节=32 时间<1ms TTL=128
来自 127.0.0.1 的回复: 字节=32 时间<1ms TTL=128
来自 127.0.0.1 的回复: 字节=32 时间<1ms TTL=128
来自 127.0.0.1 的回复: 字节=32 时间<1ms TTL=128
来自 127.0.0.1 的回复: 字节=32 时间<1ms TTL=128

127.0.0.1 的 Ping 统计信息:
    数据包: 已发送 = 6，已接收 = 6，丢失 = 0 (0% 丢失)，
往返行程的估计时间(以毫秒为单位):
    最短 = 0ms，最长 = 0ms，平均 = 0ms
```

图3-93　ping命令

当桌面图标太多或者在多个窗口进行作业不想返回桌面时，可以使用命令行方式打开指定的应用程序，如regedit、calc、explorer、mstsc、winver等。

（1）regedit应用

作用：注册表编辑器。

示例：打开注册表编辑器，如图3-94所示。

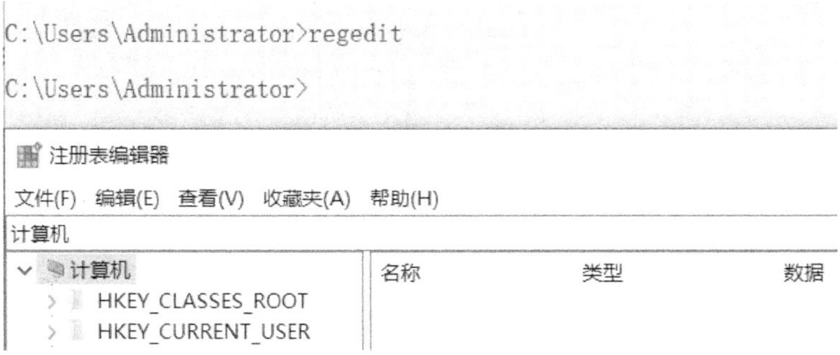

C:\Users\Administrator>regedit
C:\Users\Administrator>
注册表编辑器
文件(F) 编辑(E) 查看(V) 收藏夹(A) 帮助(H)
计算机
计算机
HKEY_CLASSES_ROOT
HKEY_CURRENT_USER
名称
类型
数据

图3-94　注册表编辑器

（2）calc应用

作用：计算器。

示例：打开计算器，如图3-95所示。

C:\Users\Administrator>calc
计算器
查看(V) 编辑(E) 帮助(H)
0
MC
MR
MS
M+
M-
CE
C
±
√

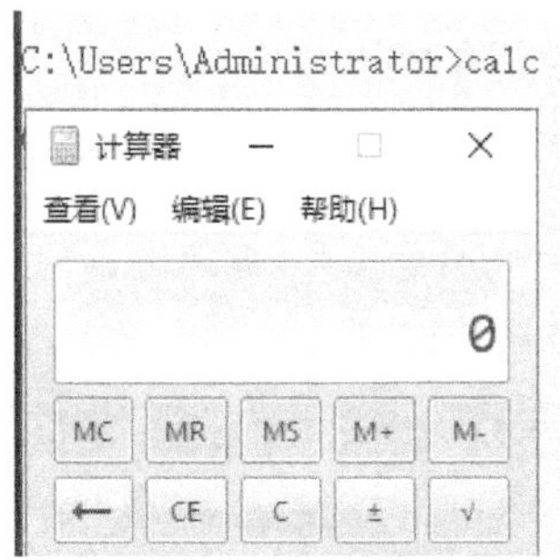

图3-95　计算器

（3）explorer应用

作用：资源管理器。

示例：打开资源管理器，如图3-96所示。

图3-96　资源管理器

（4）mstsc应用

作用：远程桌面连接。

示例：打开远程桌面连接，如图3-97所示。

图3-97　远程桌面连接

（5）winver应用

作用：查看Windows版本。

示例：查看Windows版本，如图3-98所示。

```
C:\Users\Administrator>winver

C:\Users\Administrator>
```

关于"Windows"

Windows Server® 2019

Microsoft Windows Server
版本 1809 (OS 内部版本 17763.107)
© 2018 Microsoft Corporation。保留所有权利。

Windows Server 2019 Standard 操作系统及其用户界面受美国和其他国家/地区的商标法和其他待颁布或已颁布的知识产权法保护。

图3-98　查看Windows版本

此外，还可以使用tasklist、taskkill命令对进程进行查看或终止。

（1）tasklist命令

作用：显示在本地或远程机器上当前运行的进程列表。

说明：可使用“tasklist/?”命令获取帮助。

示例：显示当前运行的进程信息（可查看PID），如图3-99所示。

```
C:\Users\Administrator>tasklist

映像名称                       PID 会话名              会话#       内存使用
========================= ======== ================ =========== ============
System Idle Process              0 Services                   0          8 K
System                           4 Services                   0         24 K
Registry                        96 Services                   0     37,620 K
smss.exe                       340 Services                   0        444 K
csrss.exe                      580 Services                   0      1,612 K
wininit.exe                    664 Services                   0      1,992 K
services.exe                   736 Services                   0      5,520 K
lsass.exe                      776 Services                   0     12,856 K
svchost.exe                    892 Services                   0        916 K
fontdrvhost.exe                916 Services                   0        556 K
svchost.exe                    924 Services                   0     24,848 K
```

图3-99　tasklist命令

（2）taskkill命令

作用：按照进程ID (PID) 或映像名称终止任务。

说明：可使用“taskkill /?”命令获取帮助。

示例：终止进程号为15284的进程，如图3-100所示。

```
C:\Users\Administrator>taskkill /PID 15284
成功: 给进程发送了终止信号，进程的 PID 为 15284。

C:\Users\Administrator>
```

图3-100　taskkill命令

5. 安装Ubuntu 18.04操作系统

Ubuntu是一个以桌面应用为主的开源GNU/Linux操作系统，支持x86、x64的PPC架构，由全球化的专业开发团队（Canonical Ltd）打造。本任务使用的是Ubuntu 18.04.3

LTS（长期支持）版本，该版本可以直接在官网下载。

下面介绍如何在Oracle VM VirtualBox 6.0.14软件上安装Ubuntu 18.04.3 LTS（长期支持）系统。具体安装步骤如下。

步骤1：打开Oracle VM VirtualBox，选择“控制”→“新建”命令。

步骤2：输入名称和存放的路径，并单击“下一步”按钮，如图3-101所示。

图3-101　输入名称和存放的路径

步骤3：设置为虚拟计算机分配的内存大小，建议至少为4096MB，并单击“下一步”按钮。

步骤4：创建虚拟硬盘，选择“现在创建虚拟硬盘”，并单击“创建”按钮。

步骤5：选择虚拟硬盘文件类型为VDI，并单击“下一步”按钮。

步骤6：设置磁盘大小为“动态分配”，并单击“下一步”按钮。

步骤7：设置硬盘大小和存放位置，并单击“下一步”按钮，如图3-102所示。

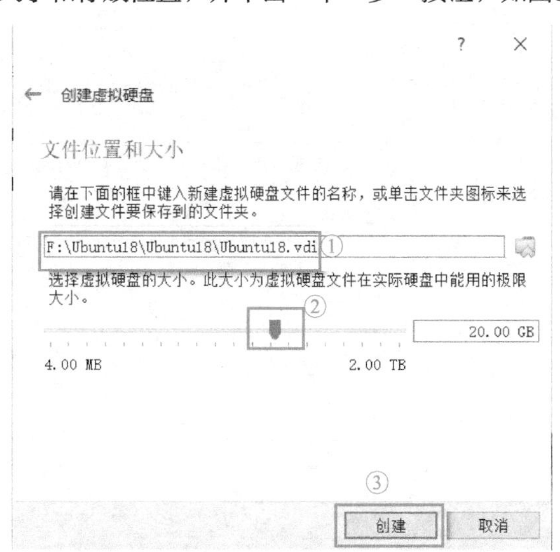

图3-102　设置硬盘大小和存放位置

步骤8：设置完成后，即可看到内存等配置，并单击“启动”按钮。

步骤9：选择在Ubuntu官网所下载的镜像文件，并单击“启动”按钮。

步骤10：进入Ubuntu欢迎界面，选择中文（简体），并单击“安装Ubuntu”按钮。

步骤11：使用默认的安装步骤，选择键盘布局、更新和其他软件、安装类型、地区等。

步骤12：输入登录用户名和密码，并单击“继续”按钮，如图3-103所示。

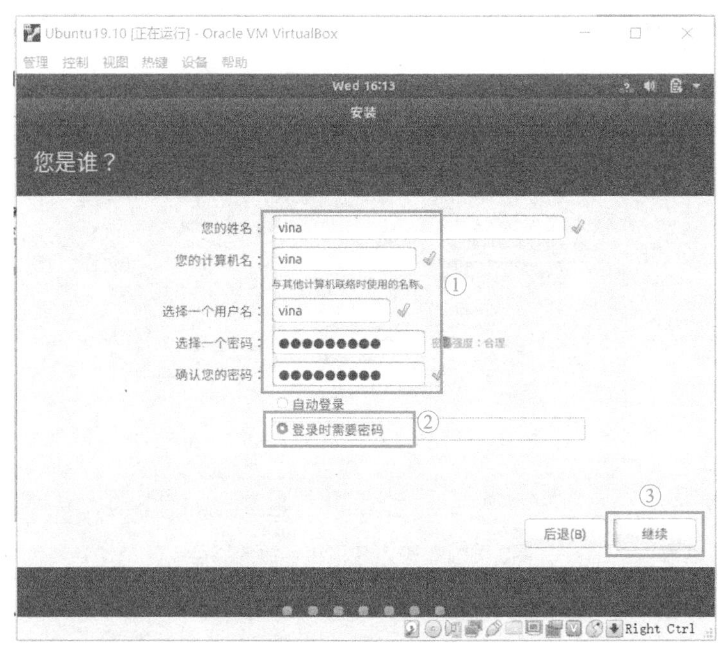

图3-103　用户名和密码

步骤13：安装成功后系统（虚拟机器）将重启，重启后即进入登录界面，如图3-104所示。

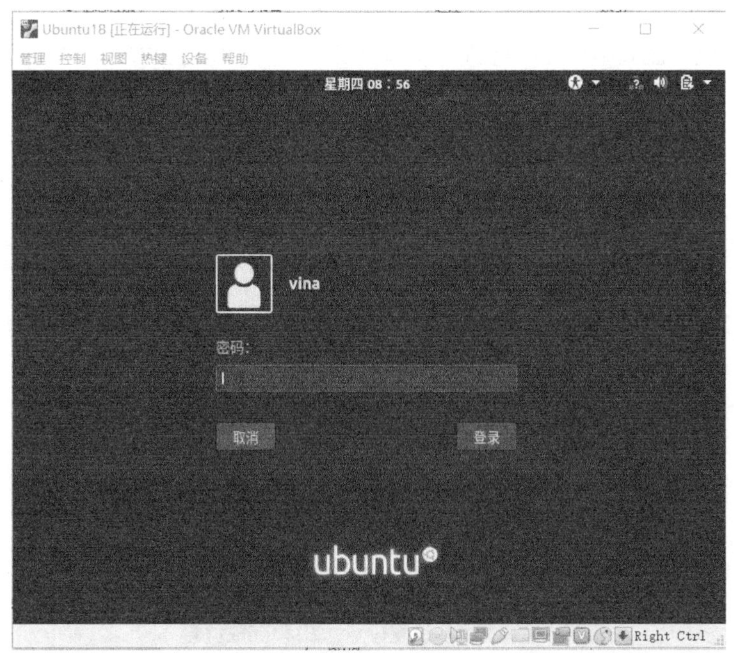

图3-104　登录界面

6. Linux常用命令

下面将从系统管理、磁盘管理、文件管理、文档编辑、网络通信、备份压缩以及其他共7个方面来介绍Linux常用的命令。

常用系统管理命令包括date、ps、top、free等。

（1）date命令

作用：该命令可以用来显示或设定系统的日期与时间，在显示方面，使用者可以设定欲显示的格式，格式设定为一个加号后接数个标记，标记可以是%H等。

说明：可以使用“date --help”“man date”或者“info date”命令获取帮助。

示例：显示日期与时间，如图3-105所示。

```
vina@vina-VirtualBox:/$
vina@vina-VirtualBox:/$ date '+%c'
2019年12月25日 星期三 11时30分14秒
vina@vina-VirtualBox:/$
```

图3-105 date命令

（2）ps命令

作用：命令用于显示当前进程（process）的状态。

说明：可以使用“ps -help”“man ps”或者info ps获取帮助。

示例：显示指定用户进程信息，如图3-106所示。

```
vina@vina-VirtualBox:/$
vina@vina-VirtualBox:/$ ps -u vina
  PID TTY          TIME CMD
 2018 ?        00:00:00 systemd
 2019 ?        00:00:00 (sd-pam)
 2033 ?        00:00:00 gnome-keyring-d
 2037 tty2     00:00:00 gdm-x-session
 2039 tty2     00:00:15 Xorg
```

图3-106 ps命令

（3）top命令

作用：该命令用于实时显示 process的动态。

说明：可以使用“top -help”“man top”或者“info top”命令获取帮助。

示例：以批处理模式显示进程信息，如图3-107所示。

```
vina@vina-VirtualBox:/$
vina@vina-VirtualBox:/$ top -b
top - 11:45:14 up  1:43,  1 user,  load average: 0.05, 0.06, 0.02
任务: 224 total,   1 running, 183 sleeping,   7 stopped,   0 zombie
%Cpu(s):  2.1 us,  0.4 sy,  0.3 ni, 97.1 id,  0.1 wa,  0.0 hi,  0.0 si,  0.0 st
KiB Mem :  4037260 total,   907704 free,  1539916 used,  1589640 buff/cache
KiB Swap:   969960 total,   969960 free,        0 used.  2182552 avail Mem

进�� USER      PR  NI    VIRT    RES    SHR � %CPU %MEM     TIME+ COMMAND
 2039 vina      20   0  468280 120672  78212 S  5.9  3.0   0:21.46 Xorg
 2249 vina      20   0 3059972 326480 115888 S  5.9  8.1   0:56.84 gnome-shell
```

图3-107 top命令

示例：显示指定的进程信息，如图3-108所示。

```
vina@vina-VirtualBox:/$
vina@vina-VirtualBox:/$ top -p 2039

top - 11:47:30 up  1:48,  1 user,  load average: 0.18, 0.09, 0.02
任务:   1 total,   0 running,   1 sleeping,   0 stopped,   0 zombie
%Cpu(s): 10.1 us,  1.4 sy,  0.0 ni, 88.1 id,  0.3 wa,  0.0 hi,  0.0 si,  0.0 st
KiB Mem :  4037260 total,   901632 free,  1545284 used,  1590344 buff/cache
KiB Swap:   969960 total,   969960 free,        0 used.  2177076 avail Mem

进◆◆ USER      PR  NI    VIRT    RES    SHR ◆ %CPU %MEM     TIME+ COMMAND
 2039 vina      20   0  468280 120672  78212 S  3.0  3.0   0:24.15 Xorg
```

图3-108　top命令

（4）free命令

作用：该命令用于显示内存状态。

说明：可以使用“free －help”“man free”或者“info free”命令获取帮助。

示例：以KB为单位显示内存使用情况，如图3-109所示。

```
vina@vina-VirtualBox:/$
vina@vina-VirtualBox:/$ free -k
              总计         已用        空闲        共享    缓冲/缓存      可用
内存:      4037260     1533900      912720       52284     1590640     2188556
交换:       969960           0      969960
```

图3-109　free命令

常用磁盘管理命令包括ls、pwd、cd、mkdir、rmdir、df、du等。

（1）ls命令

作用：用于显示指定工作目录下的内容（列出目前工作目录所含文件及子目录）。

说明：可以使用“ls －help”“man ls”或者“info ls”命令获取帮助。

示例：将/bin目录以下所有目录及文件详细资料列出，如图3-110所示。

```
vina@vina-VirtualBox:/$
vina@vina-VirtualBox:/$ ls -lR /bin
/bin:
总用量 12480
-rwxr-xr-x 1 root root 1113504 6月   7  2019 bash
-rwxr-xr-x 1 root root  748968 8月  29  2018 brltty
```

图3-110　ls命令

（2）pwd命令

作用：该命令用于显示工作目录。

说明：可以使用“pwd －help”“man pwd”或者“info pwd”命令获取帮助。

示例：查看当前所在目录，如图3-111所示。

```
vina@vina-VirtualBox:/$
vina@vina-VirtualBox:/$ pwd
/
vina@vina-VirtualBox:/$
```

图3-111　pwd命令

（3）cd命令

作用：该命令用于切换当前工作目录至dirName（目录参数）。

说明：可以使用“cd –help”命令获取帮助。

示例：切换目录到/usr/bin，并查看当前工作目录，如图3-112所示。

```
vina@vina-VirtualBox:/$
vina@vina-VirtualBox:/$ cd /usr/bin
vina@vina-VirtualBox:/usr/bin$ pwd
/usr/bin
vina@vina-VirtualBox:/usr/bin$
```

图3-112 cd命令

（4）mkdir命令

作用：该命令用于建立名称为 dirName的子目录。

说明：可以使用“mkdir –help”“man mkdir”或者“info mkdir”命令来获取帮助。

示例：查看是否存在/tmp/AA/BB目录，如果BB目录不存在则建立一个，如图3-113所示。

```
vina@vina-VirtualBox:~$
vina@vina-VirtualBox:~$ ls /tmp/AA/BB
ls: 无法访问'/tmp/AA/BB': 没有那个文件或目录
vina@vina-VirtualBox:~$ mkdir -p /tmp/AA/BB
vina@vina-VirtualBox:~$ ls /tmp/AA
BB
```

图3-113 mkdir命令

（5）rmdir命令

作用：该命令用于删除空的目录。

说明：可以使用“rmdir –help”“man rmdir”或者“info rmdir”命令获取帮助。

示例：查看是否存在/tmp/AA/BB目录，如果BB目录不存在则建立一个；成功后再将BB目录删除，如图3-114所示。

```
vina@vina-VirtualBox:~$ mkdir -p /tmp/AA/BB
vina@vina-VirtualBox:~$ ls /tmp/AA
BB
vina@vina-VirtualBox:~$ rmdir /tmp/AA/BB
vina@vina-VirtualBox:~$ ls /tmp/AA
```

图3-114 rmdir命令

（6）df命令

作用：该命令用于显示目前在Linux操作系统上的文件系统的磁盘使用情况统计。

说明：可以使用“df –help”“man df”或者“info df”命令获取帮助。

示例：显示所有磁盘的使用情况，如图3-115所示。

```
vina@vina-VirtualBox:~$
vina@vina-VirtualBox:~$ df --total
文件系统        1K-块    已用     可用 已用% 挂载点
udev          1994508       0  1994508    0% /dev
tmpfs          403728    1576   402152    1% /run
```

图3-115 df命令

（7）du命令

作用：该命令用于显示目录或文件的大小。

说明：可以使用“du - help”“man du”或者“info du”命令获取帮助。

示例：查看是否存在/tmp/AA/BB目录，如果BB目录不存在则建立一个；成功后以1024 Byte为单位显示/AA目录或者文件所占空间，如图3-116所示。

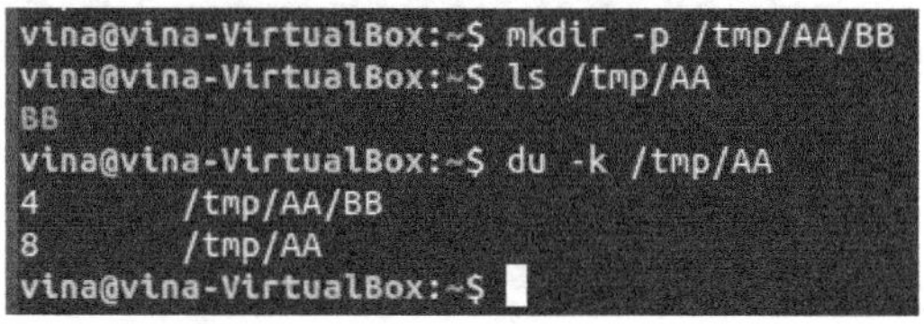

```
vina@vina-VirtualBox:~$ mkdir -p /tmp/AA/BB
vina@vina-VirtualBox:~$ ls /tmp/AA
BB
vina@vina-VirtualBox:~$ du -k /tmp/AA
4       /tmp/AA/BB
8       /tmp/AA
vina@vina-VirtualBox:~$ 
```

图3-116　du命令

常用的文件管理命令包括touch、mv、cp、more、less、which、whereis、locate、find、chmod、rm等。

（1）touch命令

作用：该命令用于修改文件或者目录的时间属性，包括存取时间和更改时间。如果文件不存在，系统则会建立一个新的文件。

说明：可以使用“touch - help”“man touch”或者“info touch”命令获取帮助。

示例：查看是否存在/tmp/AA/BB目录，如果BB目录不存在则建立一个；成功后在AA目录下创建名为fileA的空白文件，如图3-117所示。

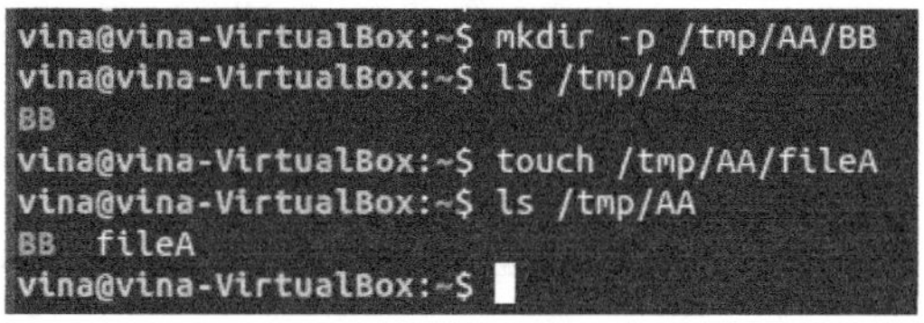

```
vina@vina-VirtualBox:~$ mkdir -p /tmp/AA/BB
vina@vina-VirtualBox:~$ ls /tmp/AA
BB
vina@vina-VirtualBox:~$ touch /tmp/AA/fileA
vina@vina-VirtualBox:~$ ls /tmp/AA
BB  fileA
vina@vina-VirtualBox:~$ 
```

图3-117　touch命令

（2）mv命令

作用：该命令用来为文件或目录改名以及将文件或目录移入其他位置。

说明：可以使用“mv - help”“man mv”或者“info mv”命令获取帮助。

示例：查看是否存在/tmp/AA/BB目录，如果BB目录不存在则建立一个；成功后在BB目录下创建名为fileA的空白文件；将fileA文件从/tmp/AA/BB目录移入/tmp/AA目录，如图3-118所示。

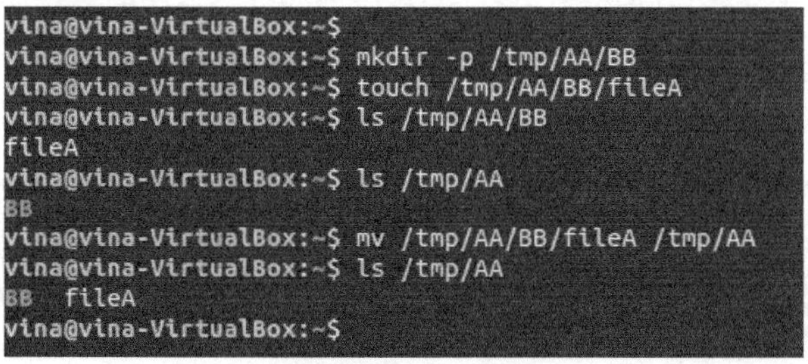

```
vina@vina-VirtualBox:~$
vina@vina-VirtualBox:~$ mkdir -p /tmp/AA/BB
vina@vina-VirtualBox:~$ touch /tmp/AA/BB/fileA
vina@vina-VirtualBox:~$ ls /tmp/AA/BB
fileA
vina@vina-VirtualBox:~$ ls /tmp/AA
BB
vina@vina-VirtualBox:~$ mv /tmp/AA/BB/fileA /tmp/AA
vina@vina-VirtualBox:~$ ls /tmp/AA
BB  fileA
vina@vina-VirtualBox:~$
```

图3-118　mv命令

（3）cp命令

作用：该命令主要用于复制文件或目录。

说明：可以使用“cp - help”“man cp”或者“info cp”命令获取帮助。

示例：查看是否存在/tmp/AA/BB目录，如果BB目录不存在则建立一个；成功后在BB目录下创建名为fileA的空白文件；将fileA文件从/tmp/AA/BB目录复制到/tmp/AA目录，如图3-119所示。

```
vina@vina-VirtualBox:~$ mkdir -p /tmp/AA/BB
vina@vina-VirtualBox:~$ touch /tmp/AA/BB/fileA
vina@vina-VirtualBox:~$ ls /tmp/AA
BB
vina@vina-VirtualBox:~$ cp /tmp/AA/BB/fileA /tmp/AA
vina@vina-VirtualBox:~$ ls /tmp/AA
BB  fileA
vina@vina-VirtualBox:~$
```

图3-119　cp命令

（4）more命令

作用：以全屏幕的方式按页显示文本文件的内容。

说明：可以使用“more - help”“man more”或者“info more”命令获取帮助。

示例：按页显示系统中所有用户的基本信息，如图3-120所示。

```
vina@vina-VirtualBox:~$
vina@vina-VirtualBox:~$ more /etc/passwd
root:x:0:0:root:/root:/bin/bash
daemon:x:1:1:daemon:/usr/sbin:/usr/sbin/nologin
bin:x:2:2:bin:/bin:/usr/sbin/nologin
```

图3-120　more命令

（5）less命令

作用：对文件或其他输出进行分页显示。

说明：可以使用“less - -help”“man less”或者“info less”命令获取帮助。

示例：按页显示系统中所有用户的基本信息，如图3-121所示。

```
vina@vina-VirtualBox:~$
vina@vina-VirtualBox:~$ less /etc/passwd
```

图3-121　less命令

（6）which命令

作用：该命令用于查找文件。

说明：可以使用“man which”或者“info which”命令获取帮助。

示例：查看bash的绝对路径，如图3-122所示。

```
vina@vina-VirtualBox:~$
vina@vina-VirtualBox:~$ which bash
/bin/bash
vina@vina-VirtualBox:~$
```

图3-122　which命令

（7）whereis命令

作用：该命令用于查找文件。

说明：可以使用“whereis -help”“man whereis”或者“info whereis”命令获取帮助。

示例：查看bash命令的位置，如图3-123所示。

```
vina@vina-VirtualBox:~$
vina@vina-VirtualBox:~$ whereis bash
bash: /bin/bash /etc/bash.bashrc /usr/share/man/man1/bash.1.gz
vina@vina-VirtualBox:~$
```

图3-123　whereis命令

（8）locate命令

作用：该命令用于查找符合条件的文档。

说明：可以使用“locate -help”“man locate”或者“info locate”命令获取帮助。

示例：查找passwd文件，如图3-124所示。

```
vina@vina-VirtualBox:~$
vina@vina-VirtualBox:~$ locate passwd
/etc/passwd
/etc/passwd-
```

图3-124　locate命令

（9）find命令

作用：该命令用来在指定目录下查找文件。

说明：可以使用“find -help”“man find”或者“info find”命令获取帮助。

示例：查看是否存在/tmp/AA/BB目录，如果BB目录不存在则建立一个；成功后在BB目录下创建名为fileA的空白文件；将/tmp/AA目录及其子目录下所有最近20天内更新过的文件列出，如图3-125所示。

```
vina@vina-VirtualBox:~$ mkdir -p /tmp/AA/BB
vina@vina-VirtualBox:~$ touch /tmp/AA/BB/fileA
vina@vina-VirtualBox:~$ ls /tmp/AA
BB
vina@vina-VirtualBox:~$ find /tmp/AA  -ctime -20
/tmp/AA
/tmp/AA/BB
/tmp/AA/BB/fileA
vina@vina-VirtualBox:~$
```

图3-125　find命令

示例：将/tmp/AA目录及其子目录下的所有一般文件列出，如图3-126所示。

```
vina@vina-VirtualBox:~$
vina@vina-VirtualBox:~$ find /tmp/AA  -type f
/tmp/AA/BB/fileA
vina@vina-VirtualBox:~$
```

图3-126　find命令

（10）chmod命令

作用：修改文件或目录的权限（可读取、可写入、可执行）。

说明：可以使用“chmod -help”“man chmod”或者“info chmod”命令获取帮助。

示例：查看是否存在/tmp/AA/BB目录，如果BB目录不存在则建立一个；成功后在BB目录下创建名为fileA的空白文件；将fileA文件设为所有人皆可读取，如图3-127所示。

```
vina@vina-VirtualBox:~$
vina@vina-VirtualBox:~$ mkdir -p /tmp/AA/BB
vina@vina-VirtualBox:~$ touch /tmp/AA/BB/fileA
vina@vina-VirtualBox:~$ ls /tmp/AA/BB
fileA
vina@vina-VirtualBox:~$ chmod a+r /tmp/AA/BB/fileA
```

图3-127 chmod命令

（11）rm命令

作用：该命令用于删除一个文件或者目录。

说明：可以使用“rm -help”“man rm”或者“info rm”命令获取帮助。

示例：查看是否存在/tmp/AA/BB目录，如果BB目录不存在则建立一个；成功后删除/tmp/AA目录以及该目录下的所有文件和目录，如图3-128所示。

```
vina@vina-VirtualBox:~$ mkdir -p /tmp/AA/BB
vina@vina-VirtualBox:~$ ls /tmp/AA
BB
vina@vina-VirtualBox:~$ rm -r /tmp/AA
vina@vina-VirtualBox:~$ ls /tmp/AA
ls: 无法访问'/tmp/AA': 没有那个文件或目录
```

图3-128 rm命令

常用的文档编辑命令包括grep、wc等。

（1）grep命令

作用：该命令用于查找文件里符合条件的字符串。

说明：可以使用“grep --color”“man grep”或者“info grep”命令获取帮助。

示例：查找系统用户配置文件中是否包含“root”用户，如图3-129所示。

```
vina@vina-VirtualBox:~$
vina@vina-VirtualBox:~$ grep -i root /etc/passwd
root:x:0:0:root:/root:/bin/bash
vina@vina-VirtualBox:~$
```

图3-129 grep命令

（2）wc命令

作用：用于计算文件的字节数、字数或行数。

说明：可以使用“wc --help”“man wc”或者“info wc”命令获取帮助。

示例：查看系统用户配置文件的行数，如图3-130所示。

```
vina@vina-VirtualBox:~$
vina@vina-VirtualBox:~$ wc -l /etc/passwd
41 /etc/passwd
vina@vina-VirtualBox:~$
```

图3-130 wc命令

常用的网络通信命令包括ping、ifconfig、netstat等。其中ifconfig、netstat命令需安装net-tools，否则将提示错误信息，如图3-131所示。

```
vina@vina-VirtualBox:~$ ifconfig

Command 'ifconfig' not found, but can be installed with:

sudo apt install net-tools
```

图3-131 错误提示

（1）ping命令

作用：该命令用于检测主机。

说明：可以使用“ping -help”“man ping”或者“info ping”命令获取帮助。

示例：ping DNS服务器，如图3-132所示。

```
vina@vina-VirtualBox:~$
vina@vina-VirtualBox:~$ ping 192.168.30.1
PING 192.168.30.1 (192.168.30.1) 56(84) bytes of data.
64 bytes from 192.168.30.1: icmp_seq=1 ttl=124 time=3.36 ms
64 bytes from 192.168.30.1: icmp_seq=2 ttl=124 time=2.24 ms
64 bytes from 192.168.30.1: icmp_seq=3 ttl=124 time=6.58 ms
```

图3-132 ping命令

（2）ifconfig命令

作用：该命令用于显示或设置网络设备。

说明：可以使用“ifconfig -help”“man ifconfig”或者“info ifconfig”命令获取帮助。

示例：显示网络设备信息，如图3-133所示。

```
vina@vina-VirtualBox:~$
vina@vina-VirtualBox:~$ ifconfig
enp0s3: flags=4163<UP,BROADCAST,RUNNING,MULTICAST>  mtu 1500
        inet 172.29.40.43  netmask 255.255.248.0  broadcast 172.29.47.255
        inet6 fe80::6260:1cf6:a56c:16c5  prefixlen 64  scopeid 0x20<link>
        ether 08:00:27:b0:81:96  txqueuelen 1000  (以太网)
        RX packets 313  bytes 32155 (32.1 KB)
        RX errors 0  dropped 0  overruns 0  frame 0
        TX packets 46  bytes 7205 (7.2 KB)
        TX errors 0  dropped 0 overruns 0  carrier 0  collisions 0
```

图3-133 ifconfig命令

（3）netstat命令

作用：该命令用于显示网络状态。

说明：可以使用“netstat -help”“man netstat”或者“info netstat”命令获取帮助。

示例：显示网卡列表，如图3-134所示。

```
vina@vina-VirtualBox:~$
vina@vina-VirtualBox:~$ netstat -i
Kernel Interface table
Iface       MTU    RX-OK RX-ERR RX-DRP RX-OVR    TX-OK TX-ERR TX-DRP TX-OVR Flg
enp0s3     1500      804      0      0 0           55      0      0      0 BMRU
lo        65536      345      0      0 0          345      0      0      0 LRU
vina@vina-VirtualBox:~$
```

图3-134 netstat命令

常用的备份压缩命令包括tar、zip等。

（1）tar命令

作用：该命令用于备份文件。

说明：可以使用“tar --help”“man tar”或者“info tar”命令获取帮助。

示例：查看是否存在/tmp/AA/BB目录，如果BB目录不存在则建立一个；成功后在BB目录全部打包成tar包，如图3-135所示。

```
vina@vina-VirtualBox:~$ mkdir -p /tmp/AA/BB
vina@vina-VirtualBox:~$ ls /tmp/AA
BB
vina@vina-VirtualBox:~$ cd /tmp/AA
vina@vina-VirtualBox:/tmp/AA$ tar -cvf BB.tar BB
BB/
vina@vina-VirtualBox:/tmp/AA$ ls /tmp/AA
BB  BB.tar
vina@vina-VirtualBox:/tmp/AA$
```

图3-135 tar命令

（2）zip命令

作用：用于压缩文件，文件经压缩后会另外产生具有“. zip”扩展名的压缩文件。

说明：可以使用“zip -help”“man zip”或者“info zip”命令获取帮助。

示例：查看是否存在/tmp/AA/BB目录，如果BB目录不存在则建立一个；成功后将BB目录下的所有文件和文件夹打包为当前目录下的BB. zip，如图3-136所示。

```
vina@vina-VirtualBox:~$ mkdir -p /tmp/AA/BB
vina@vina-VirtualBox:~$ ls /tmp/AA
BB
vina@vina-VirtualBox:~$ cd /tmp/AA
vina@vina-VirtualBox:/tmp/AA$ zip -q -r BB.zip BB
vina@vina-VirtualBox:/tmp/AA$ ls
BB  BB.zip
vina@vina-VirtualBox:/tmp/AA$
```

图3-136 zip命令

其他命令包括tail等。

tail命令

作用：用于查看文件的内容。

说明：可以使用“tail --help”“man tail”或者“info tail”命令获取帮助。

示例：查看是否存在/tmp/AA目录，如果AA目录不存在则建立一个；成功后在AA目录下创建名为fileA的空白文件并跟踪，如图3-137所示。

```
vina@vina-VirtualBox:~$ mkdir -p /tmp/AA
vina@vina-VirtualBox:~$ touch /tmp/AA/fileA
vina@vina-VirtualBox:~$ ls /tmp/AA
fileA
vina@vina-VirtualBox:~$ tail -f /tmp/AA/fileA
```

图3-137　tail命令

7. SSH

SSH为Secure Shell的缩写，由IETF的网络小组（Network Working Group）所制定；SSH为建立在应用层基础上的安全协议。SSH较为可靠，专为远程登录会话和其他网络服务提供安全性的协议。利用SSH协议可以有效防止远程管理过程中的信息泄露问题。SSH最初是UNIX操作系统上的一个程序，后来又迅速扩展到其他操作平台。SSH在正确使用时可弥补网络中的漏洞。SSH客户端适用于多种平台。几乎所有UNIX平台包括HP-UX、Linux、AIX、Solaris、Digital UNIX、Irix以及其他平台，都可以运行SSH。

任务实施

1. 修改Ubuntu系统的主机名

步骤1：在终端输入“sudo -s”命令切换至root管理员。

步骤2：在终端输入“hostname”命令查看当前的主机名。

步骤3：在终端输入“vim /etc/hostname”命令，并将文件内容修改为“ubuntu”（ubuntu为修改后的主机名）。

步骤4：在终端输入“vim /etc/hosts”命令，并将文件内容修改为“127.0.0.1 ubuntu”（ubuntu为修改后的主机名）。

步骤5：重启Ubuntu系统。修改成功后的文件如图3-138所示。

```
roger@ubuntu:~$ cat /etc/hostname
ubuntu
roger@ubuntu:~$ cat /etc/hosts
127.0.0.1       localhost
127.0.1.1       ubuntu
```

图3-138　查看/etc/hosts文件

2. 使用Netplan工具配置静态IP地址、网关、DNS服务器地址

步骤1：在终端输入“sudo -s”命令切换至root管理员。

步骤2：在终端输入“cd /etc/netplan”命令切换至Netplan所在的路径。

步骤3：在终端输入“ls”命令查看/etc/netplan文件夹下的文件，文件扩展名为yaml。

步骤4：在终端输入“vim 01-network-manager-all.yaml”命令编辑配置文件，如图3-139所示。

```
# Let NetworkManager manage all devices on this system
network:
  version: 2
  renderer: NetworkManager
  ethernets:
          enp0s3:
                  addresses: [192.168.104.66/24]
                  gateway4: 192.168.104.1
                  nameservers:
                          addresses: [114.114.114.114,8.8.8.8]
                  dhcp4: no
```

图3-139　01-network-manager-all.yaml文件

配置文件中的enp0s3为网卡名称，addresses为IP地址，如192.168.104.66；gateway4为网关地址，如192.168.104.1；nameservers为DNS服务器地址，如114.114.114.114。

注意：键与值之间要加空格（即图3-139中箭头标识处要加空格）。

步骤5：在终端输入“sudo netplan apply”命令使配置生效。

步骤6：在终端输入“ifconfig”命令查看网卡的IP地址、子网掩码、广播地址。

任务检查与评价

完成任务实施后，进行任务检查，可采用小组互评等方式，任务检查评价单见表3-10。

表3-10　任务检查评价单

任务：搭建应用服务器

专业能力				
序号	任务要求	评分标准	分数	得分
1	修改Ubuntu系统的主机名	在终端输入hostname命令查看当前的主机名是否为“Task+学号”	20	
2	使用Netplan工具配置静态IP地址、网关、DNS服务器地址	在终端输入ifconfig命令查看IP地址是否为192.168.组号.学号	20	
		在终端输入ifconfig命令查看IP地址是否为192.168.组号.学号	20	
		在终端输入ping www.baidu.com查看是否能ping通	20	
专业能力小计			80	
职业素养				
序号	任务要求	评分标准	分数	得分
1	遵守课堂纪律	遵守课堂纪律，保持工位区域内整洁	20	
职业素养小计			20	
实操题总计			100	

任务小结

Ubuntu 18.04使用Netplan来配置IP地址，也可以通过修改/etc/network/interfaces配置文件来修改IP地址、子网掩码、网关；通过修改/etc/resolve.conf配置文件修改DNS服务器地址。Netplan目前支持两种网络管理工具：NetworkManager和Systemd-networkd。netplan操作命令提供两个子命令：

netplan generate：以/etc/netplan配置为管理工具生成配置。

netplan apply：应用配置（以便生效），必要时重启管理工具。

任务拓展

Linux下主流网站架构：LVS+Keepalived（Heartbeat）+Squid+Nginx/Apache+Java/PHP+MYSQL/MariaDB等，如图3-140所示。

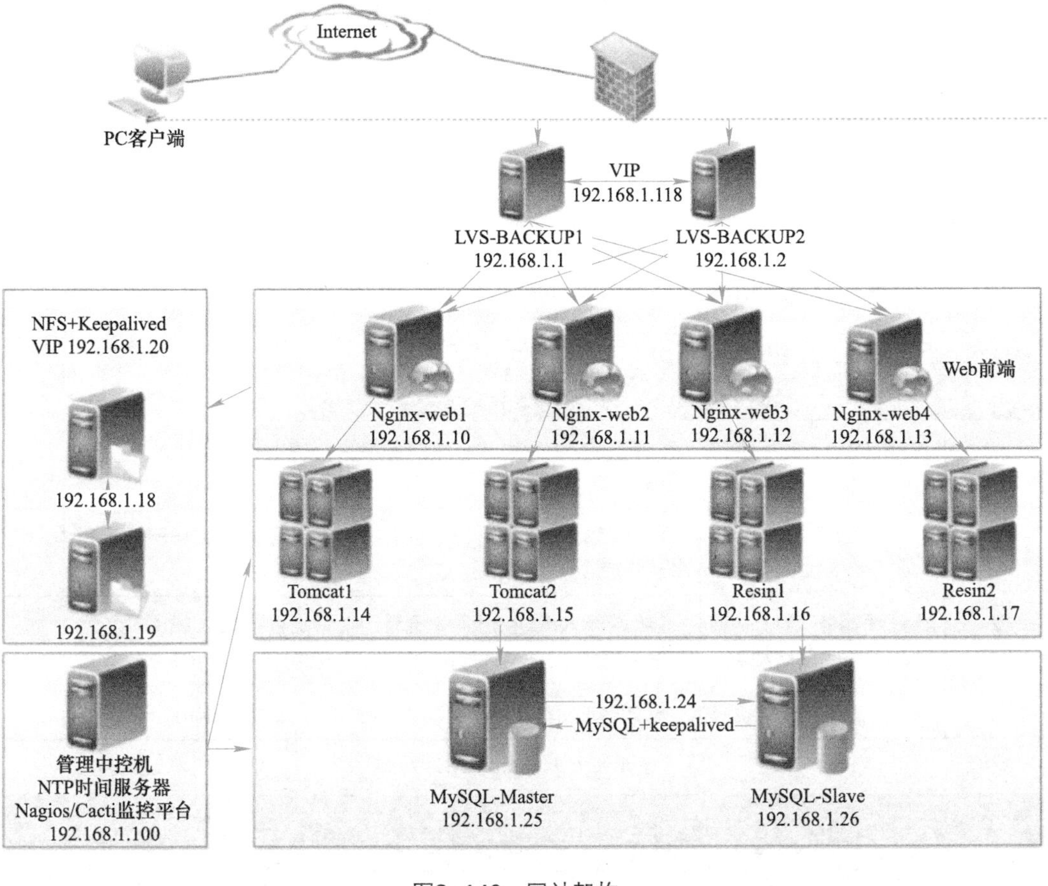

图3-140　网站架构

一般网站总体分为4层，依次为前端负载均衡、中间代理、后端服务和数据库层。LVS负载均衡层主要用来抵御大流量及转发数据功能，一般基于TCP/IP 4层协议进行转发，根据不同的内部环境使用的转发方式也不一样，通常DR模式的效率比较高。

LVS+Keepalived结合，可以使用Keepalived去管理整个配置文件，让负载均衡变得简单，可以用不同的策划方案来检查后端部署的Nginx或者Squid服务是否正常。

Nginx目前基于7层应用，能够实现各种规则转发，反向代理后端的Java、PHP动态服务器，同时Nginx自身拥有处理静态页面的能力，其官方理论并发量为5w/s。同时Nginx还可以作为缓存服务器存储静态页面缓存，性能跟squid不相上下。在使用Nginx过程中，维护工程师需要长期关注系统的整体运行情况，分析系统瓶颈，不断优化Nginx的相关参数，并确保Nginx跟后端服务连接不发生异常。

后端存放真正的网站和后台服务，通过前端Nginx调用，后端常见的服务解析软件，如果是JSP语言，则容器为Tomcat、Resin、Weblogic等。

目前互联网主流数据库有MySQL、MariaDB、MongoDB、Oracle等，是整个架构的核心层，而且数据是企业生存之本，所以数据库的架构和维护是至关重要的。中大型互联网公司都有自己专职的DBA人员来负责MySQL的运行和维护。

任务5 开发与发布应用系统

职业能力目标

1）能在Windows操作系统环境下安装应用程序，并正确完成配置。

2）能在Linux操作系统环境下，使用rpm、yum等方式安装应用程序，并正确完成配置。

3）能够在Windows、Linux操作系统环境下，正确使用管理工具和命令，配置应用程序启动策略。

任务描述与要求

任务描述

小陆已经完成××智慧农场项目的数据服务器部署以及应用服务器的搭建，现在要将公司开发好的应用服务部署到应用服务器上。

所对应的项目实施团队根据公司研发提供的项目部署集成文档，对应用程序进行部署操作，正确部署后通过浏览器可以访问应用服务。

任务要求

1）发布智能鱼塘养殖系统。

2）智能鱼塘养殖系统的Web端数据采集与设备控制。

3）生成温度、湿度值曲线图。

任务分析与计划

1. 任务分析

在Internet中，网关是一种连接内部网络与Internet上其他网络的中间设备，也称“路由器”，而在物联网的体系架构中，在感知层和网络层两个不同的网络之间需要一个中间设备，即“物联网网关”。

物联网网关能够把收集到的不同信息整合起来，并把它传输到下一层次，使信息在各部分之间相互传输。物联网网关可以实现感知网络与通信网络，以及不同类型感知网络之间的协议转换；既可以实现广域互联，也可以实现局域互联。实验中的网关汇聚感知层的数据后报送至物联网云平台。物联网云平台同时提供项目生成器，可以通过Web端采集传感数据、控制执行设备。

2. 任务实施计划

搭建智能鱼塘养殖系统后使用项目生成器部署项目，具体内容可以包括智能鱼塘养殖系统发布、智能鱼塘养殖系统Web端设置等内容，任务计划见表3-11。

表3-11　任务计划

项目名称	智慧农场应用系统部署
任务名称	开发与发布应用系统
计划方式	总体计划、分步计划、过程计划
计划要求	选择一个特定的计划方式，制订可执行的计划步骤
序号	任务计划
1	发布智能鱼塘养殖系统
2	智能鱼塘养殖系统的Web端数据采集与设备控制
3	生成温度、湿度值曲线图

知识储备

1. JDK

JDK是整个Java的核心，包括了Java运行环境（Java Runtime Environment）、Java工具和Java基础的类库（rt.jar）。不论什么Java应用服务器实质都是内置了某个版本的JDK。目前主流的JDK之一是由Sun公司发布的，除了Sun之外，还有很多公司和组织都开发了自己的JDK，例如，IBM公司开发的JDK，BEA公司的Jrocket，还有GNU组织开发的JDK等。

JRE（Java Runtime Environment，Java运行时环境）相当于JVM＋解释器＋Java核心类库，如果想要运行一个开发好的Java程序，则只需要在计算机中安装JRE即可。

JVM（Java Virtual Machine，Java虚拟机）可以理解为一个虚拟的机器，具备计算机基本的运算方式。它主要负责将Java程序生成的和平台无关的字节码文件解释成能在具体平台上运行的机器指令。JVM、JRE、JDK的关系如图3-141所示。

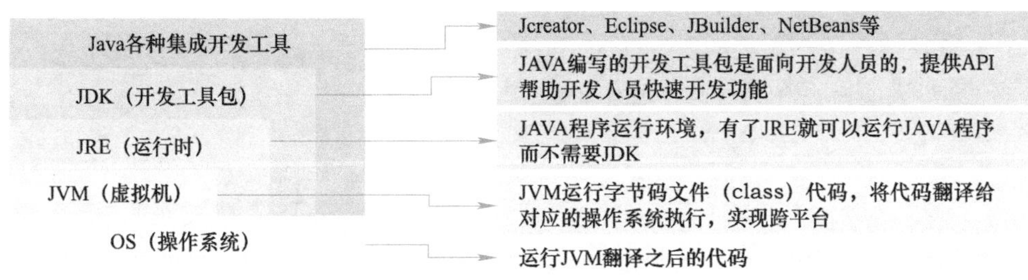

图3-141　JVM、JRE、JDK的关系

Oracle公司的JDK通用的一些版本以及提供的功能见表3-12。

表3-12　JDK版本及功能

版本	功能
1.4	正则表达式、异常链、NIO、日志类、XML解析器、XLST转换器
1.5	自动装箱、泛型、动态注解、枚举、可变长参数、遍历循环
1.6	提供动态语言支持、提供编译API和微型HTTP服务器API，改进JVM的锁，同步垃圾回收，类加载
1.7	提供GI收集器、加强对非Java语言的调用支持（JSR-292），升级类加载架构
1.8	Lambda 表达式、方法引用、默认方法、新工具、Stream API、Date Time API 、Optional 类、Nashorn，JavaScript 引擎

JDK在Linux系统中有两个版本，一个是开源版本的OpenJDK，另一个为Oracle官方版本JDK，Oracle提供的JDK既可以通过添加ppa源命令进行安装，也可以从Oracle官网下载JDK压缩包后安装。下面介绍如何从Oracle官网下载并在Ubuntu 18.04系统上安装JDK1.8。

JDK1.8（即JDK 8）可以直接在Oracle公司中文官网免费下载，只需选择对应的Linux 64位版本的tar.gz压缩包即可，如图3-142和图3-143所示。

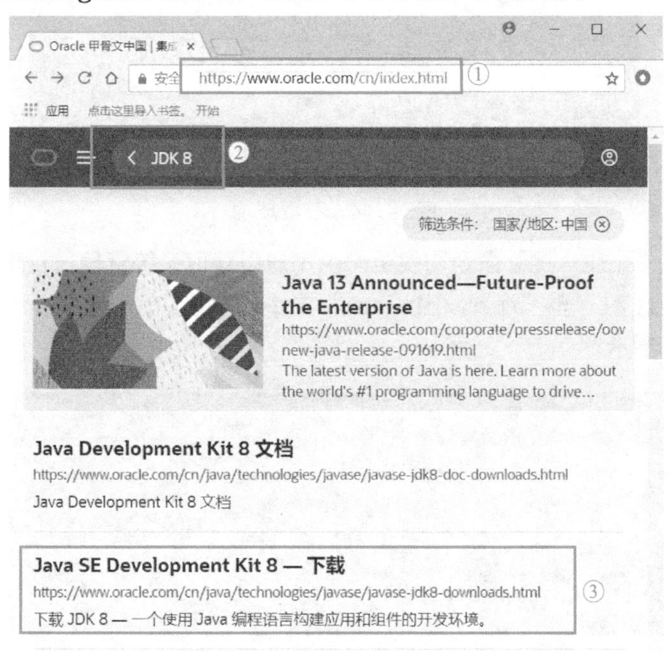

图3-142　Oracle官网下载

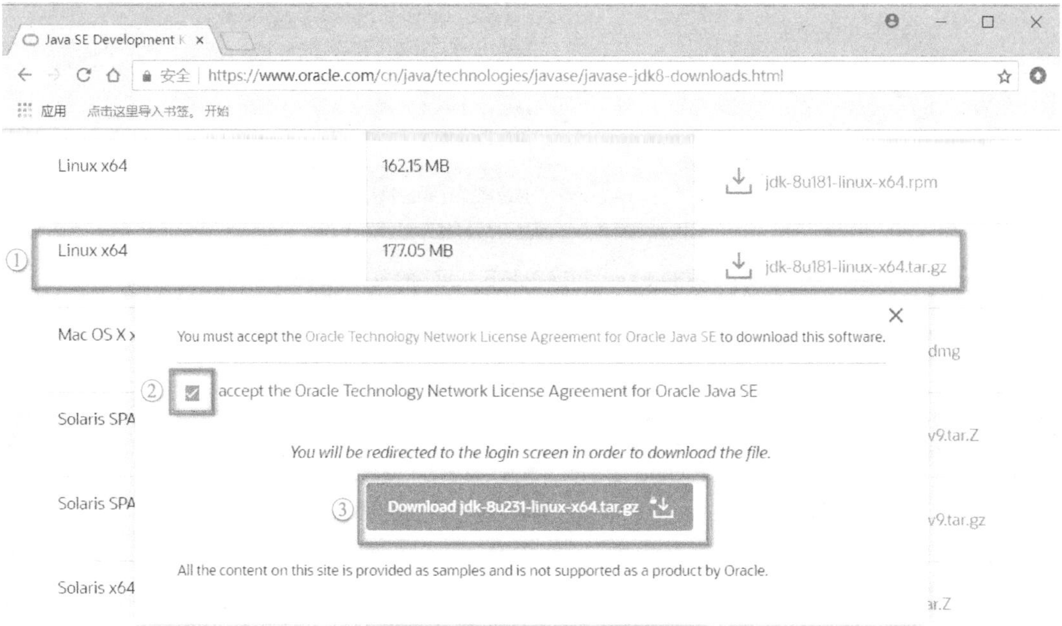

图3-143　下载tar.gz版本

下面以教学资源包中jdk-8u171版本的安装方法为例进行讲解。

将本地的jdk压缩包上传到Ubuntu系统中/tmp/soft文件夹下（操作前需创建soft文件夹），并使用“sudo mount”命令挂载，挂载成功后，将在/tmp/soft文件夹下看到jdk-8u171版本的tar. gz文件，如图3-144所示。

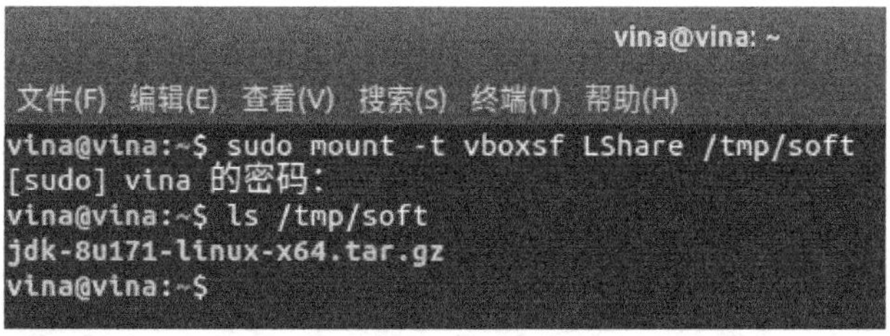

```
vina@vina:~$ sudo mount -t vboxsf LShare /tmp/soft
[sudo] vina 的密码：
vina@vina:~$ ls /tmp/soft
jdk-8u171-linux-x64.tar.gz
vina@vina:~$
```

图3-144　挂载成功

步骤1：使用“sudo -s”命令切换至root用户以获取系统管理员权限，并使用“tar”命令解压“jdk-8u171”至“/tmp/lib/jvm”文件夹（需提前创建“/tmp/lib/jvm”文件夹），如图3-145所示。

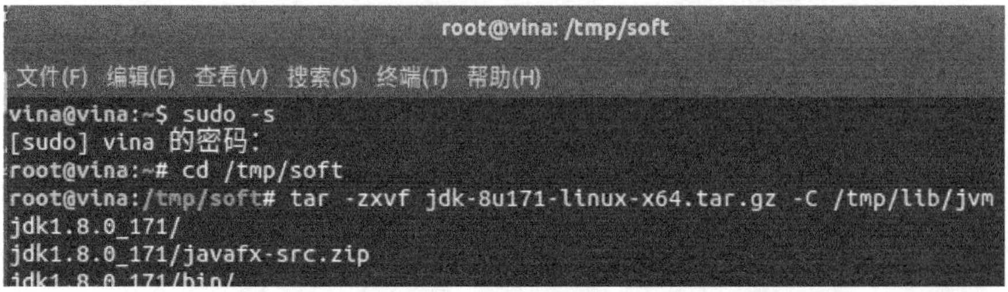

```
vina@vina:~$ sudo -s
[sudo] vina 的密码：
root@vina:~# cd /tmp/soft
root@vina:/tmp/soft# tar -zxvf jdk-8u171-linux-x64.tar.gz -C /tmp/lib/jvm
jdk1.8.0_171/
jdk1.8.0_171/javafx-src.zip
jdk1.8.0_171/bin/
```

图3-145　切换至root用户并解压jdk-8u171压缩包

解压完成后的文件夹结构如图3-146所示。

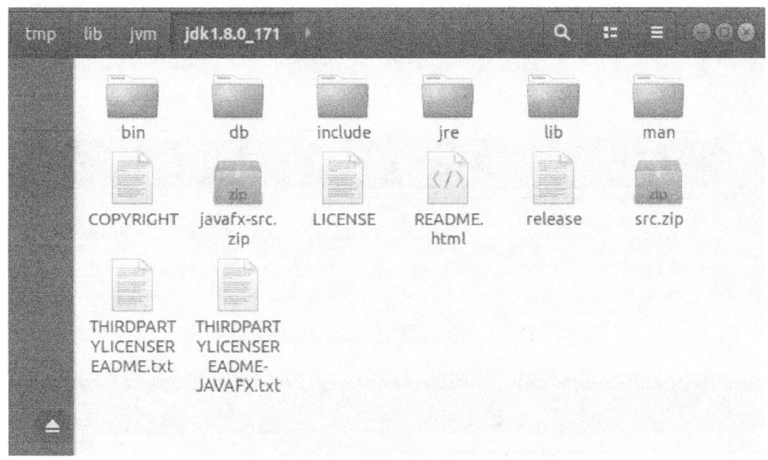

图3-146　jdk-8u171解压后的文件夹

步骤2：通过修改“/etc/profile”和“.bashrc”文件来配置环境变量。如果仅作为开发使用可以修改“/etc/profile”文件，因为所有用户的shell都有权使用这些环境变量，但可能会给系统带来安全性问题。修改“.bashrc”文件会更安全，它可以把使用这些环境变量的权限控制到用户级别，如图3-147所示。仅当前root用户可以使用配置的环境变量。

```
root@vina:/tmp/soft# sudo vi ~/.bashrc
```

图3-147　vi命令编辑bashrc文件

需要配置的环境变量包含JAVA_HOME、JRE_HOME、CLASSPATH、PATH，如图3-148所示。

```
export JAVA_HOME=/tmp/lib/jvm/jdk1.8.0_171
export JRE_HOME=${JAVA_HOME}/jre
export CLASSPATH=.:${JAVA_HOME}/lib:${JRE_HOME}/lib
export PATH=${JAVA_HOME}/bin:$PATH
```

图3-148　需要配置的环境变量

JAVA_HOME变量的值为解压后的“/tmp/lib/jvm/jdk-8u171”文件夹；其他环境变量的值以JAVA_HOME变量为前提，如图3-149～图3-152所示。

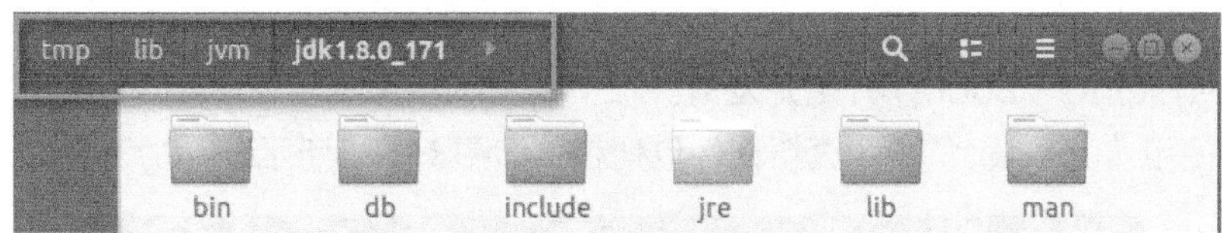

图3-149　将路径赋值给JAVA_HOME变量

图3-150　将路径赋值给JRE_HOME变量

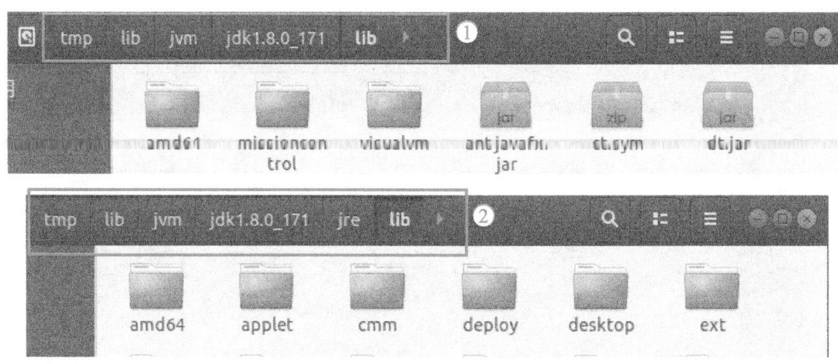

图3-151　路径赋值给CLASSPATH变量

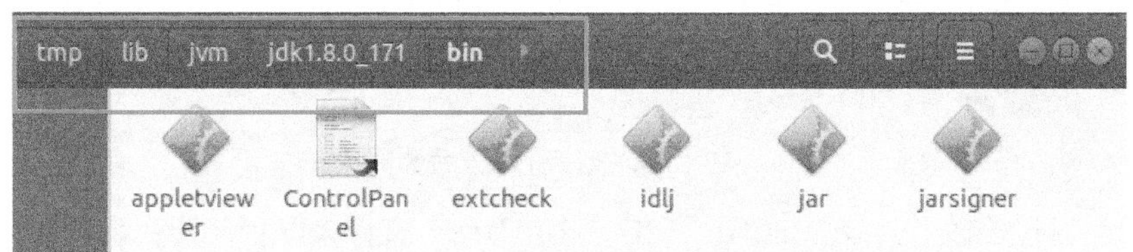

图3-152　路径赋值给PATH变量

步骤3：需要使用“source”命令来修改.bashrc文件使环境变量生效，如图3-153所示。

```
root@vina:/tmp/soft# source ~/.bashrc
root@vina:/tmp/soft#
```

图3-153　使用source命令使.bashrc生效

安装完成后即可使用“Java -version”命令查看所安装的JDK版本号，如图3-154所示。

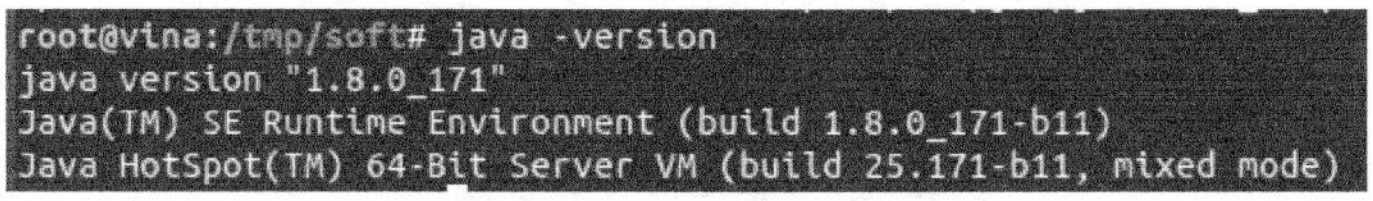

```
root@vina:/tmp/soft# java -version
java version "1.8.0_171"
Java(TM) SE Runtime Environment (build 1.8.0_171-b11)
Java HotSpot(TM) 64-Bit Server VM (build 25.171-b11, mixed mode)
```

图3-154　查看Java版本

2．OpenJDK

OpenJDK是Java SE Platform Edition的免费开源实现。它最初于2007年发布，是Sun Microsystems于2006年开始开发的。

首先，使用“apt-get”命令更新软件包列表，如图3-155所示。

图3-155　更新软件包列表

使用“apt-get install”命令安装OpenJDK 8，如图3-156所示。

安装完成后即可使用“java -version”命令查看所安装的JDK版本号，如图3-157所示。

```
vina@vina:~$ sudo apt-get install openjdk-8-jdk
正在读取软件包列表... 完成
正在分析软件包的依赖关系树
正在读取状态信息... 完成
将会同时安装下列软件:
  ca-certificates-java fonts-dejavu-extra java-co
```

图3-156　安装OpenJDK 8

```
vina@vina:~$ java -version
openjdk version "1.8.0_242"
OpenJDK Runtime Environment (build 1.8.0_242-8u242-b08-0ubuntu3~18.04-b08)
OpenJDK 64-Bit Server VM (build 25.242-b08, mixed mode)
vina@vina:~$
```

图3-157　查看Java版本

3. .NET Framework

.NET Framework是一个类似Java虚拟机的运行时（Common Language Runtime）环境，借了Java虚拟机的很多概念，但机制更优化。比如，它有Java所没有的“确定的垃圾收集器”机制（Deterministic Garbage Collection），强制资源回收在指定点。

Windows Server 2019默认集成了.NET Framework 4.7版本，可在控制面板中查看。

步骤1：执行“开始”→“Windows系统”→“控制面板”命令。

步骤2：在控制面板中执行“程序”→“启用或关闭Windows功能”命令。

步骤3：在“服务器管理器”中找到“所有服务器”，在“角色和功能”下面的文本框中输入“.net”后按<Enter>键，将看到当前系统默认安装的.NET Framework框架版本，如图3-158所示。

图3-158　查看.NET Framework版本

4．Web服务器

Web服务器也可以称为网站服务器，可以用来放置网站文件，供用户浏览。目前常见的Web服务器有IIS、Apache、Nginx、Tomcat等，另外还有Kangle、WebSphere和Weblogic等。

（1）IIS

IIS（Internet Information Server，互联网信息服务）是微软主推的Web服务器产品，适用于Windows操作系统。很多著名网站都采用IIS搭建，ASP.NET开发的程序一般只能在IIS上运行。IIS提供了一个图形界面的管理工具，称为Internet服务管理器，可用于监视配置和控制Internet服务，其中包括Web服务器、FTP服务器、NNTP服务器和SMTP服务器，分别用于网页浏览、文件传输、新闻服务和邮件发送等方面，IIS的使用让网络（包括互联网和局域网）上的信息发布变得非常简单。同时，IIS还提供ISAPI（Intranet Server API）作为扩展Web服务器功能的编程接口，并提供一个Internet数据库连接器，可以实现对数据库的查询和更新。

（2）Apache

Apache是目前最流行的Web服务器之一，支持跨平台应用，可以运行在几乎所有的UNIX、Windows、Linux操作系统平台上，尤其对Linux的支持非常完善。

Apache是开源免费的，有很多开发者都参与了设计和改进，推动了产品的持续完善。Apache的特点是简单、高速、性能稳定，可作为代理服务器。Apache的使用非常广泛，其成功之处主要在于源代码开放、强大的社区支持、跨平台应用以及可移植性等方面。不过，Apache是以进程为基础的结构，要比线程消耗更多的系统开支，不太适合多处理器环境，且并发不强，流量大容易出现错误。

（3）Nginx

Nginx是一种高性能的HTTP和反向代理Web服务器，支持高并发和负载均衡，以稳定性、丰富的功能集、示例配置文件和低系统资源的消耗而闻名。

Nginx可以在大多数UNIX/Linux上编译运行，并有Windows移植版。Nginx的安装简单、配置文件简洁（支持Perl语法），Bug很少，几乎可以做到不间断运行，支持在不间断服务的情况下进行软件版本升级。在连接高并发的情况下，Nginx是Apache不错的替代品。同时Nginx的模块也非常丰富，能够满足不同的需求，适合静态使用。另外Nginx还提供了IMAP、POP3、SMTP服务，是非常优秀的邮件代理服务器。

（4）Tomcat

Tomcat是一个开放源代码、运行Servlet和JSP Web应用软件，并基于Java的Web应用软件容器。由于其技术先进、性能稳定且免费，深受Java爱好者的欢迎，同时也得到了部分软件开发商的认可，成为目前比较流行的Web应用服务器。

（5）Kangle

Kangle是一款跨平台、功能强大、易操作的高性能Web服务器和反向代理服务器，也是一款专为做虚拟主机而研发的Web服务器，实现虚拟主机独立进程、独立身份运行与用户安全隔离，支持PHP、ASP、ASP.NET、Java、Ruby等多种动态开发语言。

（6）WebSphere

WebSphere是IBM的软件平台，包含了编写、运行和监视全天候的工业强度的随需应变Web应用程序和跨平台、跨产品解决方案所需要的整个中间件基础设施，如服务器、服务和工具。WebSphere是一个模块化的平台，基于业界支持的开放标准，并可在Intel、Linux和z/OS等多平台运行。

（7）WebLogic

WebLogic是Oracle出品的一款多功能、基于标准的Web应用服务器，是一款基于JAVA EE架构的中间件，用于开发、集成、部署和管理大型分布式Web应用、网络应用和数据库应用，将Java的动态功能和安全标准引入大型网络应用的开发、集成、部署和管理之中，为企业构建自己的应用提供了坚实的基础。

5. Tomcat简介及安装

Tomcat属于轻量级应用服务器，在中小型系统和并发访问用户不是很多的场合下被普遍使用，是开发和调试JSP程序的首选。和IIS等Web服务器一样，Tomcat也有处理HTML页面的功能。此外它还是一个Servlet和JSP容器（默认模式下为独立的Servlet容器）。不过，Tomcat处理静态HTML页面的能力不如Apache服务器，目前Tomcat最新版本为9.0。

Tomcat可以直接在Apache Tomcat官网免费下载，只需选择Linux系统对应的tar.gz压缩包即可，如图3-159所示。

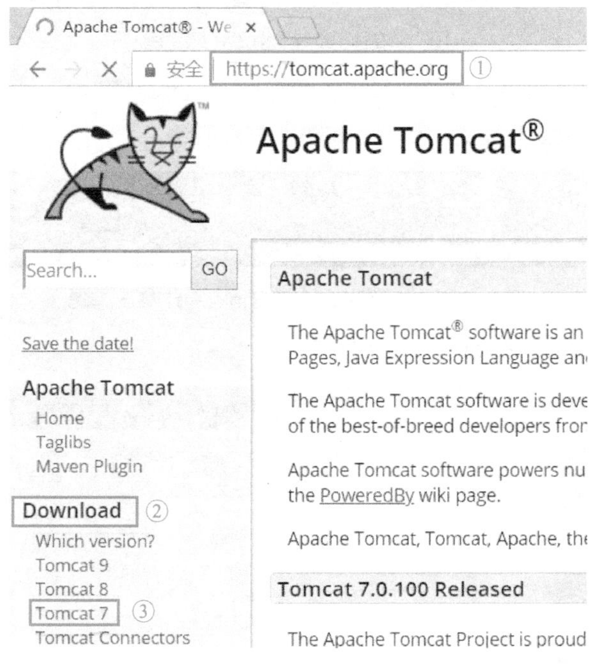

图3-159　Tomcat官网下载

进入Tomcat 7下载界面后，找到Core列表下的tar.gz文件进行下载（也可以使用配套资源包提供的Tomcat 7.0.99版本），如图3-160所示。

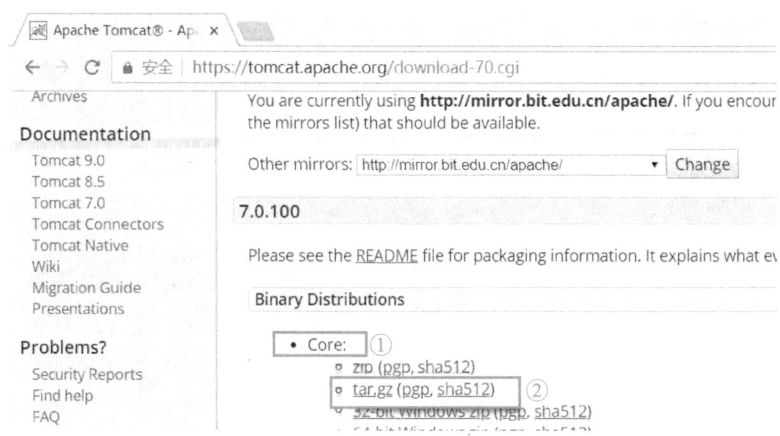

图3-160 下载tar.gz版本

下面以在Ubuntu18.04系统上安装Tomcat-7.0.99版本为例进行讲解。

将本地的JDK压缩包上传到Ubuntu系统中/tmp/soft文件夹下（操作前需创建soft文件夹），并使用“sudo mount”命令挂载，挂载成功后，将在/tmp/soft文件夹下看到jdk-8u171版本的tar.gz文件，如图3-161所示。

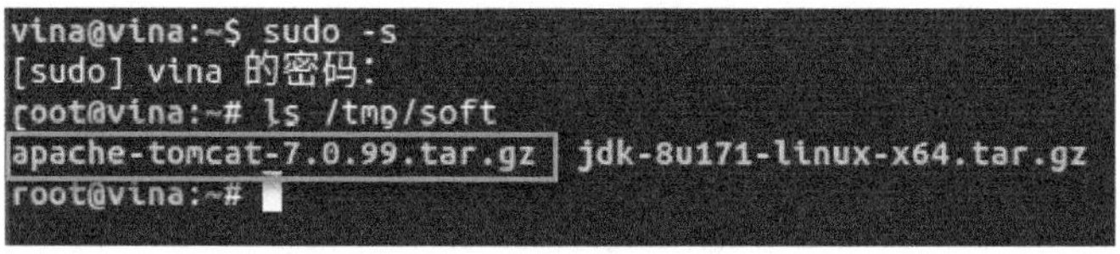

```
vina@vina:~$ sudo -s
[sudo] vina 的密码:
root@vina:~# ls /tmp/soft
apache-tomcat-7.0.99.tar.gz  jdk-8u171-linux-x64.tar.gz
root@vina:~#
```

图3-161 查看Tomcat安装包

步骤1：切换路径至/tmp/soft路径下，使用tar命令解压Tomcat-7.0.99至/tmp/ser文件夹（需提前创建/tmp/ser文件夹），如图3-162所示。

```
root@vina:~# cd /tmp/soft
root@vina:/tmp/soft# sudo tar zxvf apache-tomcat-7.0.99.tar.gz -C /tmp/ser
apache-tomcat-7.0.99/conf/
apache-tomcat-7.0.99/conf/catalina.policy
```

图3-162 使用tar命令解压jdk-8u171压缩包

解压完成后的文件夹结构如图3-163所示。

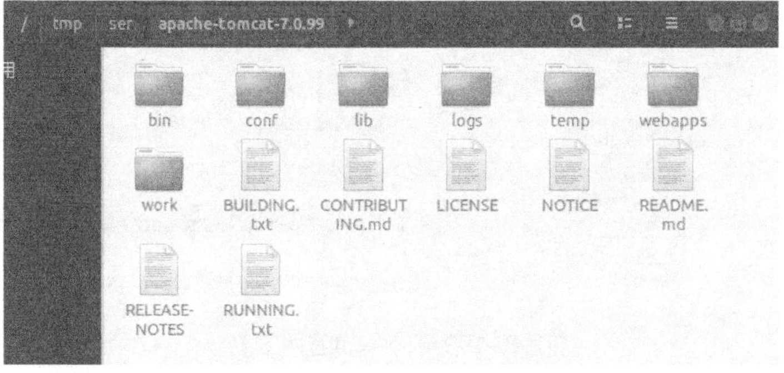

图3-163 Tomcat-7.0.99解压后的文件夹

步骤2：切换路径至解压后文件夹的bin目录，如图3-164所示。

```
root@vina:/tmp/soft# cd /tmp/ser/apache-tomcat-7.0.99/bin
root@vina:/tmp/ser/apache-tomcat-7.0.99/bin# ls
bootstrap.jar                  daemon.sh          startup.sh
catalina.bat                   digest.bat         tomcat-juli.jar
catalina.sh                    digest.sh          tomcat-native.tar.gz
catalina-tasks.xml             setclasspath.bat   tool-wrapper.bat
commons-daemon.jar             setclasspath.sh    tool-wrapper.sh
commons-daemon-native.tar.gz   shutdown.bat       version.bat
configtest.bat                 shutdown.sh        version.sh
configtest.sh                  startup.bat
root@vina:/tmp/ser/apache-tomcat-7.0.99/bin#
```

图3-164　切换目录至bin

步骤3：使用nohup不挂断地运行bin目录下的“startup. sh”命令，如图3-165所示。

```
root@vina:/tmp/ser/apache-tomcat-7.0.99/bin# nohup ./startup.sh &
[1] 914
root@vina:/tmp/ser/apache-tomcat-7.0.99/bin# nohup: 忽略输入并把输出追加到'nohup
.out'

[1]+  已完成                  nohup ./startup.sh
root@vina:/tmp/ser/apache-tomcat-7.0.99/bin#
```

图3-165　启动Tomcat服务

步骤4：使用tail命令查看Tomcat状态，如图3-166所示。

```
root@vina:/tmp/ser/apache-tomcat-7.0.99/bin# tail -f nohup.out
Tomcat started.
```

图3-166　查看Tomcat状态

步骤5：打开Ubuntu18. 04系统自带的Firefox浏览器，在地址栏中输入IP+端口号，在默认打开的网页中将看到Apache Tomcat版本，如图3-167所示。

如果Apache Tomcat部署在本机，则地址栏可直接输入“localhost:8080”进行登录。

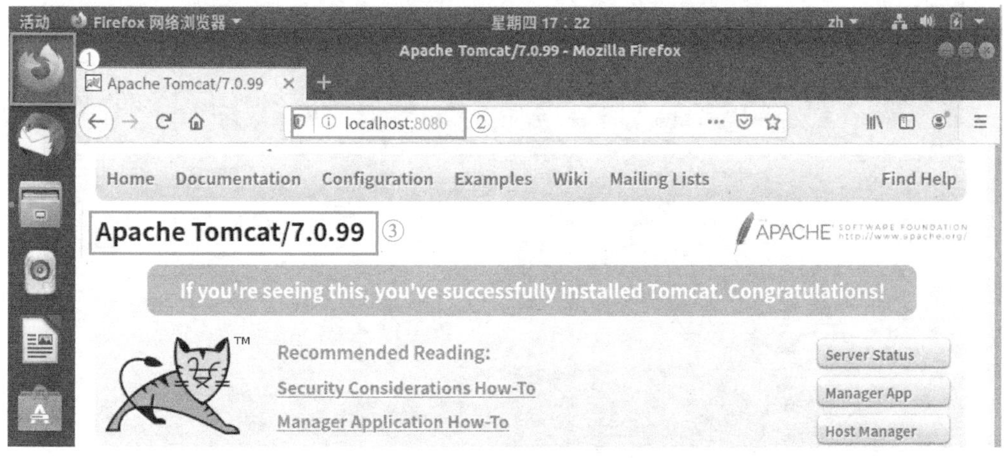

图3-167　默认页面

6．IIS

IIS提供了一个图形界面的管理工具，称为Internet服务管理器，可用于监视配置和控制Internet服务，如图3-168所示。

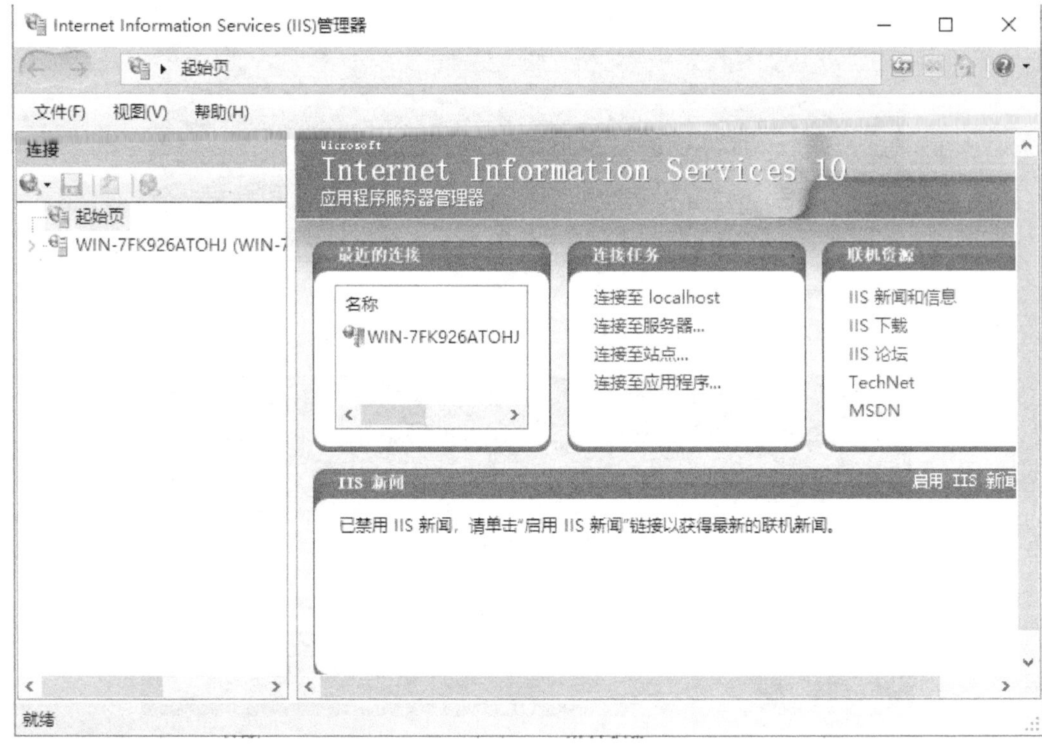

图3-168　IIS管理器

下面介绍如何在Windows Server 2019系统上配置IIS，具体步骤如下。

步骤1：在快捷菜单中找到Windows Server中的服务器管理器，如图3-169所示。

图3-169　服务器管理器

步骤2：在“仪表板”选项中选择“添加角色和功能”，如图3-170所示。

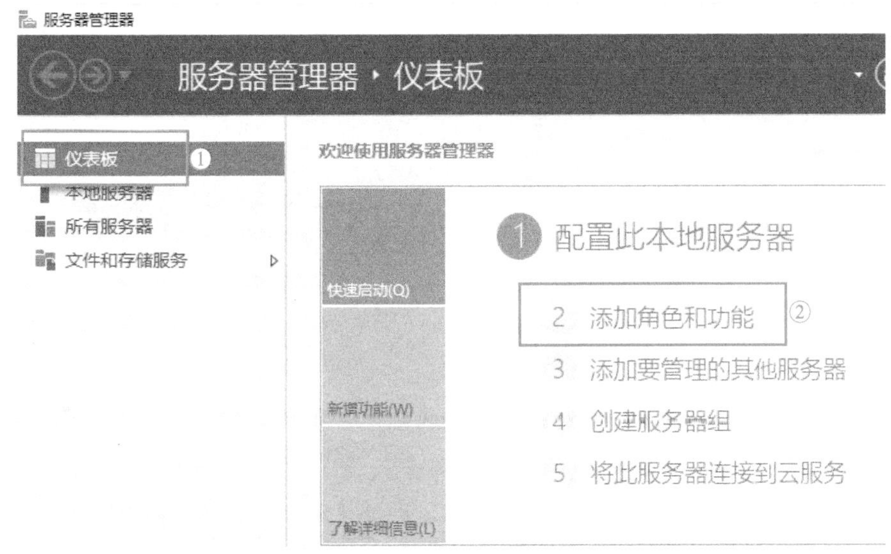

图3-170 仪表板

步骤3：选择“服务器选择”→“从服务器池中选择服务器”，如图3-171所示。

图3-171 选择目标服务器

步骤4：选择“服务器选择”→“Web服务器（IIS）”，并单击“添加功能”按钮，如图3-172所示。

图3-172　选择服务器角色

步骤5：选择“功能”→“.NET Framework 3.5功能”和“.NET Framework 4.7功能”，并单击“下一步”按钮，如图3-173所示。

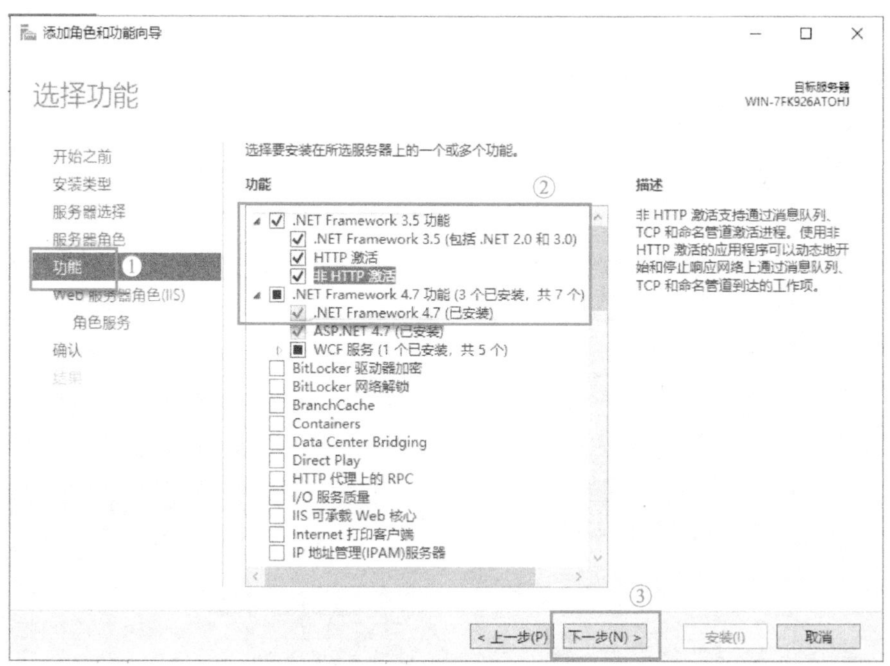

图3-173　选择功能

当选择“HTTP激活”时，如图3-174所示，只需单击“添加功能”按钮即可。

图3-174　添加角色和功能向导

步骤6：选择“角色服务”→“应用程序开发”，再单击“下一步”按钮，如图3-175所示。

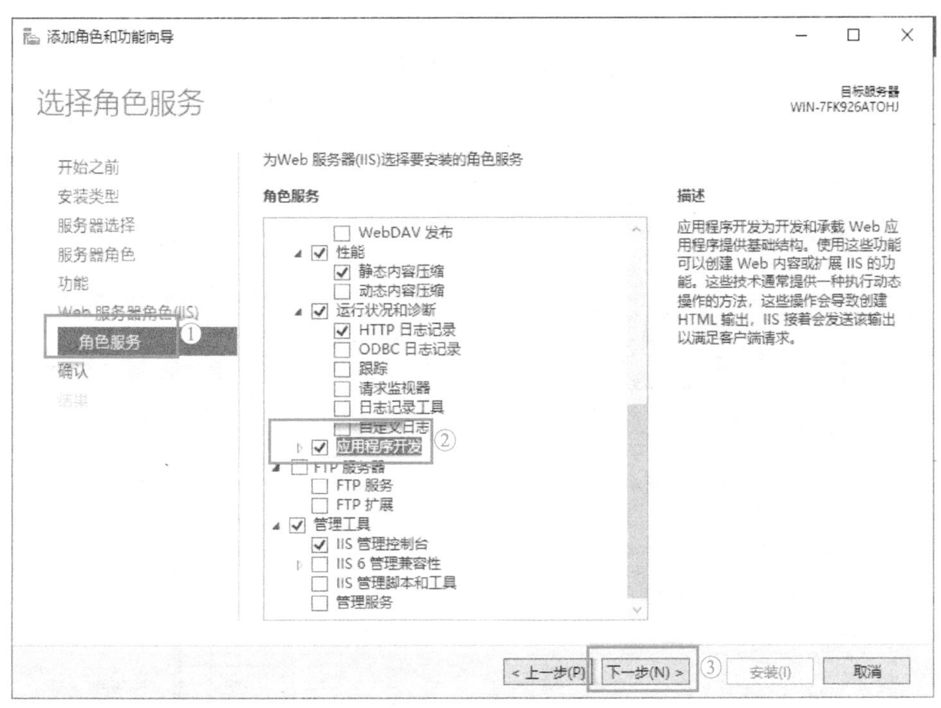

图3-175　选择角色服务

步骤7：选择“确认”→“指定备用源路径”，进入“添加角色和功能向导”页面，如图3-176和图3-177所示。

图3-176　确认安装所选内容

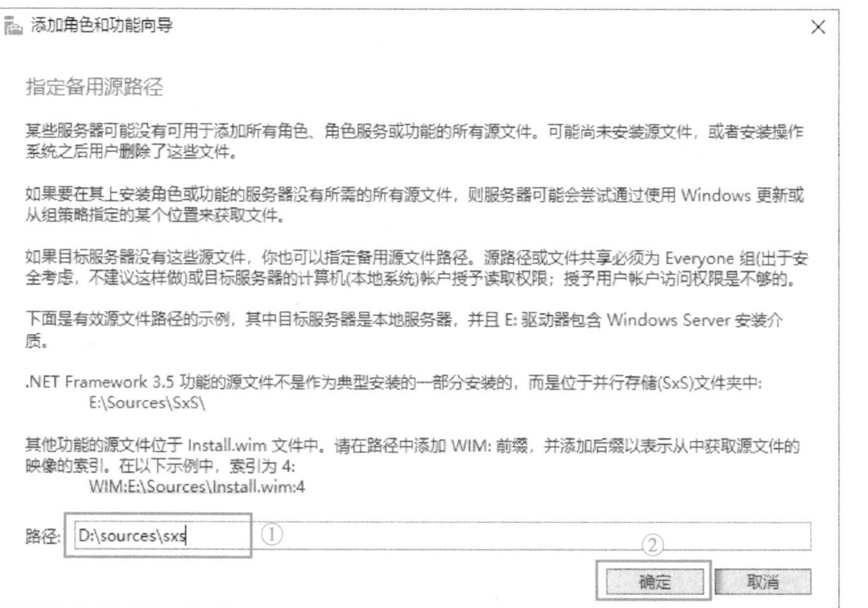

图3-177　添加角色和功能向导

步骤8：在“添加角色和功能向导”页面中，路径的值应为sxs所在的文件路径，如图3-178所示。

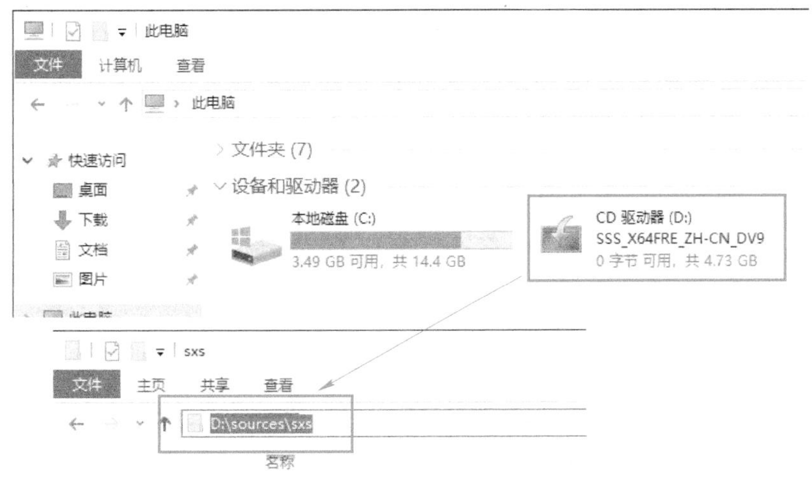

图3-178　sxs所在路径

步骤9：安装完成后，可以在“结果”选项卡中看到提示，如图3-179所示。

图3-179　安装成功

安装成功后，可以在“服务器管理器”→“工具”中看到“Internet Information Services（IIS）管理器”，如图3-180所示。

图3-180　在仪表板中查看IIS

7. Nginx

Nginx是一个轻量级的、高性能的、基于HTTP的、反向代理服务器/静态Web服务器及电子邮件（IMAP/POP3）代理服务器。

Nginx的特点是占用内存少，并发能力强，在同类型的网页服务器中表现较好，官方测试Nginx能够支撑5万条并发连接，并且CPU、内存等资源消耗非常低，运行非常稳定。目前国内大型的站点，如百度、京东、新浪、网易、腾讯、淘宝等都在使用。

Nginx的优势：

1）支持高并发连接，能够支持高达5万个并发连接的响应。

2）内存消耗少，在服务器3万个并发连接下，开启10个Nginx进程消耗150MB内存。

3）成本低廉，购买负载均衡交换机需要几十万元，而Nginx是开源的。

4）网络配置简单。

5）内置健康检查功能。

Nginx的应用场景：①Nginx可以独立提供HTTP服务。不仅能制作网页静态服务器、虚拟主机，还可以在一台服务器中虚拟出多个网站；②Nginx能够实现反向代理和负载均衡，当网站的访问量达到一定程度，单台服务器不能满足用户的请求时，需要用多台服务器集群，就可以使用Nginx作为反向代理（注：能够使多台服务器平均分担负载，不会因为某台服务器负载高而出现死机，达到各个服务器之间的负载保持某种范围内的平衡）。

Web上的server叫作Web server，但是分工也有不同。Nginx常用作静态内容服务和代理服务器，直面外来请求转发给后面的应用服务，Tomcat更多用作应用容器，让Java Web APP在其中运行，对应同级别的有JBoss、WebLogic、WebSphere等。

Nginx也可以通过模块开发来提供应用功能，Tomcat也可以直接提供HTTP服务，通常用在内网和不需要流控等小型服务的场景。目前Apache的使用越来越少，其大体上的功能和Nginx重合得更多。

严格来说，Apache/Nginx是HTTP Server；而Tomcat则是Application Server，或者更准确地说，是Servlet/JSP应用的容器（Ruby/Python 等其他语言开发的应用也无法直接运行在Tomcat上）。

一个HTTP Server关心的是HTTP层面的传输和访问控制，所以在Apache/Nginx上可以看到代理、负载均衡等功能。客户端通过HTTP Server访问服务器上存储的资源（HTML文件、图片文件等）。通过CGI技术，也可以将处理过的内容通过HTTP Server分发，但是一个HTTP Server始终只是把服务器上的文件如实地通过HTTP传输给客户端。

而应用服务器则是一个应用执行的容器。它首先需要支持开发语言的Runtime（对于Tomcat来说，就是Java），保证应用能够在应用服务器上正常运行。其次，需要支持应用相关的规范，如类库、安全方面的特性。对于Tomcat来说，就是需要提供JSP/Sevlet运行需要的标准类库、Interface等。为了方便，应用服务器往往也会集成HTTP Server的功能，但是不如专业的HTTP Server那么强大，所以应用服务器往往是将动态的内容转化为静态的内容后，通过HTTP Server分发到客户端。

Nginx可以直接在Nginx官网免费下载，如图3-181所示。

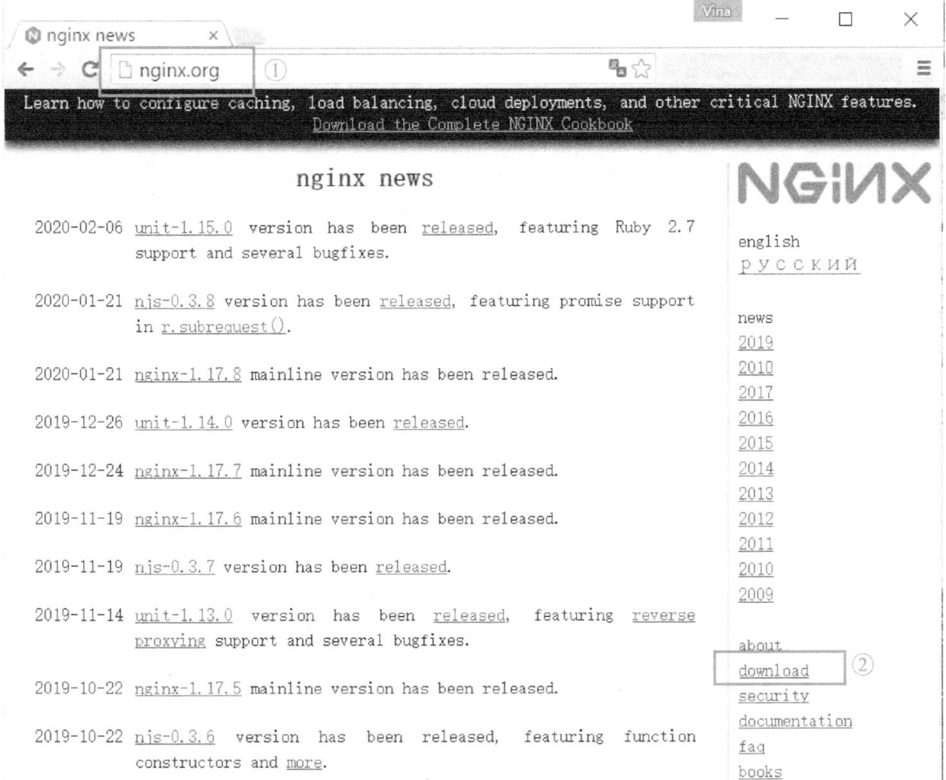

图3-181　Nginx官网下载

下面以在Ubuntu 18.04系统上安装Nginx为例进行讲解。

步骤1：在命令行输入“sudo apt-get install nginx”命令和登录密码。该命令将从互联网的软件仓库中搜索、下载、安装Nginx及所有依赖包，如图3-182所示。

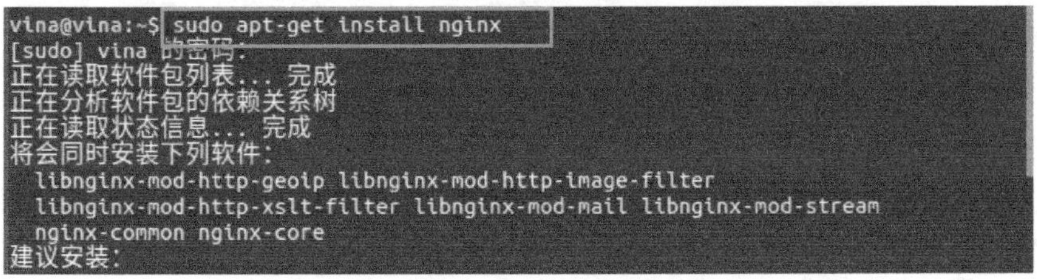

```
vina@vina:~$ sudo apt-get install nginx
[sudo] vina 的密码:
正在读取软件包列表... 完成
正在分析软件包的依赖关系树
正在读取状态信息... 完成
将会同时安装下列软件:
  libnginx-mod-http-geoip libnginx-mod-http-image-filter
  libnginx-mod-http-xslt-filter libnginx-mod-mail libnginx-mod-stream
  nginx-common nginx-core
建议安装:
```

图3-182　Nginx安装

步骤2：使用“ps -ef |grep nginx”命令查看nginx进程是否启动，如图3-183所示。

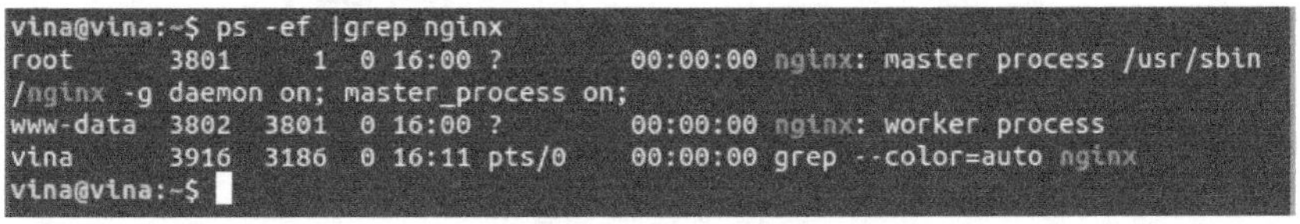

```
vina@vina:~$ ps -ef |grep nginx
root      3801     1  0 16:00 ?        00:00:00 nginx: master process /usr/sbin
/nginx -g daemon on; master_process on;
www-data  3802  3801  0 16:00 ?        00:00:00 nginx: worker process
vina      3916  3186  0 16:11 pts/0    00:00:00 grep --color=auto nginx
vina@vina:~$ 
```

图3-183　查看nginx进程

步骤3：打开Ubuntu 18.04系统自带的Firefox浏览器，在地址栏中输入IP+端口号，在默认打开的网页中将看到Nginx欢迎界面，如图3-184所示。

如果Nginx部署在本机，则在地址栏中可直接输入localhost进行登录。此时，默认的端口号为80。

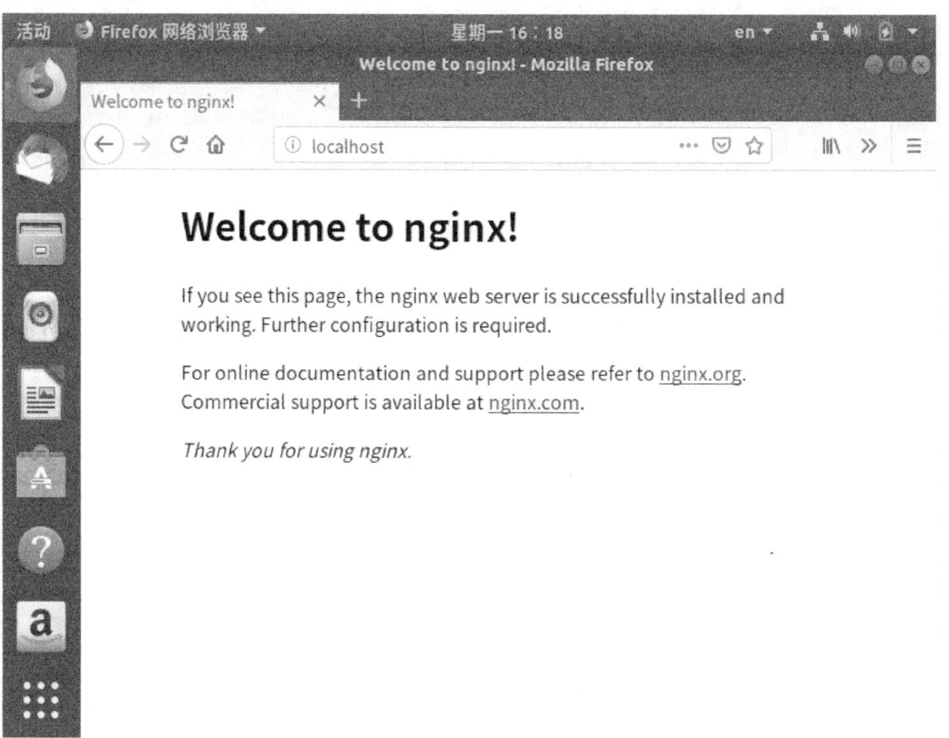

图3-184 默认页面

任务实施

1. 发布智能鱼塘养殖系统

步骤1：登录新大陆物联网云平台www.nlecloud.com，输入手机账号与密码进行登录（注意：APIKey需要申请）。

步骤2：确认网关在线，并单击“数据流获取”按钮来获得网关信息，再选择“应用管理”，如图3-185所示。

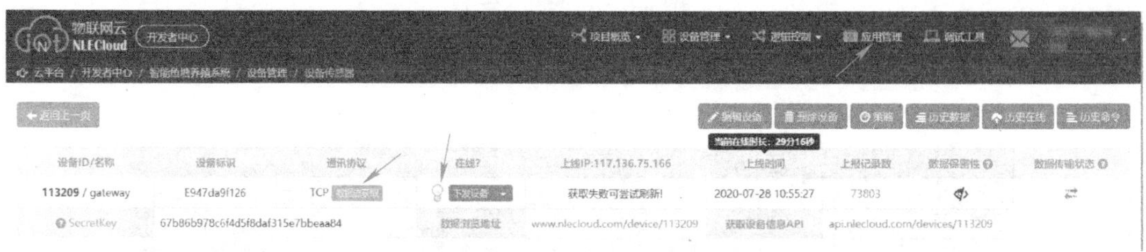

图3-185 应用管理

步骤3：新增应用并输入应用名称、应用标识，应用模板选择“项目生成器”。

步骤4：单击“发布”按钮，复制应用域名至浏览器的地址栏，如图3-186所示。

图3-186 应用发布

步骤4：单击“项目生成器”图标，如图3-187所示。

图3-187 项目生成器

步骤5：将传感组件栏的传感器件和基础元素拖到主设计面板中，如图3-188所示。

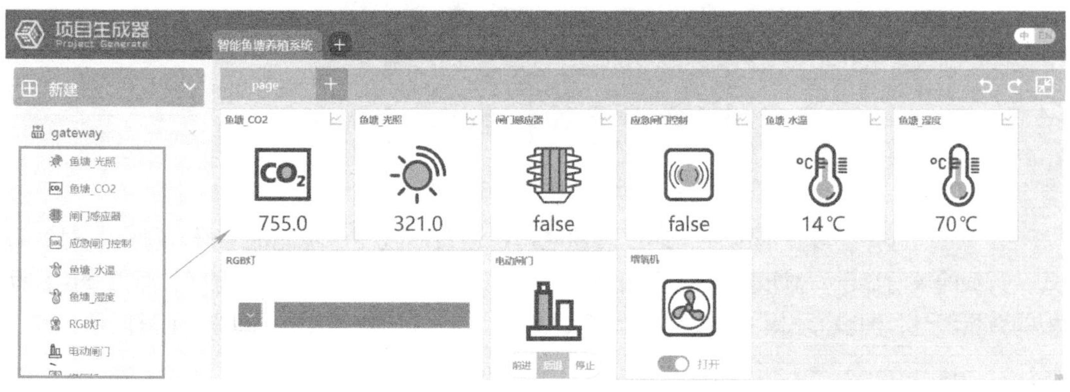

图3-188 传感组件栏和主设计面板

2．智能鱼塘养殖系统的Web端数据采集与设备控制

将传感组件拖至主设计面板后，传感器将实时更新传感数据；可以通过单击电动闸门组件上的按钮来控制闸门的前进、后退、停止；通过选择RGB灯的下拉菜单选项来设置RGB灯条的颜色，如图3-189所示。

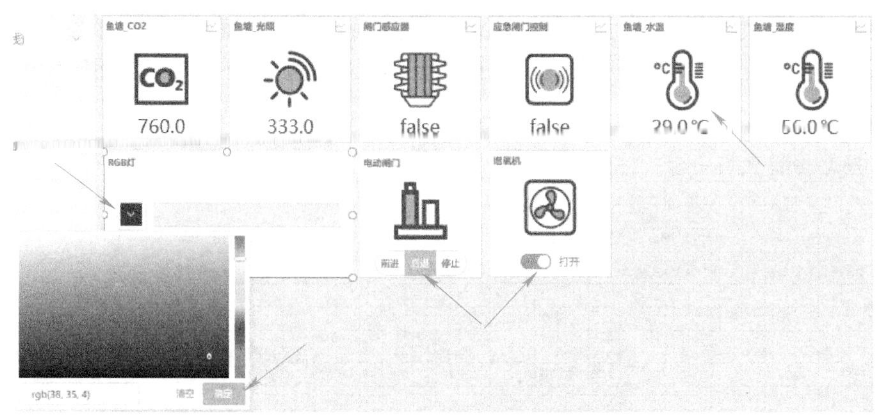

图3-189　数据采集与设备控制

3. 生成温度、湿度值曲线图

步骤1：单击传感器组件上的图标，生成曲线图，如图3-190所示。

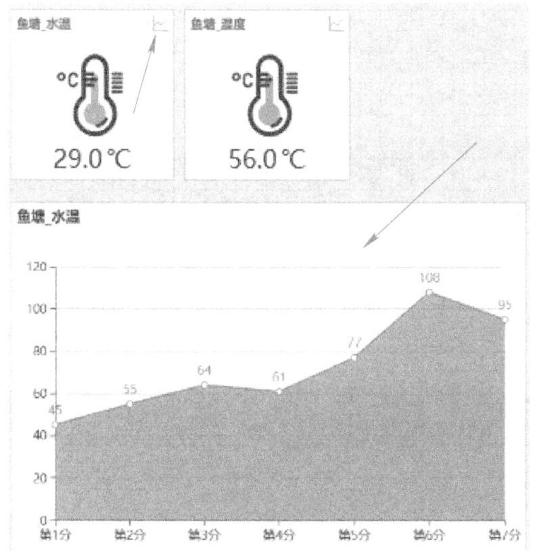

图3-190　生成曲线图

步骤2：选择要设置的组件，通过属性栏可以设置曲线图中标题的字号、颜色、对齐方式；折线的平滑显示、显示数值、显示区域、折线颜色/宽度、标点颜色/宽度、面积颜色；面板的背景颜色；图表形式；内容设置的宽度、高度、标题、时间范围，如图3-191所示。

图3-191　曲线图设置

任务检查与评价

完成任务实施后，进行任务检查，可采用小组互评等方式，任务检查评价单见表3-13。

表3-13　任务检查评价单

任务：开发与发布应用系统				
专业能力				
序号	任务要求	评分标准	分数	得分
1	发布智能鱼塘养殖系统	查看主设计面板是否显示二氧化碳、光照度、闸门感应器、应急闸门控制、水温、湿度值	15	
		查看主设计面板是否显示RGB灯、电动闸门、增氧机	10	
2	智能鱼塘养殖系统的Web端数据采集与设备控制	查看二氧化碳、光照度、水温、湿度值是否正常	10	
		触发闸门感应器、应急闸门控制，查看值为True	10	
		设置RGB的值，查看灯条颜色是否发生改变	10	
		单击电动闸门“前进”“后退”“停止”按钮，查看电动推杆是否执行相应操作	10	
		单击增氧机按钮，查看风扇是否运转	10	
3	生成温度、湿度值曲线图	添加水温曲线图，在图中显示设计时间范围、具体数据，折线颜色为绿色，宽度为2	10	
		添加湿度曲线图，在图中显示设计时间范围、具体数据，折线颜色为黄色，宽度为2	10	
专业能力小计			95	
职业素养				
序号	任务要求	评分标准	分数	得分
1	遵守课堂纪律	遵守课堂纪律，保持工位区域内整洁	5	
职业素养小计			5	
实操题总计			100	

任务小结

在物联网云平台发布应用后，可以通过IP地址访问项目生成器的Web端，在Web端查看感知层采集到的数据，也可以控制感知层的执行设备。通过下载项目生成器发布包，部署在IIS上也可以生成Web程序，执行操作与Web端相同。通过下载项目生成器apk包，安装在安卓系统上，可以实现手机端采集与控制。

任务拓展

在Java　Web程序部署时可以直接将war包部署到服务器上，也可以将war包解压后的文件部署到服务器上。

步骤1：将要部署的Demo. war包共享到系统的文件夹中，如图3-192所示。

```
examples.desktop  公共的  模板  视频  图片  文档  下载  音乐  桌面
liuxd@liuxd-VirtualBox:~$ cd /var/
liuxd@liuxd-VirtualBox:/var$ ls
apache-tomcat-7.0.99         backups  crash     lib    lock  mail     opt  snap   tmp
apache-tomcat-7.0.99.tar.gz  cache    Demo.war  local  log   metrics  run  spool  www
liuxd@liuxd-VirtualBox:/var$
liuxd@liuxd-VirtualBox:/var$
liuxd@liuxd-VirtualBox:/var$
```

图3-192　Demo.war包

步骤2：将共享文件夹中的Demo.war包部署到指定的路径/var/apache-tomcat-7.0.99/webapps，如图3-193所示。

```
root@liuxd-VirtualBox:/var/apache-tomcat-7.0.99/webapps#
root@liuxd-VirtualBox:/var/apache-tomcat-7.0.99/webapps# pwd
/var/apache-tomcat-7.0.99/webapps
root@liuxd-VirtualBox:/var/apache-tomcat-7.0.99/webapps#

root@liuxd-VirtualBox:/var/apache-tomcat-7.0.99/webapps#
root@liuxd-VirtualBox:/var/apache-tomcat-7.0.99/webapps#
root@liuxd-VirtualBox:/var/apache-tomcat-7.0.99/webapps# ls
Demo  Demo.war  docs  examples  host-manager  manager  ROOT
root@liuxd-VirtualBox:/var/apache-tomcat-7.0.99/webapps#
root@liuxd-VirtualBox:/var/apache-tomcat-7.0.99/webapps#
root@liuxd-VirtualBox:/var/apache-tomcat-7.0.99/webapps#
```

图3-193　Demo.war包部署

步骤3：用nohup启动Web服务，如图3-194所示。

```
root@liuxd-VirtualBox:/var/apache-tomcat-7.0.99/bin#
root@liuxd-VirtualBox:/var/apache-tomcat-7.0.99/bin# nohup ./startup.sh &
[1] 2094
```

图3-194　启动Web服务

步骤4：打开浏览器输入IP+端口号，访问Web服务，如图3-195所示。

图3-195　首页

Project 4

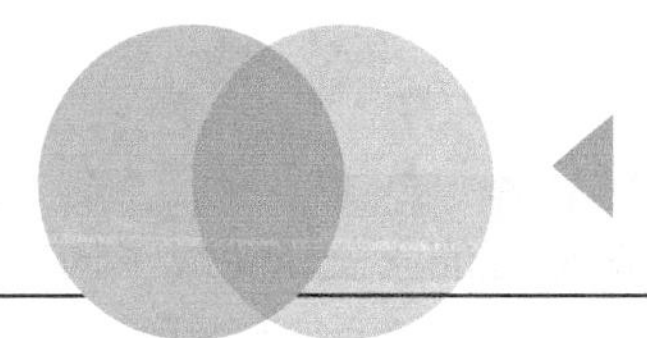

项目 4

智慧农场系统管理与维护

引导案例

智慧农场系统是物联网在农业领域中的典型应用之一，集成了计算机与网络技术、物联网技术、传感器技术及无线通信技术等，实现了对农场的数字化和综合管理，包括远程自动控制，灾变预警，生产及质量追溯管理，农场人员、设备、资源实时动态管理，农场作物、牲畜自动化、全程化实时动态管理，农产品可追溯化的配送服务等。从而实现对农场生产环境的精准监测和控制，提高农场生产效率、减少成本，提高农场建设管理水平，提高农产品生产及配送全过程的透明度，提高客户参与度及满意度，为客户提供安全、绿色、可追溯、可视化的农产品服务。

智慧农场系统及其整体设备的维护，可以实现农场的高效感知及可控，促进传统农场向智慧农场转变。系统的软硬件维护是系统运维的重点，平台数据维护、网络安全、数据安全等都是运维所涉及的范畴。

任务1 设计售后服务方案

职业能力目标

1）能根据售后服务目标，完成系统常见问题处理方案的编写。

2）能根据售后服务目标，完成系统培训方案的编写。

3）能根据售后服务目标，设计电话支持服务方案、现场支持服务方案、巡检服务方案等。

任务描述与要求

任务描述

小陆所在的A公司完成了××智慧农场物联网集成项目，现在对××智慧农场物联网集成项目的售后服务进行相关的方案设计，公司将这个任务交给了小陆。他要充分分析××智慧农场项目的特点，制订一套完善的符合该农场特点的服务方案，并与农场的需求方探讨和确认该方案的可行性以及必要性。

任务要求

1）编写售后服务的基本宗旨、保修服务内容。

2）编写客户培训计划、客户培训内容。

3）编写系统保养范围、具体备品备件范围。

任务分析与计划

1. 任务分析

售后服务方案是整体设计方案的一个重要的组成部分，编制一个完整可用的售后服务方案，使之成为一项可用的物联网项目售后服务体系方案。

2. 任务实施计划

根据所学边缘服务和应用部署的相关知识，制订本次任务的实施计划。计划的具体内容可以包括任务前的准备、分工等，任务计划见表4-1。

表4-1　任务计划

项目名称	智慧农场系统管理与维护
任务名称	设计售后服务方案
计划方式	依据咨询内容编制售后服务方案
计划要求	用文字编写和流程图绘制的方式完成本次任务
序号	任务计划
1	确定项目售后服务的基本宗旨(背景)
2	拟定工程项目的保修服务的具体内容，列出具体项目中可能需要进行维保的全部内容
3	拟定工程项目的客户培训计划，对一些关键的技术、流程、要求等内容制订可行的、有针对性的培训计划
4	根据计划对项目的客户进行一些关键技术、流程、要求等领域的培训和技术支持
5	拟定对应工程项目的系统保养范围，包括对应的核心设备、保养频次、周期等的说明
6	编写对应工程项目的系统备品备件的具体范围，包括核心备件、数量、标识等具体内容
7	绘制一个可行的售后服务流程图，包括常规、应急、巡检等服务

知识储备

1. 售后服务方案

售后服务作为物联网系统集成商整体服务中的重要组成部分，已经成为主要的竞争手

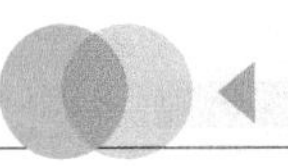

段。良好的售后服务不仅能为物联网系统集成商赢得市场、扩大市场占有率，使其获得良好的经济效益，还能通过售后服务的实施使物联网系统集成商获得来自市场的最新信息，更好地改进产品和服务，进而始终处在竞争的领先地位，为实现可持续发展战略提供决策依据。

售后服务方案在物联网系统集成项目中经常作为项目解决方案、投标书、施工组织设计方案中的部分内容。其内容主要包括售后服务承诺、售后服务目标、售后服务组织、售后服务内容和方式、售后服务保障、售后质量保障、培训服务方案等。

2. 常见的售后服务模式

物联网系统集成项目通常遍布全国各地，形成“点多而散”的特点，因此物联网系统集成商通常在各业务省份、重点业务市或重点项目地设立分支机构或派驻售后工程师来进行售后服务。

若项目现场无项目驻点售后服务人员，客户通常通过电话/传真、邮件、网站、即时通信工具（如QQ、微信等）提交服务要求，通过售后管理系统分配给客服中心人员或售后工程师，形成工单，由其跟踪处理客户的售后服务要求，并记录处理过程和结果。通常客服中心人员或工程师与客户沟通了解售后服务要求后优先远程处理，若远程无法解决则现场处理。售后服务过程中需要注意问题解决后的回访工作，以了解客户满意度，为后续改进服务、拓展市场提供数据支撑。

3. 常见售后问题的处理方式

为节约售后服务资源开支，提高服务效率和质量，物联网系统集成项目售后问题的解决通常优先考虑远程协助的方式，再考虑现场服务的方式。常见物联网系统集成项目售后问题的解决流程如图4-1所示。

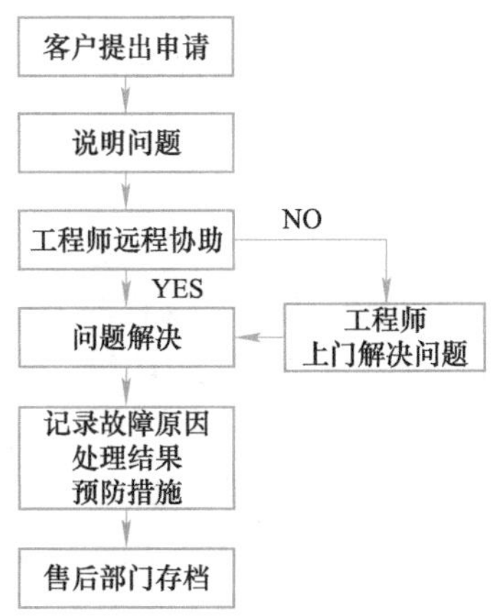

图4-1 常见物联网系统集成项目售后问题的解决流程

（1）远程协助处理

售后服务工程师或客服中心人员在接到客户服务要求时，先根据问题的描述进行判断，能够远程处理的则远程处理；如果遇到无法处理的，通常先作出响应，明确回复能给出问题解决方案的时间，再与技术人员进行协商，得出问题解决方案后进行远程处理；如果内部技术人员仍无法得出相应的解决方案，应寻求公司专家成员或设备原厂商技术人员的协助，得出问题解决方案后进行远程处理。视问题的轻重缓急，在做好记录的同时向上级领导汇报。

（2）现场处理

在现场售后服务过程中如果遇到设备故障，且售后工程师无法判断问题所在，通常会寻求原厂商的远程协助。无法现场解决的再寄送设备到原厂进行检修，在设备无法返厂或返厂费用较高的情况下，通常要求原厂商的技术人员上门服务。客户、物联网系统集成商、设备原厂商之间通常在采购重要设备过程中采用背靠背的方式来签定采购合同，因此在质保期内的设备，除人为损坏外，检修费用和上门服务费用均是免费的。

4. 编制售后服务方案

售后服务方案应根据客户要求、项目特点、物联网集成商的售后资源等进行编制，通常在服务承诺、售后服务组织、售后响应时间、售后服务保障中能体现物联网系统集成商的售后服务优势，因此售后服务方案的内容应尽可能详细。

（1）售后服务承诺

可从质保期内、质保期外两个方面进行描述。应明确质保期的开始计算时间、质保期时长，承诺质保期内提供免费售后服务及质保期内的响应时间，通常质保期内提供7×24小时的服务响应，一般故障、重大故障的处理时间限制和处理方式根据物联网集成商的自身情况进行承诺。质保期满后，通常承诺提供与质保期内相同的技术支持和服务响应，费用由双方共同商定。

（2）售后服务组织

应明确售后服务的组织架构、人员配备情况，突出组织优势、人员优势，可从提供本地化的服务、在项目地成立了售后组织机构（提供相应证明材料）、配备与项目建设内容相关的专业技术人员等方面进行阐述。

（3）售后服务内容和方式

物联网系统集成项目的服务内容和方式包括远程技术支持与咨询服务、系统更新升级、现场技术支持服务、定期或不定期巡检服务、技术培训服务等。阐述售后服务内容时应明确服务响应时间。

（4）售后服务保障

服务保障措施可从售后服务反馈渠道、服务的流程两个方面进行阐述。

1）服务受理渠道。目前物联网系统集成商提供的售后服务受理渠道主要包括电话受理、电子邮箱受理、网站受理、即时通信工具支持等。

① 电话受理。电话是售后服务的传统方式，通过对外统一的售后服务热线电话来提供7×24小时全天候技术支持服务。用户可通过拨打热线电话来进行技术咨询、投诉或建议。

② 电子邮箱受理。通过电子邮箱进行技术售后服务能够为服务过程做较好的记录，方便日后进行服务跟踪、回访。服务过程还支持技术资料的传递，但由于邮件查阅存在延迟，不能第一时间进行阅读和回复，通常适用于非紧急技术咨询或前期通过电话沟通后，再通过邮件的形式进行。电子邮箱提供的售后服务通常在正常工作时间段。

③ 网站受理。通常由客户通过提交售后服务申请信息或提供即时在线客服的方式来进行。目前在线客服以人工客服和智能机器人客服两种为主。人工提供服务的时间为正常工作时间段，智能机器人客服可提供7×24小时服务。

④ 即时通信工具支持

即时通信工具（如微信、QQ等）能够使客户更加安全、便捷地与物联网系统集成商售后服务部门进行互动沟通，提高服务效率。即时通信工具能很好地记录服务过程，方便技术文件的传送，目前在售后服务市场应用广泛，同时可以与人工智能客服相结合，提供更优质、快捷的服务。智能机器人客服可提供7×24小时服务。

2）售后服务的流程。主要分为日常事件处理流程、紧急事件处理流程。应对故障进行分类、定级，然后制订故障处理流程，最好以流程图的形式呈现。售后服务事件处理流程如图4-2所示。

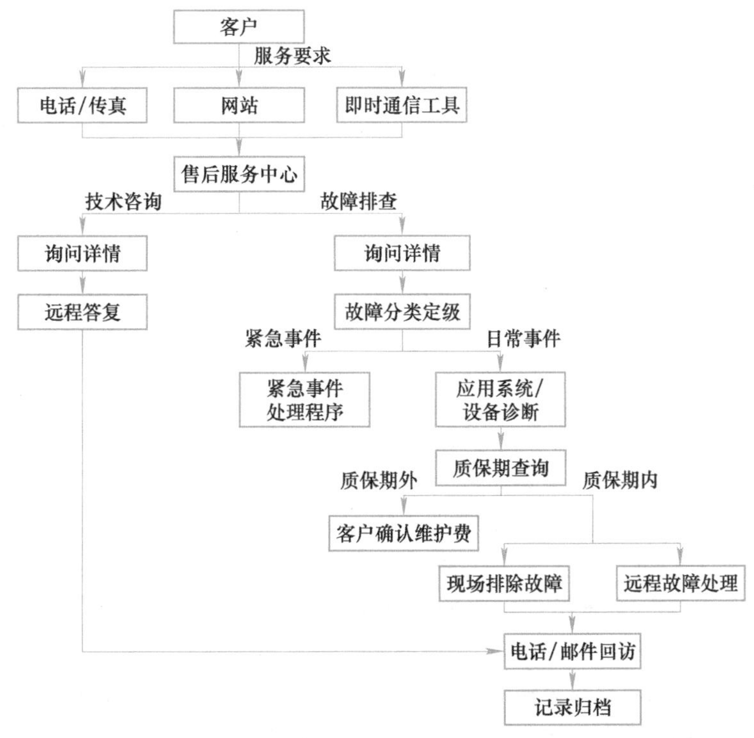

图4-2　售后服务事件处理流程

（5）质量保障措施

质量保证措施主要是阐明如何保障售后服务质量，包括如何与原厂配合以及物联网系统集成商自身售后质量管理措施两方面。例如，要求原厂提供服务承诺、安排技术人员共同组成技术服务小组、公司针对项目提供多种服务渠道和方式、成立专门的服务质量跟踪机制、提供售后服务支持、跟进客户满意度反馈等。

（6）培训服务方案

培训方案的内容主要包括培训承诺、培训目标、培训内容、培训方式、培训对象、培训时间和地点、培训课程等。

1）培训承诺。可从培训教师能力、培训材料、培训费用等进行承诺。一般承诺培训教师具有丰富的实际工作经验和理论基础知识；培训的材料由物联网系统集成商提供，包括系统使用文档、操作手册、演示胶片等；培训费用由物联网系统集成商承担。

2）培训目标。确定培训目标能给培训计划提供明确的方向和遵循的框架，进而确定培训对象、内容、时间、教师、方法等具体内容，并在培训之后对照此目标进行效果评估。培训目标的确定依赖客户培训需求的分析结果。

3）培训内容。物联网系统集成项目培训的内容应围绕应用系统、设备的管理、使用、运维以及项目系统相关技术等方面，结合项目实际情况进行规划设计。

4）培训方式。通常可分为集中培训、现场培训等。例如，采用集中讲解、系统演示、同步实际操作相结合的方式；根据不同使用对象进行现场实操培训。

5）培训对象、时间和地点。物联网系统集成项目培训的对象主要包括系统管理员、业务使用人员、系统运维管理人员和相关技术人员等。培训具体时间和地点一般与客户协商后确定。

6）培训课程。应根据培训的内容进行设计，培训课程要标明各课程培训的内容、学时、讲师、教材、培训对象等。

任务实施

物联网售后服务方案的基本框架包括售后服务的基本宗旨、保修服务内容、客户培训计划、客户培训内容、系统保养范围和备品备件（附录）。以下为物联网售后服务方案的范例（仅供参考）。

1. 售后服务的基本宗旨

我们的服务目标是让客户满意。我们将不断向客户提供安全防范系统知识和有关技术服务咨询。我们力求使客户满意，并一贯认为客户的满意要远比竞争更重要。

如果中标，我司将免费进行本安全防范系统方案和施工图及施工组织计划的深化设计。在工程施工过程中，我司将派技术人员进行全程技术支持，解决施工中存在的与其他技术配合的问题。对系统应用的产品安装和应用提供技术指导。

系统完工后，我司将负责系统测试和调试，并保证工程达到优良标准。在工程项目竣工验收时，将向采购单位提供符合国家档案部门要求的编制成册的工程竣工图及有关的技术档案资料。对于安全防范系统所应用的产品，我司承诺根据产品厂家提供的保修期提供相应时间的产品保修期，产品保修期按产品的相关规定：对××智慧农场系统项目工程提供一年的免费保修期并终身维护，履行合同规定的其他售后服务任务。

2. 保修服务内容

对于项目的管理工作：我们将在工程调试前派维护班组入驻并成立维护点，就近建立维护中心对系统维护点进行支持；系统维护阶段，对系统每两个月巡查一次；当接收到报修电话时，按以下维修服务工作要求进行维修：

① 维修人员在现场维修时，应有明显标志佩戴工作证，以便认出。

② 建立维修质量档案，每次发生的故障及维修事项均应做简明记录，便于汇总系统的运行情况及系统易出现的故障，并采取必要的措施。

③ 进行定期或不定期的巡查回访工作，主动征询系统管理人员及用户的意见，发现问题及时处理。

④ 接到工作人员或用户报告系统故障的电话后做好记录。一般故障在两小时内派出维修人员自备交通工具到现场进行处理，12小时内修复；紧急情况立即派人赶往现场及时处理。

⑤ 维修人员根据维修情况主动反馈给物业助理人员，并签字确认。

⑥ 报修处理流程见图4-2。

3. 客户培训计划

系统的维护是系统长期有效运行的保证，只有做好系统的日常维护工作，才能保证系统长期稳定运行。我司一贯重视系统的维护工作，针对××物联网智慧农场系统建设工程项目，我公司将根据工程情况及系统运行各阶段对相关人员进行相应的系统性培训，并按计划做好系统的维护工作。系统的维护包括系统的日常保养和系统的维修，我司积累了丰富的系统维护经验，以“服务就是品牌”为系统维护的宗旨，在系统维护方面采取“加强系统的日常保养，尽量使系统的故障处理在隐患阶段”。在系统的调试阶段，系统维护、管理人员共同参与系统的调试工作，了解系统的整体情况及系统的联动原理。在系统移交期间，对系统维护、管理人员重点进行以下免费培训：

① 系统框架图、设备安装位置说明。

② 各系统基本原理及功能。

③ 监控中心控制室工作流程、规章制度。

④ 物联网××智慧农场系统基本维护。

⑤ 紧急情况应急处理。

在系统的维护初期，工程项目经理部安排技术人员协同维护人员一起对系统进行维护，针对系统的维护情况进行补充培训，同时参照《安全防范系统维护人员技术手册》的大纲进行细化培训。

4. 客户培训内容

① 系统硬件、软件组成以及系统功能特点。

② 各个子系统的构成及工作原理。

③ 系统运行中的具体维护项目。

④ 项目应急处理措施。

5. 系统保养范围

售后服务在维护期对××物联网智慧农场项目所提供的具体服务项：

① 系统的基础检测：电源、设备、接口、网络、软件、平台等。

② 系统的运行检测：数据流监控、网络监控、平台监控等。

③ 定期巡检保养：终端设备的维护保养、网络设备的维护保养、电源设备维护保养等。

6. 备品备件（附录）

公司根据项目的实际情况，配备易损件1%的备件支持，为及时高效地解决突发和日常维护工作做好充分的准备（见表4-2）。

表4-2　备品备件

序号	品名	数量/个	单价/元	备注
1	温湿度传感器	3	135	干燥处保存
2	电源控制器	5	180	
3	光照控制器	3	128	

任务检查与评价

完成任务后进行任务检查，可采用小组互评等方式，任务检查评价单见表4-3。

表4-3 任务检查评价单

任务：设计售后服务方案

专业能力				
序号	任务要求	评分标准	分数	得分
1	编写售后服务的基本宗旨、保修服务内容	编写的售后服务宗旨需符合项目的基本属性与要求，描述合理；项目保修服务的大致内容叙述合理，符合智慧农场系统的项目特点	30	
2	编写客户培训计划、客户培训内容	编写项目客户培训计划，计划合理且符合项目的基本特点	20	
		编写项目客户培训内容，计划合理且符合项目的基本特点	10	
3	编写系统保养范围、具体备品备件范围	编写项目的具体保养范围，并绘制出对应的售后服务流程体系图，要求合理且符合项目的基本特点	25	
		根据项目的材料情况，合理分配备品备件以及具体的数量	5	
专业能力小计			90	
职业素养				
序号	任务要求	评分标准	分数	得分
1	编写的售后服务方案	编写的售后服务逻辑清晰，条件缜密	5	
2	遵守课堂纪律	遵守课堂纪律，保持工位区域内整洁	5	
职业素养小计			10	
实操题总计				

任务小结

物联网系统集成的项目中的方案编制中很重要的一项就是售后服务方案的制订。在编制此方案时，必须遵循物联网系统的特点，从工程技术文件、图纸、硬件设备、软件设备、技术培训、服务承诺、质保期、服务范围、响应时间、备品备件等方面进行细致的规划描述，并绘制可行的方案流程图，作为可执行的售后服务的基本依据。

任务拓展

编制的方案要更加的细化，在中标后制订更加细致且可行的售后服务执行方案，下面以服务响应时间为任务，编制一个具体的工程项目中的某个细节，标明在遇到故障时应该以何种故障等级来进行处理，售后服务响应时间是多长，见表4-4。

表4-4 售后故障登记表

故障现象	故障等级	响应时长

任务2 基于Zabbix的分布式物联网系统监控

职业能力目标

1）能根据运维管理的需求完成监控软件部署，定时输出相关监控信息。

2）能通过设备异常和故障现象，收集故障数据、定位故障点、判断故障原因并完成故障排除。

3）能根据物联网网关运行数据，准确分析数据异常原因，完成故障排除。

任务描述与要求

任务描述

小陆所在的A公司完成了××智慧农场物联网集成项目，现在要对××智慧农场物联网集成系统进行自动化监控，公司将这个任务交给了小陆。他考察了市面上几款主流的自动化监控软件，发现Zabbix是一个企业级的、开源的、分布式的监控套件，用来监控IT基础设施，部署灵活且功能强大，有数据采集、超高可用、告警管理、告警设置、图形化界面、历史数据可查、安全审计等功能，最后小陆选择了Zabbix作为自动监控软件并进行部署。

小陆要充分考虑××智慧农场项目的项目特点，制定出一套完善的符合该农场特点的服务方案监控体系，并结合售后服务的特点依据不同的故障等级输出监控结果。

任务要求

1）完成Zabbix Service的安装。

2）完成Zabbix Agent的安装并能够进行多机监控。

任务分析与计划

1．任务分析

学习Zabbix监控部署的基本知识，对Zabbix的安装、部署、配置有了一个大致的了解。把Zabbix Server作为主监控，另外安装Agent客户端来监控不同的服务器。

可以通过监控选项监控服务器的CPU、硬盘、网络等性能情况，可通过Agent以及对应的代理程序等来完成监控配置。

2. 任务实施计划

根据所学边缘服务和应用部署的相关的知识，制订本次任务的实施计划。计划的具体内容可以包括任务前的准备、分工等，任务计划见表4-5。

表4-5　任务计划

项目名称	智慧农场系统管理与维护
任务名称	基于Zabbix的分布式物联网系统监控
计划方式	依据资讯内容完成不同主机服务器的监控
计划要求	完成一项监控项目并通过Web界面查看监控情况
序号	任务计划
1	安装Zabbix的软件环境（LNMP）
2	安装Zabbix应用软件
3	配置Zabbix应用软件
4	安装Zabbix Agent客户端
5	配置与监控Zabbix Web界面

知识储备

随着运维的发展监控软件得到了大量使用，简化了运维流程，提升了运维工作效率。本次任务要求根据智慧M科技园一期项目售后运维工作内容搭建服务器设备、网络设备运行监控平台，实现服务器的运行监控，利用项目应用系统监控终端设备的运行情况，提交系统设备运行监控记录表。

实现服务器设备、网络设备运行监控的软件有很多种，本次任务选用Zabbix来实现服务器设备运行的监控。

Zabbix是一个基于Web界面的提供分布式系统监视以及网络监视功能的企业级开源解决方案。Zabbix能监视各种网络参数，保证服务器系统的安全运营，并提供灵活的通知机制让运维工程师快速定位/解决存在的各种问题。Zabbix主要有以下几个组件。

1）Zabbix Agent：部署在被监控主机上，负责收集被监控主机的数据，并把数据发送给Zabbix Server。

2）Zabbix Server：负责接收Zabbix Agent发送的报告信息，并负责组织配置信息、统计信息、操作数据等。

3）Zabbix DataBase：用于存储所有Zabbix的配置信息及监控数据的数据库。

4）Zabbix Web：Zabbix的Web界面，可以单独部署在独立的服务器上，运维工程师可通过Web界面管理配置及查看Zabbix相关监控信息。

5）Zabbix Proxy：用于分布式监控环境中，负责收集局部区域的监控数据，并发送给Zabbix Server。

Zabbix运维监控架构图如图4-3所示。

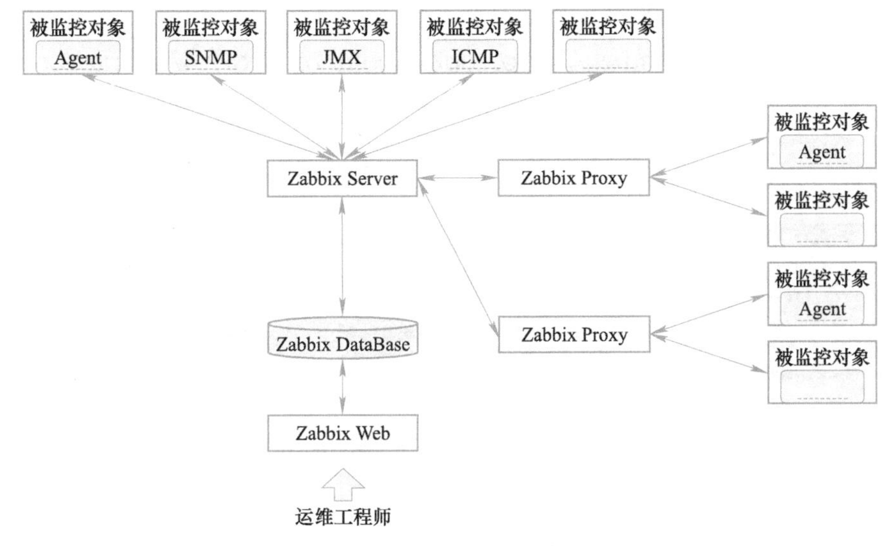

图4-3 Zabbix运维监控架构图

Zabbix通常采用以下几种方式进行设备监控。

1）Agent：通过专用的代理程序进行监控。在被监控对象上部署Zabbix Agent是最常用的监控方式。

2）SNMP：通过SNMP与被监控对象进行通信。通常路由器、交换机采用这种监控方式，但路由器、交换机必须支持SNMP。

3）IPMI：通过标准的IPMI硬件接口进行监控。通常监控被监控对象的物理特征，如电压、温度、电源状态、风扇状态等。

4）JMX：通过JMX（Java管理扩展）进行监控。通常用于监控JVM虚拟机。

特殊说明：为了方便教学，本次任务采用模拟实验的方式进行，实验环境要求如下。

1. Zabbix Server部署环境

1）服务器A操作系统：Ubuntu 18.4.03。

2）Zabbix版本：zabbix-release_4.4-1+bionic_all.deb。

3）数据库：MySQL/MariaDB。

4）Web服务器：Nginx。

2. Zabbix Agent部署环境

服务器B操作系统：Ubuntu 18.4.03。

3. 模拟实验环境网络拓扑结构

模拟实验环境网络拓扑结构如图4-4所示。

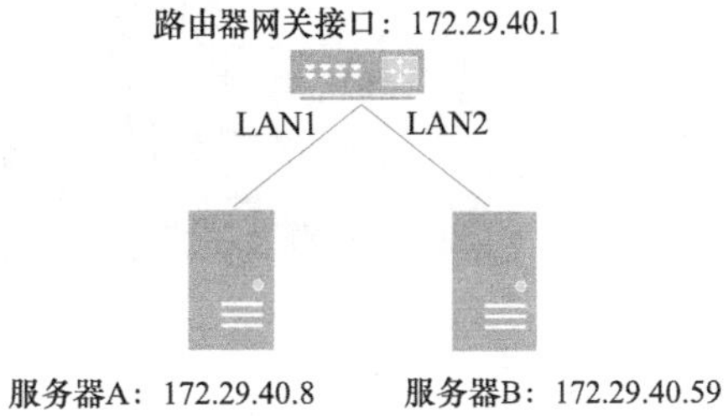

图4-4 模拟实验环境网络拓扑结构

任务实施

1. Zabbix监控平台部署

（1）部署Zabbix Server

步骤1：下载并安装Zabbix软件包。

1）按<Ctrl+Alt+T>组合键进入终端命令界面。

2）在终端输入“wget https://repo.zabbix.com/zabbix/4.4/ubuntu/pool/main/z/zabbix-release/zabbix-release_4.4-1+bionic_all.deb”命令下载Zabbix软件包。

3）在终端输入“sudo dpkg -i zabbix-release_4.4-1+bionic_all.deb”命令安装Zabbix软件，如图4-5所示。

```
lux@lux-VirtualBox:~$ sudo dpkg -i zabbix-release_4.4-1+bionic_all.deb
[sudo] lux 的密码：
正在选中未选择的软件包 zabbix-release。
(正在读取数据库 ... 系统当前共安装有 128038 个文件和目录。)
正准备解包 zabbix-release_4.4-1+bionic_all.deb  ...
正在解包 zabbix-release (1:4.4-1+bionic) ...
正在设置 zabbix-release (1:4.4-1+bionic) ...
```

图4-5　安装Zabbix软件

4）在终端输入“sudo apt update”命令更新软件列表。

步骤2：安装Zabbix Server、MariaDB、Zabbix Web前端、Zabbix Agent。

在终端输入“sudo apt -y install zabbix-server-mysql zabbix-frontend-php zabbix-nginx-conf zabbix-agent”命令安装zabbix-server-mysql、zabbix-frontend-php、zabbix-nginx-conf、zabbix-agent软件，如图4-6所示。

```
lux@lux-VirtualBox:~$ sudo apt -y install zabbix-server-mysql zabbix-frontend-php zabbi
x-nginx-conf zabbix-agent
正在读取软件包列表... 完成
正在分析软件包的依赖关系树
正在读取状态信息... 完成
将会同时安装下列软件：
  fping galera-3 gawk libaio1 libconfig-inifiles-perl libcurl4
  libdbd-mysql-perl libdbi-perl libhtml-template-perl libjemalloc1
```

图4-6　安装Zabbix Server、MariaDB、Zabbix Web前端、Zabbix Agent

步骤3：创建并初始化数据库。

1）在终端输入“sudo mysql -u root -p”命令登录数据库，创建账号并设置权限，如图4-7所示。

```
lux@lux-VirtualBox:~$ sudo mysql -u root -p
Enter password:
Welcome to the MariaDB monitor.  Commands end with ; or \g.
Your MariaDB connection id is 42
Server version: 10.1.43-MariaDB-0ubuntu0.18.04.1 Ubuntu 18.04

Copyright (c) 2000, 2018, Oracle, MariaDB Corporation Ab and others.

Type 'help;' or '\h' for help. Type '\c' to clear the current input statement.

MariaDB [(none)]>
```

图4-7　登录mysql

2）在终端输入“create database zabbix character set utf8 collate utf8_bin;”命令创建名称为zabbix的数据库，编码为utf-8，如图4-8所示。

```
MariaDB [(none)]> create database zabbix character set utf8 collate utf8_bin;
Query OK, 1 row affected (0.00 sec)
```

图4-8　创建zabbix数据库

3）在终端输入“grant all privileges on zabbix.* to Zabbix @'%' identified by 'password';”命令修改zabbix数据库的访问权限，该SQL语句中的zabbix指终端登录时使用的用户名、%表示任意IP地址、password指终端登录时使用的密码，如图4-9所示。

```
mysql> grant all privileges on zabbix.* to zabbix@'%' identified by 'password';
Query OK, 0 rows affected, 1 warning (0.02 sec)
```

图4-9 数据库权限设置

4）在终端输入“quit”命令退出。

5）在终端输入“sudo zcat /usr/share/doc/zabbix-server-mysql*/create.sql.gz | mysql -uzabbix -p zabbix”命令初始化数据库。初始化需要输入创建数据库账号时设置的密码“password”，如图4-10所示。

```
lux@lux-VirtualBox:~$ sudo zcat /usr/share/doc/zabbix-server-mysql*/create.sql.gz | mys
ql -uzabbix -p zabbix
Enter password:
```

图4-10 初始化数据

6）在终端输入“sudo gedit /etc/zabbix/zabbix_server.conf”命令配置Zabbix_server.conf文件，如图4-11所示。

```
lux@lux-VirtualBox:~$ sudo gedit  /etc/zabbix/zabbix_server.conf
```

图4-11 编辑zabbix_server.conf文件

再设置用户名和密码，如图4-12所示。

```
lux@lux-VirtualBox:~$ grep ^[a-Z] /etc/zabbix/zabbix_server.conf
LogFile=/var/log/zabbix/zabbix_server.log
LogFileSize=0
PidFile=/var/run/zabbix/zabbix_server.pid
SocketDir=/var/run/zabbix
DBName=zabbix
DBUser=zabbix
DBPassword=password
SNMPTrapperFile=/var/log/snmptrap/snmptrap.log
Timeout=4
AlertScriptsPath=/usr/lib/zabbix/alertscripts
ExternalScripts=/usr/lib/zabbix/externalscripts
FpingLocation=/usr/bin/fping
Fping6Location=/usr/bin/fping6
LogSlowQueries=3000
StatsAllowedIP=127.0.0.1
```

图4-12 设置用户名和密码

步骤4：配置Zabbix前端PHP。

1）在终端输入“sudo gedit /etc/zabbix/nginx.conf”命令配置nginx.conf文件，如图4-13～图4-15所示。

```
lux@lux-VirtualBox:~$ sudo gedit /etc/zabbix/nginx.conf
```

图4-13 配置nginx.conf文件1

```
lux@lux-VirtualBox:~$ cat /etc/zabbix/nginx.conf
server {
        listen          80;
        server_name     127.0.0.1;

        root    /usr/share/zabbix;

        index   index.php;
```

图4-14　配置nginx.conf文件2

```
        location ~ [^/]\.php(/|$) {
                fastcgi_pass    unix:/var/run/php/zabbix.sock;
                fastcgi_split_path_info ^(.+\.php)(/.+)$;
                fastcgi_index   index.php;

                fastcgi_param   DOCUMENT_ROOT   /usr/share/zabbix;
                fastcgi_param   SCRIPT_FILENAME /usr/share/zabbix$fastcgi_script_name;
                fastcgi_param   PATH_TRANSLATED /usr/share/zabbix$fastcgi_script_name;
```

图4-15　配置nginx.conf文件3

2）在终端输入“sudo gedit /etc/zabbix/php-fpm.conf ”命令配置php-fpm.conf文件。如图4-16和图4-17所示。

```
lux@lux-VirtualBox:~$ sudo gedit /etc/zabbix/php-fpm.conf
```

图4-16　配置php-fpm.conf文件1

```
lux@lux-VirtualBox:~$ cat /etc/zabbix/php-fpm.conf
[zabbix]
user = www-data
group = www-data

listen = /var/run/php/zabbix.sock
listen.owner = www-data
listen.allowed_clients = 127.0.0.1

pm = dynamic
pm.max_children = 50
pm.start_servers = 5
pm.min_spare_servers = 5
pm.max_spare_servers = 35

php_value[session.save_handler] = files
php_value[session.save_path]    = /var/lib/php/sessions/

php_value[max_execution_time] = 300
php_value[memory_limit] = 128M
php_value[post_max_size] = 16M
php_value[upload_max_filesize] = 2M
php_value[max_input_time] = 300
php_value[max_input_vars] = 10000
php_value[date.timezone] = Asia/Shanghai
```

图4-17　配置php-fpm.conf文件2

步骤5：启动Zabbix Server进程并开机启动。

1）在终端输入“sudo systemctl restart zabbix-server nginx php7.2-fpm”命令启动Zabbix Server进程，如图4-18所示。

```
lux@lux-VirtualBox:~$ sudo systemctl restart zabbix-server nginx php7.2-fpm
```

图4-18　启动Zabbix Server进程

2）在终端输入“sudo systemctl enable zabbix-server nginx php7.2-fpm”命

令设置Zabbix Server开机启动，如图4-19所示。

```
lux@lux-VirtualBox:~$ sudo systemctl enable zabbix-server  nginx php7.2-fpm
Synchronizing state of zabbix-server.service with SysV service script with /lib/systemd
/systemd-sysv-install.
Executing: /lib/systemd/systemd-sysv-install enable zabbix-server
```

图4-19　设置Zabbix Server开机启动

（2）部署Zabbix Agent

步骤1：下载并安装Zabbix软件包（详见Zabbix Server端部署步骤1）。

步骤2：在终端输入“sudo apt -y install zabbix-agent”命令安装Zabbix Agent，如图4-20所示。

```
lux@lux-VirtualBox:~$ sudo apt -y install zabbix-agent
正在读取软件包列表... 完成
正在分析软件包的依赖关系树
正在读取状态信息... 完成
```

图4-20　安装Zabbix Agent

步骤3：在终端输入“sudo gedit /etc/zabbix/zabbix_agentd.conf”命令配置zabbix_agentd.conf文件，如图4-21和图4-22所示。

```
lux@lux-VirtualBox:~$ sudo gedit /etc/zabbix/zabbix_agentd.conf
```

图4-21　配置zabbix_agentd.conf文件1

```
lux@lux-VirtualBox:~$ grep ^[a-Z] /etc/zabbix/zabbix_agentd.conf
PidFile=/var/run/zabbix/zabbix_agentd.pid
LogFile=/var/log/zabbix/zabbix_agentd.log
LogFileSize=0
Server=172.29.40.8
ListenPort=10051
Hostname=Edgeserver
Include=/etc/zabbix/zabbix_agentd.d/*.conf
```

图4-22　配置zabbix_agentd.conf文件2

备注：Server的IP地址为Zabbix Server端服务器IP地址，根据实际情况配置；Hostname名称为被监控端服务器名，可任意设置，但需要与Zabbix Web端添加的主机名相同。

步骤4：启动Zabbix Server进程并开机启动。

1）在终端输入“sudo systemctl restart zabbix-agent”命令启动Zabbix Agent进程，如图4-23所示。

```
lux@lux-VirtualBox:~$ sudo systemctl restart zabbix-agent
```

图4-23　启动Zabbix Agent进程

2）在终端输入“sudo systemctl enable zabbix-agent”命令设置Zabbix Agent开机启动，如图4-24所示。

```
lux@lux-VirtualBox:~$ sudo systemctl enable zabbix-agent
Synchronizing state of zabbix-agent.service with SysV service script with /lib/sys
temd/systemd-sysv-install.
Executing: /lib/systemd/systemd-sysv-install enable zabbix-agent
```

图4-24　设置Zabbix Agent开机启动

（3）配置Zabbix Web

步骤1：在浏览器中输入nginx. conf配置的server_name及端口号，访问Zabbix Web端，如图4-25所示。

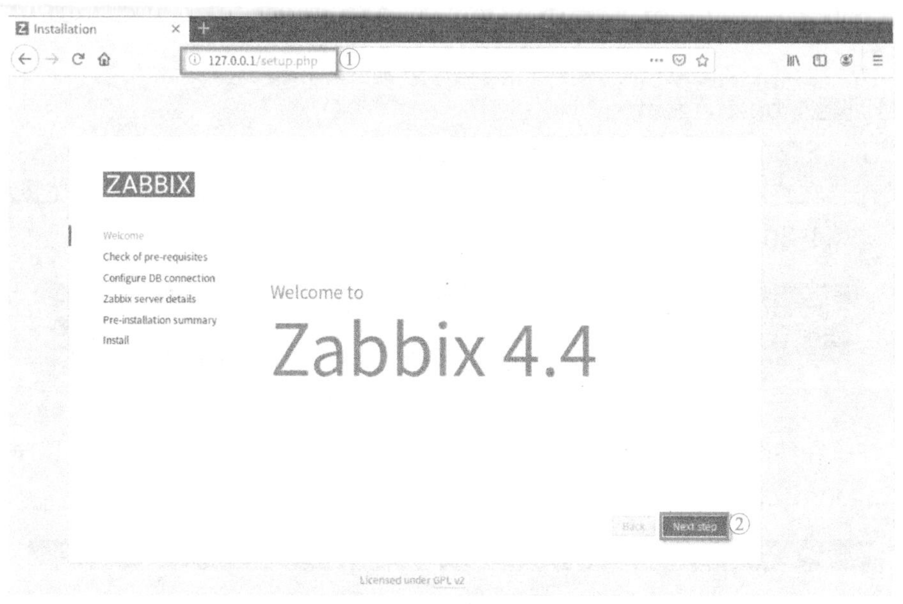

图4-25　访问Zabbix Web端

步骤2：先决条件检查显示通过，则进入下一步，否则根据检查项反馈内容查找原因，排除故障后再进行下一步操作，如图4-26所示。

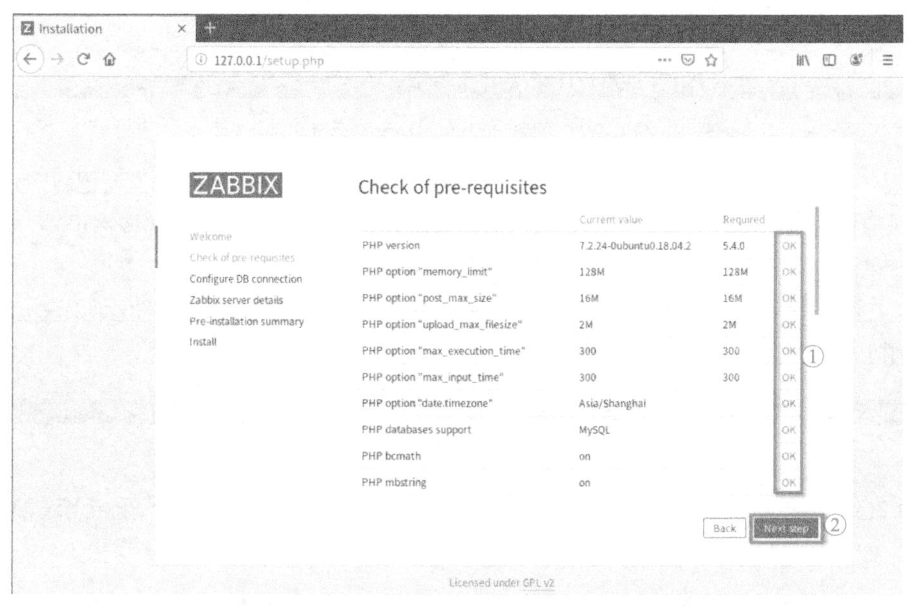

图4-26　先决条件检查

步骤3：配置数据库连接。按前期部署配置信息配置数据库连接信息，如图4-27所示。

Database Type：MySQL

Database host：localhost
Database port：0（即保持默认端口）
Database name：zabbix
user：zabbix
password：password

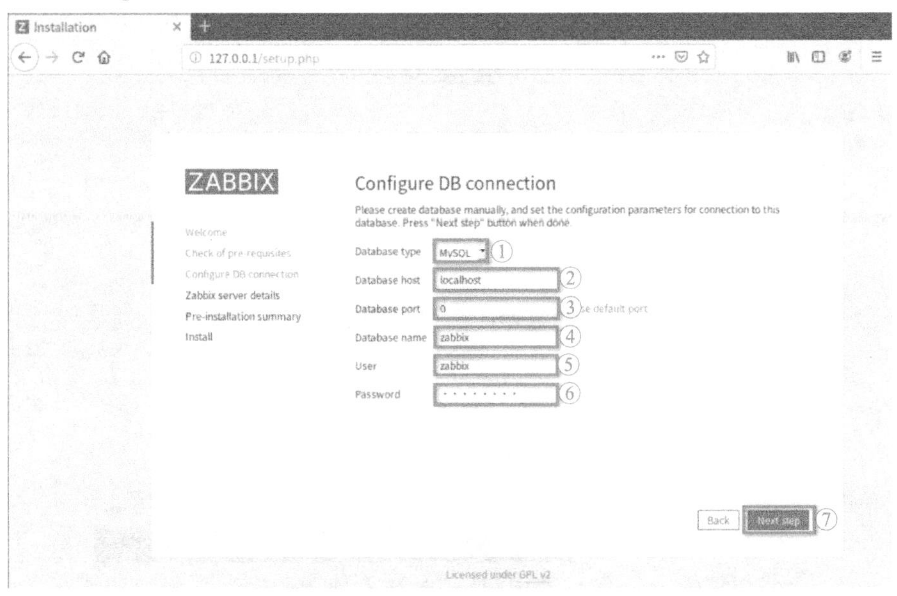

图4-27　配置数据库连接

步骤4：配置Zabbix Server的详细信息，完成平台安装，如图4-28所示。

设置Zabbix Server的主机名或IP地址，配置监听端口以及平台显示的名称，平台名称可随意定义。

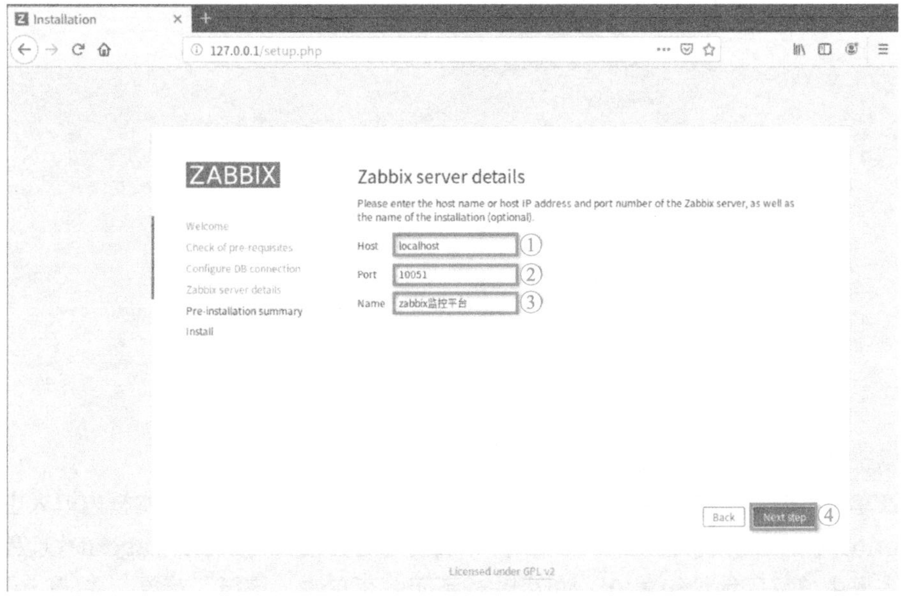

图4-28　配置Zabbix Server

步骤5：访问创建的zabbix监控平台，并设置系统语言为中文。

1）输入默认用户名Admin、默认密码zabbix访问监控平台，如图4-29所示。

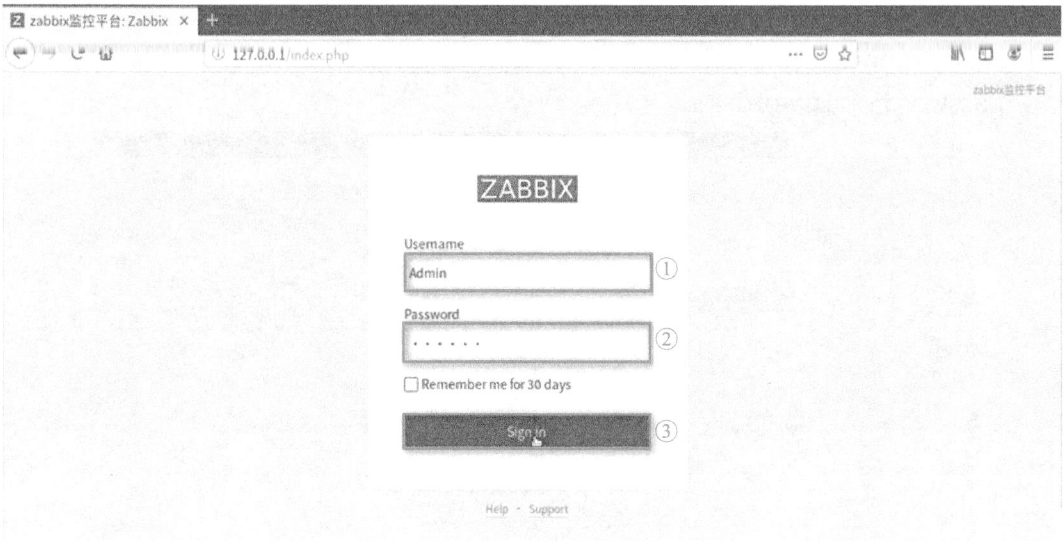

图4-29　zabbix 监控平台

2）单击主界面的 图标，设置监控平台语言为中文，如图4-30所示。

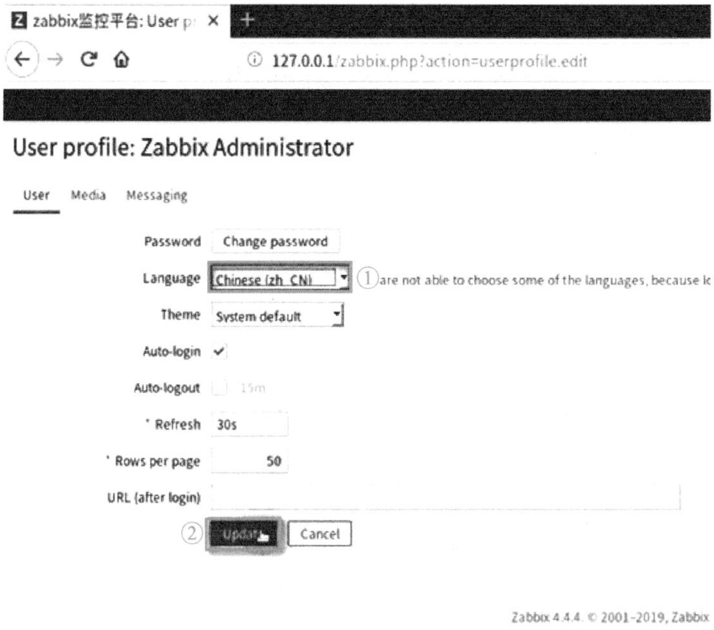

图4-30　设置监控平台语言

步骤6：添加被监控服务器

依次单击“配置”→“主机”→“创建主机”按钮，在“名称”文本框内填入主机名称（与agentd. conf配置的Hostname相同），如图4-31所示。接着在“agent代理程序的接口”文本框中填写IP地址和端口，如图4-32所示。再单击“模板”菜单，在“Link new templates”文本框中选择需要链接的模板，单击“更新”按钮导入模板，如图4-33所示。

图4-31　Zabbix配置1

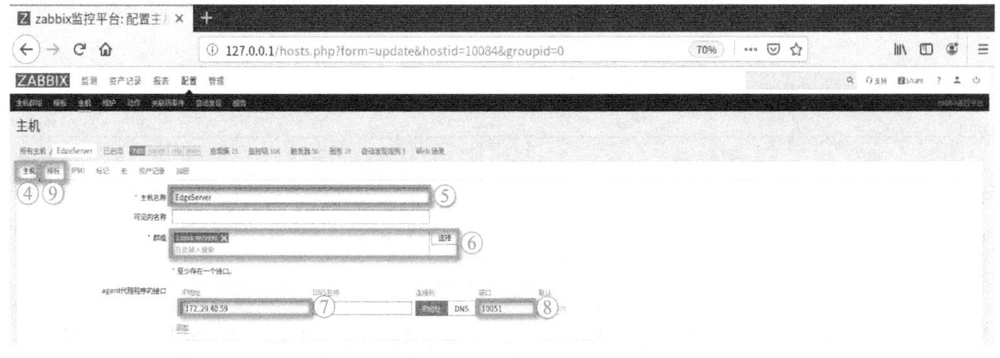

图4-32　Zabbix配置2

图4-33　Zabbix配置3

2. 查看设备状态并记录

（1）查看服务器运行情况并记录

1）查看监控到的尚未解决的问题，如图4-34所示。

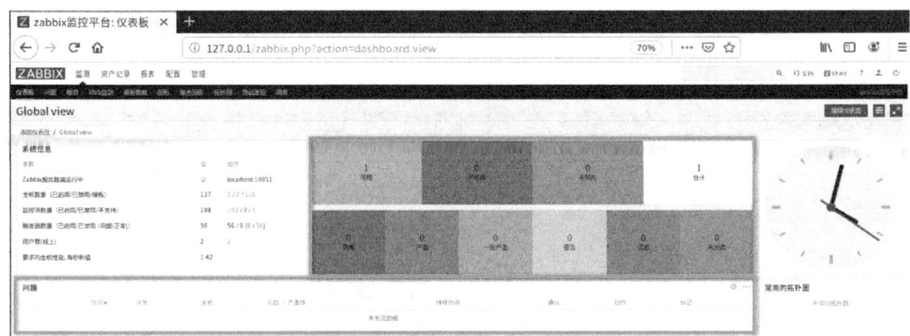

图4-34　查看监控到的尚未解决的问题

2）查看选定时间段监控到的问题，如图4-35所示。

图4-35　查看选定时间段监控到的问题

3）查看某台设备当前的运行情况，如图4-36所示。

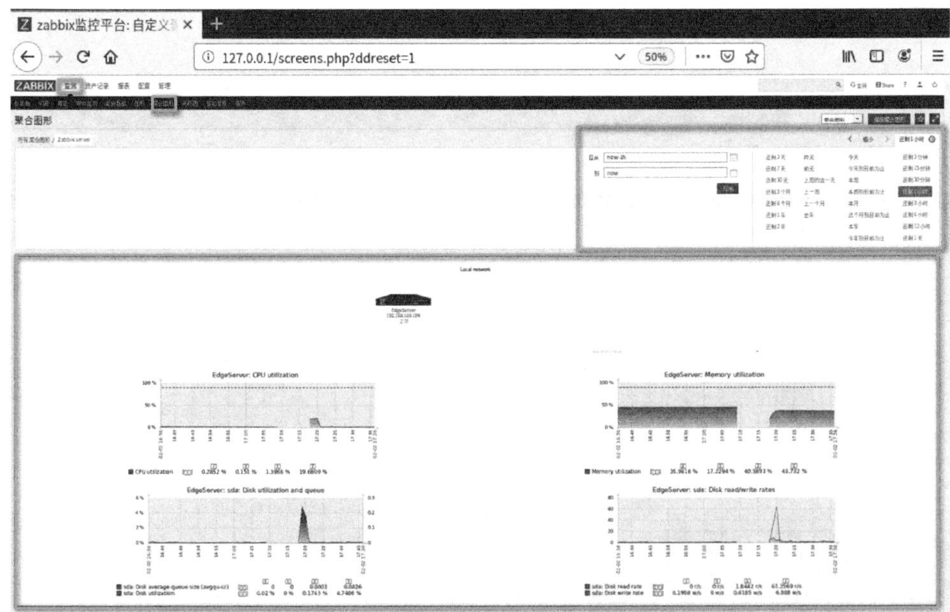

图4-36　查看某台设备当前的运行情况

4）把监控到的问题记录到设备运行监控记录表。

（2）查看感知/控制设备运行情况并记录

1）查看项目设备当前的运行情况。

2）填写设备运行监控记录表。把监控到的设备问题、历史运行情况记录到设备运行监控记录表。

任务检查与评价

完成任务后进行任务检查，可采用小组互评等方式，任务检查评价单见表4-6。

表4-6 任务检查评价单

任务：基于Zabbix的分布式物联网系统监控				
专业能力				
序号	任务要求	评分标准	分数	得分
1	完成Zabbix Service的安装	能根据任务实例要求完成Zabbix服务端的安装	20	
		能够查看到相关进程，可以通过Web界面进行访问	10	
2	完成Zabbix Agent的安装，并能够进行多机监控	完成Zabbix客户端的安装	5	
		完成监控服务器的安装	15	
		正确配置客户端	10	
		能够通过服务端界面进行有效的监控	30	
专业能力小计			90	
职业素养				
序号	任务要求	评分标准	分数	得分
1	做好前期的准备工作	提前对Ubuntu版本的Linux系统有一定了解（包括在网络中获取的相关资料）	5	
2	遵守课堂纪律	遵守课堂纪律，保持工位区域内整洁	5	
职业素养小计			10	
实操题总计			100	

任务小结

Zabbix主要用于监控，监控的内容如日常巡检的CPU、内存、磁盘、swap分区和各端口进程等。

以往日常巡检，是通过“df -h”命令来获得磁盘的使用量和剩余量、“top”命令来获得CPU和内存的利用率等全手动方式巡检，现在只需执行sh命令，便可以获得所有巡检的相关信息。

1）首先在浏览器输入IP地址“/zabbix/index.php”进入Zabbix Web页面，然后单击“主机”按钮，进入主机后创建主机，并填入主机名、可见名、群组、代理程序的接口，输入完成后单击“save”按钮保存。

2）创建完主机后创建监控项，需要填写监控项名称、类型（zabbix客户端和zabbix客户端（主动式））、键值（可以使用Zabbix提供的键值和自定义的键值），然后单击“添加”按钮即可创建。

说明：监控项就是要监控的目标，如CPU等；名称可自定义，通常要有意义；常用类型有两种，Zabbix客户端和Zabbix客户端（主动式），Zabbix客户端默认是被动模式。

3）创建触发器。触发器的主要作用是当监控项的监控条件超过监控标准时就会报警，并在仪表盘显示，需要设置的内容有名称、严重性（分类）、表达式（表达式就是监控项中定义的键值）、描述等。

4）创建图形。需要填写的内容有图形名称、监控项等。

任务拓展

在VirtualBox中安装多台Linux Server服务器，每一台服务器都安装Agent，并进行相应的配置，如图4-37所示。

```
roger@roger-VirtualBox:~$ sudo vim /etc/zabbix/zabbix_agentd.conf
[sudo] roger 的密码:
roger@roger-VirtualBox:~$
```

图4-37　编辑zabbix_agentd.conf配置文件

在配置并启动Agent后，可以通过以下命令来查看相应的进程，如图4-38所示。

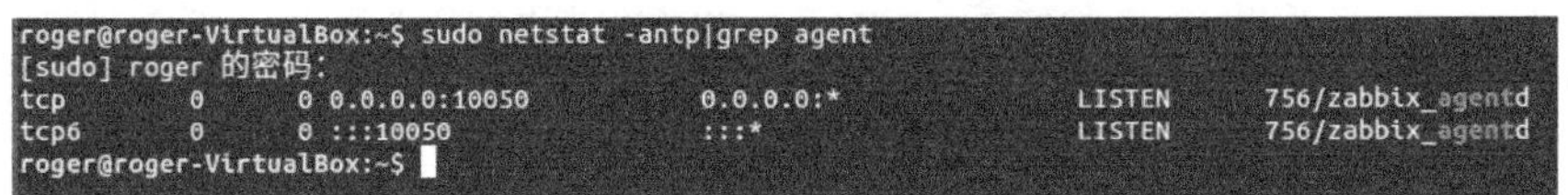

图4-38　查看进程

```
# 修改zabbix-agent配置并启动服务
    vim /etc/zabbix/zabbix_agentd.conf

    Server=          //监控主机IP地址
    Hostname=       //被监控主机到监控主机的名字
    UnsafeUserParameters=1
    systemctl start zabbix-agent
    ss -antp |grep 10050
```

相应的监控配置如图4-39所示。

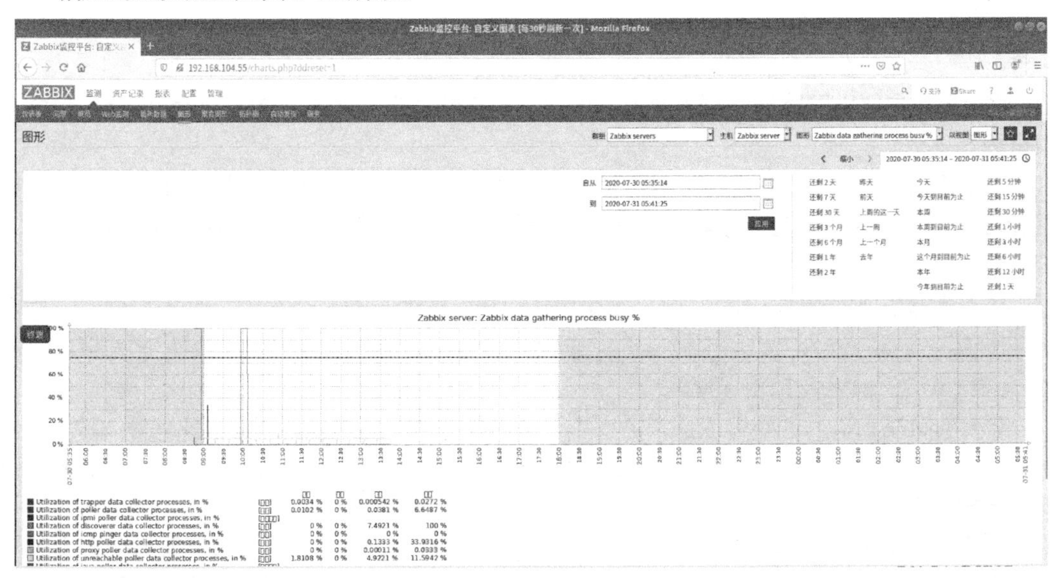

图4-39　监控配置

任务3 系统运维与故障排查

职业能力目标

1）能根据设备运行监控的日常管理要求，通过传感器、自动识别设备、摄像头和执行终端等终端设备运行状态，定时输出数据异常信息文档。

2）能根据物联网网关运行数据，准确分析数据异常原因，完成故障排除。

3）能根据网络异常情况，准确分析网络设备异常原因，完成故障排除。

4）能根据网络通信的要求，使用网络通信工具，定时完成服务器通信的故障排查。

任务描述与要求

任务描述

小陆所在的A公司完成了××智慧农场物联网集成项目，验收合格后进入系统运维阶段，公司将系统运维和排障的任务交给了小陆，他仔细分析系统的特点并结合自己的工作经验，总结出该系统可能存在的易发故障点，并根据这些易发点制订了运维策略以及所要应急处理的方法。

小陆在经过一段时间的运维后，又发现了一些容易出现故障的地方，同时结合智慧农场项目的特点，把定期巡检中要着重检测的点也做了详细的罗列，确保能较好地完成系统的运维任务。

任务要求

1）罗列智慧农场系统易发故障点。

2）给出易发故障点的处理意见和操作基本流程。

任务分析与计划

1. 任务分析

通过对系统运维与排障的基本知识学习，对系统设备故障分类、常用维护工具、常用排障流程、常见故障原因、排障的方法步骤等有一个大致了解。本任务是通过对基础知识的学习，将知识运用到实际的项目中，通过日常的运维和特定故障的排除来掌握通用的系统运维方法和故障排除的流程与逻辑。

2. 任务实施计划

根据所学边缘服务和应用部署的相关知识，制订本次任务的实施计划。计划的具体内容包括任务前的准备、分工等，任务计划见表4-7。

表4-7　任务计划

项目名称	智慧农场系统管理与维护
任务名称	系统运维与故障排查
计划方式	依据资讯内容完成不同故障的定位
计划要求	完成多个故障的分析与排查，并试着画出排障流程
序号	任务计划
1	云平台无数据时如何排除故障
2	温湿度传感器在云平台无数据
3	设备配置信息故障排查
4	温湿度数据通过NewSensor直接传入计算机，串口助手无数据帧返回

知识储备

故障是指系统中部分元器件功能失效而导致整个系统功能恶化的事件或系统不能执行规定功能的状态。

1. 设备故障的分类

1）按工作状态划分：间歇性故障、永久性故障。

2）按发生时间划分：早发性故障、突发性故障、渐进性故障、复合型故障。

3）按产生的原因划分：人为故障、自然故障。

4）按表现形式划分：物理故障、逻辑故障。

5）按严重程度划分：致命故障、严重故障、一般故障、轻度故障。

6）按单元功能类别划分：通信故障、硬件故障、软件故障。

故障通常不能单纯地用一种类别去界定，往往是复合型的。设备故障的维护是通过人为干预来让设备从故障状态恢复到设备正常运行状态。

2. 常用设备维护工具

（1）网线检测、寻线工具

1）网口接头引脚。

RJ-45有8根引脚，其中4根用于传输数据，另外4根用于备份。RJ-45公头引脚定义如图4-40所示。

快速以太网有4种基本的实现方式：100Base-TX、100Base-FX、100Base-T4和100Base-T2。100Base-T4是一个4对线系统，但是它采用半双工传输模式，传输媒体采用3类、4类、5类无屏蔽双绞线UTP的4对线路进行100Mbit/s的数据传输。其中3对双绞线用于数据传输，1对用于冲突检测。媒体段的最大长度为100m。100Base-T4也使用RJ-45接口，连接方法与10Base-T相同，4对线（1—2、3—6、4—5、7—8）一一对应连接。但在10Base-T系统中仅用了其中1—2、3—6两对，100Base-T4一般在布线时4对线都会安装连接。对于原来用3类线布线的系统，可以通过采用100Base-T4把网络从10Mbit/s升级到100Mbit/s，无需重新布线。100Base-T4引脚的定义如图4-41所示。

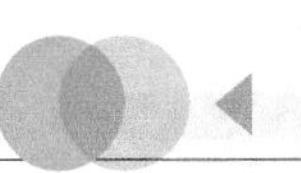

引脚	名称	解释
1	TX+	Tranceive Data+
2	TX-	Tranceive Data-
3	RX+	Receive Data+
4	n/c	Not connected
5	n/c	Not connected
6	RX-	Receive Data-
7	n/c	Not connected
8	n/c	Not connected

图4-40　RJ-45公头引脚定义

引脚	名称	解释
1	TX_D1+	Tranceive Data+
2	TX_D1-	Tranceive Data-
3	RX_D2+	Receive Data+
4	BI_D3+	Bi-directional Data+
5	BI_D3-	Bi-directional Data-
6	RX_D2-	Receive Data-
7	BI_D4+	Bi-directional Data+
8	BI_D4-	Bi-directional Data-

图4-41　100Base-T4引脚定义

2）网线接线方式。

网线接头线序标准分为T568A标准、T568B标准。

T568A标准制作方式引脚1～引脚8所连网线的颜色分别是绿白、全绿、橙白、全蓝、蓝白、全橙、棕白、全棕。

T568B标准制作方式引脚1～引脚8所连网线的颜色分别是橙白、全橙、绿白、全蓝、蓝白、全绿、棕白、全棕。

网线接口制作标准如图4-42所示。

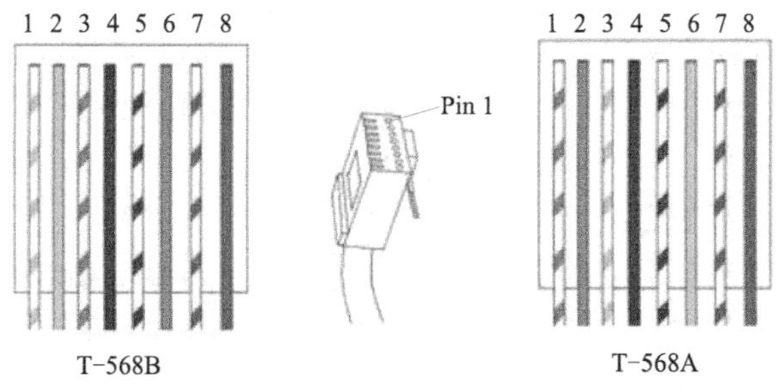

图4-42　网线接口制作标准

根据网线两端接头的接线线序不同，可分为直通线（平行线）和交叉线。一般而言，平行线用于连接到Hub或Switch（如计算机↔ADSL，计算机↔交换机，计算机↔路由器等），交叉线则用于对等的两个通信设备的直连（如计算机↔计算机，交换机↔交换机，路由器↔路由器等）。

网线接线制作方法如图4-43所示。

3）网线检测。网线检测方式主要有“万用表法”和“网线检线器法”。

万用表法：通过万用表的两个探针分别连接网线两端实际连通线的“金手指”，测量其电阻，电阻无穷大则表示断路；电阻为0则表示连通。也可使用万用表的蜂鸣器档，有轰鸣声则表示连通，无轰鸣声则表示断路。

网线检线器法：将网线两端分别连接网线检线器发送端和接收端，发送端依次向接收端发送和断开电压信号，电压会使检测器两端面板指示灯发亮和灭掉，可根据指示灯判断线序是否正确。如果接收端有一个指示灯始终不亮或多个指示灯同时亮，或线序与设计不一致，则网线制作有误。

网线检线器如图4-44所示。

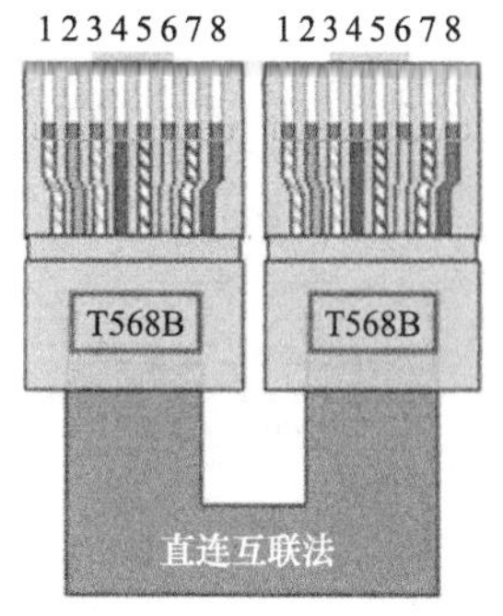

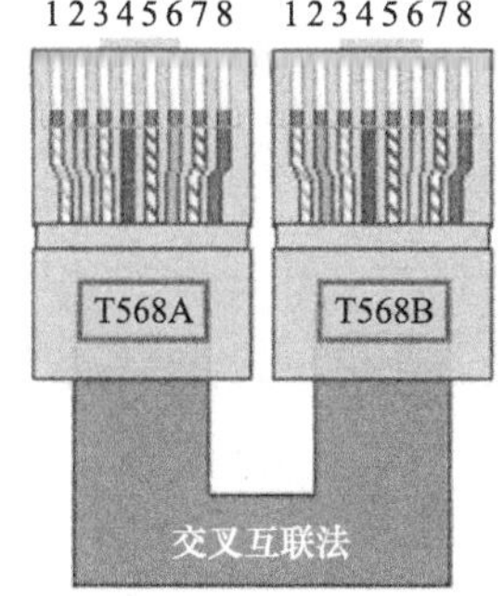

图4-43　网线接线制作方法

图4-44　网线检线器

4）网络寻线仪。

当综合布线系统的管理间线路复杂且线路编号标识丢失时，网络寻线仪可以迅速高效地从大量线束、线缆中找到所需线缆。网络寻线仪如图4-45所示。

使用方法：

① 将网线一端的水晶头连接到寻线仪的发射器上。

② 携带寻线仪的接收器到需要寻线的地方，利用电磁感应原理将接收器的寻线探头靠近这些网线，当寻线器发出指示（例如，响声最大或相应指示灯亮）时，探头所指向的那个水晶头所连网线即是发射器所连接到的那根线。

图4-45　网络寻线仪

（2）光纤检测与熔纤工具

光纤检测除了用肉眼观察设备完好的光纤收发器或光模块的指示灯是否已亮来判断外，还可以采用红光笔、光功率计、OTDR（光时域反射仪）来检测判断。

1）红光笔，如图4-46所示。

红光笔便于携带，即开即用，价格低廉所以应用最普遍。使用方法是把红光笔连接到光缆一端光纤头子上，调节按钮为一直发光或者脉冲式发光，在光缆另外一头如果看到光纤头子有光，则说明光纤连通，否则说明光纤断路。

红光笔既可以测试光纤的通断，也可以在没有标记的情况下查找光纤两头对应的线序。

2）光功率计，如图4-47所示。

光功率计用于测量绝对光功率或通过一段光纤的光功率相对损耗的仪器。通过测量发射端或光网络的绝对功率，一台光功率计就能够评价光端设备的性能。光功率计与稳定光源组合使用，组成光损失测试器，则能够测量连接损耗、检验连续性，并帮助评估光纤链路的传输质量。

光功率计的一般测量过程：使用光功率计前，先插上跳线，测试一下光端机/光模块的发光功率；再把光纤这端接上光端机/光模块/光源，到另一端插上光功率计，测量光损耗多少。

测量时按开关键开机，按<入>键选择波长，连接光源，然后选择测量相对功率或绝对功率，再按测量键/测量单位键即可。

3）OTDR（光时域反射仪），如图4-48所示。

OTDR（光时域反射仪）是利用光线在光纤中传输时的瑞利散射和菲涅尔反射所产生的背向散射而制成的精密光电一体化仪表，它被广泛应用于光缆线路的维护、施工之中，可进行光纤长度、光纤的传输衰减、接头衰减和故障定位等的测量。

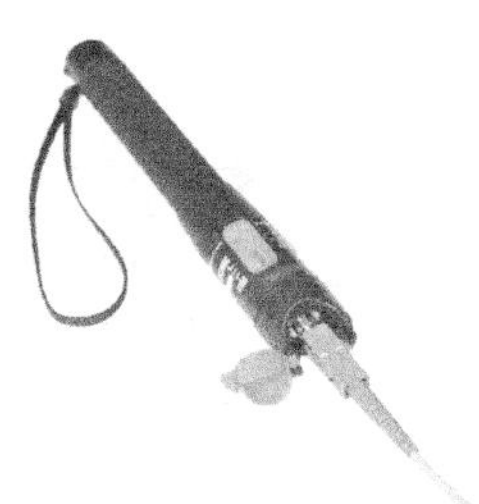

图4-46　红光笔

图4-47　光功率计示例

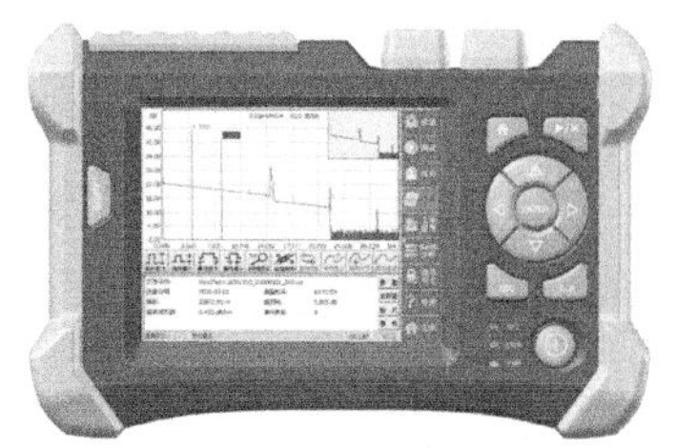

图4-48　光时域反射仪

OTDR的几个重要参数：

开始位置：一般设定为“0”。

距离范围：根据不同的光纤长度选择不同的距离范围，一般设定为纤芯长度的1.5倍。

脉冲宽度：脉宽的设定影响事件盲区的宽度，所以在后向反射曲线清晰的情况下应尽量使用较小的脉宽。以区间长度设定为标准，见表4-8。

表4-8　脉宽值区间范围

脉宽值	区间范围
5ns、30ns、100ns	10km以下
100ns、300ns、1μs	10至50km
3μs	50km以上

采样时间：在测量模式下测试所需的时间。

测量模式：手动、自动、高级、模板、故障寻找器（不同厂商设备不同）。

折射率（IOR）：波长1550nm设定为1.4675，1310nm设定为1.4681。

一般测量步骤：

①OTDR开机；②参数设置；③测试（被测试光纤连接头经酒精绵纸擦拭后，轻轻插到位于侧面板的激光输出端口上，按下测试键前要检查尾纤连接是否正确，测试开始后，必须等测试灯灭后才可进行后续相关操作）；④存储/打印曲线；⑤曲线分析。

测试过程应注意事项：

① 设置的待测光纤折射率应与实际相同，否则将影响精度。由于距离是通过光速与时间计算而得的，但光速与折射率有关。

② 设置的测试距离应该是实际距离的1.3～1.5倍，为了保证有足够的输出功率到达尾端，防止测试曲线的末端反射峰落入杂信峰中而难以识别。

③ 为了防止测试过程中的随机事件发生，应设置足够的测试时间。

④ 测试距离越长，使用的输出脉冲越宽，测试距离越短则脉宽越短。

⑤ 保证良好的连接头，否则可能会无数据输出。

4）光纤熔接机，如图4-49所示。

光纤熔接机（光缆熔接机）主要用于光通信中光缆的施工和维护。工作原理是利用高压电弧将两光纤断面熔化的同时用高精度运动机构平缓推进，让两根光纤融合成一根，以实现光纤模场的耦合。

光纤熔接机根据标准不同可分为包层对准式和纤芯对准式。

常见的单芯光纤熔接机使用步骤如下。

操作工具：光纤热缩管、剥皮钳、光纤切割器、无尘纸、酒精。

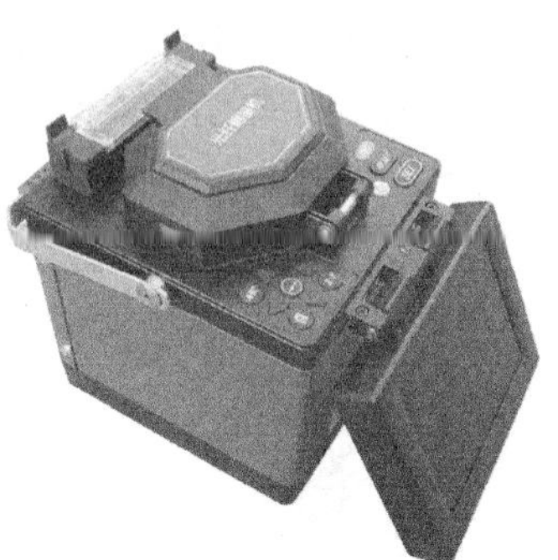

图4-49　光纤熔接机

① 开启熔接机。为了得到好的熔接质量，在开始熔接操作前，要先清洁和检查仪器，再打开熔接机电源，选择合适的熔接方式，让熔接机预热。

光纤常见类型规格有：SM色散非位移单模光纤（ITU-T　G.652）、MM多模光纤（ITU-T　G.651）、DS色散位移单模光纤（ITU-T　G.653）、NZ非零色散位移光纤（ITU-T　G.655），BI耐弯光纤（ITU-T　G.657）等，要根据不同的光纤类型来选择合适的熔接方式，而最新的光纤熔接机有自动识别光纤的功能，可自动识别各种类型的光纤。

② 开剥光缆，并将光缆固定到盘纤架上。常见的光缆有层绞式、骨架式和中心束管式光缆，不同的光缆要采取不同的开剥方法，剥好后要将光缆固定到盘纤架。

③ 将剥开后的光纤分别穿过热缩管。不同束管、不同颜色的光纤要分开，分别穿过热缩管。

④ 制备光纤端面。光纤端面制作的好坏将直接影响熔接质量，所以在熔接前必须制备合格的端面。用专用的剥线工具剥去涂覆层，再用沾酒精的清洁麻布或棉花在裸纤上擦拭几次，使用精密光纤切割刀切割光纤，对0.25mm（外涂层）光纤，切割长度为8～16mm，对0.9mm（外涂层）光纤，切割长度只能是16mm。

⑤ 放置光纤。将光纤放在熔接机的V形槽中，小心压上光纤压板和光纤夹具，要根据光纤切割长度设置光纤在压板中的位置，并正确地放入防风罩中。

⑥ 接续光纤。按下接续键后，光纤相向移动，移动过程中产生一个短的放电清洁光纤表面，当光纤端面之间的间隙合适后熔接机停止相向移动。设定初始间隙，进行测量，并显示切割角度。在初始间隙设定完成后，开始执行纤芯或包层对准，然后熔接机减小间隙（最后的间隙设定），高压放电产生的电弧将左边光纤熔到右边光纤中，最后微处理器计算损耗并将数值显示在显示器上。如果估算的损耗值比预期的要高，可以按放电键再次放电，放电后熔接机仍将计算损耗。

⑦ 取出光纤并用加热器加固光纤熔接点。打开防风罩，将光纤从熔接机上取出，再将热缩管移动到熔接点的位置，放到加热器中加热，加热完毕后从加热器中取出光纤。操作时由于温度很高，不要触摸热缩管和加热器的陶瓷部分。

⑧ 盘纤并固定。将接续好的光纤盘到光纤收容盘上，固定好光纤、收容盘、接头盒、终端盒等，操作完成。

熔纤过程注意事项：

① 光纤熔接机使用前先清洁，包括光纤熔接机的内外、光纤的本身，重点清洁V形槽、光纤压脚等部位。

② 切割时，保证切割端面角度为89°±1°，近似垂直，在把切好的光纤放在指定位置的

过程中，光纤的端面不要接触任何地方，碰到则需要重新清洁、切割。

③ 放光纤在其位置时，不要太远也不要太近，一般在1/2处。

④ 在熔接的整个过程中，不要打开防风盖。

⑤ 加热热缩套管，加热时，光纤熔接部位一定要放在正中间，加一定张力，防止加热过程出现气泡、固定不充分等情况。加热过程和光纤的熔接过程可以同时进行，加热后拿出时不要接触加热后的部位，温度很高，避免发生危险。

⑥ 光纤是玻璃丝，很细而且很硬，整理工具时，注意碎光纤头，防止发生危险。

（3）无线信号检测工具

1）Wi-Fi信号检测。

在物联网系统集成项目运维过程中，有时需要对某个区域的Wi-Fi速度、信号强度、周围Wi-Fi干扰等进行检测，排除Wi-Fi信号问题引发的组网设备数据中断、丢包等故障的可能性，做好日常Wi-Fi信道维护，进行Wi-Fi信号优化等工作。

Wi-Fi信号主要工作频段是2.4GHz和5GHz。2.4GHz的Wi-Fi的工作频率低、绕射能力强，所以这个频段的干扰信号更多，使得2.4GHz的Wi-Fi的下载速度也变得很慢。5GHz的Wi-Fi由于工作频率高，使用的频宽大，所以下载速度快，但是这个频段的信号绕射能力差，而且穿墙衰减非常大，所以它比较适合近距离的、在同一个房间内的覆盖。

Wi-Fi信号检测的方法有很多，主要方法如下。

① 通过手机、PAD、带无线网卡的计算机等设备连接Wi-Fi，查看Wi-Fi基本信息。该方法简单，但一般只能查看Wi-Fi信号的强度、SSID、安全类型、网络频带、IP地址等基本信息，如图4-50所示。

图4-50　查看Wi-Fi信息

② 通过手机连接Wi-Fi，在安卓电话拨号界面输入代码进入手机工程测试模式查看当前Wi-Fi信号强度，数值越小代表信号强度越弱。不同品牌手机进入工程测试模式的代码不同，也有部分手机在工程测试模式下无Wi-Fi信号强度查看功能。

③ 通过手机APP检测，如WiFi分析仪（WiFi Analyzer）、WiFi测评大师（见图4-51）、Speedtest等。不同的APP提供的检测功能不同，包括网速测试、干扰测试、分布式测试、稳定性检测、网络延时检测等，测试人员可根据检测的目的和内容进行APP选择。

④ 通过笔记本计算机安装PC软件工具进行检测，如WirelessMon、inSSIDer、Network Stumbler、Wi-Fi Inspector等。与手机APP相同，不同的PC软件提供的功能不通，测试人员可根据检测的目的和内容进行APP选择。目前比较流行使用的是inSSIDer。

inSSIDer是一款免费的Wi-Fi信号检测软件，它可以搜索附近的热点，收集每个无线网络的详细信息。除了提供信号强度、信道等基本功能外，它还能搜索加密方式、最大速率以及MAC地址等信息。此外，在这些基本信息的右边还可以查看每个时间段不同Wi-Fi的信号强

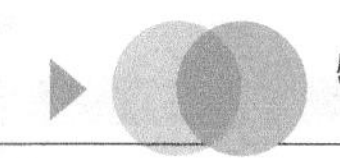

度和稳定性（纵坐标：信号强度，横坐标：时间段），其中纵坐标越高，表明信号强度越强，而横坐标越平滑，则表明无线信号越稳定。inSSIDer的Wi-Fi信号检测如图4-52所示。

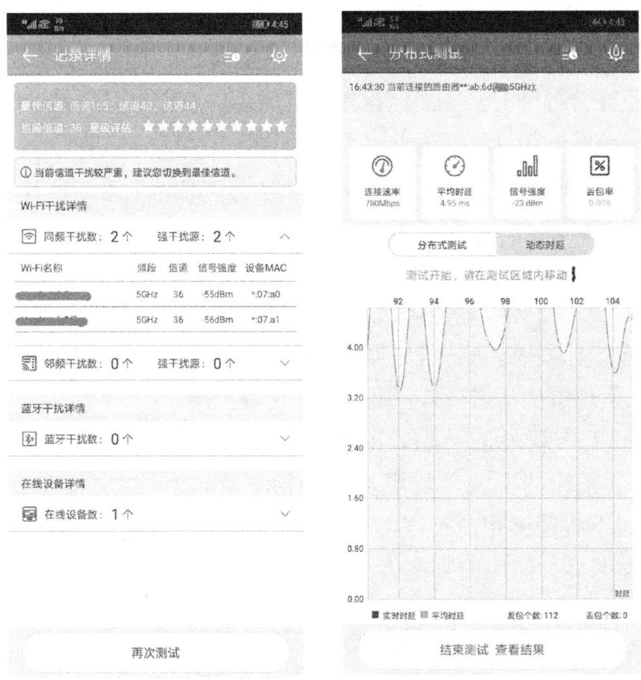

图4-51　WiFi测评大师检测示例

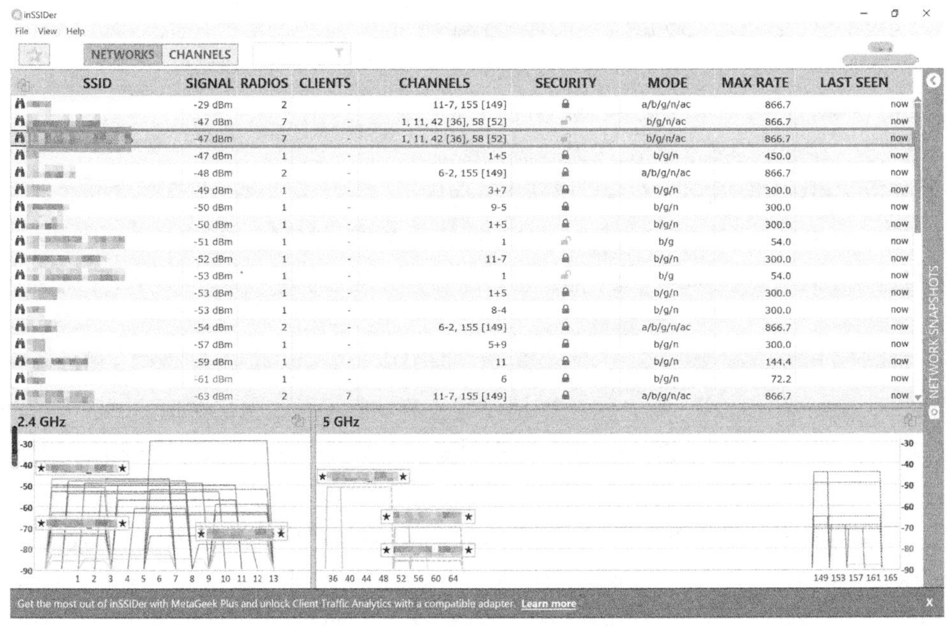

图4-52　inSSIDer的Wi-Fi信号检测

2）ZigBee信号检测。

ZigBee的工作频段主要是868MHz、915MHz和2.4GHz。ZigBee产品的发射功

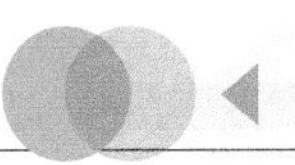

率遵守不同国家规范，通常范围在0～10dBm（1dBm≈0.00126W），通信距离通常为10～75m，在增加射频发射功率后，传输范围可增加到1～3km。ZigBee技术具有低功耗、低成本、低速率、近距离、短时延、网络容量大、高安全、免执照频段、数据传输可靠等优势，广泛用于军事、工业、智能家居等领域的短距离无线通信。

运维过程中ZigBee信号的检测通常采用ZigBee信号检测仪，也可以通过原厂串口调试软件来获取信号强度或使用通用串口调试软件发送AT指令进行检测（AT指令配置需要产品支持）。不同产品的ZigBee模块具体配置命令和AT指令根据厂家相关手册获取。AccessPort串口工具获取ZigBee模块信号强度如图4-53所示。

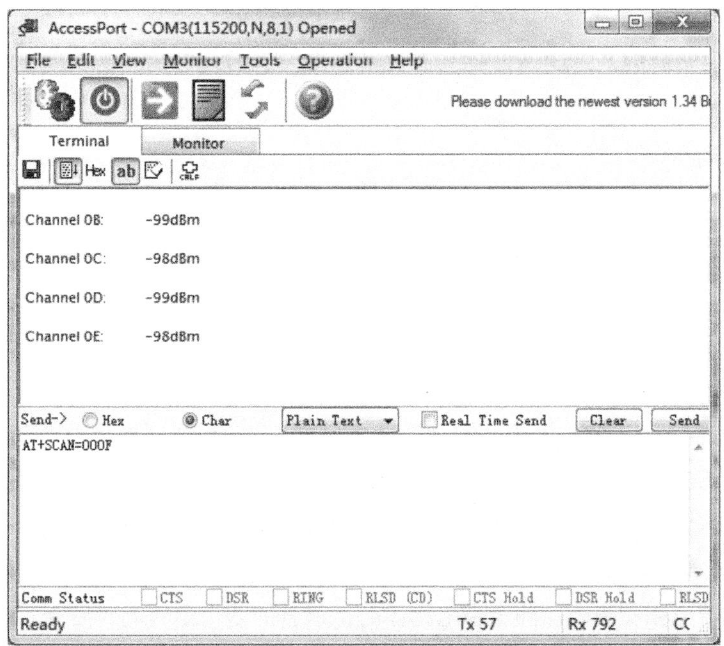

图4-53　AccessPort串口工具获取ZigBee模块信号强度

3）LoRa信号检测。

LoRa工作频段主要是433MHz、868MHz和915MHz等，通信距离城镇可达2～5km，郊区可达15km。LoRa技术具有低带宽、低功耗、远距离和大量连接的优势，广泛用于智慧农业、智慧建筑、自动化制造、智慧物流等领域。

运维过程中LoRa信号的检测通常采用LoRa信号测试仪，也可以通过原厂调试软件获取信号强度或使用通用串口调试软件发送AT指令进行检测（AT指令配置需要产品支持）。不同产品的LoRa模块的具体配置命令和AT指令可根据厂家相关手册获取。LoRa信号检测仪如图4-54所示。

图4-54　LoRa信号检测仪

4）NB-IoT信号检测。NB-IoT即窄带物联网（Narrow Band Internet of Things），构建于蜂窝网络，只消耗大约180kHz的带宽，下行速率大于160kbit/s，小于250kbit/s，上行速率大于160kbit/s，小于250kbit/s（Multi-tone）/

200kbit/s（Single-tone），具有广覆盖、大连接、低功耗、低成本等优势。NB-IoT模块需要运营商网络支持，需要SIM卡。全球大多数运营商使用900MHz频段部署NB-IoT，中国移动、中国联通部署在900MHz、1800MHz频段，中国电信部署在800MHz频段。NB-IoT技术可广泛用于公共事业（智能水表、智能气表、智能热表等）、智慧城市、消费电子、设备管理、智能建筑、智慧农业、智慧环境等领域。

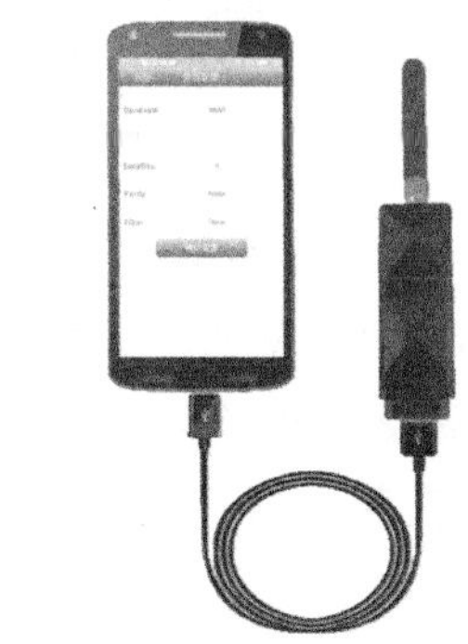
图4-55　NB-IoT信号检测仪

运维过程中NB-IoT信号检测通常采用NB-IoT信号检测仪或通过串口工具发送AT指令来获取，AT指令可根据厂家相关手册获取。NB-IoT信号检测仪如图4-55所示。

（4）电源检测工具

1）测电笔。主要分为氖管式测电笔和数显测电笔，如图4-56和图4-57所示。

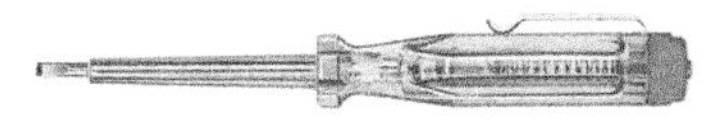
图4-56　氖管式测电笔

图4-57　数显测电笔

氖管式测电笔用来检验导线、电器和电气设备的金属外壳是否带电。氖管式测电笔是一种最常用的测电笔，测试时根据内部的氖管是否发光来确定测试对象是否带电。普通测电笔，可以检测60～550V范围内的电压，在该范围内，电压越高，测电笔氖管越亮，低于60V，氖管不亮，为了安全起见，不要用普通测电笔检测高于500V的电压。

氖管式测电笔的用途：

① 区别直流电和交流电。测量带电物体时，氖管的两个电极同时发光，说明是交流电。两个电极只有一个发光，则是直流电。

② 区别火线和零线。测量交流电时，氖管发亮的是火线，不亮的是零线。

③ 判断直流电的正、负极。将测电笔接在直流电路中测试，氖管发亮的一极是负极，不发亮的一极是正极。

④ 判断零线断路。电笔接触灯头插座的两个电极时，氖管都发光，灯泡不会亮，说明零线断了。

⑤ 测量火线是否碰壳。测试电气设备的外壳，氖管发光，说明火线已经碰到设备外壳。

⑥ 判断电压的高低。在测试时，被测电压越高，氖管发出的光线越亮，有经验的人可以根据光线的强弱判断出大致的电压范围。

⑦ 判断电压的有无。在测试被测物时，如果测电笔氖管发亮，表示被测物有电压存在，并且电压不低于60V。

数显式测电笔又称为感应式测电笔，可以测试物体是否带电，还能显示大致的电压范围，有些数显式测电笔可以检验绝缘导线断线的位置。电笔上标有12～250VAC.DC，表示该测电笔可以测量12～240V范围内的交流或直流电压，测电笔上的两个按键均为金属材料，测量时手应该按住按键不放，以形成电流回路。通常直接测量键距离显示屏较远，感应测量键距离显示屏近。

数显式测电笔的使用方法如下。

① 直接测量法。直接测量法是指将测电笔的探头直接接触被测物来判断是否带电的测量方法。在使用直接测量法时，将测电笔的金属探头接触被测物，同时手按住直接测量按键（DIRECT）不放，如果被测物带电，测电笔上的指示灯会变亮同时显示屏显示所测电压的数值。一般测电笔可显示12V、36V、55V、110V和220V。

② 感应测量法。感应测量法是指将测电笔的探头接近但不接触被测物，利用电压感应来判断被测物是否带电的测量方法。如果导线带电，测电笔显示屏显示电压的标志符号，如果导线中间断线指示灯熄灭，电压标志符号消失，表示当前位置存在断线。感应测量法可以找出绝缘导线的断线位置，还可以对绝缘导线进行火线和零线判断。

2）万用表（详见项目2任务3的知识储备）。

（5）防雷检测工具

在物联网系统集成项目中经常需要对设备防雷进行处理，无论是接入已有地网还是新建地网，都需要对地网进行接地电阻测试，以保证产品上的所有在单一绝缘失效的情形下会变成带电体，并且可以被使用者接触到的导电性部件被可靠连接到电源输入的接地点。目前市场上常使用的防雷检测工具有手摇接地电阻检测仪、数字接地电阻检测仪和钳形接地电阻表。

1）手摇接地电阻检测仪如图4-58所示。

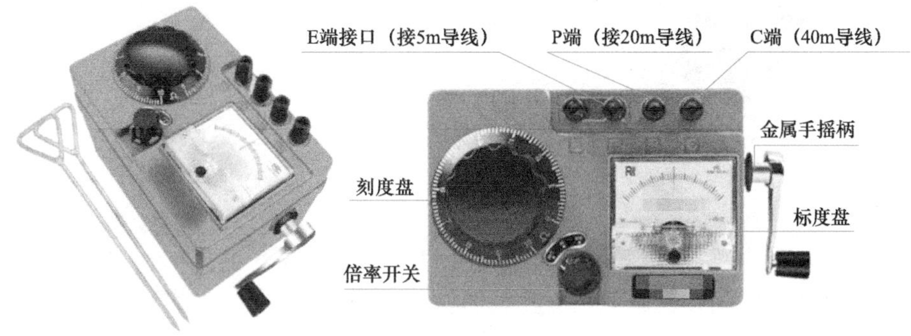

图4-58　手摇接地电阻检测仪

手摇式接地电阻检测仪的使用方法：

① 拆开接地干线与接地体的连接点，或拆开接地干线上所有接地支线的连接点。

② 将两根接地棒分别插入地面0.4m深，一根离接地体40m远，另一根离接地体20m远。

③ 把摇表置于接地体近旁平整的地方，然后进行接线。

用一根连接线连接表上的接线桩E和接地装置的接地体E′。

用一根连接线连接表上的接线桩C和离接地体40m远的的接地棒C′。

用一根连接线连接表上的接线桩P和离接地体20m远的接地棒P′。

④ 根据被测接地体的接地电阻要求，调节好粗调旋钮（上面有三档可调范围）。

⑤ 以约120r/min的速度均匀地摇动摇表。当表针偏转时，随即调节微调拨盘，直至表针居中。以微调拨盘调定后的读数乘粗调定位倍数，即是被测接地体的接地电阻。例如，微调读数为0.6，粗调的电阻定位倍数是10，则被测的接地电阻是6Ω。

⑥ 为了保证所测接地电阻值的可靠，应改变方位重新进行复测。取几次测得值的平均值作为接地体的接地电阻。

测量注意事项：

① 测量前，将兆欧表保持水平位置，摇动兆欧表摇柄，转速约120r/min，指针应指向无穷大（∞），否则说明兆欧表有故障。

② 测量前，应切断被测电器及回路的电源，并对相关元件进行临时接地放电，以保证人身与兆欧表的安全和测量结果准确。

③ 兆欧表接线柱引出的测量软线绝缘应良好，两根导线之间和导线与地之间应保持适当距离，以免影响测量精度。

④ 摇动兆欧表时，不能用手接触兆欧表的接线柱和被测回路，以防触电。

⑤ 摇动兆欧表后，各接线柱之间不能短接，以免损坏。

2）数字接地电阻检测仪如图4-59所示。

数字接地电阻检测仪使用方式与手摇接地电阻检测仪相似，只是改手摇测量为数字自动测量，测量时打开仪器，选择挡位后，仪器LCD显示的数值即为被测得的地电阻。

3）钳形接地电阻表如图4-60所示。

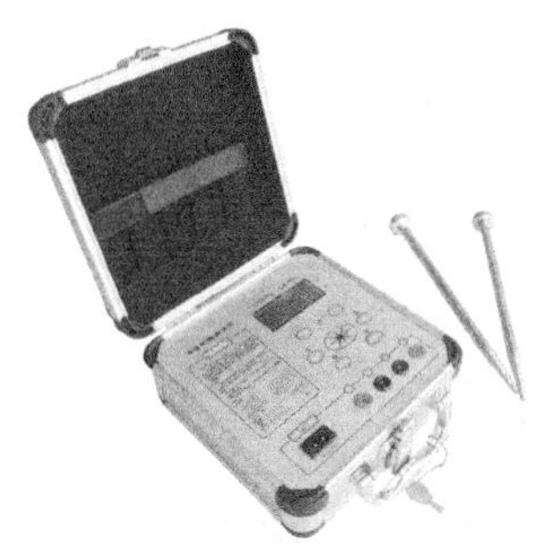

图4-59　数字接地电阻检测仪

图4-60　钳形接地电阻表

钳形接地电阻表是一种手持式的接地测量仪，能应用于传统方法无法测量的场合，测量的是接地体电阻和接地引线电阻的综合值。因操作简单、使用方便，广泛应用于电力、电信、油田、建筑及工业电气设备的接地装置电阻测量。钳形接地电阻仪在测量有回路的接地系统时，不需断开接地引下线，不需辅助电极。

（6）固件升级工具

1）终端设备固件升级。

常用终端设备固件升级一般通过两种方式进行：①OTA远程升级；②本地烧录软件升级。常用的有STM32系列芯片固件升级用的Flash Loader Demonstrator、CC2530芯片固件升级使用的SmartRF Flash Programmer。不同芯片根据厂商烧录程序的软件也不相同。

Flash Loader Demonstrator、SmartRF Flash Programmer是非常实用且功能强

大的串口烧录软件，主要适用于单片机开发者，适用于Cortex-M3串口对STM32烧写操作，连接后需要设置UART的使用端口号、波特率，然后就可以进行烧录。

2）网络设备固件升级。

网络设备固件升级方法通常采用Web方式升级、TFTP方式升级、FTP方式升级。基于Web的升级方式较直观，操作简单，只有支持Web管理的网络设备才会有该升级方式；TFTP的升级方式较为普遍，要借助第三方软件搭建TFTP服务器，设置相对麻烦，对固件文件的大小也有限制，不同的设备对固件文件大小的要求不一样，最多不能超过TFTP普通文件传输协议规定的最大支持传输32MB的文件；FTP方式升级与TFTP相似，需要搭建FTP服务器，但无固件文件大小要求。

（7）操作系统备份还原工具

操作系统备份还原工具有很多，不同的操作系统（Windows和Linux、CentOS、Ubuntu等）的备份与还原方式也会存在差异。

1）Windows操作系统备份还原。

Windows操作系统通常采用系统自带的备份还原功能、第三方备份还原工具（Norton Ghost、雨过天晴计算机保护系统、虚拟化平台的快照功能等）。

Norton Ghost是备份还原Windows操作系统时经常使用的第三方备份还原工具，需要注意，如果服务器的磁盘做了RAID阵列，由于DOS环境未加载RAID驱动，Norton Ghost无法识别磁盘，需要在Win PE环境下加载RAID驱动后才能使用Norton Ghost进行备份。

2）Linux操作系统备份还原。

Linux操作系统所有的数据都以文件的形式存在，所以备份就是直接复制文件；硬盘分区也被当成文件，所以可以直接复制硬盘数据。

Linux操作系统自带很多实用工具，如tar、dd、rsync等，备份还原系统通常不需要购买或下载第三方软件。

Linux操作系统在运行时其硬盘上的文件可以直接被覆盖，所以还原系统的时候，如果系统能正常启动，则不需要另外的引导盘；如果系统完全无法启动，则需要另外的引导盘live-cd。

① 使用tar命令备份还原系统。

tar备份系统命令：

```
tar cvpzf backup.tgz --exclude=/proc --exclude=/mnt --exclude=/sys --exclude=/backup.tgz/
```

tar还原系统命令：

```
tar xvpfz backup.tgz -C/
restorecon -Rv/
```

② 使用dd命令备份还原系统。

```
dd备份系统命令（全盘复制）
sudo dd if=/dev/sda1 of=/dev/sdb1
```

```
dd还原系统命令（全盘还原）
dd if=/dev/sdb1 of=/dev/sda1
```

③ 使用rsync备份还原系统。

rsync备份系统示例（备份前需要先挂载存放备份文件的磁盘）：

```
sudo rsync -Pa / /media/usb/backup_20190101 --exclude=/media/* --exclude=/sys/*
--exclude=/proc/* --exclude=/mnt/* --exclude=/tmp/*
```

rsync还原系统示例：

```
sudo rsync -Pa /media/usb/backup_20190101 /
```

3. 常见的物联网设备故障及原因

（1）传感器不能发送数据

常见故障原因：SIM卡欠费、电源断路、信号线断路、信号干扰、网络攻击、设备损坏。

（2）传感器数据发送不稳定

常见故障原因：供电不稳或不足、信号干扰、信号传输不稳定、信号线接触不良。

（3）物联网终端无法与传感器通信

常见故障原因：终端程序故障、终端参数配置错误、传感器地址与终端不匹配、多传感器地址冲突、信号线缆松动或接线错误、与传感器通信距离超限。

（4）物联网终端无法与网关通信或无法发送数据到数据中心

常见故障原因：终端程序故障、终端参数配置错误、终端通信模块故障、终端SIM卡欠费、终端通信线缆故障、终端供电故障、与网关通信距离超限。

（5）物联网网关无法连接感知设备或物联网终端

常见故障原因：网关配置错误、网关供电故障、信号接线松动或错误。

（6）交换机不转发数据

常见故障原因：交换机供电故障、VLAN配置错误、ACL配置错误、网络形成环路、端口损坏、网线故障、光模块损坏、光纤故障。

（7）路由器不转发数据

常见故障原因：路由器供电故障、路由配置错误、地址错误、流量过载、规则设置错误、端口损坏、网线故障、光模块损坏、光纤故障。

（8）服务器不能正常开机

常见故障原因：主板故障、硬盘故障、内存金手指氧化或松动、显卡故障、与其他插卡冲突、操作系统故障、电源或电源模组故障、市电或电源线故障。

（9）服务器不能与交换机或路由器通信

常见故障原因：网线松动、网卡故障、服务器地址配置错误、网络攻击。

4. 排除故障的基本方法和步骤

在物联网系统集成项目运维过程中遇到的设备故障，可以利用一定的方法和步骤进行排除，熟练掌握故障排除的基本方法和步骤可以提升运维过程中故障排除的效率。

（1）排除故障的基础

要彻底排除故障，必须清楚故障发生的原因，运维人员要具有一定的专业理论知识，熟悉常用的运维工具的使用方法，同时更需要思考分析的能力，具体内容如下。

1）了解物联网系统的整体拓扑结构、数据流、技术路线等。

2）了解物联网系统中各设备的分布位置、线路走向等。

3）了解设备在整体系统中的作用，其工作原理、运行形式、接配线、参数配置等。

4）了解设备运维基本工具的使用。

（2）常用故障分析和查找的方法

设备故障分析、查找的方法多种多样，运维过程中几种常用的方法如下。

1）仪器测试法。借助各种仪器仪表测量各种参数，以便分析故障原因。例如，使用万用表测量设备电阻、电压、电流，判断设备是否为硬件故障，利用Wi-Fi信号检测软件检测通信网络故障原因。

2）替代法。怀疑某个设备/器件故障，而其有备品备件时，可以替换试验，看故障是否恢复。

3）直接检查法。

在了解故障原因或根据经验针对出现故障概率高或一些特殊故障时，可以直接检查所怀疑的故障点。

4）分析缩减法。根据系统的工作原理及设备之间的关系，结合发生的故障分析和判断，减少测量、检查等环节，迅速确定故障发生的范围。

（3）故障排除的步骤

故障的排除过程应是分析、检测、判断循环进行，逐步缩小故障范围，具体操作步骤如下。

1）信息收集分析。在故障迹象受到干扰前，对所有可能存在有关故障原始状态的信息进行收集、分析和判断。可以从以下几个方面入手。

① 通过监控和告警工具查看故障具体现象，阅读故障日志。

② 向系统（设备）操作者或者故障发现者询问故障现象。

③ 观察故障，初步分析、判断故障的原因和某设备故障的可能性，缩小故障的发生范围，推导出最有可能存在故障的区域。

2）设备检测。根据故障分析中得到的初步结论和疑问制定排查计划，再根据排查计划，从最有可能存在故障的区域入手，对设备进行详细检测，最终确定故障设备。尽量避免对设备进行不必要的拆卸和参数调整，防止因不慎操作而引起更多故障或掩盖故障症状，或导致更严重的故障。检查过程根据系统整体结构，划分若干个小部分或区域，采用上述故障查找方法进行排查。

3）故障定点。根据故障现象，结合设备的工作原理及与周边设备间的关系，判断设备是物理故障还是逻辑故障，确定发生故障的原因。物理故障是指设备或线路损坏、插头松动、线路受到严重电磁干扰等。逻辑故障是指设备配置错误或设备程序文件丢失、死机等。

4）故障排除。确定故障点后，可采用修复或者更换设备的方式。具体根据故障原因、技术条件、备品备件以及运维资金等情况来进行。

5）排除后观察。排除设备故障后，运维人员应对设备接配线、配置参数等进行详细检查后再送电，确认设备是否正常运转，系统功能是否恢复。设备故障排除后，要跟踪观察其运行情况一段时间，确保系统已稳定工作。故障的类型、原因、修复方式等都要做记录，纳入运维知识库，以便后期系统出现类似故障，更快地进行排查和修复。

6）物联网系统运行维护。主要是指对物联网应用系统及其支撑平台（中间件）软件进行维护。

应用系统软件架构通常分为C/S和B/S架构，由于B/S架构具有分布性特点，可以随时随地进行查询、浏览等业务处理，系统开销小、业务扩展升级简单方便，通过增加网页即可增加系统功能，维护简单方便，只需要改变服务端页面即可实现所有用户的同步更新；具有开发简单、跨平台性强等优点，所以目前多数物联网应用系统都采用B/S架构进行开发，物联网系统集成项目运维中也多数是对B/S架构的系统进行运维。本任务主要介绍基于Web的应用系统和常见的几种数据库系统的维护。

5．常用系统维护工具

（1）数据库系统维护工具

物联网系统集成项目中常用的关系型数据库有Oracle、DB2、MySQL、SQL Server等，非关系型数据库有Hbase、Redis、MongoDB、Neo4j等。每种数据库均有其管理维护工具，可以是数据库系统厂商自带的管理工具，如SQL Server Management Studio、Oracle Enterprise Manager，也可以是第三方公司的数据库系统管理软件，如Navicat Premium。数据库系统运维通常通过这些管理工具实现数据库系统的基本配置，数据库的数据的增、删、改、查，以及数据库的备份、还原等操作。

（2）Web应用系统管理维护工具及其日志

B/S架构的应用系统通常通过Nginx、IIS、Apache、Tomcat等进行发布，因此也是通过这些软件来进行应用系统的管理。Web应用系统的运维通常通过这些管理软件来实现应用程序基本配置、日志信息的生成输出。

运维阶段通常不能调试正在运行的Web应用程序、发现各类问题，只能通过各种系统日志来分析网站的运行状况。通过日志来分析故障原因，进行系统故障维护，确保网站长久稳定运行，是Web应用系统运维的基础。Nginx、IIS、Apache、Tomcat等软件日志配置及收集、分析如下。

1）IIS日志（基于Windows操作系统）。

IIS日志默认位置：%systemroot%\system32\logfiles\，可自由设置。

IIS日志默认格式：ex+年份的末两位数字+月份+日期。

IIS日志文件扩展名：.log。

例如，2019年1月1日的日志生成文件是ex1900101.log。

① 配置IIS日志。默认情况下，IIS会产生日志文件，但需要根据实际运维需求使用W3C扩展日志文件格式。主要配置过程如下。

步骤1：在IIS管理器中，选择某个Web应用系统，双击“日志”图标，如图4-61所示。

图4-61　IIS管理器

步骤2：双击“日志”图标后弹出界面主要部分如图4-62所示。图中日志的创建方式是每天产生一个新文件，按日期来生成文件名（默认值）。选择了“使用本地时间进行文件命名和滚动更新”后，IIS将用本地时间来生成文件名。单击“选择字段”按钮，进入日志格式配置。

图4-62　日志文件设置

步骤3：单击“选择字段”按钮，将出现以下对话框，可根据需要来决定是否要选择它们，如图4-63所示。

图4-63　W3C日志记录字段

② 采集查看IIS日志。多数是通过以下方式进行采集的。

a）通过IIS日志配置输出文件夹直接查看、复制日志文件，可以使用记事本、AWStats工具等查看。

b）安装第三方日志采集分析工具（如Log Parser、Logstash、Faststs Analyzer、Logs2Intrusions等），通过Syslog协议采集查看。

c）自主研发日志分析软件。

③ 分析IIS日志。

a）IIS字段描述。

#Software: Microsoft Internet Information Services 6.0

#Version: 1.0

#Date: 2019-10-11 04:01:51

#Fields: date time s-sitename s-ip cs-method cs-uri-stem cs-uri-query s-port cs-username c-ip cs(User-Agent) sc-status sc-substatus sc-win32-status

2019-10-110 08:20:59 W3SVC739 60.28.240.139 GET /robots.txt - 80 - 74.6.75.14 Mozilla/5.0 +(compatible;+Yahoo!+Slurp;+http://help.yahoo.com/help/us/ysearch/slurp) 200 0 0

2019-10-11 09:18:59 W3SVC739 60.28.240.139 GET /blog/category/index/ASP - 80 - 72.30.177.172 Mozilla/5.0+(compatible;+Yahoo!+Slurp;+http://help.yahoo.com/help/us/ysearch/slurp) 301 0 0

date:　　记录访问日期；

time:　　访问时间；

s-sitename:　　虚拟主机的代称。

s-ip:　　访问者IP；

cs-method:　　访问方法，常见的有两种，一是GET，就是平常打开一个URL访问的动作，二是POST，提交表单时的动作；

cs-uri-stem:　　访问哪一个文件；
cs-uri-query:　　访问地址的附带参数，如ASP文件?后面的字符串id=12等等，如果没有参数则用-表示；
s-port:　　访问的端口；
cs-username:　　访问者名称；
c-ip:　　来源IP；
cs(User-Agent):　　访问来源；
sc-status:　　状态，200表示成功，403表示没有权限，404表示打不开该页面，500表示程序有错；
sc-substatus:　　服务端传送到客户端的字节大小；
cs－win32-statu:　　客户端传送到服务端的字节大小；

b）IIS日志返回状态代码详解。

2×× 成功。

200 正常；请求已完成。

201 正常；紧接POST命令。

202 正常；已接受用于处理，但处理尚未完成。

203 正常；部分信息。返回的信息只是一部分。

204 正常；无响应。已接收请求，但不存在要回送的信息。

3×× 重定向。

301 已移动。请求的数据具有新的位置且更改是永久的。

302 已找到。请求的数据临时具有不同URI。

303 请参阅其他。可在另一URI下找到对请求的响应，且应使用GET方法检索此响应。

304 未修改。未按预期修改文档。

305 使用代理。必须通过位置字段中提供的代理来访问请求的资源。

306 未使用。不再使用；保留此代码以便将来使用。

4×× 客户机中出现的错误。

400 错误请求。请求中有语法问题，或不能满足请求。

401 未授权。未授权客户机访问数据。

402 需要付款。表示计费系统已有效。

403 禁止。即使有授权也不需要访问。

404 找不到。服务器找不到给定的资源；文档不存在。

407 代理认证请求。客户机首先必须使用代理认证自身。

410 请求的网页不存在（永久）。

415 介质类型不受支持。服务器拒绝服务请求，因为不支持请求实体的格式。

5×× 服务器中出现的错误。

500 内部错误。因为意外情况，服务器不能完成请求。

501 未执行。服务器不支持请求的工具。

502 错误网关。服务器接收到来自上游服务器的无效响应。

503 无法获得服务。由于临时过载或维护，服务器无法处理请求。

c）解析IIS日志。由于日志文件信息量较大，人为分析解读的适用性较差，通常通过第三方日志采集分析软件来进行日志信息的统计分析（例如，使用Log Parser将IIS日志导入SQL Server进行统计分析），通过IIS日志的分析可以得到以下信息。

- 是否有死链接、错误链接（404状态码，可用robots进行死链接连接）；
- 查看服务器是否正常（500、501、502状态码）；
- 了解爬虫访问网站的频率（查看时间）；
- 了解用户访问行为（即用户访问了哪些页面）；
- 了解网站的安全信息等。

2）Tomcat日志（基于Linux操作系统）。

Tomcat对应日志的配置文件：Tomcat目录下的/conf/logging. properties。

Tomcat对应默认日志文件存放的位置：Tomcat目录下的/logs/。

Tomcat的日志输出级别：SEVERE（最高级别）>WARNING>INFO>CONFIG>FINE>FINER（精心）>FINEST（所有内容，最低级别）。

Tomcat日志信息分为两大类：一是运行中的日志，它主要记录运行的一些信息，尤其是一些异常错误日志信息。二是访问日志信息，它记录访问的时间、IP、访问的资料等相关信息。主要生成5类日志文件，包括catalina、localhost、manager、admin和host-manager，详细介绍如下。

- catalina. out：即标准输出和标准出错，所有输出到这两个位置的都会进入catalina. out，这里包含Tomcat中运行输出的日志以及向console输出的日志。
- catalina. YYYY-MM-DD. log：是Tomcat启动和暂停时的运行日志，这些日志还会输出到catalina. out，但是应用向console输出的日志不会输出到catalina. {yyyy-MM-dd}. log，它和catalina. out中的内容是不一样的。
- localhost. {yyyy-MM-dd}. log：主要是应用初始化（listener、filter、servlet）未处理的异常最后被Tomcat捕获而输出的日志，它也是包含Tomcat的启动和暂停时的运行日志，但没有catalina. YYYY-MM-DD. log日志全。它只是记录了部分日志。
- localhost_access_log. YYYY-MM-DD. txt：访问Tomcat的日志，记录请求时间、资源和状态码等。
- manager. YYYY-MM-DD. log：Tomcat manager项目专有的日志文件。
- host-manager. YYYY-MM-DD. log：放Tomcat自带的manager项目的日志信息。

① 配置Tomcat日志。

a）配置访问日志。

默认Tomcat不记录访问日志，通过编辑catalina/conf/server. xml文件（{catalina}是Tomcat的安装目录）把以下注释（<!-- -->）去掉可以使Tomcat记录访问日志。

```
<!--
    <Valve className=" org.Apache.catalina.valves.AccessLogValve"
    directory=" logs"  prefix=" localhost_access_log."  suffix=" .txt"
    pattern=" common"  resolveHosts=" false" />
-->
```

通过对上述pattern项的修改，可以改变日志输出的内容，写出更详细的日志。该项值可以为common与combined，这两个预先设置好的格式对应的日志输出内容如下。

common的值：%h %l %u %t %r %s %b

combined的值：%h %l %u %t %r %s %b %{Referer}i %{User-Agent}i

pattern也可以根据需要自由组合，例如，pattern="%h %l".

对于各字段的含义请参照Tomcat官网的介绍。

b）设定日志级别。

修改conf/logging.properties中的内容，设定某类日志的级别。

示例：

设置catalina日志的级别为FINE。

```
1catalina.org.Apache.juli.FileHandler.level=FINE
```

禁用catalina日志的输出。

```
1catalina.org.Apache.juli.FileHandler.level=OFF
```

设置catalina所有的日志消息均输出。

```
1catalina.org.Apache.juli.FileHandler.level=ALL
```

② 采集查看Tomcat日志。

在Tomcat日志内容较多时，使用vim查看日志的效率较低，通常通过其他日志采集的方法实现所需日志内容的输出后再进行查看。常见日常采集方法如下。

a）利用Linux命令的方式。

利用“tail -f filename”命令查阅正在改变的日志文件（如果需要特定条件直接加“|grep **”即可）。

例如，tail -f catalina.out。

使用“sed -n'/^起始日期/，/^结束日期/p' 日志文件>新文件（输出文件名）”命令输出指定日期日志内容（前提是日志中的每行都是以日期格式开头）。

例如，查询2019年1月1日这天的所有日志内容：sed -n'/^2019-01-01/，/^2019-01-02/p' catalina.out>catalina_20190101.out。

b）配置远程Syslog，使用ELK等软件进行日志采集查看。

c）自主研发日志分析软件。

③ 分析Tomcat日志。

日志的分析要基于日志参数配置的收集内容，配置不同，收集的数据也不同，例如，配置%h %l %u %t %r %s %b %T产生的访问日志数据，可得到的数据如下。

%h 访问的用户的IP地址。

%l 访问逻辑用户名，通常返回'-'。

%u 访问验证用户名，通常返回'-'。

%t 访问日期。

%r 访问的方式（post或者是get），访问的资源和使用的HTTP版本。

%s 访问返回的HTTP状态。

%b 访问资源返回的流量。

%T 访问所使用的时间。

通过这些数据，可以根据时间段做以下分析处理：

独立IP数统计；访问请求数统计；访问资料文件数统计；访问流量统计；访问处理响应时间统计；统计所有404错误页面；统计所有505错误页面；统计访问最频繁的页面；统计访问处理时间最久的页面；统计并发访问频率最高的页面。

3）Apache日志（基于Linux操作系统）。

Apache默认安装情况下日志配置文件在etc/httpd/conf/httpd. conf。

Apache默认安装情况下日志文件在Apache安装目录下的/logs/（不同的包管理器会把日志文件放到各种不同的位置，可根据实际安装情况在Apache的配置文件中进行查找）。

Apache会自动生成两个日志文件，分别是访问日志access_log和错误日志error_log。如果使用SSL服务，还可能存在ssl_access_log、ssl_error_log和ssl_request_log三种日志文件。

① 配置Apache日志。

a）访问日志格式分类。Apache中日志记录格式主要分为普通型（common）和复合型（combined），安装时默认使用普通型（common）日志来记录访问信息。

b）Apache访问日志格式配置命令及参数

Apache访问日志格式配置主要有LogFormat命令和CustomLog命令。

LogFormat命令：定义格式并为格式指定一个名字，后期可以直接引用这个名字。

CustomLog命令：设置日志文件，并指明日志文件所用的格式（通常通过格式的名字）。

例如，在默认的httpd. conf文件中，可以找到以下代码。

```
LogFormat "%h %l %u %t \"%r\" %>s %b" common
CustomLog "logs/access.log" common
```

该指令创建了一种名为“common”的日志格式，日志的格式在双引号包围的内容中指定。格式字符串中的每一个变量代表着一项特定的信息，这些信息按照格式串规定的次序写入日志文件。

Apache文档已经给出了所有可用于格式串的变量及其含义，常见变量及其含义如下。

%a：远程IP地址。

%A：本地IP地址。

%B：已发送的字节数，不包含HTTP头。

%b：CLF格式的已发送字节数量，不包含HTTP头。例如，当没有发送数据时，写入‘-’而不是0。

%{FOOBAR}e：环境变量FOOBAR的内容。

%f：文件名字。

%h：远程主机。

%H 请求的协议。

%{Foobar}i：Foobar的内容，发送给服务器的请求的标头行。

%l：远程登录名字（来自identd，如提供的话）。

%m：请求的方法。

%{Foobar}n：来自另外一个模块的注解“Foobar”的内容。

%{Foobar}o：Foobar的内容，应答的标头行。

%p：服务器响应请求时使用的端口。

%P：响应请求的子进程ID。

%q：查询字符串（如果存在查询字符串，则包含“?”后面的部分；否则，它是一个空字符串）。

%r：请求的第一行。

%s：状态。对于进行内部重定向的请求，是指原来请求的状态。如果用%...>s，则是指后来的请求。

%t：以公共日志时间格式表示的时间（或称为标准英文格式）。

%{format}t：以指定格式format表示的时间。

%T：为响应请求而耗费的时间，以秒计。

%u：远程用户，来自auth；如果返回状态（%s）是401，则可能是伪造的。

%U：用户所请求的URL路径。

%v：响应请求的服务器的ServerName。

%V：依照UseCanonicalName设置得到的服务器名字。

“%{User-Agent}i”：客户端信息。

“%{Rererer}i”：来源页。

② 采集查看Apache日志。

Apache日志的采集查看通常采用如下几种方法。

a）利用Linux命令的方式。

利用“tail -f filename”命令查阅正在改变的日志文件（如果需要特定条件直接加“|grep **”即可）。

例如，tail -f /usr/local/Apache/logs/error_log。

b）Apache日志配置远程Syslog，使用第三方软件，如logkit、logshash等进行采集查看。

c）自主研发日志分析软件。

③ 分析Apache日志。

a）Apache错误日志。错误日志记录了服务器运行期间遇到的各种错误以及一些普通的诊断信息，如服务器何时启动、何时关闭等。通过错误日志可以分析服务器的运行情况、哪里出现问题等。Apache错误日志主要包含了文档错误和CGI错误两种内容。

■ 文档错误。

文档错误和服务器应答中的400系列代码相对应，最常见的就是404错误——Document Not Found（文档没有找到）。除了404错误以外，用户身份验证错误也是一种常见的错误。

例如，错误日志中出现的记录如下。

```
[Fri Mar 20 10:10:09 2019] [error] [client 192.168.115.120]
File does not exist: /usr/local/Apache/test/Img/bk.gif
```

错误日志中包含的信息有错误发生的日期和时间、错误的级别或严重性、导致错误的IP地址、错误信息本身。

■ CGI错误。

Apache错误日志最主要的用途是诊断行为异常的CGI程序。为了进一步分析和处理方便，CGI程序输出到STDERR（Standard Error，标准错误设备）的所有内容都将直接进入错误日志。CGI错误和404错误格式相同，包含日期/时间、错误级别以及客户地址、错误信息，但CGI错误日志中将出现许多没有标准格式的内容，错误日志自动分析程序并从中分析出有用的信息会较困难。

b）解析Apache日志文件。Apache日志文件通常也是通过第三方日志采集分析软件来进行日志信息的统计分析，通过Apache日志的分析可以得到的信息有是否有无效链接、错误链接；查看服务器是否正常；了解用户流量时间；了解用户访问的资源；了解网站的安全信息等。

4）Nginx日志（基于Linux操作系统）。

Nginx日志配置文件默认位置在/etc/Nginx/Nginx. conf。

Nginx日志文件默认位置在Nginx安装目录下的/logs/。

Nginx日志主要分为两种：访问日志和错误日志。访问日志主要记录客户端访问Nginx的每一个请求，格式可以自定义。通过访问日志可以得到用户地域来源、跳转来源、使用终端、某个URL访问量等相关信息。错误日志主要记录客户端访问Nginx出错时的日志，格式不支持自定义。通过错误日志，可以得到系统某个服务或服务器的性能瓶颈等。

① 配置Nginx日志。

a）配置访问日志。

Nginx访问日志主要有两条指令：log_format（用来设置日志格式）和access_log（用来指定日志文件的存放路径、格式）。

■ log_format日志格式。

配置段：http

语法：

log_format name（格式名字） 格式样式（即想要得到什么样的日志内容）

示例：

```
log_format main '$remote_addr–$remote_user[$time_local]"  $request"  '
                '$status $body_bytes_sent"  $http_referer"  '
                "  $http_user_agent"  "  $http_x_forwarded_for"  ';
```

格式样式的参数说明见表4-9。

表4-9　参数说明

参数	说明
$remote_addr	客户端地址
$remote_user	客户端名称
$time_local	访问时间和时区
$time_iso8601	ISO 8601标准格式下的本地时间

（续）

参数	说明
$request	请求的URI和HTTP
$http_host	请求地址，即浏览器中输入的地址（IP或域名）
$status	HTTP请求状态
$upstream_status	upstream状态
$body_bytes_sent	发送给客户端的文件的内容大小
$http_referer	URL跳转来源
$http_user_agent	用户终端浏览器等信息
$ssl_rpotocol	SSL协议版本
$ssl_cipher	交换数据中的算法
$upstream_addr	后台upstream的地址，即真正提供服务的主机地址
$request_time	整个请求的总时间
$upstream_response_time	请求过程中，upstream的响应时间
$connection_requests	当前连接发生的请求数
$connetcion	所用连接序号
$msec	日志写入时间，单位为s，精度是ms
$pipe	如果请求是通过HTTP流水线（pipelined）发送，则pipe值为“p”，否则为“.”

■ access_log日志格式。

配置段：http，server，location，if in location，limit_except

语法：

access_log path（存放路径） format（自定义日志名称）

示例：

```
access_log logs/access. log main;
```

关闭访问日志记录功能：access_log off;

设置刷盘策略：access_log /data/logs/Nginx-access.log buffer=32k flush= 5s; buffer=32k才刷盘；如果buffer不足5s则强制刷盘。

b）配置错误日志。

错误日志由指令error_log来指定。

配置段：main，http，server，location

语法：

error_log path（存放路径） level（日志等级）

示例：

```
error_log logs/error.log info;
```

日志等级分为[debug|info|notice|warn|error|crit]，从左至右，日志详细程度逐级递减，即debug最详细，crit最粗略。

关闭错误日志记录功能：error_log /dev/null;

c）其他指令。

■ open_log_file_cache指令

对于每一条日志记录，都将是先打开文件，再写入日志，然后关闭。可以使用open_log_file_cache来设置日志文件缓存（默认是off）。

配置段：http，server，location

语法：

```
open_log_file_cache max=N [inactive=time] [min_uses=N] [valid=time];
```

对应的参数说明见表4-10。

表4-10　参数说明

参数	说明
max	设置缓存中的最大文件描述符数量，如果缓存被占满，采用LRU算法将描述符关闭
inactive	设置存活时间，默认是10s
min_uses	设置在inactive时间段内，日志文件最少使用多少次后，该日志文件描述符记入缓存中，默认是1次
valid	设置检查频率，默认60s

禁用日志缓存：open_log_file_cache off;

② 采集查看Nginx日志。

通常采用以下几种方法。

a）利用Linux命令的方式。

利用“tail -f filename”命令查阅正在改变的日志文件（如果需要特定条件直接加“|grep **”即可）。

例如，tailf -f /var/log/Nginx/access_json. log。

b）Nginx日志配置远程Syslog，使用第三方软件，如logkit、logshash等进行采集查看。

c）自主研发日志分析软件。

③ 分析Nginx日志。

主要分析包括IP相关统计、页面访问统计、性能分析、蜘蛛抓取统计、TCP连接统计等。

Nginx日志分析常用的命令如下。

a）IP相关统计。

IP统计访问：

```
awk '{print $1}' access.log | sort -n | uniq | wc -l
```

查看某一时间段的IP访问量（3~4点）：

```
grep "01/May/2019:0[3-4-6]" access.log | awk '{print $1}' | sort | uniq -c| sort -nr | wc -l
```

查看访问最频繁的10个IP：

```
awk '{print $1}' access.log | sort -n |uniq -c | sort -rn | head -n 10
```

查询某个IP的详细访问情况，按访问频率排序：

```
grep '172.168.1.10' access.log |awk '{print $7}'|sort |uniq -c |sort -rn |head -n 10
```

b）页面统计访问。

查看访问最频繁的页面（Top10）：

```
awk '{print $7}' access.log | sort |uniq -c | sort -rn | head -n 10
```

查看访问最频繁的页面（[排除PHP页面]）（Top10）：

```
grep -v ".php" access.log | awk '{print $7}' | sort |uniq -c | sort -rn | head -n 10
```

查看页面访问次数超过100次的页面：

```
cat access.log | cut -d ' ' -f 7 | sort |uniq -c | awk '{if ($1 > 100) print $0}' | less
```

查看最近1000条记录访问量最高的页面：

```
tail -1000 access.log |awk '{print $7}'|sort|uniq -c|sort -nr|less
```

c）请求量统计。

统计每秒的请求数，Top10的时间点（精确到s）：

```
awk '{print $4}' access.log |cut -c 14-18|sort|uniq -c|sort -nr|head -n 100
```

统计每小时的请求数，Top100的时间点（精确到h）：

```
awk '{print $4}' access.log |cut -c 14-15|sort|uniq -c|sort -nr|head -n 100
```

d）性能分析。

在Nginx log中最后一个字段加入$request_time，列出传输时间超过3s的页面，显示前20条：

```
cat access.log|awk '($NF > 3){print $7}'|sort -n|uniq -c|sort -nr|head -20
```

e）蜘蛛抓取统计。

统计蜘蛛抓取次数：

```
grep 'googlebot' access.log |wc -l
```

统计蜘蛛抓取404的次数（以谷歌蜘蛛为例）：

```
grep 'googlebot' access.log |grep '404' | wc -l
```

f）TCP链接统计。

查看当前TCP连接数：

```
netstat -tan | grep "ESTABLISHED" | grep ":80" | wc -l
```

用tcpdump嗅探80端口的访问看谁的数据访问量最高：

```
tcpdump -i eth0 -tnn dst port 80 -c 1000 | awk -F"." '{print $1"."$2"."$3"."$4}' | sort | uniq -c | sort -nr
```

6．常见系统故障的分析与处理

（1）数据库系统故障

1）常见关系型数据库故障类型。数据库系统中常见的4种故障主要有事务内部的故障、系统故障、介质故障以及计算机病毒故障，每种故障都有不同的解决方法，如图4-64所示。

故障类型
- 事务故障
- 系统故障（软故障）
- 介质故障（硬故障）
- 计算机病毒故障

图4-64　常见关系型数据库故障类型

① 事务故障：事务故障可分为预期的和非预期的，其中大部分故障都是非预期的。预期的事务故障是指可以通过事务程序本身发现的事务故障；非预期的事务故障是不能由事务程序

处理的，如运算溢出故障、并发事务死锁故障、违反了某些完整性限制、违反安全性限制的存取权限而导致的故障等。

② 系统故障（软故障）：指数据库在运行过程中，由于硬件故障、数据库软件及操作系统的漏洞、突然停电等情况，导致系统停止运转，所有正在运行的事务以非正常方式终止，需要系统重新启动的一类故障。这类事务不破坏数据库，但是影响正在运行的所有事务。

③ 介质故障（硬故障）：主要指数据库在运行过程中，由于磁头碰撞、磁盘损坏、瞬时强磁干扰等情况，数据库数据文件、控制文件或重做日志文件等损坏，导致系统无法正常运行。

④ 计算机病毒故障：计算机病毒故障是一种恶意的计算机程序，它可以像病毒一样繁殖和传播，在对计算机系统造成破坏的同时也可能对数据库系统造成破坏（破坏方式以数据库文件为主）。

2）常见关系型数据库故障的解决方法。

① 预期的事务内部故障：将事务回滚，撤销对数据库的修改。

② 非预期的事务内部故障：强制回滚事务，在保证该事务对其他事务没有影响的条件下，利用日志文件撤销其对数据库的修改。

③ 系统故障：待计算机重新启动后，对于未完成的事务可能写入数据库的内容，回滚所有未完成事务的结果；对于已完成的事务可能部分或全部留在缓冲区的结果，需要重做所有已提交的事务（即撤销所有未提交的事务，重做所有已提交的事务）。

④ 介质故障的软件容错：使用数据库备份及事务日志文件，通过恢复技术，恢复数据库到备份结束时的状态。

⑤ 介质故障的硬件容错：采用双物理存储设备，使两个硬盘存储的内容相同，当其中一个硬盘出现故障时，及时使用另一个硬盘备份。

⑥ 计算机病毒故障：使用防火墙软件防止病毒侵入，对于已感染病毒的数据库文件，使用杀毒软件进行查杀。如果杀毒软件杀毒失败，此时只能用数据库备份文件，以软件容错的方式恢复数据库文件。

（2）Web应用系统故障

部分常见Web应用的系统程序故障及排查方法如下。

1）故障：无法访问此网站。

排查方法：检查Web服务器是否启动、启动是否正常；检查URL里的IP端口值是否正确。

2）故障：400错误。

排查方法：检查URL是否正确，包括页面名称、路径等；检查Web服务器，查看服务器目录下的应用名称，然后进入应用目录，检查页面文件是否存在于本地目录中。

3）故障：页面繁忙。

排查方法：在控制台查看Web服务器日志，分析异常日志，查看报错原因，寻找代码中报错的具体行数并修改代码。

4）故障：Uncaught SyntaxError。

排查方法：此类错误通常是JS代码有误导致，可根据浏览器调试工具的console中显示的错误发生位置来修改代码。如果无法定位错误，可按以下步骤排查。

① 检查所有引用的JS文件路径是否正确。

② 如果路径没问题，则将业务文件删去，刷新页面看看是否还会发生这个错误。

③ 如果业务文件没问题，再分别删去其他JS文件，逐个判断错误发生在哪个文件中。

④ 确定报错文件，检查代码中是否有eval，判断eval内的参数格式是否正确。

⑤ 在浏览器调试工具中查看Network里是否有报错的请求或者返回参数是否正确。

5）故障：HTTP 502 Bad Gateway。

排查方法：HTTP 502 Bad Gateway故障一般分为以下两种情况。

① 网络问题：前端无法连接后端服务，网络100%丢包。

② 后端服务问题：后端服务进程停止，如Nginx、PHP进程停止。

首先定位到前端故障服务器节点，在前端服务器（Telnet）上访问后端服务端口的响应时间如果>10s，说明后端应用程序出现故障，需要到后端服务器查明情况。

6）故障：HTTP 503 Service Temporarily Unavailable。

排查方法：HTTP 503 Service Temporarily Unavailable故障一般是前端访问后端网络延迟而导致。先排查是不是后端流量过载，如果不是，就是前端到后端的网络问题。

首先定位到前端故障服务器节点，在前端服务器上ping后端服务器，查看网络延迟和丢包情况，如果后端服务端口响应时间>100ms，丢包>5%，则说明前端到后端的网络出现问题。

7）故障：HTTP 504 Gateway Time-out。

排查方法：查看后端服务如Nginx、PHP、MySQL的资源占用情况，并查看相关错误日志。此类故障概率比较小。HTTP 504 Gateway Time-out故障的产生一般是因为后端服务器响应超时，如PHP程序执行时间太长，数据库查询超时，应考虑是否需要增加PHP执行超时的时间。

8）故障：DDoS攻击故障。

排查方法：DDoS攻击故障是指网络数据包接收的包的数量大，发送的包数量少，网络延迟高，并且有丢包现象。排查DDoS攻击故障应查看监控网卡流量、网络延迟/丢包、数据包个数等。确定DDoS攻击后，可采用添加防火墙规则、加大带宽、增加服务器、使用CDNA技术、高防服务器和带流量清洗的ISP、流量清洗服务等方式来解决。

9）故障：CC攻击故障。

排查方法：CC攻击故障一般是指发送的流量比较大，接收的流量比较小。排查CC攻击故障应查看监控网卡流量、Web服务器连接状态、CPU负载等，并进行分析。确定CC攻击后，可采用取消域名绑定、域名欺骗解析、更改Web端口、屏蔽IP等方式来解决。

任务实施

1．故障排查流程图（见图4-65）

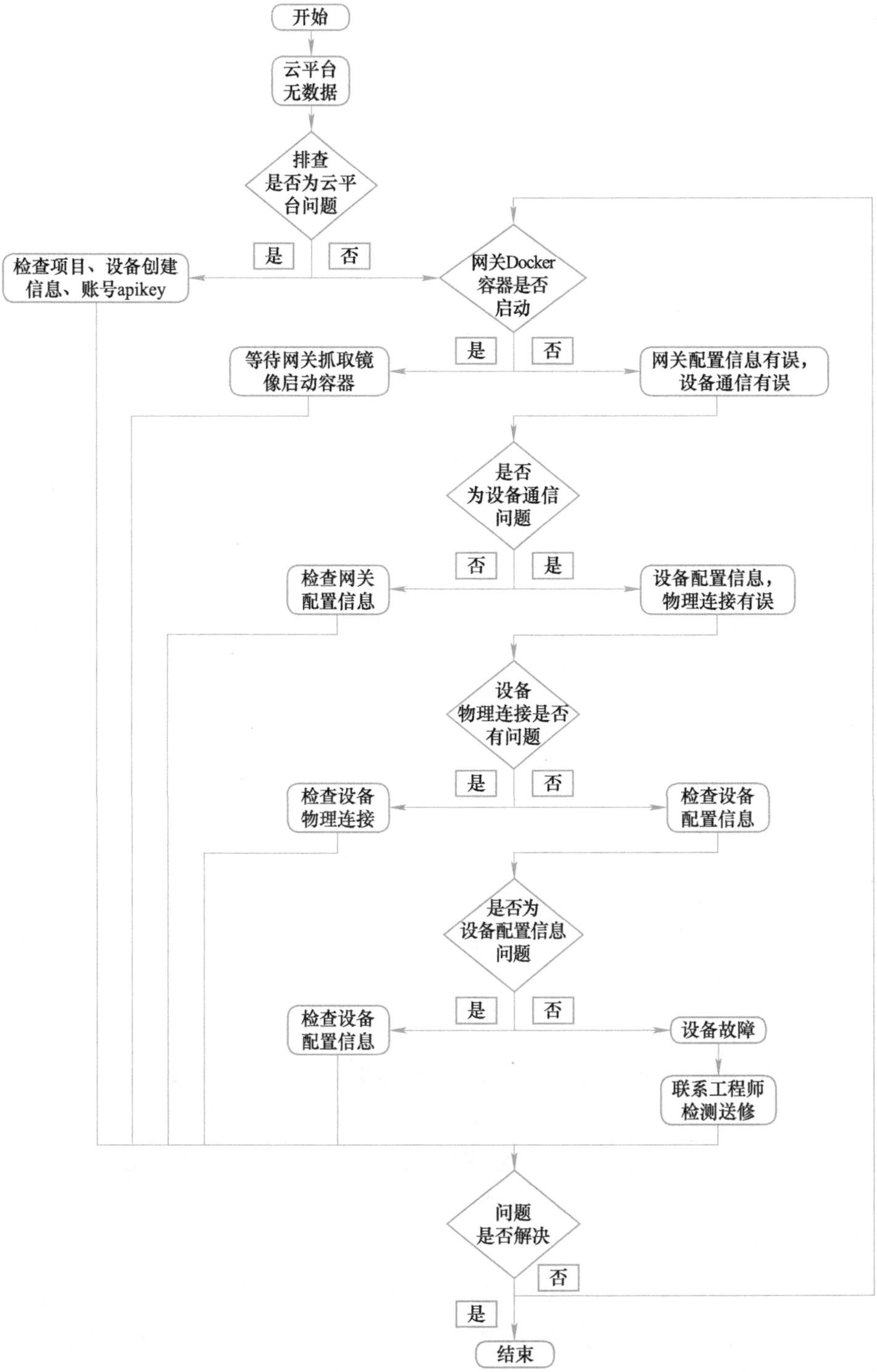

开始
云平台无数据
排查是否为云平台问题
是：检查项目、设备创建信息、账号apikey
否：网关Docker容器是否启动
是：等待网关抓取镜像启动容器
否：网关配置信息有误，设备通信有误
是否为设备通信问题
否：检查网关配置信息
是：设备配置信息，物理连接有误
设备物理连接是否有问题
是：检查设备物理连接
否：检查设备配置信息
是否为设备配置信息问题
是：检查设备配置信息
否：设备故障
联系工程师检测送修
问题是否解决
否
是
结束

图4-65　故障排查流程图

2．故障分析与处理

（1）故障场景模拟一

在某大棚养殖系统的实验中依照给定的任务信息对设备进行安装配置，完成后发现云平台上获取温湿度变送器界面数据的提示框为灰色，且网关处于离线状态，使用NewSensor设备接在网关上的信号线、串口助手或相关调试工具单独调试温湿度变送器时也无数据返回，请对此情况进行故障分析，排查温湿度变送器无数据的故障原因。

1）排故分析与处理。

云平台上能获取到设备说明网关之前能够正常在线，并且同步获取了网关上新增的设备，因此排除云平台的问题与网关云平台配置问题。问题可能出现在设备配置中或是物理连接所导致的设备无数据。

依据流程图，首先排查是否为网关内容器出现问题，查看容器日志；第二，排查是否为通信错误，温湿度传感器指令帧交互是否正常；第三，依照设备安装接线图排查设备物理连接是否有问题；第四，排查设备配置是否有问题，如NewSensor设备透传配置；在排除以上问题后若设备依旧无数据返回，再排查温湿度变送器是否出现故障。

2）故障解决流程。

步骤1：对实验中的网络环境进行检查，排除实验网络环境存在严重的网络延时或是设备IP冲突的现象，导致网络设备通信异常。

步骤2：利用Putty软件远程连接网关，查询网关Docker容器是否存在，若不存在则需等待网关抓取Docker镜像。查看容器是否处于启动状态，STATUS为Up状态说明容器处于启动状态，如图4-66所示。

图4-66　查看Docker容器

步骤3：查询温湿度传感器所对应容器的指令帧交互是否正常，若无返回指令帧，应确认温湿度地址位是否正确，若不正确，则改为正确地址，其余设备也一一进行排查，如图4-67～图4-69所示。

```
root@newland:~# docker logs e98f
```

图4-67　查看日志

```
devIndex=0
 01 03 00 00 00 02 C4 0B
Sending data: 01 03 00 00 00 02 C4 0B
requestData
requestData
requestData
```

图4-68　无返回数据现象

图4-69　正常数据现象

步骤4：检查设备物理连接是否存在问题，温湿度变送器信号线在实验中极易接反，若接反则修正。

步骤5：

查询NewSensor主从节点的配置，保证NewSensor设备地址不相同，但主从节点工作在同一个LoRa频段与网络ID上。接线错误的情况如图4-70所示。

图4-70　接线错误

查询NewSensor设备界面上波特率是否与温湿度变送器波特率同为9600，若不同则按<F3>键修改，如图4-71和图4-72所示。

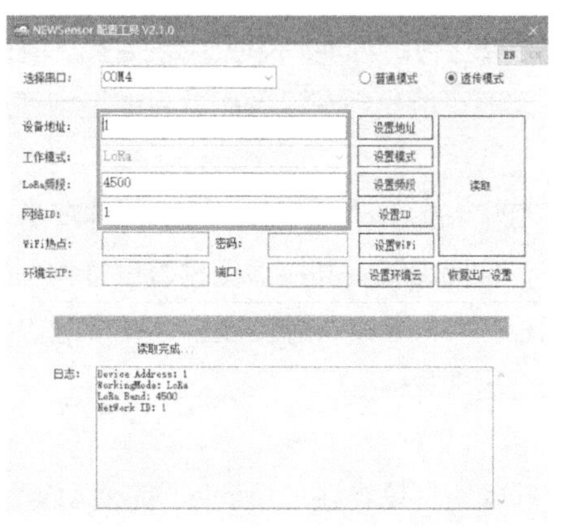

图4-71　NewSensor配置工具

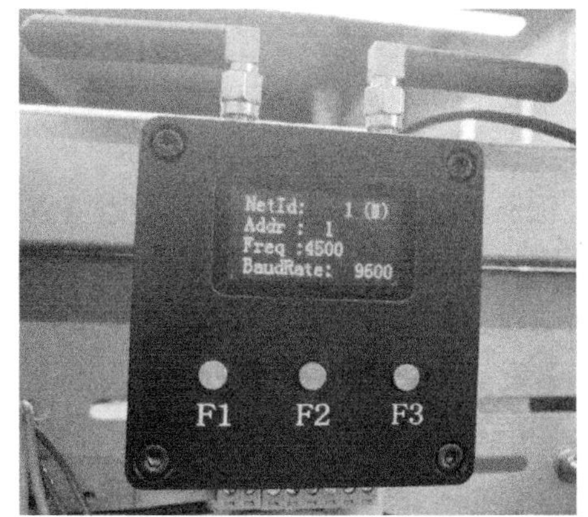

图4-72　NewSensor波特率

步骤6：温湿度变送器的信号直接传送到计算机，打开计算机的串口助手发送指令帧，查看是否有数据帧返回，若无数据帧返回就可说明设备自身出现故障，如图4-73所示。

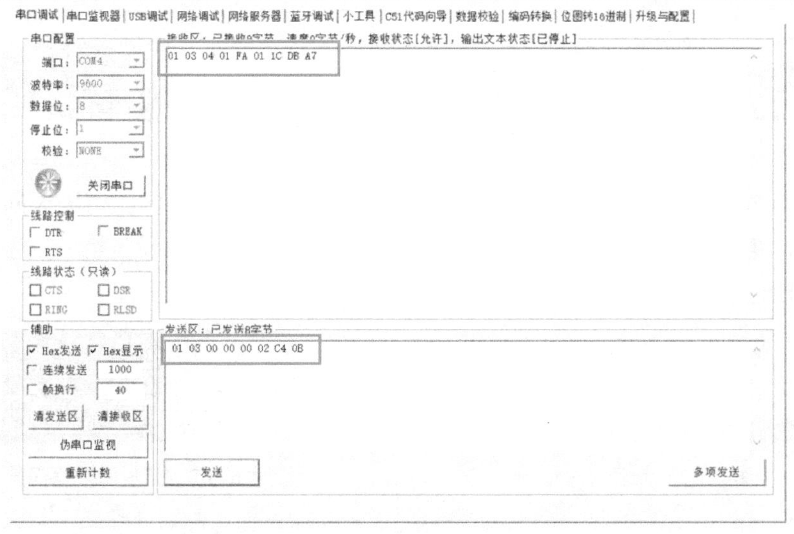

图4-73　串口调试助手

步骤7：对设备进行检测，判断是否是设备出现问题，如果电源指示灯不亮，通信灯亮灭异常，则可咨询工程师进行检测、送修。

（2）故障场景模拟二

在某实验中，利用云平台策略功能实现光照值或二氧化碳值大于阀值时，将电动推杆推出，反之电动推杆退回，实验过程中发现推杆在进退两状态之间切换，在云平台网关界面上可正常操作电动推杆设备。云平台界面如图4-74所示。

设备ID/名称	设备标识	通讯协议	在线?	上线IP:117.136.75.165	上线时间	上报记录数	数据保密性	数据传输状态
115328 / gateway01	E9243865f24	TCP	下发设备	获取失败可尝试刷新!	2020-08-07 15:07:11	3989		
SecretKey	5e9fcaa9713c450da6a6fa9fdf2fcef0		数据浏览地址	www.nlecloud.com/device/115328	获取设备信息API	api.nlecloud.com/devices/115328		

传感器				
名称	标识名	传输类型	数据类型	操作
微动 [false] 04分18秒	weidong	只上报	整数型	API
行程开关 [false] 04分18秒	ingchen	只上报	整数型	API
CO2 [709.0] 04分18秒	CO2	只上报	整数型	API
light [385.0] 04分17秒	light	只上报	整数型	API

执行器				
名称	标识名	传输类型	数据类型	操作
[2] 04分17秒 推杆	tuigan	上报和下发	整数型	API

图4-74　云平台界面

策略界面如图4-75所示。

图4-75　策略界面

1）排故分析与处理。

在云平台网关界面可看到数据实时上报，网关界面上操控电动推杆，依次判断电动推杆设备是否有故障，查看云平台策略界面可发现，light与CO_2实现对电动推杆的关闭是一个或的关系，导致电动推杆设备处于进退状态之间。

2）故障解决流程。

步骤1：在云平台网关界面对设备进行控制，若推杆可正常实现控制，则说明设备无问题；若无法控制，则检测电动推杆设备是否有故障，联系工程师进行设备检测、送修。

步骤2：在策略界面发现添加策略时，CO_2与光照控制电动推杆设备退回的策略是或的关系，导致电动推杆设备控制异常，故更改策略，如图4-76所示。

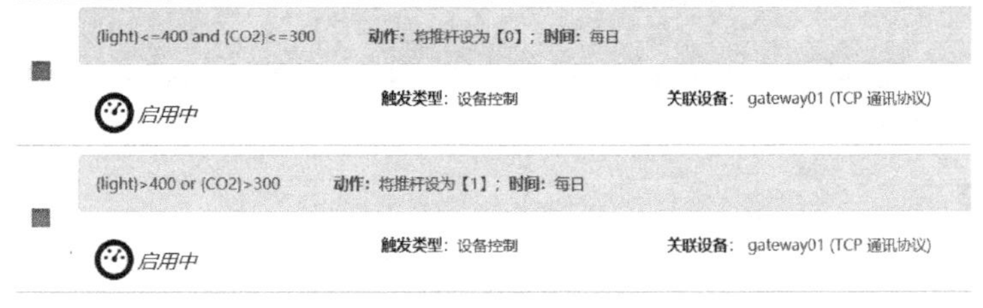

图4-76　更改策略

任务检查与评价

完成任务后进行任务检查，可采用小组互评等方式，任务检查评价单见表4-11。

表4-11　任务检查评价单

任务：系统运维与故障排查				
专业能力				
序号	任务要求	评分标准	分数	得分
1	处理温湿度传感器在云平台无数据问题	能根据流程图进行故障分析，并正确描述故障的形成	20	
		能够通过正确的方式解决并排除故障	10	
2	处理通过NewSensor直连计算机时，串口助手无数据帧返回的问题	分析故障现象	15	
		能够正确定位故障	15	
		将分析的流程图与数据流清晰、正确描述	10	
		能够通过正确的方式解决并排除故障	20	
专业能力小计			90	
职业素养				
序号	任务要求	评分标准	分数	得分
1	做好前期的准备工作	提前了解项目的流程图以及故障分析逻辑图	5	
2	遵守课堂纪律	遵守课堂纪律，保持工位区域内整洁	5	
职业素养小计			10	
实操题总计			100	

任务小结

通过物联网系统拓扑结构图以及对应的排障流程图，可以清晰地知道整个系统的数据流情况。当发现存在问题时，能够有针对性地找到故障点。如果系统的故障是隐性的，则需要获取网关或者平台后端日志并分析故障时间点数据，通过日志数据分析来判断故障点。

任务拓展

查看物联网网关的数据内容并分析存在的问题，给出合理的优化意见，在制订策略和获取传感器数据时，对异常波动进行捕获或者进行异常信号过滤。

任务4　系统数据库的备份与还原

职业能力目标

能根据运维保障的要求，制订备份计划，定时完成数据与系统程序的备份。

任务描述与要求

任务描述

小陆所在的A公司完成了××智慧农场物联网集成项目，验收合格后进入正常的系统运维阶段。运维中一个很重要的任务就是对系统的数据进行备份，一旦系统死机或者出现某些意外情况导致数据被破坏，想及时恢复就要定期进行数据备份。

小陆要制订较为完善的容灾备份机制，定期对数据进行备份更新，并模拟一些必要的数据恢复演练，模拟数据丢失情况下的应急处理。

小陆在经过一段时间的运维后，制订较符合智慧农场系统特点的数据备份机制，并制订运维制度加以执行，达到防灾容灾的目的。

任务要求

1）完成智慧农场系统数据库的备份。

2）恢复智慧农场系统数据库。

任务分析与计划

1. 任务分析

通过对数据库容灾备份基本知识的学习，对物联网系统以及其他系统数据安全方面的知识有大致的了解。在MySQL数据库中创建多张表，并设置一些关联关系。

可以对数据库的整库进行备份，也可以对某张表进行备份，将数据库全部清空以模拟数据库被损坏，然后通过导入.psc文件将数据进行恢复。

2. 任务实施计划

根据所学关于数据库备份与恢复的知识，制订本次任务的实施计划。计划的具体内容包括：任务前的准备、分工等，任务计划见表4-12。

表4-12　任务计划

项目名称	智慧农场系统管理与维护
任务名称	系统数据库的备份与还原
计划方式	依据资讯内容完成MySQL数据库的备份与恢复操作
计划要求	完成一项监控项目并通过Web界面查看监控情况
序号	任务计划
1	用客户端软件链接MySQL数据库
2	在MySQL数据库中建表
3	在MySQL数据库的表中添加数据
4	多表关联并进行数据备份操作，生成备份文件
5	删除MySQL数据库的所有建表
6	还原MySQL数据库的数据

知识储备

容灾就是尽量减少或避免因灾难的发生而造成的损失。它是一个系统工程，备份与恢复就是这一系统工程的两个组成部分。除此之外还有许多具体的工作，如备份媒体的保管、存放、容灾演练等。从广义上讲，任何有助于提高系统可用性的工作，都可被称为容灾。容灾就是要尽量减少或避免天灾和人祸，如地震、火灾、水灾、战争、盗窃、丢失、存储介质霉变、黑客和病毒入侵等对系统存储数据的影响和造成的损失。

容灾根据不同时机需求可以有不同的等级。中小企业通常只需采用本地容灾。本地容灾是指在企业网络本地所进行的容灾措施，其中包括在本地备份、存储、保管备份媒体。而异地容灾是指采取异地存储备份、异地保管存储媒体等方式。

数据容灾只是确保数据安全的一个方案，当这个方案无法保障数据安全时，需要专业的数据恢复工具对其原有数据或者备份数据进行数据恢复。无论采用哪种容灾方案，数据备份还是最基础的，没有备份的数据，任何容灾都没有现实意义。但仅有备份是不够的，容灾也必不可少。容灾对于IT而言，就是提供一个防止各种灾难的计算机信息系统。

1．数据容灾基础知识

（1）容灾建设模式

市场上常见的容灾模式可分为本地容灾、同城容灾、异地容灾、双活容灾等方式。

1）本地容灾。本地容灾是指在本地机房建立容灾系统，日常情况下可同时分担业务及管理系统的运行，并可切换运行；本地容灾可通过局域网进行连接，因此数据复制和应用切换比较容易实现，可实现生产与灾备服务器之间数据的实时复制和应用的快速切换。本地容灾主要用于防范生产服务器发生的故障。

2）同城容灾。同城容灾是在同城或相近区域内（≤200km）建立两个数据中心：一个为数据中心，负责日常生产运行；另一个为灾难备份中心，负责在灾难发生后的应用系统运行。同城灾难备份的数据中心与灾难备份中心的距离比较近，通信线路质量较好，比较容易实现数据的同步复制，保证高度的数据完整性和数据零丢失。同城灾难备份一般用于防范火灾、建筑物破坏、供电故障、计算机系统及人为破坏引起的灾难。

3）异地容灾。异地容灾是指主备中心之间的距离较远（>200km），因此一般采用异步镜像，会有少量的数据丢失。异地灾难备份不仅可以防范火灾、建筑物破坏等可能遇到的风险隐患，还能够防范战争、地震、水灾等风险。由于同城灾难备份和异地灾难备份各有所长，为达到最理想的防灾效果，数据中心应考虑同城和异地各建立一个灾难备份中心。

4）双活容灾。双活容灾即两个数据中心都处于运行当中，运行相同的应用，具备同样的数据，能够提供跨中心业务负载均衡运行能力，实现持续的应用可用性和灾难备份能力。双活容灾充分利用资源，避免了一个数据中心常年处于闲置状态而造成浪费。

（2）数据备份的方式

1）按更新方式划分。

完全备份：将所有的文件进行全部备份，恢复时也是一次性完成恢复。

优点是：恢复时只要任意一份备份文件正常就可以进行恢复。

缺点是：数据量很大时，会占用备份带宽，并影响主机的通信性能。

增量备份：将上一次备份后的差异部分进行备份，恢复时需要将所有的备份文件进行恢复。

优点是：数据量很小，对主机的通信性能影响最小。

缺点是：需要将所有的备份文件进行恢复，任何一次文件丢失均会造成数据无法恢复。

差异备份：将第一次备份的差异部分进行备份，恢复时只需要第一次和最后一次的备份数据即可。

优点是：数据量适中。

缺点是：恢复时需要两份数据，恢复难度适中。

2）按时间差异划分。

同步备份：是指I/O先写到主存储，主存储再写到备用存储，备用写完后给主存储发送确认消息，主存储再向主机发送确认I/O完成。

异步备份：是指I/O写到主存储，主存储发送确认消息给主机完成I/O，再向备用存储发送I/O请求。

（3）容灾备份关键技术

1）远程镜像。

远程镜像技术是在主数据中心和备援中心之间的数据备份时使用。镜像是在两个或多个磁盘或磁盘子系统上产生同一个数据的镜像视图的信息存储过程，一个叫作主镜像系统，另一个叫作从镜像系统。按主从镜像存储系统所处的位置可分为本地镜像和远程镜像。远程镜像又叫作远程复制，是容灾备份的核心技术，同时也是保持远程数据同步和实现灾难恢复的基础。远程镜像按请求镜像的主机是否需要远程镜像站点的确认信息，又可分为同步远程镜像和异步远程镜像。同步远程镜像（同步复制技术）是指通过远程镜像软件，将本地数据以完全同步的方式复制到异地，每一个本地的I/O事务均需等待远程复制的完成确认信息方予以释放。同步镜像使复制的内容总能与本地要求相匹配。当主站点出现故障时，用户的应用程序切换到备份的替代站点后，被镜像的远程副本可以保证业务继续执行而没有数据丢失。但它存在往返传播造成延时较长的缺点，只限于在相对较近的距离上应用。异步远程镜像（异步复制技术）保证在更新远程存储视图前完成向本地存储系统的基本操作，而由本地存储系统提供给请求镜像主机的I/O操作完成确认信息。远程的数据复制是以后台同步的方式进行的，这使本地系统性能受到的影响很小，传输距离长（可达1000km以上），对网络带宽要求小。但是，许多远程的从属存储子系统的写入没有得到确认，当某种因素造成数据传输失败时，可能出现数据一致性问题。为了解决这个问题，大多采用延迟复制的技术（本地数据复制均在后台日志区进行），即在确保本地数据完好无损后进行远程数据更新。

2）快照技术。

远程镜像技术往往同快照技术结合起来实现远程备份，即通过镜像把数据备份到远程存储系统中，再用快照技术把远程存储系统中的信息备份到远程的磁带库、光盘库中。快照是通过软件对要备份的磁盘子系统的数据快速扫描，建立一个要备份数据的快照逻辑单元号LUN和快照cache。在快速扫描时，把备份过程中即将要修改的数据块同时快速复制到快照cache

中。快照LUN是一组指针，它指向快照cache和磁盘子系统中不变的数据块（在备份过程中）。在正常业务进行的同时，利用快照LUN实现对原数据的完全备份。它可使用户在正常业务不受影响的情况下（主要指容灾备份系统），实时提取当前在线业务数据。其“备份窗口”接近于零，可大大增加系统业务的连续性，为实现系统真正的7×24h运转提供了保证。快照是由内存作为缓冲区（快照cache），由快照软件提供系统磁盘存储的即时数据映像，它存在缓冲区调度的问题。

3）互联技术。

早期的主数据中心和备援数据中心之间的数据备份，主要基于SAN的远程复制（镜像），即通过光纤通道FC把两个SAN连接起来进行远程镜像（复制）。当灾难发生时，由备援数据中心替代主数据中心以保证系统工作的连续性。这种远程容灾备份方式存在一些缺陷，如实现成本高、设备的互操作性差、跨越的地理距离短（10km）等，这些因素阻碍了它的进一步推广和应用。随着技术的发展，出现了多种基于IP的SAN的远程数据容灾备份技术。它们是利用基于IP的SAN的互联协议，将主数据中心SAN中的信息通过现有的TCP/IP网络远程复制到备援中心SAN中。当备援中心存储的数据量过大时，可利用快照技术将其备份到磁带库或光盘库中。这种基于IP的SAN的远程容灾备份，可以跨越LAN、MAN和WAN，成本低、可扩展性好，具有广阔的发展前景。基于IP的互联协议包括FCIP、iFCP、Infiniband、iSCSI等。

（4）容灾备份衡量指标

衡量容灾系统的主要指标有RPO（Recovery Point Object，灾难发生时允许丢失的数据量）、RTO（ Recovery Time Objective，系统恢复的时间）、容灾半径（生产系统和容灾系统之间的距离）以及 ROI（Return of Investment ，容灾系统的投入产出比）。

RPO是指业务系统所允许的灾难过程中的最大数据丢失量（以时间来度量），这是一个与灾备系统所选用的数据复制技术有密切关系的指标，用以衡量灾备方案的数据冗余备份能力。

RTO是指“将信息系统从灾难造成的故障或瘫痪状态恢复到可正常运行状态，并将其支持的业务功能从灾难造成的不正常状态恢复到可接受状态”所需的时间，其中包括备份数据恢复到可用状态所需时间、应用系统切换时间以及备用网络切换时间等，该指标用以衡量容灾方案的业务恢复能力。例如，灾难发生后半天内便需要恢复，则RTO值就是12h。

2．数据库备份与还原

除了利用容灾方案中几种方式实现数据库的备份外，通常还可以通过数据库管理软件来实现数据库的备份。

项目中通常采用全备份、日志备份或者两种备份相结合的方式，以一周为周期，周一至周六进行日志备份，周日进行全备份。

3．常见数据库容灾方案

常见数据库容灾方案有RAID 1、双机热备、双机双柜、存储双活、Oracle RAC、Oracle DG、SQL Server镜像、SQL Server AlwaysOn、DBTwin双活集群等。各种数据库容灾技术综合比较见表4-13。

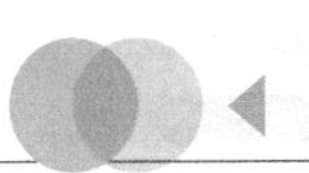

表4-13　各种数据库容灾技术综合比较

序号	容灾技术名称	DB实例	逻辑数据集	物理数据集	负载均衡读写分离
1	RAID 1	一个	一份	两份、物理一致	无
2	双机热备	一个	一份	两份、物理一致	无
3	双机双柜	一个	一份	两份、物理一致	无
4	存储双活	一个	一份	两份、物理一致	无
5	Oracle RAC	两个	一份	两份、物理一致	有
6	Oracle DG	两个	两份、逻辑一致	两份、物理一致	有、手工
7	SQL Server镜像	两个	两份、逻辑一致	两份、物理一致	无
8	SQL Server AlwaysOn	两个	两份、逻辑一致	两份、物理一致	有、手工
9	DBTwin双活集群	两个	两份、逻辑一致	两份、物理一致	有、自动

从用户数据安全性程度考虑，具有两份实时逻辑一致数据的数据库安全性最高，两份逻辑数据，但是存在短时的数据延迟的数据库安全性第二；一份逻辑数据，但是存在两份物理数据的数据库安全性第三；一份逻辑数据，同时也只有一份物理数据的数据库安全性最低。

任务实施

1．数据库备份

（1）创建备份目录data_backup（可自行定义路径和文件夹名称）（见图4-77）

命令：mkdir data_backup

```
lux@lux-VirtualBox:~$ mkdir data_backup
lux@lux-VirtualBox:~$ ls
data_backup       zabbix-release_4.4-1+bionic_all.deb  模板  图片  下载  桌面
examples.desktop  公共的                                视频  文档  音乐
```

图4-77　mkdir命令

（2）在data_backup目录下创建shell脚本文件sqlbackup. sh

1）进入data_backup目录，如图4-78所示。

命令：cd data_backup/

```
lux@lux-VirtualBox:~$ cd data_backup/
```

图4-78　cd命令

2）创建shell脚本文件sqlbackup. sh，如图4-79所示。

命令：touch sqlbackup.sh

```
lux@lux-VirtualBox:~/data_backup$ touch sqlbackup.sh
lux@lux-VirtualBox:~/data_backup$ ls
sqlbackup.sh
```

图4-79　touch命令

（3）编写备份脚本

命令：sudo gedit sqlbackup.sh

脚本内容：

```
#!/bin/bash
currentpath=/home/lux/data_backup
backpath="zabbix back"
function makedir(){
    echo $(date "+%Y-%m-%d %H:%M:%S")
    if [ -d $currentpath/$(date +%y%m%d) ]; then
        echo "$(date +%y%m%d) is exsit"
    else
        mkdir $currentpath/$(date +%y%m%d)
        echo "$(date +%y%m%d) is building"
    fi
}
function backupsql(){
    bakckpath=$currentpath/$(date +%y%m%d)
    mysqldump -uzabbix -ppassword zabbix >$bakckpath/zabbix.sql
    rm -f $currentpath/$(date -d -90day +%y%m%d)
}
makedir
backupsql
```

sqlbackup.sh脚本如图4-80所示。

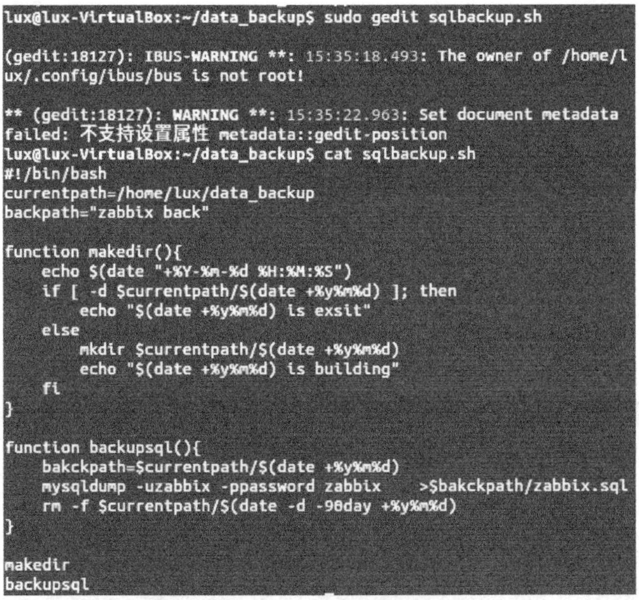

```
lux@lux-VirtualBox:~/data_backup$ sudo gedit sqlbackup.sh

(gedit:18127): IBUS-WARNING **: 15:35:18.493: The owner of /home/l
ux/.config/ibus/bus is not root!

** (gedit:18127): WARNING **: 15:35:22.963: Set document metadata
failed: 不支持设置属性 metadata::gedit-position
lux@lux-VirtualBox:~/data_backup$ cat sqlbackup.sh
#!/bin/bash
currentpath=/home/lux/data_backup
backpath="zabbix back"

function makedir(){
    echo $(date "+%Y-%m-%d %H:%M:%S")
    if [ -d $currentpath/$(date +%y%m%d) ]; then
        echo "$(date +%y%m%d) is exsit"
    else
        mkdir $currentpath/$(date +%y%m%d)
        echo "$(date +%y%m%d) is building"
    fi
}

function backupsql(){
    bakckpath=$currentpath/$(date +%y%m%d)
    mysqldump -uzabbix -ppassword zabbix    >$bakckpath/zabbix.sql
    rm -f $currentpath/$(date -d -90day +%y%m%d)
}

makedir
backupsql
```

图4-80　sqlbackup.sh脚本

（4）加入定时任务（见图4-81）

```
命令：crontab -e
```

编辑并添加内容：

```
35 15 * * 3 sh /home/lux/data_backup/sqlbackup.sh
```

```
# Edit this file to introduce tasks to be run by cron.
#
# Each task to run has to be defined through a single line
# indicating with different fields when the task will be run
# and what command to run for the task
#
# To define the time you can provide concrete values for
# minute (m), hour (h), day of month (dom), month (mon),
# and day of week (dow) or use '*' in these fields (for 'any').#
# Notice that tasks will be started based on the cron's system
# daemon's notion of time and timezones.
#
# Output of the crontab jobs (including errors) is sent through
# email to the user the crontab file belongs to (unless redirected
).
#
# For example, you can run a backup of all your user accounts
# at 5 a.m every week with:
# 0 5 * * 1 tar -zcf /var/backups/home.tgz /home/
35 15 * * 3 sh /home/lux/data_backup/sqlbackup.sh
# For more information see the manual pages of crontab(5) and cron
(8)
#
# m h  dom mon dow   command
~
~
~
~
~
~
~
~
"/tmp/crontab.oAOGlN/crontab" 22L, 935C
```

图4-81　crontab命令

（5）重启crontab服务（见图4-82）

命令：sudo service cron restart

```
lux@lux-VirtualBox:~/data_backup$ sudo service cron restart
lux@lux-VirtualBox:~/data_backup$
```

图4-82　重启crontab服务

备注：执行sh /home/lux/data_backup/sqlbackup. sh命令，代码报错“Syntax error: "("unexpected”，问题原因是Ubuntu为了加快开机速度，用dash代替了传统的bash，解决方法是取消dash。

命令：sudo dpkg-reconfigure dash，在选择项中选No。

2．还原数据库

（1）删除故障数据库，并重新建立数据库

1）进入数据库（用户名、密码根据前期数据库设置进行填写），如图4-83所示。

命令：sudo mysql –uzabbix –ppassword zabbix

```
lux@lux-VirtualBox:~$ sudo mysql -uzabbix -ppassword zabbix
Reading table information for completion of table and column names
You can turn off this feature to get a quicker startup with -A

Welcome to the MariaDB monitor.  Commands end with ; or \g.
Your MariaDB connection id is 50
Server version: 10.1.43-MariaDB-0ubuntu0.18.04.1 Ubuntu 18.04

Copyright (c) 2000, 2018, Oracle, MariaDB Corporation Ab and others.

Type 'help;' or '\h' for help. Type '\c' to clear the current input stat
ement.

MariaDB [zabbix]>
```

图4-83　登录MySQL

2）删除数据库zabbix，如图4-84所示。

命令：drop database zabbix;

```
MariaDB [zabbix]> drop database zabbix;
Query OK, 149 rows affected (0.26 sec)

MariaDB [(none)]> show databases;
+--------------------+
| Database           |
+--------------------+
| information_schema |
+--------------------+
1 row in set (0.00 sec)
```

图4-84　删除数据库zabbix

3）新建要还原的数据库zabbix，如图4-85所示。

命令：create database zabbix charset=utf8;

```
MariaDB [(none)]> create database zabbix charset=utf8;
Query OK, 1 row affected (0.00 sec)

MariaDB [(none)]> show databases;
+--------------------+
| Database           |
+--------------------+
| information_schema |
| zabbix             |
+--------------------+
2 rows in set (0.00 sec)
```

图4-85　创建数据库zabbix

（2）还原数据库数据

1）还原zabbix数据库数据，如图4-86所示。

命令：sudo mysql –uzabbix –ppassword zabbix < ~/data_backup/200205/zabbix.sql

```
lux@lux-VirtualBox:~$ sudo mysql -uzabbix -ppassword zabbix < ~/data_bac
kup/200205/zabbix.sql
lux@lux-VirtualBox:~$
```

图4-86　还原zabbix数据库数据

2）检查数据是否还原。

① 进入数据库。

命令：sudo mysql –uzabbix –ppassword zabbix

② 检查表是否还原，如图4-87所示。

命令：show tables；

```
lux@lux-VirtualBox:~$ sudo mysql -uzabbix -ppassword zabbix
Reading table information for completion of table and column names
You can turn off this feature to get a quicker startup with -A

Welcome to the MariaDB monitor.  Commands end with ; or \g.
Your MariaDB connection id is 55
Server version: 10.1.43-MariaDB-0ubuntu0.18.04.1 Ubuntu 18.04

Copyright (c) 2000, 2018, Oracle, MariaDB Corporation Ab and others.

Type 'help;' or '\h' for help. Type '\c' to clear the current input stat
ement.

MariaDB [zabbix]> show tables;
+----------------------------+
| Tables_in_zabbix           |
+----------------------------+
| acknowledges               |
| actions                    |
| alerts                     |
| application_discovery      |
| application_prototype      |
| application_template       |
| applications               |
| auditlog                   |
```

图4-87　显示表

③ 检查表结构是否还原（以alerts表为例），如图4-88所示。

命令：desc alerts；

```
MariaDB [zabbix]> desc alerts;
+----------------+---------------------+------+-----+---------+-------+
| Field          | Type                | Null | Key | Default | Extra |
+----------------+---------------------+------+-----+---------+-------+
| alertid        | bigint(20) unsigned | NO   | PRI | NULL    |       |
| actionid       | bigint(20) unsigned | NO   | MUL | NULL    |       |
| eventid        | bigint(20) unsigned | NO   | MUL | NULL    |       |
| userid         | bigint(20) unsigned | YES  | MUL | NULL    |       |
| clock          | int(11)             | NO   | MUL | 0       |       |
| mediatypeid    | bigint(20) unsigned | YES  | MUL | NULL    |       |
| sendto         | varchar(1024)       | NO   |     |         |       |
| subject        | varchar(255)        | NO   |     |         |       |
| message        | text                | NO   |     | NULL    |       |
| status         | int(11)             | NO   | MUL | 0       |       |
| retries        | int(11)             | NO   |     | 0       |       |
| error          | varchar(2048)       | NO   |     |         |       |
| esc_step       | int(11)             | NO   |     | 0       |       |
| alerttype      | int(11)             | NO   |     | 0       |       |
| p_eventid      | bigint(20) unsigned | YES  | MUL | NULL    |       |
| acknowledgeid  | bigint(20) unsigned | YES  | MUL | NULL    |       |
| parameters     | text                | NO   |     | NULL    |       |
+----------------+---------------------+------+-----+---------+-------+
17 rows in set (0.00 sec)
```

图4-88　查看alerts表结构

任务检查与评价

完成任务后进行任务检查，可采用小组互评等方式，任务检查评价单见表4-14。

表4-14　任务检查评价单

任务：系统数据库的备份与还原				
专业能力				
序号	任务要求	评分标准	分数	得分
1	完成智慧农场系统数据库的备份	能根据任务实例要求完成Zabbix服务端的安装	20	
		能够查看到相关进程，可以通过Web界面进行访问	10	
2	恢复智慧农场系统数据库	完成Zabbix客户端的安装	5	
		完成监控服务器的安装	15	
		正确配置客户端	10	
		能够通过服务端界面进行有效的监控	30	
专业能力小计			90	
职业素养				
序号	任务要求	评分标准	分数	得分
1	做好前期的准备工作	提前对Ubuntu版本的Linux系统有一定的了解（包括通过网络获取的相关资料）	5	
2	遵守课堂纪律	遵守课堂纪律，保持工位区域内整洁	5	
职业素养小计			10	
实操题总计			100	

任务小结

要进行数据库的全量备份（一周或者两周一次）、系统至少要有一台备机，否则主机出现问题后，恢复数据库期间会造成业务中断，因此完备的数据恢复测试是非常必要的，可以根据恢复后的日志文件、数据文件的大小、关键事件信息等来充分验证备份信息是否有效。

通过缜密的数据库容灾策略，可以有效地防范意外导致的数据库数据的丢失，最大限度地预防系统风险。

任务拓展

通过MySQL客户端访问数据库服务并进行相关的数据库操作，下面以Navicat客户端为例（仅供参考）。

通过Navicat客户端登录MySQL，如图4-89和图4-90所示。

zabbixDB - 连接属性

常规 高级 SSL SSH HTTP

连接名: zabbixDB

主机名或 IP 地址: localhost

端口: 3306

用户名: root

密码: ••••••••

保存密码

图4-89　Navicat客户端登录

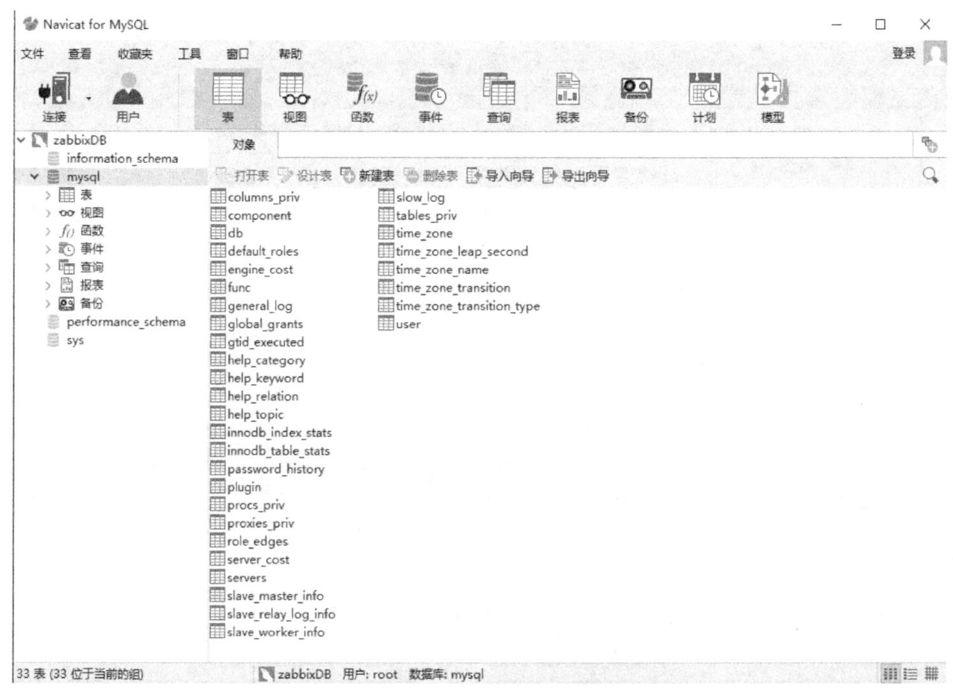

图4-90　MySQL数据库

通过客户端新建数据库并进行数据库和表单备份、恢复的操作。

新建数据库，如图4-91和图4-92所示。

图4-91　新建数据库

图4-92　新建数据库

新建数据库表，如图4-93所示。

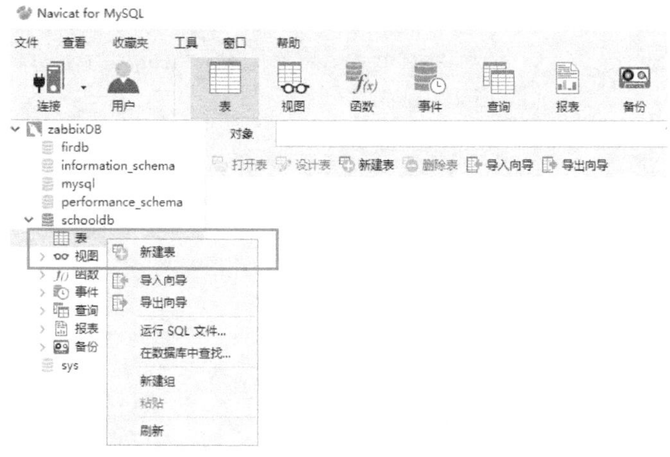

图4-93　新建表

添加字段，如图4-94所示。

图4-94　添加字段

打开表，如图4-95所示。

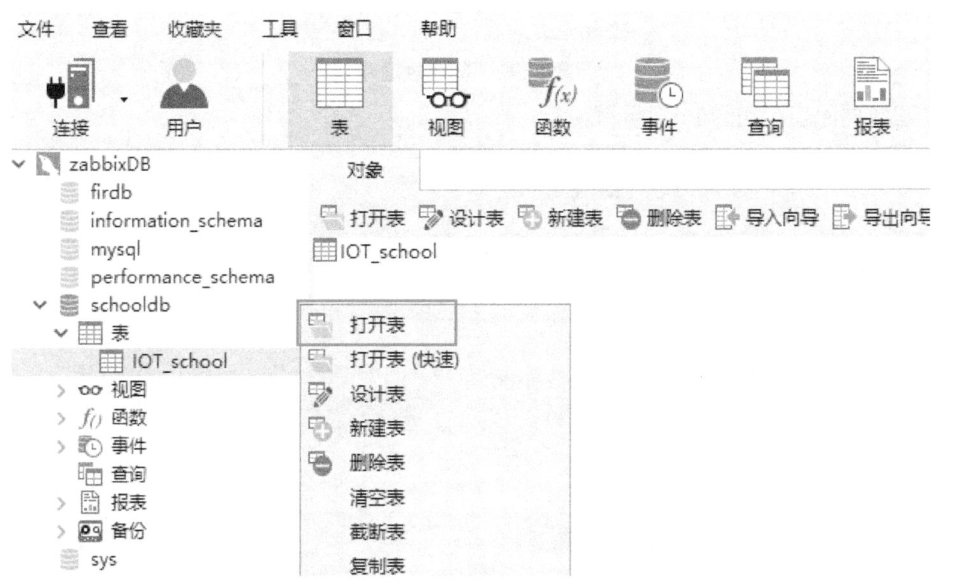

图4-95　打开表

在IOT_school表中输入测试样例数据，如图4-96所示。

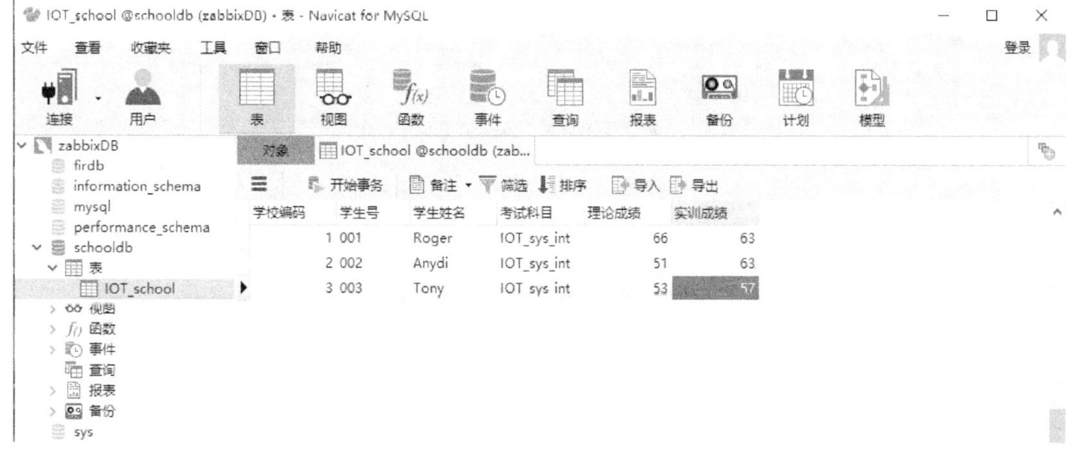

图4-96　插入记录

查询对应的表数据，如图4-97所示。

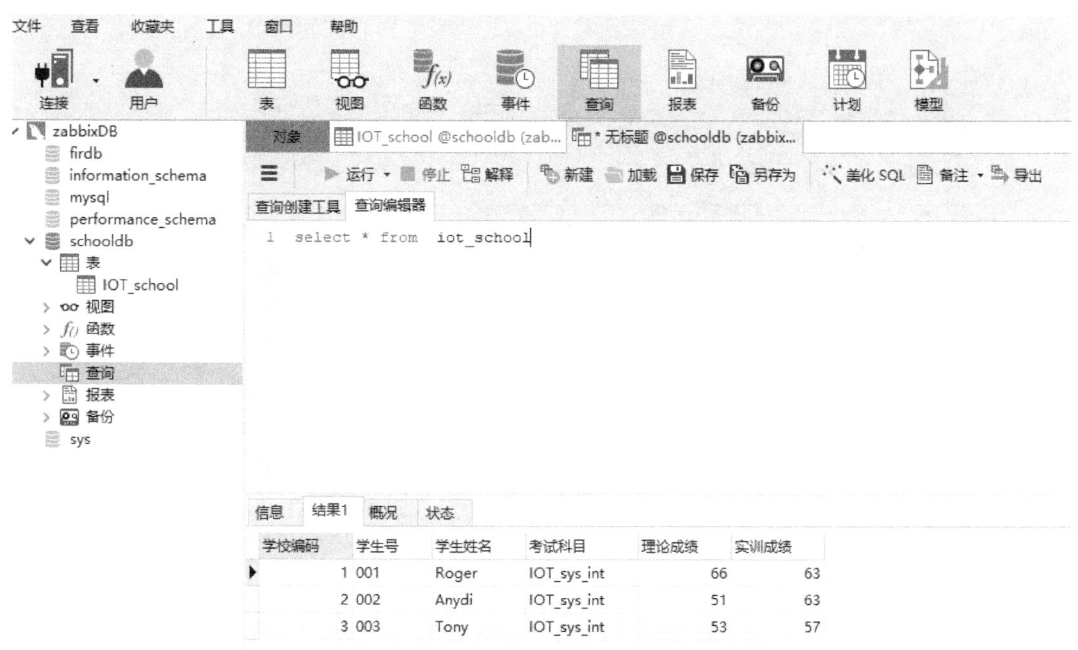

图4-97　查询表数据

数据库表备份如图4-98～图4-100所示。

图4-98　表备份1

图4-99　表备份2

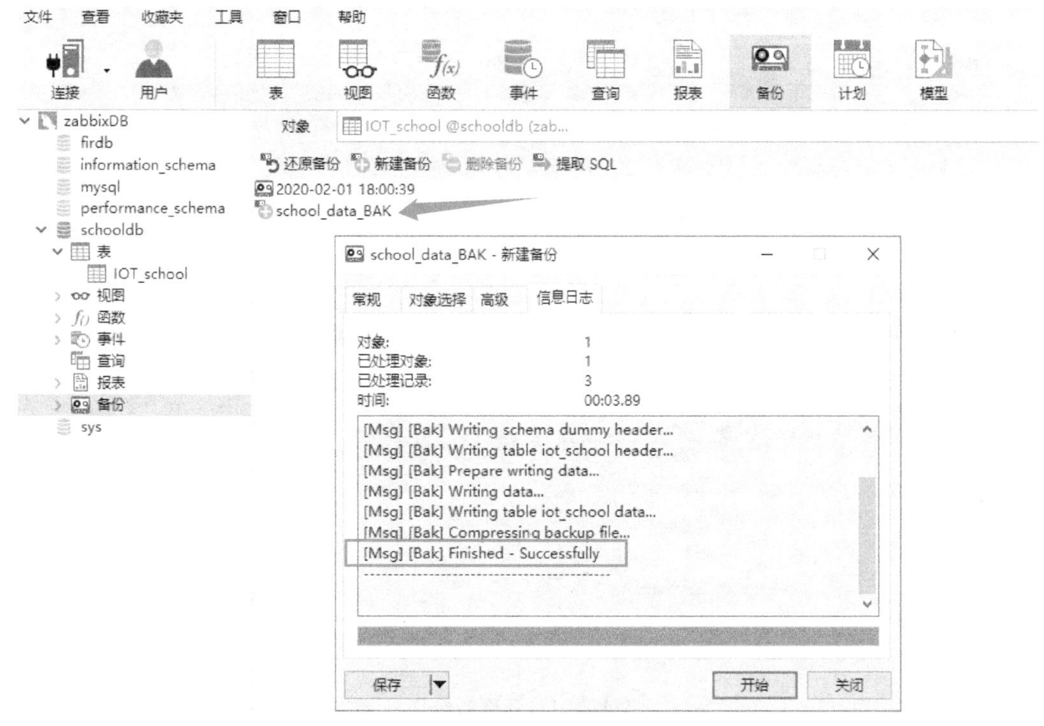

图4-100 表备份3

通过命名方式进行数据备份:

备份命令：mysqldump

备份一个数据库:

mysqldump –h localhost –u username –p password database_name > D:\filename.sql

数据库压缩备份:

mysqldump –h localhost –u username –p password | gzip > D:\filename_sql.gz

备份数据库上的某个（些）表:

mysqldump –h localhost –u username –p password ×××表 > D:\filename.sql

备份服务器上所有的数据库:

mysqldump –all–database > ×××name.sql

还原备份，如图4-101～图4-104所示。

图4-101　还原备份1

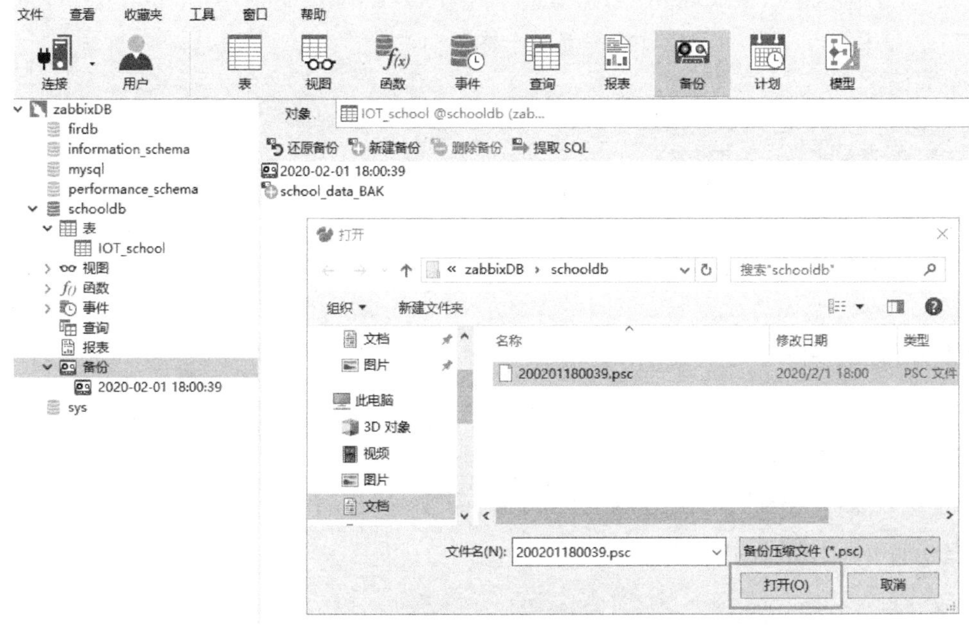

图4-102　还原备份2

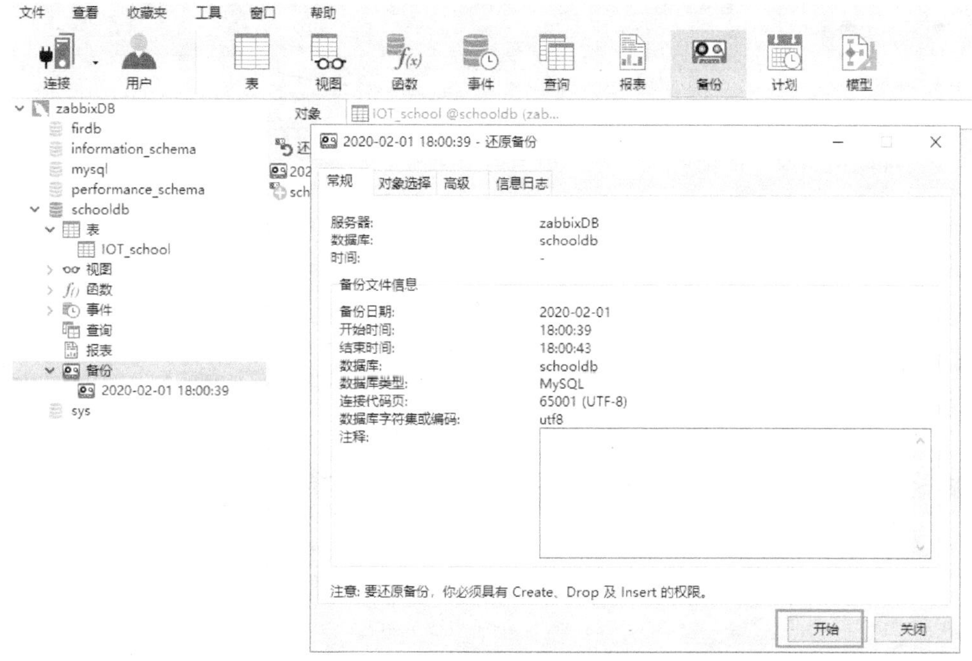

图4-103 还原备份3

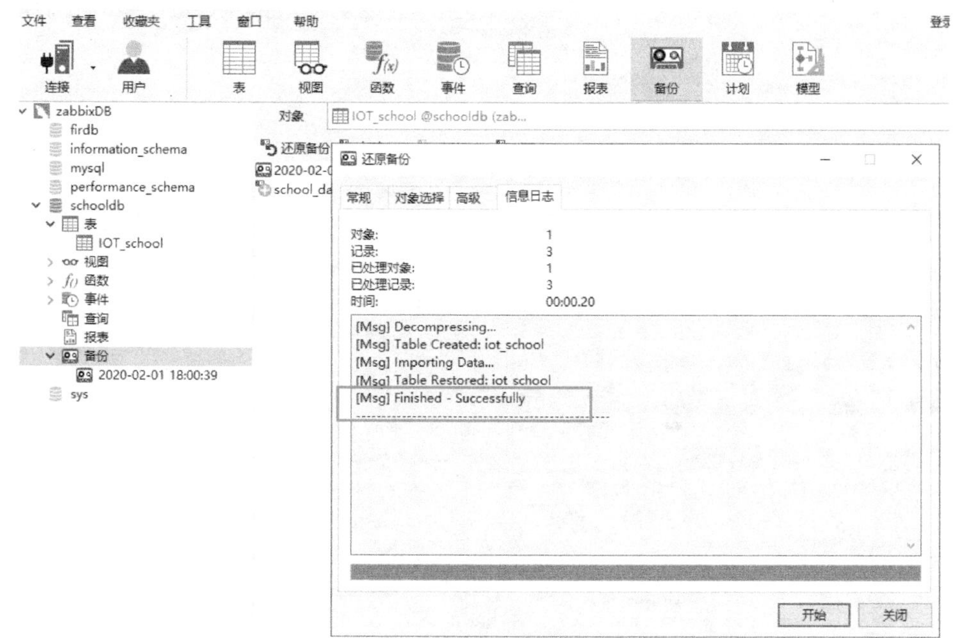

图4-104 还原备份4

通过命名方式进行数据库还原：

```
mysql – localhost –u username –p password database < filename.sql
```

打开客户端，单击“计划”图标新建批处理作业，如图4-105所示。

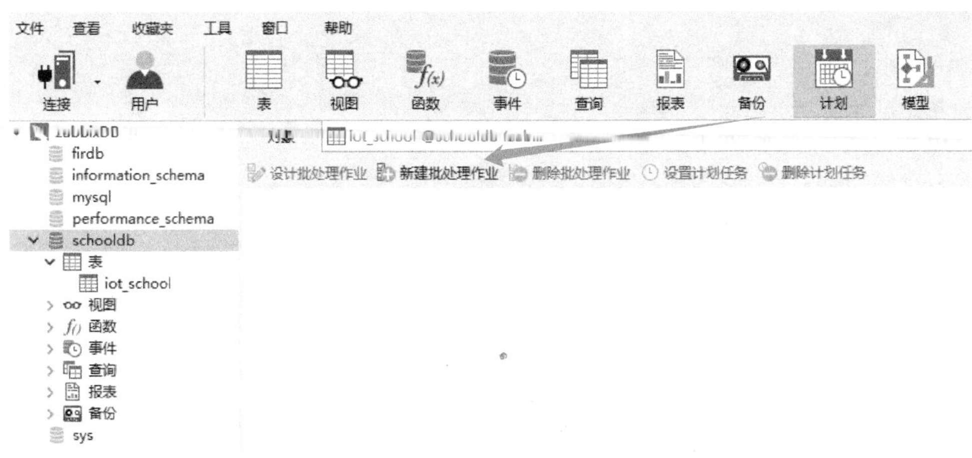

图4-105　新建批处理作业

将指定的任务添加到任务计划中，如图4-106和图4-107所示。

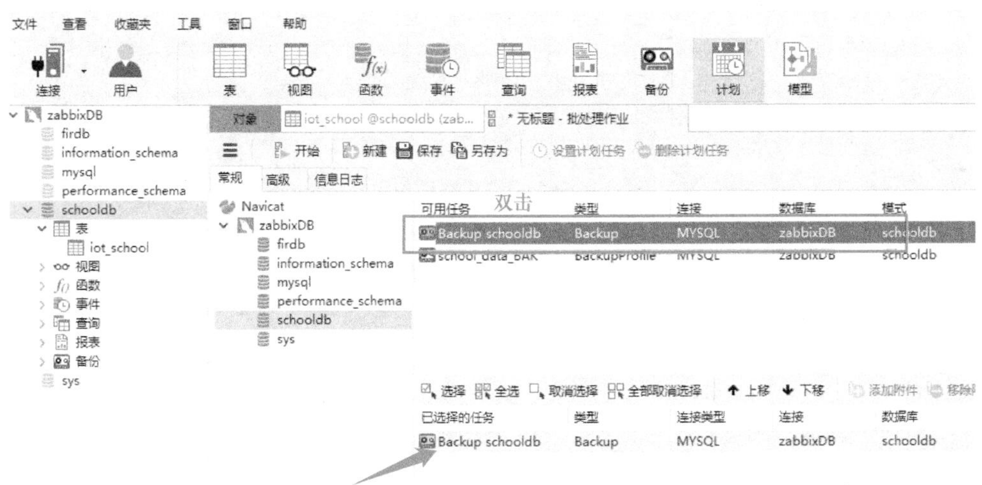

图4-106　创建计划1

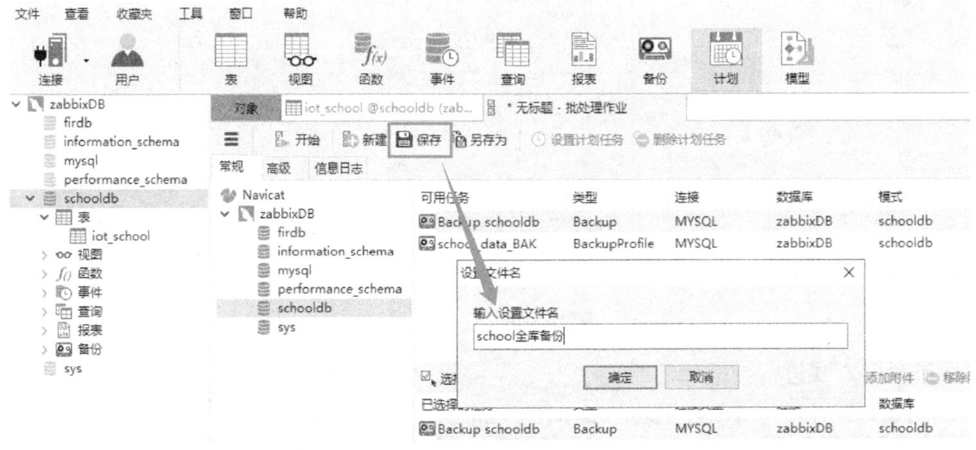

图4-107　创建计划2

保存计划名称后，单击“设置计划任务”按钮设置计划，如图4-108和图4-109所示。

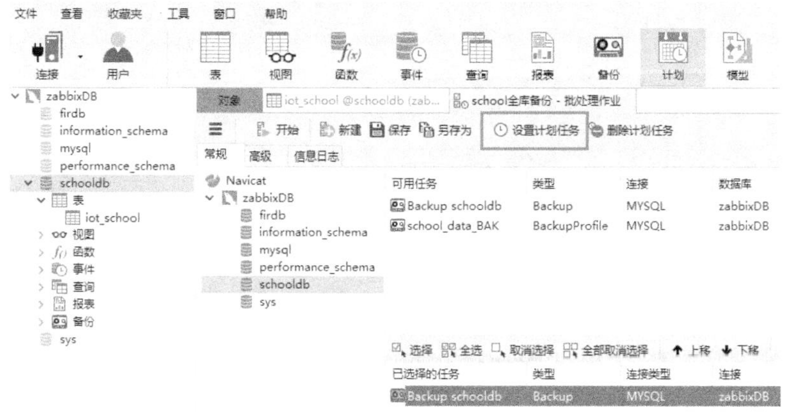

图4-108　设置计划1

图4-109　设置计划2

在“计划”选项卡中新建工程所需要的任务执行时间，如图4-110所示。

图4-110　新建任务执行时间

作业任务设置如图4-111所示。

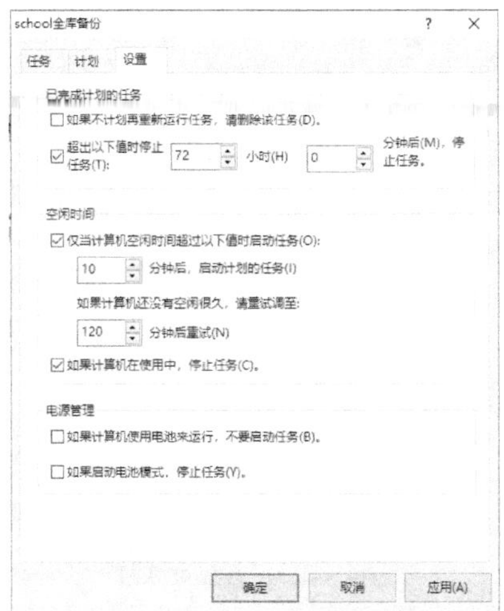

图4-111　作业任务设置

单击“确定”按钮后定制计划任务已经生成，如图4-112所示。

图4-112　生成定制计划

参 考 文 献

[1] 卜良桃. 土木工程施工[M]. 武汉: 武汉理工大学出版社, 2015.

[2] 赵晓峰. 数据库原理与运用基础教程[M]. 北京: 对外经贸大学出版社, 2014.

[3] 金佳雷. 物联网系统集成项目式教程[M]. 北京: 北京理工大学出版社, 2014.

[4] 杨埙, 杨进. 物联网项目规划与实施[M]. 北京: 高等教育出版社, 2018.

[5] 黄传河, 涂航, 伍春香, 等. 物联网工程设计与实施[M]. 北京: 机械工业出版社, 2015.

[6] 谭志彬, 柳纯录, 周立新, 等. 信息系统项目管理师教程[M]. 3版. 北京: 清华大学出版社, 2017.